国之重器出版工程

网 络 强 国 建 设

5G 技术与应用丛书

5G 移动通信发展历程与关键技术

5G Communication Development History and Key Technologies

邓宏贵　刘　刚　**编著**

電子工業出版社

Publishing House of Electronics Industry

北京 · BEIJING

内 容 简 介

本书是作者团队在 5G 通信领域进行多年前沿研究的基础上编著而成的，本书主旨在于向读者介绍 5G 研究领域的各项前沿技术。全书共 8 章，分别介绍了无线移动通信发展历程、5G 信号先进编码技术、5G 信号通信系统的滤波器组多载波技术、新型大规模 MIMO 天线技术、新型超高频传输技术、5G 通信系统的超密度异构网络及同时同频全双工技术；除此之外，本书还展望了 5G 技术的商业化进程及下一代通信亟待解决的关键技术。

本书可供移动通信技术研究及产品开发人员、网络规划设计工程师、系统运营管理人员，以及高等院校通信专业师生学习、参考。

图书在版编目（CIP）数据

5G 移动通信发展历程与关键技术 / 邓宏贵，刘刚编著. —北京：电子工业出版社，2020.12

ISBN 978-7-121-38897-2

Ⅰ. ①5… Ⅱ. ①邓… ②刘… Ⅲ. ①无线电通信－移动通信－通信技术
Ⅳ. ①TN929.5

中国版本图书馆 CIP 数据核字（2020）第 052777 号

责任编辑：刘小琳
印　　刷：固安县铭成印刷有限公司
装　　订：固安县铭成印刷有限公司
出版发行：电子工业出版社
　　　　　北京市海淀区万寿路 173 信箱　　邮编 100036
开　　本：720×1 000　1/16　印张：18.25　字数：340 千字
版　　次：2020 年 12 月第 1 版
印　　次：2020 年 12 月第 1 次印刷
定　　价：92.00 元

凡所购买电子工业出版社图书有缺损问题，请向购买书店调换。若书店售缺，请与本社发行部联系，联系及邮购电话：（010）88254888，88258888。

质量投诉请发邮件至 zlts@phei.com.cn，盗版侵权举报请发邮件至 dbqq@phei.com.cn。

本书咨询联系方式：（010）88254538，liuxl@phei.com.cn。

《国之重器出版工程》编辑委员会

专家委员会委员（按姓氏笔画排列）：

郑纬民	中国工程院院士
郑建华	中国科学院院士
屈贤明	国家制造强国建设战略咨询委员会委员、工业和信息化部智能制造专家咨询委员会副主任
项昌乐	中国工程院院士
赵沁平	中国工程院院士
郝　跃	中国科学院院士
柳百成	中国工程院院士
段海滨	“长江学者奖励计划”特聘教授
侯增广	国家杰出青年科学基金获得者
闻雪友	中国工程院院士
姜会林	中国工程院院士
徐德民	中国工程院院士
唐长红	中国工程院院士
黄　维	中国科学院院士
黄卫东	“长江学者奖励计划”特聘教授
黄先祥	中国工程院院士
康　锐	“长江学者奖励计划”特聘教授
董景辰	工业和信息化部智能制造专家咨询委员会委员
焦宗夏	“长江学者奖励计划”特聘教授
谭春林	航天系统开发总师

前言

近年来，移动数据的需求成爆炸式增长，现有移动通信系统难以满足未来需求，急需研发新一代 5G 系统，5G 已经成为通信业和学术界探讨的热点。

虽然 5G 正在逐步商用，但随着通信业务的不断增长，系统对 5G 的性能指标提出了极高的要求，给 5G 的部署和大量铺设带来了严峻的挑战。首先，如果按照当前移动通信网络的发展速度，其容量难以支持千倍流量的增长，网络能耗和比特成本难以承受；其次，流量增长必然带来对频谱的进一步需求，而移动通信频谱稀缺，可用频谱呈现大跨度、碎片化分布，难以实现频谱的高效使用；此外，要提升网络容量，必须智能高效利用网络资源，如针对业务和用户的个性进行智能优化，但这方面的能力不足；最后，未来网络必然是一个多网并存的异构移动网络，要提升网络容量，必须解决高效管理各网络、简化互操作、增强用户体验的问题。为了解决上述挑战，满足日益增长的移动流量需求，急需发展新一代 5G 移动通信网络。

针对上述 5G 发展面临的难点，本书详细分析了 5G 的部分关键技术，结合作者团队多年来对 5G 的研究，提出了一些新的方法和技术，来解决这些问题。但是 5G 技术难点还有很多没有很好地解决，如毫米波衰减过快过大、系统能耗过大等问题。希望本书能够抛砖引玉，使读者从中得到一些启发和思维创新，提出一些新的解决方法，加快我国 5G 商用的进程。

目前，市场上关于 5G 的图书主要分为两大类：一是简单的科普性图书，缺乏理论深度；二是专注 5G 通信某种技术的图书，如详细描述和分析大规模天线工作原理的图书，但这类图书对初学者不是很友好，且缺乏对 5G 通信系统的全面介绍和分析。在本书的编写过程中，作者由浅入深，逐步介绍 5G 的相关技术，兼顾初学者及从事 5G 工作的科研人员和工程师，扩大了本书的使用范围。与此同时，力求做到内容的科学性、系统性和先进性，并注重突出实用性。

本书第 1 章、第 4 章和第 5 章由长沙师范学院刘刚撰写，第 2 章、第 3 章和第 6 章由中南大学邓宏贵撰写，其余部分由巴黎萨克雷大学钱学文撰写；全书由邓宏贵统稿。

本书在撰写过程中，得到了中南大学物理与电子学院的大力支持，在此表示衷心感谢。5G 前沿技术涉及面广，加之作者水平有限，书中的疏漏及不妥之处在所难免，恳请同行专家和广大读者批评指正。

邓宏贵

2020 年 11 月

目 录

第1章 无线移动通信发展历程

1.1 第一代移动通信概述

20 世纪 80 年代早期，美国和欧洲等国家和地区的科学家纷纷开始研究第一代移动通信（1G）技术，用于提供模拟语音业务。1G 采用模拟技术和频分多址（FDMA）技术，其传输带宽不高，所以并不能跨越所属区域通信，并且也存在较大的安全和干扰等问题。

1.1.1 1G 的发展

第一代移动通信系统主要用于提供模拟语音业务。美国摩托罗拉公司的工程师马丁·库帕首先将无线电应用于移动电话。1976 年，国际无线电大会批准了 800MHz/900MHz 频段用于移动电话的频率分配方案。在此之后，一直到 20 世纪 80 年代中期，许多国家都开始建设基于频分复用技术和模拟调制技术的第一代移动通信系统。说起第一代移动通信系统，就不能不提大名鼎鼎的贝尔实验室。1978 年年底，美国贝尔实验室研制成功了全球第一个移动蜂窝电话系统——先进移动电话系统（Advanced Mobile Phone System，AMPS）。5 年后，这套系统在芝加哥正式投入商用，并迅速在全美推广，获得了巨大成功。

同一时期，欧洲各国也不甘示弱，纷纷建立自己的第一代移动通信系统。瑞典等北欧 4 国在 1980 年成功研制 NMT-450 移动通信网并投入使用；联邦德国在 1984 年完成了 C 网络（C-Netz）的研制；英国则于 1985 年开发出频段在 900MHz 的全接入通信系统（Total Access Communications System，TACS）。

在各种 1G 系统中，美国 AMPS 制式的移动通信系统在全球的应用最为广泛，它曾经在超过 72 个国家和地区运营，直到 1997 年还在一些地方使用。同时，也有近 30 个国家和地区采用英国 TACS 制式的 1G 系统。这两个移动通信系统是世界上最具影响力的 1G 系统。

中国的第一代模拟移动通信系统于 1987 年 11 月 18 日在广东第六届全运会上开通并正式投入商用，采用的是英国 TACS 制式。中国电信 1987 年 11 月开始运营模拟移动电话业务，2001 年 12 月底中国移动关闭第一代模拟移动通信网，1G 系统在中国的应用长达 14 年，用户数最高曾达到 660 万人。如今，1G 时代那像砖头一样的手持终端——大哥大，已经成为很多人的回忆。

1.1.2　1G 的缺点

第一代移动通信系统采用的是模拟技术，且受到当时通信技术的限制，存在很多难以解决的问题。1G 系统的先天不足，使得它无法真正大规模普及和应用，价格更是非常昂贵，成为当时的一种奢侈品和财富的象征。这些缺点都随着第二代移动通信系统的到来得到了很大的改善，总结起来 1G 主要存在如下 3 个缺点。

1. 通信容量有限

第一代移动通信系统由于其频段资源十分有限，且频谱效率低下，所以导致其通信系统容量难以满足移动通信用户对多业务和高质量服务通信的需求。

2. 易受干扰，安全性差

第一代移动通信系统采用模拟信号进行传输，与数字信号相比，它在信号传输过程中的保密性差且易受环境干扰，这是因为数字信号很容易利用编译码进行加密处理和差错恢复。

3. 不能漫游

各国采用的制式、频段和信道带宽不同，使得 1G 的技术标准各不相同，即只有“国家标准”，没有“国际标准”，国际漫游成为一个突出问题。也可以说，第一代移动通信系统只是一个区域性的移动通信系统。

1.2　第二代移动通信技术概述

为了解决第一代移动通信系统存在的技术缺陷，20 世纪 90 年代，采用数字调制技术的第二代移动通信系统（2G）顺势出现。它主要利用工作在 900MHz/1800MHz 频段的全球移动通信系统（Global System for Mobile communications，GSM）移动通信系统及工作在 800MHz/1900MHz 频段的 IS-95 移动通信网络提供的话音和数据业务。GSM 移动通信系统的无线接口采用时分多址技术（Time Division Multiple Access，TDMA），核心网移动性管理协议采用 MAP（Mobile Application Part）协议；而 IS-95 采用在提高系统容量、抗干扰及无线衰落等方面存在明显优势的 CDMA（Code Division Multiple Access）技术。

1.2.1　GSM 概述

1. GSM 简介

GSM 系统是 2G 的主要模式之一，它于 1992 年开始投入商用，数据传输速率最大可达 64kb/s。其主要特点是标准程度高，便于与 ISDN、PSTN 等互联，安全性高，能够实现国际漫游；主要缺点是容量仅为第一代移动通信系统的 2 倍，频谱利用率不高，还是以语音通信为主，难以进行多媒体通信。

2. 频率配置

GSM 在我国的频率配置如表 1-1 所示。

表 1-1　我国 GSM 频率配置一览表

<table>
<tr><td rowspan="4">GSM 900MHz</td><td>双工间隔</td><td>45MHz</td><td rowspan="2">GSM900</td><td>上行</td><td>890～915MHz</td><td rowspan="2">中国移动</td><td>上行</td><td>890～909MHz</td></tr>
<tr><td>带宽</td><td>25MHz</td><td>下行</td><td>935～960MHz</td><td>下行</td><td>935～954MHz</td></tr>
<tr><td>载频数</td><td>124</td><td rowspan="2">GSM900E</td><td>上行</td><td>880～915MHz</td><td rowspan="2">中国联通</td><td>上行</td><td>909～915MHz</td></tr>
<tr><td>信道数</td><td>8</td><td>下行</td><td>925～960MHz</td><td>下行</td><td>935～954MHz</td></tr>
<tr><td rowspan="4">DCS 1800MHz</td><td>双工间隔</td><td>95MHz</td><td rowspan="2" colspan="2">上行</td><td rowspan="2">1710～1785MHz</td><td rowspan="2">中国移动</td><td>上行</td><td>1710～1720MHz</td></tr>
<tr><td>带宽</td><td>75MHz</td><td>下行</td><td>1805～1815MHz</td></tr>
<tr><td>载频数</td><td>374</td><td rowspan="2" colspan="2">下行</td><td rowspan="2">1805～1880MHz</td><td rowspan="2">中国联通</td><td>上行</td><td>1745～1755MHz</td></tr>
<tr><td>信道数</td><td>8</td><td>下行</td><td>1840～1850MHz</td></tr>
</table>

1.2.2 码分多址技术

码分多址（CDMA）是通过编码区分不同用户信息，实现不同用户同频、同时传输的一种通信技术，它是从数字技术的分支——扩频通信技术上发展起来的一种成熟的无线通信技术。码分多址系统给每个用户分配了特定的地址码，利用公共信道来传输信息。码分多址系统的地址码具有准正交性，在频域、时域、空域上都可以重叠。系统的接收端必须有完全的本地地址码，用来对接收的信号进行相关检测。其他使用不同码字的信号因为和本地产生的码字不同而不能被接收。与以往的频分多址、时分多址相比，码分多址具有多址接入能力强、抗多径干扰、保密性能好等优点。同时，互联网技术的快速发展充分显示了分组服务技术的巨大潜力。结合这两项技术可以实现个人终端用户在全球范围内完成任何信息之间的移动通信与传输。

1.2.3 2G 升级版 2.5G-GPRS

2.5G 是比 2G 速度快但又慢于 3G 的通信技术规范。2.5G 系统能够提供 3G 系统中才有的一些功能，如分组交换业务，也能共享 2G 时代开发出来的 TDMA 或 CDMA 网络，常见的 2.5G 系统是通用分组无线业务 GPRS（General Packet Radio Service）。GPRS 分组网络重叠在 GSM 网络之上，利用 GSM 网络中未使用的 TDMA 信道，为用户提供中等速度的移动数据业务。

GPRS 是基于分组交换的技术，也就是说多个用户可以共享带宽，每个用户只有在传输数据时才会占用信道，所有的可用带宽可以立即分配给当前发送数据的用户，适用于 Web 浏览、E-mail 收发和即时消息等共享带宽的间歇性数据传输业务。通常，GPRS 系统是按交换的字节数计费的，而不是像电路交换系统那样按连接时间计费。GPRS 系统支持 IP 协议和 PPP 协议。理论上的分组交换速度约为 170kb/s，而实际速度只有 30 ~ 70kb/s。

对 GPRS 的射频部分进行改进的技术方案称为增强数据速率的 GSM 演进（Enhanced Data rates for GSM Evolution，EDGE）。EDGE 又称为增强型 GPRS（EGPRS），可以工作在已经部署 GPRS 的网络上，只需要对手机和基站设备进行一些简单的升级。EDGE 被认为是 2.75G 技术，它采用 8PSK 的调制方式代替了 GSM 使用的高斯最小移位键控（GMSK）调制方式，使得一个码元可以表示 3bit 信息。理论上说，EDGE 提供的数据速率是 GSM 系统的 3 倍。2003 年，EDGE 被引入北美的 GSM 网络，支持 20 ~ 200kb/s 的高速数据传输，最大数据传输速率取决于同时分配到的 TDMA 帧的时隙。

1.3　第三代移动通信技术概述

1.3.1　3G 的发展

随着数据业务的不断发展，2G 最高的传输速率 32kb/s 已不能满足人们的需求。2008 年 5 月，国际电信联盟正式公布第三代移动通信（3G）标准，3G 技术应运而生。3G 采用信道编码、多载波捆绑等技术，能够实现高速数据传输和宽带多媒体服务，传输速率一般在几百千比特每秒。3G 系统方案只是基于 2G 系统方案的改进，3G 系统的核心网结构与 2G 系统的核心网结构相同。因此，3G 系统在通信界普遍被认为只是一个从窄带系统向未来宽带通信系统过渡的阶段。

1.3.2　关键技术及标准制定

第三代移动通信技术（3G）存在 CDMA2000、WCDMA 和 TD-SCDMA 3 种标准。

1. CDMA2000

CDMA2000 是美国高通公司提出的一种 3G 标准，它是由 2G 中 CDMA-IS95 发展而来的，因此对于 2G 网络使用 CDMA-IS95 制式的国家和地区很容易过渡升级到 3G 网络。其演进路线是 CDMAIS95（2G）→CDMA20001x→CDMA20003x（3G）。虽然 2G 时代只有北美、日本、韩国等少数国家和地区使用 CDMA-IS95 制式，CDMA2000 的支持者没有 WCDMA 的多，但是由于 CDMA-IS95 的建设成本低等原因使其在 3G 建设中的发展最快，中国电信在 3G 建设中采用此方案。

2. WCDMA

WCDMA 是宽带码分多址的简称，是一种基于第二代移动通信 GSM 发展起来的第三代无线通信技术。由于该系统可以直接架构在 GSM 网络上进行系统升级，所以得到世界各国的广泛支持，是应用最广泛的 3G 标准。其演进路线是 GSM→GPRS→EDGE→WCDMA。在 3G 移动通信中，欧洲和日本等国家和地区均采用 WCDMA 制式，中国联通也采用这种 3G 通信标准。

3. TD-SCDMA

TD-SCDMA 是时分同步码分多址接入的简称，该标准是中国邮电部原电信科学技术研究院（大唐电信）向 ITU 提出的。该标准辐射较低，被认为是绿色 3G。与前两个 3G 标准相比较，它无须进行 2.5G 的过渡，可直接从 GSM 升级到 3G，省去了 2.5G 的建设成本，能够加快 3G 建设进度。除此之外，该制式还具有频谱利用率高、业务支持灵活、特别适合人口密集地区使用等优点。基于这些优点，中国移动在 3G 建设中采用该标准。

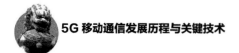

1.4 第四代移动通信技术概述

1.4.1 4G 的发展

2013 年 12 月 4 日，工业和信息化部向中国移动、中国电信、中国联通三大运营商颁发“LTE/第四代数字蜂窝移动通信业务（TD-LTE）”经营许可，意味着我国已经正式进入 4G 时代。第四代移动通信（4G）技术抛弃了 2G、3G 一直沿用的基站—基站控制器（2G）/无线资源管理器（3G）—核心网的网络结构，而改成基站直接与核心网相连，整个网络更加扁平化，降低了时延，提升了用户感受。核心网抛弃了电路域，迈向全 IP 化，统一由 IMS 承载原先的业务；空中接口的关键技术也抛弃了 3G 的 CDMA 而改成 OFDM，OFDM 在大带宽上比 CDMA 更加具备可行性和适应性，大规模使用 MIMO 技术提升了频率复用度，跨载波聚合能获得更大的频谱带宽从而提升传输速率。OFDM 具有更好的抗干扰能力和更高的传输速率，能够更好地满足用户需求。

1.4.2 关键技术

1. 正交频分复用技术

正交频分复用（Orthogonal Frequency Division Multiplexing，OFDM）技术是一种高效的多载波频分复用调制技术，其子载波之间相互正交以提高频谱利用率。其基本思想是将系统可用频带划分为多个合适宽度的窄带，一个窄带为一个子载波，每个子载波独立传输一个低速数据流，在每个子载波上可以采用二进制相移键控（Binary Phase Shift Keying，BPSK）、正交相移键控（Quadrature Phase Shift Keying，QPSK）、正交振幅调制（Quadrature Amplitude Modulation，QAM）等传统的调制技术。OFDM 这种特有的频谱模式，使其在高速通信中具有巨大优势。一路高速发送的数据通过 OFDM 调制机制并行调制到子载波上，将被分解为多路低速数据，每个子载波传输一路数据，整个频带被划分为 N 个

窄带，只要 N 足够大，每个窄带带宽将小于信道相干带宽，在单个子载波期间频域衰落成平坦特性。由于降低了数据传输速率，系统信道离散性减弱，将减小系统的符号间干扰（Inter-Symbol Interference，ISI），另外，通过在每个 OFDM 符号之间插入循环前缀（Cylix Prefix，CP），能有效降低 ISI 干扰。OFDM 技术这些无可比拟的技术优势，使其在第四代移动通信标准（4G）中得到广泛应用。

2. MIMO 技术

多输入多输出（MIMO）技术是指利用多发射、多接收天线进行空间分集的技术，它采用分立式多天线，能够有效地将通信链路分解成许多并行的子信道，从而大大提高容量。信息论已经证明，当不同的接收天线和不同的发射天线之间互不相关时，MIMO 系统能够很好地提高系统的抗衰落和噪声性能，从而获得巨大容量。因此，在功率带宽受限的无线信道中，MIMO 技术是实现高数据速率、提高系统容量、提高传输质量的空间分集技术。在无线频谱资源相对匮乏的今天，MIMO 系统已经体现出其优越性，在 4G 系统中得到了广泛应用。

3. 软件无线电技术

软件无线电是将标准化、模块化的硬件功能单元经过一个通用硬件平台，利用软件加载方式来实现各种类型的无线电通信系统的一种具有开放式结构的新技术。软件无线电的核心思想是在尽可能靠近天线的地方使用宽带 A/D 和 D/A 转换器，并尽可能多地用软件来定义无线功能，各种功能和信号处理都尽可能用软件实现。

4. 多用户检测技术

多用户检测技术是宽带通信系统中用于抗干扰的关键技术。在实际的 CDMA 通信系统中，各用户信号之间存在一定的相关性，这就是多址干扰存在的根源。由个别用户产生的多址干扰固然很小，但是随着用户数的增加或信号功率的增大，多址干扰成了宽带 CDMA 通信系统的一个主要干扰。多用户检测技术在传统检测技术的基础上，充分利用造成多址干扰的所有用户信号信息对单个用户的信号进行检测，具有优良的抗干扰性能，解决了远近效应问题，降低了系统对功率控制精度的要求，因此可以更加有效地利用链路频谱资源，能显著提高系统容量。

1.4.3 4G 标准

1. LTE

长期演进（Long Term Evolution，LTE）项目是 3G 的演进，它改进并增强了 3G 的空中接入技术，采用 OFDM 和 MIMO 作为其无线网络演进的唯一标准。这一标准也是 3GPP 长期演进（LTE）项目，其演进历史为：GSM→GPRS→EDGE→WCDMA→HSDPA/HSUPA→HSDPA+/HSUPA+→FDD-LTE。

2. LTE-Advanced

LTE-Advanced 是 LTE 技术的升级版，其相关特性如下：

（1）带宽：100MHz。

（2）峰值速率：下行 1Gb/s，上行 500Mb/s。

（3）峰值频谱效率：下行 30b/s · Hz，上行 15b/s·Hz。

（4）针对室内环境进行优化。

（5）有效支持新频段和大带宽应用。

（6）峰值速率大幅提高，频谱效率有有限的改进。

3. WiMax

WiMax（Worldwide Interoperability for Microwave Access），即全球微波互联接入，WiMax 的另一个名字是 IEEE 802.16。WiMax 技术的起点较高，WiMax 能提供的最高接入速度是 70Mb/s，这个速度是 3G 所能提供的宽带速度的 30 倍。

802.16 的工作频段采用了无须授权频段，范围在 2 ~ 66GHz，而 802.16a 则是一种采用 2 ~ 11GHz 无须授权频段的宽带无线接入系统，其频道带宽可根据需求在 1.5 ~ 20MHz 内进行调整。因此，802.16 使用的频谱可能比其他无线技术更丰富。

4. WirelessMAN

WirelessMAN-Advanced 事实上就是 WiMax 的升级版，即 IEEE 802.16m 标准，802.16 系列标准在 IEEE 正式称为 WirelessMAN。802.16m 可在漫游模式或高效率/强信号模式下提供 1Gb/s 的下行速率。该标准还支持高移动模式，能够提供 1Gb/s 的传输速率。其优势如下：

（1）提高网络覆盖，降低链路预算。

（2）提高频谱效率。

（3）提高数据和 VoIP 容量。

（4）低时延 & QoS 增强。

（5）功耗节省。

1.4.4　4G 瓶颈

近几十年来，移动通信技术经历了快速发展。在第二代和第三代移动通信技术的基础上，第四代移动通信系统在国内外普及。随着移动业务量的持续增长，4G 系统面临以下问题。

1. 4G 容量不足

随着社会的发展，人们越来越关注通信容量，特别是以后进入万物互联的时代，到时需要大数据分析来进行实时处理，而现行的 4G 网络容量难以胜任。

2. 4G 通信速率有限

现有通信系统无法满足用户对无线传输速率的需求。2015 年，思科指出：与 2013 年相比，2014 全球移动通信设备的数量增加了 4.97 亿台（套），总数量达到 74 亿台（套）。随着通信设备数量的增长，用户对移动传输速率的需求将成指数增长。2015 年，据思科预测，2014—2019 年，全球移动通信数据流量年复合增长率将达到 57%，如何提高无线通信系统的传输速率是未来无线通信技术需要解决的首要问题。

3. 频谱资源稀缺的问题日益突出

随着无线设备的增加和无线业务（如物联网和车联网等）的发展，现有的通信频段已无法满足日益增长的频谱资源需求，频谱资源稀缺问题逐渐成为制约无线网络发展的瓶颈之一。美国联邦通信委员会（Federal Communication Commission，FCC）在 2012 年曾预计，到 2014 年如果没有新的频谱，无线数据需求的增长将会导致 275MHz 的“频谱赤字”，如何提高通信系统的频谱效率成为未来通信技术需要解决的重要问题。

4. 通信系统的能耗急剧增加

据调查显示，随着无线设备的增加，通信产业的耗电量正以每年 15% ~ 20%

的速度持续增长。目前，全球信息通信产业的年耗电量超过 300 亿度，间接导致的二氧化碳排放量占全球二氧化碳总排放量的 2%，对生态环境产生了巨大影响。为了降低通信系统的能量消耗，减少温室气体排放，节能减排已经成为未来移动通信系统必须达到的重要目标，如何提高通信系统的能量效率成为未来通信技术需要解决的另一个重要问题。

1.5 第五代移动通信技术的发展和关键技术

1.5.1 5G 概述

如今的人类社会迈进了高效率的信息化时代，5G 是面向未来移动通信需求而发展的新一代移动通信系统，与 4G 相比，5G 业务将更加多样化，可渗透到各行各业，实现真正的万物互联，下面通过几个场景说明 5G 的服务功能。

1. 在密集人群中的优质服务

当用户被密集人群包围时，就不能拥有良好的移动和无线互联网接入服务的用户体验。另外，由于高端设备的渗透率提高及移动计算等具有挑战性的服务，将使网络负载增加，这可能会进一步降低传统网络的用户体验。在 5G 网络中，尽管流量增加，或者在非常拥挤的地方，用户也能拥有优质的服务。

2. 最好的用户体验

此场景致力于为移动中的终端用户带来与静态用户（家里或办公室中的用户）类似的用户体验。无论在哪里或如何移动，如在火车、地铁或在高速公路行驶的汽车上，终端用户都可以享受可靠稳定的通信质量和极好的用户体验。此外，通过提供连接大量传感器的平台，5G 将成为物联网的关键推动因素。

3. 无处不在的互联

当今，以人为中心的通信与机器型通信相辅相成，基本形成了一个人与人、物与物、人与物间完全互联的社会。大多数连接的机器型设备是尽可能简单的，如传感器和驱动器，其主要需求是低能耗和低成本。此场景解决了无处不在的机器型设备大规模部署的通信需求。

4. 超级实时可靠的连接

通信系统中的可靠性和延迟是考虑用户的需求而设计的。对于未来的无线

通信系统，我们设想设计具有实时性的机对机（M2M）通信，实现用于交通安全、交通效率、智能电网、高效工业通信的新功能，这样的新应用需要更高的可靠性和更低的延迟。

据思科预测报告显示：到 2021 年，将近 3/4 连接到移动网络的设备将成为智能设备。从全球范围来看，到 2021 年，74.7%的移动设备将成为智能设备，高于 2016 年的 36.7%，到 2021 年绝大多数移动数据流量（98%）将从这些智能设备中产生，高于 2016 年的 89%。2016 年，全球移动设备和连接数量从 2015 年的 76 亿个增长到 80 亿个，新增移动设备和连接数量超过 4 亿个。在全球范围内，到 2021 年，移动设备和连接将增长到 16 亿个，然而仅能支撑每秒百兆传输速率的 4G 通信很难满足未来移动通信的应用需求。因此，提升频谱效率和用户体验速率，增强移动性，接入海量设备和缩短时延等需求成为 5G 通信需要继续面对的挑战，同时还要满足物联网多样化的业务需求。

1.5.2　5G 研究进展

5G 的研究虽然取得了系列进展，但还需要在频谱效率、能效和成本效率上进一步优化，并且随着物联网、车联网及机器通信（MTC）的发展，5G 通信要有 1×10^6km^2 的连接密度、超高的流量密度、超高速的网络传输速度、毫秒时延和高速移动性能。无论从增强的移动宽带业务需要，海量机器类通信的人与物，还是从低时延高可靠的物与物的通信需求，都要求未来挖掘更多的频谱资源及更大带宽的频谱，特别是用户业务需求和应用的增长，以及设备连接数的百亿级需求对于无线新技术新频谱都提出了更高的要求。为实现这些目标及提升业务支撑能力，5G 在无线传输技术方面都有了新的突破，并且进一步挖掘了提升频谱效率的技术，如先进的多址接入技术、大规模天线阵列、编码调制技术、基于滤波器组的多载波技术、全双工复用技术、毫米波技术等。

1.5.3　5G 关键技术

1. 毫米波通信

5G 通信必须支持海量通信，根据香农公式，增加带宽是增加容量和传输速率最直接的方法。毫米波通信的主要优势有：可用频带宽，可提供几十吉赫兹的带宽；波束集中，能大幅度提高能效；方向性好、受干扰影响小等。但同时也面临着诸多技术实现挑战，主要有如下几点：

（1）路径损耗大，不适合远程通信。

（2）受空气和雨水等的影响较大。

（3）绕射能力差，非视距（Non-Line of Sight，NLOS）通信受限。

（4）如何实现随机接入。

（5）硬件实现复杂度高。

2. 可见光通信

可见光通信（Visible Light Communication，VLC）也是5G移动通信中的一种频谱拓展技术，它可在5G中用于室内短距离通信、车联网通信、水下通信。可见光通信是利用发光二极管（Light Emitting Diode，LED）发出的可见光来进行通信的一种技术，通过对可见光的光强进行调制实现信号的传输。由于可见光通信技术可以兼顾通信与照明，且较传统无线通信系统具有体积、成本、安全性等优势，因此受到学术界的广泛关注。

可见光通信通过对LED的发光强度进行调制，通常是在一定直流偏置情况下叠加包含信号的交流调制成分，通过这种方式，可见光通信可以在兼顾照明的情况下进行信号传输和通信，具有非常广阔的发展前景。其具体的实现过程是：在发射端，对待发送的数据进行基带调制，得到发射基带信号；然后在LED驱动器上进行光强度调制（Intensity Modulation）并叠加直流偏置，形成发射光信号，进入空间传播；在接收端，一般采用直接检测（Direct Detect）方法，首先通过光电二极管对接收的光信号进行光电转换，得到电信号，再进行信号调理后送入解调器进行解调，得到接收数据。

由于可见光通信采用LED来调制和发送可见光，相比传统射频无线通信系统，其发射功率可以更低，设备也可以更小型化。与射频无线通信相比，它的主要优势如下。

（1）无电磁干扰。由于可见光通信采用光作为传播媒介，相当于将信号调制到光波频率上，因此与传统无线电系统之间不存在电磁干扰问题。

（2）节能环保。可见光通信无须上下变频器即可发送，将LED作为信号发射器，能有效降低通信设备的成本；同时，由于可见光通信系统还可满足照明的需求，因而有效地节约了通信系统的能耗。

（3）安全性高。首先，信号可以被不透明材料所阻隔，室内信息更难泄露到室外；其次，由于不使用射频频带，因此不会受到射频无线通信信号的干扰，可以在射频干扰很强的环境下进行通信。

（4）无须许可。由于可见光通信不使用射频通信频谱资源，因此无须申请

无线电频谱许可证。目前，免授权的频谱资源（如 2.4GHz 频段）非常紧张，Wi-Fi、蓝牙、Zigbee 等无线通信协议普遍都使用免授权的频谱进行通信。可见光通信开发了新的可用频谱资源，能有效解决目前免授权频谱信道拥挤的问题。

目前，虽然可见光通信相对传统射频通信具有多种优势，但也有很多因素阻碍了可见光通信技术的发展。首先是数据双向传输的问题，目前采用的方案通常是使用两个独立的单向 VLC 通信链路构成双向数据传输链路，或者使用射频、红外线或其他发射机实现数据上行链路，这样增加了设备的复杂性，降低了 VLC 系统的实用性。其次是干扰问题，人工光源或自然光源会在 VLC 接收机处产生噪声（散弹噪声），降低通信信噪比，影响通信效果。其中，太阳光产生的噪声功率较大，但其参数通常固定；人工光源产生的噪声功率较小但参数不固定，通常较难滤除。再者是光的多径传输产生的码间干扰问题，即多径信道问题。正如其他无线通信技术一样，VLC 系统最典型的应用特征便是信道的不确定性，因此，有效可靠的信道估计方法也是 VLC 需要发展的关键技术之一。这些问题促使相关研究人员不断研究和探索新方法，以使 VLC 技术更加成熟和实用。

3. 大规模 MIMO 技术

随着无线设备的增加和无线业务（如物联网和车联网等）的持续增长，为了适应时代的发展和满足未来通信的需求，商用 5G 通信需要实现无线设备连接数提高 10～100 倍，数据传输速率提高 10～100 倍，系统容量提高 1000 倍的目标。为了实现这个目标，5G 通信采用多种新技术适应不同的应用场景。其中，由于大规模 MIMO 技术具有较高的频效和能效，以及链路稳定可靠等优势，已经成为 5G 通信的关键技术之一，近年来受到企业和学校的广泛关注。

MIMO 技术演进是从 3G 开始的，在 3G 开始阶段的 WCDMA HSPA 标准下还只能采用 SISO 技术，其下行峰值速率为 7.2Mb/s；到了 3G 的最后阶段，即 WCDMA HSPA+标准阶段，系统就支持 2×2 的 MIMO，其下行峰值速率为 42Mb/s。在 4G 的初始阶段 3GPP LTE 标准时，系统由原来 2×2 的 MIMO 过渡到 4×4 的 MIMO，其下行峰值速率可达 100Mb/s；现在的 3GPP LTE+标准，系统可支持 8×8 的 MIMO，其下行峰值速率可达 1Gb/s。5G 基站使用大规模天线阵列（几十甚至上百根天线），也就是说，5G 是真正意义上的大规模 MIMO 系统。所谓大规模天线，就是大量天线为相对少的用户提供同传服务，大规模 MIMO 系统的主要优势如下：

（1）系统容量和能量效率大幅度提升，系统容量提高 10 倍，能量效率提高 100 倍。

（2）上行和下行发射能量都将减少，发射能量仅为原来的$1/\sqrt{M}$（M 为发射天线数）。

（3）用户间信道正交，干扰和噪声将被消除。

（4）信道的统计特性趋于稳定。

大规模 MIMO 系统同时也带来了 4 个挑战：

（1）如何在导频污染下进行信道状态的信息获取。

（2）如何在不同场景下进行信道测量与建模。

（3）如何设计低复杂度的发射机和接收机。

（4）如何设计低能耗的天线单元及阵列设计。

4. 新型传输波形技术——滤波器组多载波调制技术

学术界提出物理层滤波器组多载波调制技术（Filter-Bank Multi Carrier，FBMC）作为 5G 通信技术的调制技术之一，它用一组优化的滤波器组代替 OFDM 中的矩形窗函数，实现时频本地性，从而达到降低外带衰减的目的。它可以针对不同的信道环境，应用不同的滤波器组，来针对性地提高误码率性能；同时又不需要像 OFDM 那样引入 CP 循环前缀，可以大大提高频谱的利用率。FBMC 因具有灵活的资源分配、高的频谱效率、较强的抗双选择性衰落的能力，较好地解决了高速率无线通信和复杂均衡接收技术之间的矛盾，很有可能在 5G 中成为替代 OFDM 的空中接口技术。但在 FBMC 系统中，符号是相互叠加的，相邻子信道之间不是正交的，需要引入偏移正交幅度调制（Offset Quadrature Amplitude Modulation，OQAM）技术，以保证相邻子信道的数据正交。OQAM 存在不能消除的虚数干扰，在多径信道下，特别是在大时延多径数目较多的情况下，各子信道相互干扰仍然严重，信道估计比较复杂，不能完全使用简单系统函数来补偿接收的数据。同时，结合 Massive MIMO 技术的 FBMC 系统的信道参数随天线数目的增加而成指数级增加，计算复杂度也相应地成指数级增加。为了提高信道估计的准确性，会使用大量训练序列或导频，这在一定程度上损耗了通信的频谱资源。由于使用了大规模天线技术，系统的频偏会影响估计精度，信道估计成了亟待解决的问题之一。

FBMC 技术还存在信道估计难题。在 5G 通信技术中，为了提高传输速率，通信系统必须采用同时同频全双工技术。但是，目前全双工技术的效率受自身

干扰的严重影响，特别是全双工技术使原来的信道发生了改变，干扰消除和干扰没有消除的信道特性差别很大。信道估计除了要保证传输质量，还要配合后续的多样化技术要求，信道估计过程需要估计更多参数，这更增加了信道估计的复杂性和难度。因此，研究基于 FBMC 技术的 5G 通信系统的信道估计机理和实现技术具有特别重要的科学意义和实际应用价值，有助于我国在 5G 通信的发展过程中引领世界。

5. 同时同频全双工技术

同时同频全双工技术是指发射机和接收机同时共享频带进行数据传输。它相比传统的频分双工（FDD）和时分双工（TDD）两种模式的效率提高 1 倍，因此已经成为 5G 通信的潜在技术之一。要想未来通信能够实现同时同频全双工技术，需要克服的主要困难就是干扰的消除，不仅需要解决时域上的干扰，还需要解决频域上的干扰。虽然国内外很多学者都在进行这一方面的研究，但是这个问题都没有得到很好的解决。

1.5.4 国内外 5G 研发现状

1. 国外 5G 发展现状

1）欧洲的 5G 发展现状

欧盟委员会副主席 Andrus Ansip 在 2015 年 2 月 28 日巴塞罗那世界移动通信大会上发表演讲时指出，下一代无线通信（5G）将“推动数字化革命”。他强调，网络速度加快、数据量增加和容量提升将改变人们的生活、工作、娱乐和沟通方式，以及从汽车到医疗等许多行业的现状。但这种新一代技术的发展需要数十亿欧元的投资，以及跨电信运营商、行业、成员国和第三方国家之间的共同努力。各地区应就标准达成一致，欧盟各国政府必须以协调的方式释放急需的频谱，而私营部门应携起手来，共同致力于 5G 技术的最终应用。Ansip 要求业界更积极地参与这一过程，以便加快欧洲发布这些应用的速度。他要求各成员国协调频谱使用的经济条件，包括牌照的签发和有效期。他警告说：“另一种选择将使我们面临被快速连接时代遗弃的风险。”他呼吁各国和各地区共同努力，确立正确的标准。

2）美国的 5G 发展现状

2019 年 4 月 15 日，美国总统特朗普在白宫发表关于美国 5G 部署的讲话，宣布了多项旨在刺激美国 5G 网络发展的举措。根据计划，美国政府和私营企业部门共计划在 5G 网络上投资 2750 亿美元（约合 1.84 万亿元人民币），创造 300 万个就业岗位，并为美国经济最终增加 5000 亿美元的效益。特朗普在讲话中宣称，美国已在全球 5G 竞赛中处于领先地位，对此，有资深电信从业人士表示，不像 3G 和 4G 时代，5G 技术当前更呈现出百花齐放的状态，美国所称的领先地位并不明显。

美国联邦通信委员会在当天宣布，从 2019 年 12 月 10 日起，将推出“美国史上最大规模的频谱拍卖”，运营商可以竞标 37GHz、39GHz 和 47GHz 3 个新的高频段。该委员会自 2018 年 11 月起开始启动 5G 频谱拍卖，陆续发放 5G 牌照。在频谱拍卖后，获得牌照的运营商还需要建设大量新型基站，才能开始提供 5G 服务。在美国无线通信和互联网协会 2019 年 4 月初发布的一份报告中显示，美国在高频 5G 频谱方面领先，但中频频谱部署落后。高频段的特点是容量更高，但覆盖面较窄，主要适用于在城市热点地区部署；中频频谱兼具高容量和广覆盖的特点，对发展 5G 至关重要。

威瑞森（Verizon）的 5G 网络正在与大量合作伙伴合作，包括思科、爱立信、英特尔、LG、诺基亚、高通和三星。在 2019 年 2 月初的一次活动中，美国电话电报公司（AT&T）宣布在接下来的几个月中，将在奥斯汀和印第安纳波利斯两座城市率先启动“5G Evolution Markets”，并有望在 2019 年年底之前在部分地区达到 1Gb/s。

在 5G 的应用领域，美国电信运营商的 5G 争夺大战已经开始，Verizon 和 AT&T 已经推出了 5G 网络，第三大运营商 T-Mobile 和第四大运营商 Sprint 也有计划推出 5G 网络。AT&T 于 2018 年 12 月宣布在美国 12 个城市试点 5G 网络，但该公司发送给部分用户手机的信号被标记为“5G E”信号，即所谓的“5G 进化版”。因此 AT&T 被指责并非真正提供 5G 网络服务，相关服务仍在 4G 网络运行。T-Mobile 和 Sprint 这两家运营商正在计划合并，成立新的运营商 New T-Mobile，如果最终得到监管部门的许可，用户规模可能会超过 AT&T，未来美国电信市场将形成三分天下的格局，如此，两家基站资源和频谱资源可以互补，有利于更快速建成密集的 5G 网络。

3）韩日的 5G 发展现状

韩国作为全球网速最快的国家早已开始部署千兆网络。当全球将 5G 商用时间定在 2020 年之时，韩国就宣布将提前在 2018 年实现 5G 商用，并在韩国平昌冬季奥运会上首次使用 5G 移动通信技术。2016 年 7 月，韩国电信（KT）与美国运营商 Verizon 就 5G 网络建立全球标准和开发技术达成了一致，将就加快

预计于2020年商用的5G技术的商业化与标准问题进行合作。2016年10月，韩国最大移动通信运营商SK Telecom宣布，他们将在韩国设立5G移动网络研究中心——5G Playground。在建立这个中心时，SKT与包括三星电子、诺基亚、英特尔、爱立信、Rhode & Schwartz在内的诸多科技巨头进行合作，他们表示2017年就能建成测试网络，他们因此可能成为世界上第一个5G运营商。

日本软银（Soft Bank）株式会社（简称“软银”）于2018年12月5日向相关媒体公开了28GHz频段的5G通信实测试验情况。软银表示，在首都中心区域开始28GHz的实测试验尚处于早期阶段，没有公布本次试验的具体数据，但提及为了确保稳定的通信，比特率上行、下行控制在1Gb/s以下，延迟在1～2s。该公司此前也在东京首都中心区域开展过5G的实测试验，但使用的是4.7GHz的较低频段，2018年11月14日软银取得在品川、芝大门、涩谷三处首都中心区域的28GHz试验许可，本次试验正是基于此项许可进行的。

日本总务省为5G准备了3.7GHz、4.5GHz、28GHz 3个频段，其中28GHz是频宽最大的频段，其直线性和高衰减的特性区别于以往的手机通信模式，需要相关技术的积累。软银表示将持续此类试验，积累28GHz的相关技术，面向商业应用做好准备。特别是对于难以覆盖的20层以上高楼，考虑通过灵活布局28GHz基站实现区域拓展。

NTT Docomo于2019年开始部分5G通信商业服务，为此将全面展开5G的实测。NTT Docomo计划与日本各地方政府、企业、大学合作，在全日本开展远程医疗、观光、办公自动化等领域的试验，希望可以发挥4G LTE模式100倍以上的高速通信性能，推出实用化服务，促进日本地方提高活力。

2．国内研发现状

韩国、日本、美国、欧盟等国家和地区都在加速研发和推广5G，竞争非常激烈。我国从政府到企业都非常重视移动通信的发展和投入。2005年10月，在国家发展和改革委员会、科学技术部、工业和信息化部的共同支持下，由国内外移动通信运营企业、设备制造企业、科研机构、高等院校等26家单位共同发起成立的未来移动通信论坛成为一个促进未来移动通信领域的技术交流与信息沟通，加强国际间技术研发与合作的非常重要的非营利性国际社团组织。该组织加强国与美国、欧盟、韩国、日本等国家和地区，以及与华为公司、中兴通讯、大唐电信、爱立信、诺基亚、高通、是德科技、上海无线通信研究中心等设备制造企业、测试厂商、科研机构的通力合作。2013年年初，该组织在前期合作基础上成立了 MT2020 5G 推进组，明确了 5G 发展愿景、业务、频谱与技术需求及发展方向，并利用国内外各方力量联合开发，为 5G 通信技术标准制定打下坚实基础。2019 年 11 月，首届世界 5G 大会在北京举办，会议发布了具有国际影响力的《北京 5G 产业发展白皮书》。2016 年 11 月，华为公司击败通信巨头美国高通，成为 5G 增强移动宽带场景的信道编码技术方案的制定者。2017 年 3 月初，我国宣布建成全球最大的 5G 试验外场。

2016 年 1 月 13 日，中国联通携手华为在上海完成了业界首个 FDD 制式 Massive MIMO 技术的外场验证，在 20MHz 频谱上，使用两天线接收终端，实现网络峰值速率 697.3Mb/s，是传统 LTE FDD 的 4.8 倍。中国电信在南京市江北新区产业技术研创园成功建成 4 个 5G 基站，总投资超过 3 亿元，而未来这个区域的 5G 基站数目将达到 600 多个。此外，中国电信也明确，到 2018 年实施 6GHz 以下频段的 5G 规模技术试验和试商用试验。

5G 标准的制定，目前看依然是中国、美国和欧盟实力最强的三方主导，韩国和日本两个国家的实力较弱只能选择跟随。欧盟已经确定爱立信继续担任新一期 METIS-Ⅱ欧盟项目协调人，爱立信从 WCDMA 到 LTE-FDD 都在主导欧洲移动通信标准的制定，如今在 5G 标准制定方面成了各方实力争夺的局面。显而易见，谁在 5G 研究方面走得更快、更好，谁就能够在未来的市场竞争中占得先机。希望不久的将来中国在 5G 方面，能够取得长足发展，引领国际秩序，赢得更多商机。

参考文献

[1] Mouly M, Pautet M B, Haug T. The GSM System for Mobile Communications[J]. Michael Mouly and Marie-Bernadette Pautet, 1992.

[2] Rahnema M. Overview of the GSM system and protocol architecture[J]. IEEE Communications Magazine, 1993, 31(4): 92-100.

[3] Cai J, Goodman D J. General packet radio service in GSM[J]. Communications Magazine IEEE, 1997, 35(10): 122-131.

[4] Drane C, Macnaughtan M, Scott C. Positioning GSM telephones[J]. IEEE Communications Magazine, 1998, 36(4): 50-54.

[5] Elsen I, Hartung F, Horn U, et al. Streaming technology in 3G mobile communication systems[J]. Computer, 2001, 34(9): 46-52.

[6] Novakovic D M, Dukic M L. Evolution of the Power Control Techniques for DS-

CDMA Toward 3G Wireless Communication Systems[J]. IEEE Communications Surveys & Tutorials, 2000, 3(4): 2-15.

[7] El-Jabu B, Steele R. Aerial Platforms: a Promising Means of 3G Communications[C]//IEEE Vehicular Technology Conference. IEEE, 1999.

[8] Etemad K. CDMA 2000 Evolution: System Concepts and Design Principles[J]. E-STREAMS: Electronic reviews of Science and Technology, 2004(5).

[9] Wang J, Sinnarajah R, Tao C, et al. Broadcast and multicast services in cdma2000[J]. IEEE Communications Magazine, 2004, 42(2): 76-82.

[10] Honkasalo H, Pehkonen K, Niemi M T, et al. WCDMA and WLAN for 3G and beyond[J]. Wireless Communications IEEE, 2002, 9(2): 14-18.

[11] Dahlman E, Beming P, Knutsson J, et al. WCDMA-the radio interface for future mobile multimedia communications[J]. IEEE Transactions on Vehicular Technology, 1998, 47(4): 1105-1118.

[12] Parkvall S, Englund E, Lundevall M, et al. Evolving 3G mobile systems: broadband and broadcast services in WCDMA[J]. IEEE Communications Magazine, 2006, 44(2): 30-36.

[13] Parkvall S, Dahlman E, Frenger P, et al. The evolution of WCDMA towards higher speed downlink packet data access[C]//Vehicular Technology Conference. IEEE, 2001.

[14] Frederiksen F, Kolding T E. Performance and modeling of WCDMA/HSDPA transmission/H-ARQ schemes[C]//IEEE Vehicular Technology Conference. IEEE, 2002: 472-476.

[15] Bo L, Xie D, Cheng S, et al. Recent advances on TD-SCDMA in China[J]. IEEE Communications Magazine, 2005, 43(1): 30-37.

[16] Kan Z, Lin H, Wang W, et al. TD-CDM-OFDM: Evolution of TD-SCDMA toward 4G[J]. IEEE Communications Magazine, 2005, 43(1): 45-52.

[17] Liu G, Zhang J, Ping Z. Further Vision on TD-SCDMA Evolution[C]//Conference on Communications. IEEE, 2005.

[18] Kammerlander K. Benefits and implementation of TD-SCDMA[C]//International Conference on Communication Technology, 2000.

[19] Lei L, Zhong Z, Lin C, et al. Operator controlled device-to-device communications in LTE-advanced networks[J]. Wireless Communications IEEE,

2012, 19(3): 96-104.

[20] Astély D, Dahlman E, Furuskär A, et al. LTE: the evolution of mobile broadband[J]. IEEE Commn Mag, 2009, 47(4): 44-51.

[21] Ghosh A, Ratasuk R, Mondal B, et al. LTE-advanced: next-generation wireless broadband technology [Invited Paper][J]. IEEE Wireless Communications, 2010, 17(3): 10-22.

[22] Yang Y, Hu H, Jing X, et al. Relay technologies for WiMax and LTE-advanced mobile systems[J]. Communications Magazine IEEE, 2009, 47(10): 100-105.

[23] Doppler K, Rinne M, Wijting C, et al. Device-to-device communication as an underlay to LTE-advanced networks[J]. Modern Science & Technology of Telecommunications, 2010, 47(12): 42-49.

[24] Yeh S P, Talwar S, Lee S C, et al. WiMAX femtocells: a perspective on network architecture, capacity, and coverage[J]. Communications Magazine IEEE, 2008, 46(10): 58-65.

[25] Jha R, Wankhede V A, Dalal U. A Survey of Mobile WiMAX IEEE 802.16m Standard[C]//IEEE Vehicular Technology Conference, 2010.

[26] Boccardi F, Heath R W, Lozano A, et al. Five disruptive technology directions for 5G[J]. IEEE Communications Magazine, 2014, 52(2): 74-80.

[27] Rappaport T S, Shu S, Mayzus R, et al. Millimeter Wave Mobile Communications for 5G Cellular: It Will Work![J]. IEEE Access, 2013, 1(1): 335-349.

[28] Ding Z, Liu Y, Choi J, et al. Application of Non-Orthogonal Multiple Access in LTE and 5G Networks[J]. IEEE Communications Magazine, 2017, 55(2): 185-191.

[29] Wang X, Min C, Taleb T, et al. Cache in the air: exploiting content caching and delivery techniques for 5G systems[J]. Communications Magazine IEEE, 2014, 52(2): 131-139.

[30] Chihlin I, Rowell C, Han S, et al. Toward green and soft: a 5G perspective[J]. IEEE Communications Magazine, 2014, 52(2): 66-73.

[31] You X H, Pan Z W, Gao X Q, et al. The 5G mobile communication: the development trends and its emerging key techniques[J]. Scientia Sinica, 2014, 44(5): 551.

[32] Ge X, Tu S, Mao G, et al. 5G Ultra-Dense Cellular Networks[J]. IEEE Wireless

Communications, 2016, 23(1): 72-79.

[33] Gupta A, Jha R K. A Survey of 5G Network: Architecture and Emerging Technologies[J]. IEEE Access, 2015, 3: 1206-1232.

[34] Bastug E, Bennis M, Debbah M. Living on the edge: The role of proactive caching in 5G wireless networks[J]. IEEE Communications Magazine, 2014, 52(8): 82-89.

第2章

5G 信号先进编码技术

2.1 低密度奇偶校验码信道编码技术

低密度奇偶校验码（LDPC 码）是 Robert Gallager 博士提出的逼近香农极限的线性分组纠错码，又被称为 Gallager 码。该码于 1962 年在 IRE Transactions on Information Theory 发表，并于 1963 年由麻省理工学院出版社作为单行本出版发行，但是由于当时的技术条件限制及没有合适的译码算法，LDPC 码在此后的 30 多年里并未被人们所开发利用，直到 1996 年 MacKay 和 Neal 等人在研究 Turbo 码时，将用在 Turbo 码上的思路引入 LDPC 码，实现了对 LDPC 码的重新利用，这才使 LDPC 码获得了人们的广泛关注，从而开始飞速发展。时至今日，LDPC 码的相关技术日趋成熟，并且成为欧洲 DVB-S2、IEEE 802.11 等多个领域标准的信道编码方案。在即将到来的 5G 移动通信时代，LDPC 码更是被确定为增强移动宽带（eMBB）场景中数据信道的编码方案。本章将着重介绍 LDPC 码的译码算法。

LDPC 码有多种译码算法，它的核心思想是基于二分图上的消息传递（Massage Passing，MP）译码算法。译码算法的方式千差万别，依据消息传送的方式不同，LDPC 码的译码算法可以分为硬判决和软判决两类。最主要的硬判决译码算法是 Gallager 提出的比特翻转（Bit Flipping，BF）译码算法，该算法虽然计算复杂度低，但是译码性能却达不到需求。软判决译码算法的译码性能明显好于硬判决译码算法，但是计算复杂度较大，和积（Sum Product，SP）译码算法是消息传递（MP）译码算法中的一种软判决算法，因为该算法传输的是消息节点的概率密度，所以该算法还称为置信传播（Belief Propagation，BP）算法。

2.1.1　比特翻转译码算法

硬判决译码算法最早是 Gallager 在提出 LDPC 码软判决算法时的一种补充。硬判决译码算法的基本假设是当校验方程不成立时，说明此时必定有比特位发生了错误，而所有可能发生错误的比特位中不满足校验方程个数最多的比特位发生错误的概率最大。比特翻转（BF）译码算法在每次迭代时均翻转发生错误概率最大的比特位，并用更新之后的码字重新进行译码。比特翻转译码算法的具体步骤如下。

（1）设置初始迭代次数 k_1 及其上限 $k_{\max}$。对获得的码字 $y=(y_1, y_2, \cdots, y_n)$按照式（2-1）展开二元硬判决，得到接收码字的硬判决序列 Z_n。

$$Z_n = \operatorname{sgn}(y_n) = \begin{cases} 1, & y_n > 0 \\ 0, & y_n \leqslant 0 \end{cases} \quad n = 1, 2, \cdots, N \tag{2-1}$$

（2）若 $k_1 = k_{\max}$，则译码结束。否则，计算伴随式 $s=(s_0, s_1, \cdots, s_{m-1})$，$s_m$ 表示第 m 个校验方程的值。若伴随式的值均为 0，说明码字正确，译码成功；否则说明有比特位错误。

（3）对每个比特位，统计其不符合校验方程的数量 f_n（$1 \leqslant n \leqslant N$）

$$f_n = \sum_{m=0}^{M-1} s_m h_{\min}, \quad n = 0, 1, \cdots, N-1 \tag{2-2}$$

（4）将最大 f_n 所对应的比特位进行翻转，然后使 $k=k+1$，返回步骤 2。

BF 译码算法的理论假设是基于校验方程的个数的，它选择进行翻转的比特位是最可能出错的比特位，而最可能出错的比特位也就是最不满足校验方程的比特位，具体程度可用校验方程个数来表示。图 2-1 和图 2-2 分别为 50×100BF 和 500×1000BF 译码算法误码率分析。BF 译码算法单纯地对码字进行硬判决，这种方法操作简单，但是性能也最差，尤其是当两次迭代翻转函数的判定结果是同一个比特位时，就会陷入死循环，这对译码来说是极大的损害。

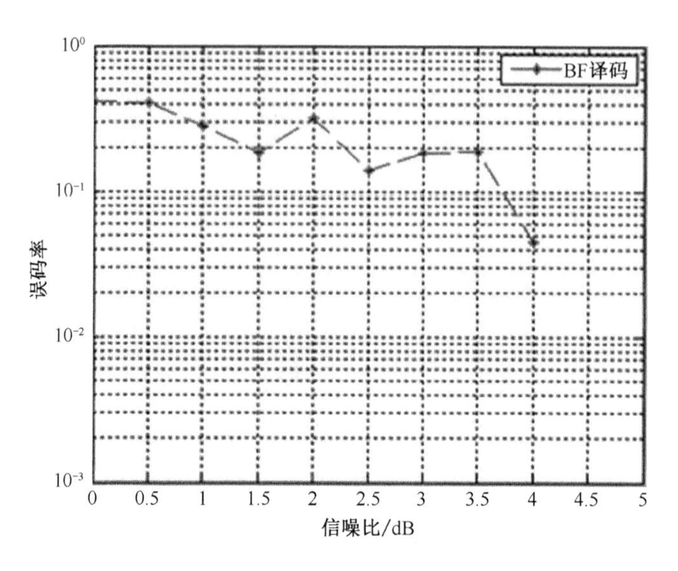

图 2-1　50×100BF 译码算法误码率分析

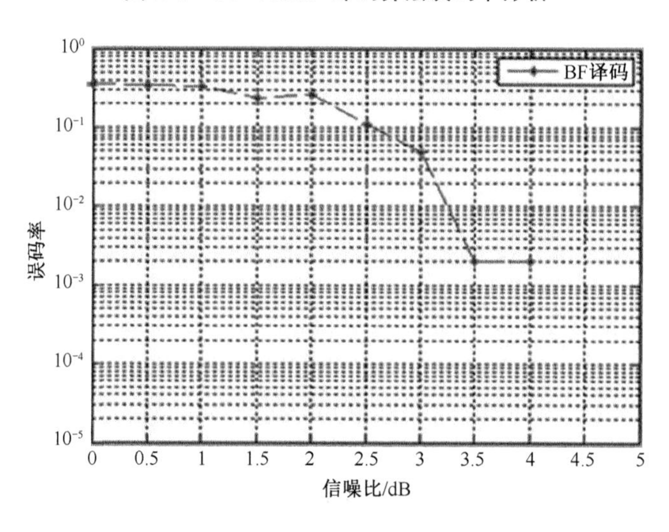

图 2-2　500×1000BF 译码算法误码率分析

2.1.2　置信传播算法

置信传播（BP）译码算法的核心是消息传递（MP）算法。消息传递算法并不是一种单一的算法，它是最开始运用在人工智能领域的一类算法，后来科研工作者将其应用在 LDPC 码中，作为置信传播算法广为人们所知。置信传播算法的判决是通过 Tanner 图来实现的，其主要思想是在迭代过程中，“消息”在 Tanner 图中的变量节点和校验节点之间来回传递，经过多次迭代之后，消息值趋于稳定，这个稳定值就是最佳的。置信传播译码算法的基本流程如下。

在迭代前，译码器收到信道传送来的实值序列 $y = (y_1, y_2, \cdots, y_n)$，所有变量节点 b_i 接收到对应的接收值 y_i。

第 1 次迭代：每个变量节点给所有与之相邻的校验节点传送一个可靠性消息，这个可靠性消息就是信道传送过来的值；每个校验节点收到消息之后会进行相应处理，然后返回一个新的可靠性信息给与之相邻的变量节点，这样就完成了第 1 次迭代。第 1 次迭代结束时，即可进行判决，此时如果满足校验方程，则迭代到此为止，直接输出判决结果，否则还需要进行第 2 次迭代。

第 2 次迭代：每个变量节点处理第 1 次迭代完成时校验节点传送来的可靠性消息，处理完成后将新的消息发送给校验节点。同理，校验节点处理完成后，返回给变量节点，这样就完成了第 2 次迭代。同样也是在完成迭代后进行判决，如果满足校验方程则结束，如果不满足则需要继续进行迭代，直到满足校验方程或者达到最大迭代次数时结束译码。此外，在每次迭代过程中，为了保证发送的信息和接收节点收到的消息相互独立，无论是变量节点传送给校验节点的信息，还是校验节点传送给变量节点的信息，都不能包括前面迭代过程中所发送的消息。

图 2-3 和图 2-4 分别为 50×100BP 和 500×1000BP 译码算法误码率分析。目前，LDPC 码研究领域的主要工作集中在译码算法的改进、编码方法的优化等问题上，虽然现在对 LDPC 码的研究如火如荼，且在各方面都取得了不错的进展，

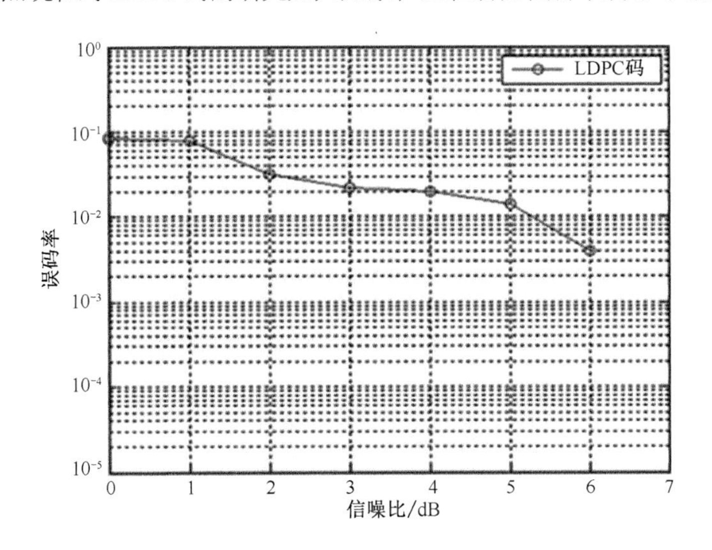

图 2-3　50×100BP 译码算法误码率分析

但还有很多问题需要继续研究，如 LDPC 码校验矩阵的构造、编码系统的联合优化、无线衰落信道和 MIMO 技术下的性能分析，以及 LDPC 码的链路自适应技术等，这些都是非常值得研究的课题。

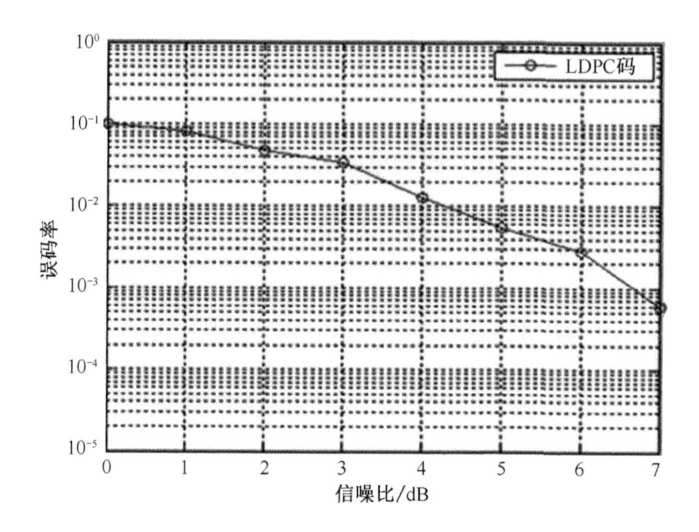

图 2-4　500×1000BP 译码算法误码率分析

2.1.3　LDPC 码的校验矩阵

LDPC 码是一种线性分组码，通常的线性分组码是由生成矩阵表示的，但 LDPC 码不是，LDPC 码由校验矩阵表示，规则的 LDPC 码可以用(n, j, k)来表示。简单地说，LDPC 码可以描述成校验矩阵有 n 列，即有 $n$bit；每列有 j 个 1；每行有 k 个 1，它可以用校验矩阵 $\boldsymbol{H}(1, 2, 3, 4)$来表示。

$$\boldsymbol{H}=\begin{bmatrix} 0&0&1&0&0&1&1&1&0&0&0&0\\ 1&1&0&0&1&0&0&0&0&0&0&1\\ 0&0&0&1&0&0&0&0&1&1&1&0\\ 0&1&0&0&0&1&1&0&0&1&0&0\\ 1&0&1&0&0&0&0&1&0&0&1&0\\ 0&0&0&1&1&0&0&0&1&0&0&1\\ 1&0&0&1&1&0&1&0&0&0&0&0\\ 0&0&0&0&0&1&0&1&0&0&1&1\\ 0&1&1&0&0&0&0&0&1&1&0&0 \end{bmatrix}$$

校验矩阵 $\boldsymbol{H}$ 的每行都是一个校验方程（check）；表示比特的约束关系，$\boldsymbol{H}$ 中有 12bit，每列表示这个比特收到几个校验方程的约束。例如，第 1 列，x_1 受 check2、check5、check7 三个校验方程的约束，即 j 的意义就是每比特受 j 个校

验方程的约束。第 1 行即 $x_3 \oplus x_6 \oplus x_7 \oplus x_8$，$\oplus$表示模 2 加运算，$k$ 表示一个 check 约束 $k$bit。

同时，如果用变量节点表示比特，用校验节点表示校验方程，则可以引进二分图来更直观地描述 ***H*** 矩阵结构，对应校验矩阵 ***H*** 的二分图如图 2-5 所示。

在图 2-5 中，一个变量节点就是 1bit，每个变量节点的度数为 3，对应 ***H*** 矩阵相应列中 1 的个数；一个校验方程就是一个校验节点，每个校验节点的度数为 4，对应 ***H*** 矩阵相应行中 1 的个数。

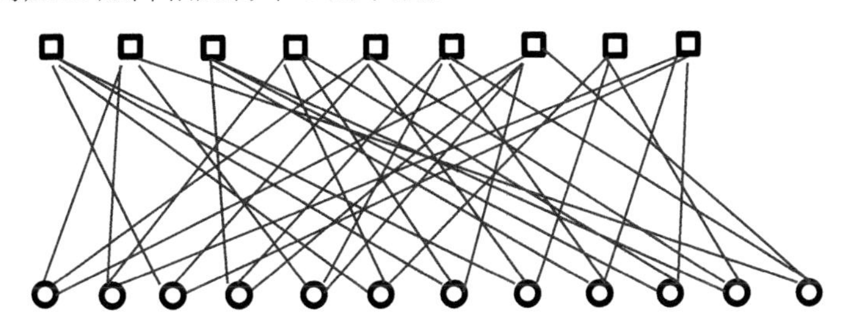

图 2-5　校验矩阵 *H* 对应的二分图

当然，非规则 LDPC 码也可以用二分图来表示，但是每个变量节点或校验节点的度数不同。

谈到二分图就不得不说 Tanner 图，Tanner 图是二分图的具体化，是由 Tanner 在 1981 年提出的用图模型来描述码字的方法。Tanner 图是研究低密度奇偶校验码的重要工具，Tanner 图中顶点分为变量节点和校验节点两类。在 Tanner 图中，因为变量节点和校验节点的连线是基于与码字比特有关的校验方程的，因此连线的数量与校验矩阵中 1 的个数相同。在 Tanner 图中，圆形节点表示变量节点，方形节点表示校验节点。

停止集 S 是变量节点集合 V 的子集，与这个子集相邻的校验节点至少与其中的两个变量节点相邻。

与 Turbo 码相比，LDPC 码的主要优势如下：

（1）LDPC 码的译码算法计算复杂度远低于 Turbo 码的译码算法，并且由于稀疏矩阵结构并行的特点，比较容易在硬件上实现，因此 LDPC 码在大容量通信中的应用程度更高。

（2）LDPC 码的码率灵活，而 Turbo 码只能通过凿孔来实现任意码率的构造，且凿孔位置选择不当会造成性能损失。

（3）LDPC 码具有更低的错误平层，远低于 Turbo 码的 10^{-6} 量级，可以应用于有线通信、深空通信及磁盘存储工业等对误码率要求十分苛刻的场合，而Turbo 码想实现此类目标只能通过与其他码进行级联。

（4）LDPC 码发明的时间较早，它是 20 世纪 60 年代发明的，不存在知识产权方面的问题，对于某些企业和国家是很好的发展机会。

LDPC 码的劣势如下：

LDPC 码具有全并行的译码结构，对硬件的要求和需求都比较高；虽然LDPC 码的译码方便，但是编码却比较复杂。

2.2 极化码技术

极化码（Pode Code）技术是 2008 年土耳其比尔肯大学 Erdal Arikan 教授在他的论文 *Channel polarization-A method for constructing capacity-achieving codes for symmetric binary-input memoryless channels* 中提出的一种基于信道极化的新型编码方案。理论上，它是一种能够用严谨的数学推理证明，可以达到香农极限的编码方式，它适用于任意二进制离散无记忆信道，且在加性高斯白噪声（Additive White Gaussian Noise，AWGN）信道上的表现较好。信道极化是指通过两信道之间的联合和分裂达到信道极化的目的，当码长无限时，一部分信道的信道容量达到 1，我们称之为无噪声信道，用来传递消息比特；另一部分信道的信道容量为 0，我们称之为纯噪声信道，用来传输固定比特或冻结比特。

2.2.1 控制信道的极化码编码方案的优势和原理

美国当地时间 2016 年 11 月 17 日，在拉斯维加斯召开的 3GPP RAN1 87 次会议上，中国华为公司主推的极化码编码方案战胜高通主推的 LDPC 码（低密度奇偶校验码）编码方案及法国主推的 Turbo 2.0 编码方案，成为 5G 控制信道eMBB（增强移动带宽）场景编码方案，而 LDPC 码编码方案成为数据信道短码编码方案，而在此之前，LDPC 码编码方案就已经被确定为 5G 长码编码方案。

极化码作为一类纠错码拥有非常强劲的性能表现，级联多冗余循环校验（CRC）的极化码在串行相消序列（Successive Cancellation List，SCL）译码下能获得优于 LDPC 码和 Turbo 码的性能，因此极化码被确定为 5G 控制信道 eMBB场景编码方案。

前面提到极化码只是控制信道编码方案，而 LDPC 码依然是数据信道的短码编码方案。那么，什么是长码编码方案，什么是短码编码方案呢？

在好的（或者说优化度较高的）编码方案中，我们一般倾向于用最短的二进制位数来表示一个指令，编码效率与指令的长短成反比。在指令个数不变的情况下，指令的长度越短，编码效率越高。但是这就造成了一个弊端，即指令不等长，而不等长的指令往往会让接收端的工作量剧增，影响译码；同时，如果采用等长的指令编码，又会造成带宽的大量浪费。于是我们划分了两个指令组，将常用的指令用相对较短的二进制位数表示，而将一些不常用的指令用相对较长的二进制位数表示，也即短码和长码，短码多用于控制信道，长码多用于数据信道。

控制信道（Control Channel，CCH）是指用于传送信道指令及同步数据的信息通道，主要用于传输指令操作下级网络设备。信息在传输过程中会受到一些外部条件的干扰，如噪声，这会使原始信息产生错误，为了检除这些错误，不让错误经由信道继续传播影响后续信息，我们需要对在信道中传输的数字信号进行纠错编码，即信道编码。随着传输速度的提高，以及同时工作的传输协议的种类的增加，数据信道的数量也随之大幅增加，信道编码的传输渐渐独立出来，由专用的信道负责，即编码信道，这样可以增强数据在信道中传输时抵御各种干扰的能力，增强通信系统的可靠性。对于控制信道而言，极化码编码方案有什么优势呢？

1. 优势

研究显示，与其他信道编码相比，短码极化码在误码率性能方面更具有明显的优势。而且对于短码来说，译码时延也不那么敏感，所以我们用极化码作为短码控制信道的编码方案是不错的选择。另外，极化码是唯一一种在理论上被证明能够达到香农极限的信道编码方案，它具备成为一种更好的编码方案的潜力。

众所周知，信息编码在信息传播中具有极其重要的地位，就像语言也是我们传播信息所用的一类编码。假设信道容量为 C、信息传输速率为 R，根据香农第二定理，若信道是离散的、无记忆的、平稳的，则只要 $R<C$，就存在一种信道编码方法，使当码长 N 足够大时，误码率 P 任意小。据此，汉明码、卷积码、BCH 码、RS 码、LDPC 码、Turbo 码相继面世。我国以往主推的 TDS、TD-LTE 等标准都不是我国自主知识产权的内容，其中 TDS 的部分专利源自西门子，而 TD-LTE 的核心长码编码 Turbo 码和短码咬尾卷积码，也是国外研究者拥有的技术。而极化码成为 5G 控制信道 eMBB 场景编码方案，则是我国和

我国部分企业领头推动的结果。极化码是唯一一种在理论上被证明可以达到香农极限的信道编码方案，并且有较低的编码、译码复杂度。具体来讲极化码有以下三大优点。

（1）极化码相对 Turbo 码有更高的增益。在相同误码率的前提下，实测极化码对信噪比的要求比 Turbo 码低 0.5 ~ 1.2dB。也就是说，它具有更高的编码效率，这意味着频谱效率的提升。

（2）没有误码平层。极化码因为其汉明距离小，以及串行相消（SC）译码算法使它没有误码平层，对于 5G 中超高可靠性需求的业务（如无人驾驶及超远距离实时操控）来说，能够实现超高的可靠性，解决垂直行业可靠性的难题。

（3）极化码的译码复杂度低。译码复杂度低意味着能降低终端的功耗，在同等译码复杂度的情况下，极化码比 Turbo 码的功耗低 20 多倍。

2. 原理

极化码是基于信道极化的一种编码方案，其基本原理归结为极化三部曲：信道合并、信道分离和信道极化。其中，信道合并和信道极化是在编码时完成的，信道分离是在译码时完成的。信道极化（Channel Polarization）是 2008 年 Erdal Arikan 在国际信息论 ISIT 会议上首次提出的概念，2009 年他在 *IEEE Transaction on Information Theory* 期刊上发表的论文中进行了详细的阐述，并且基于信道极化提出了一种新型编码构造方法，命名为极化码。对 $N=2^n$（$n \in \mathbf{N}$）个独立的二进制输入信道 W（或者对于一个信道反复使用 N 次，即在 N 个时隙内的同一个信道）进行信道合并（Channel Combination）与信道分离（Channel Splitting）操作，从而得到 N 个相互关联的极化信道。极化之后，一部分信道的容量增大，另一部分信道的容量减少，当 N 趋近于无穷大时达到两个极端。即一部分信道容量趋近于 1，为无噪信道；一部分信道容量趋近于 0，为纯噪信道，且容量为 1 的无噪信道占信道总数的比例正好为原二进制输入信道的信道容量 $I(W)$，即所谓的信道极化现象，其形成过程如图 2-6 所示。

两个独立信道只有经过信道极化之后才会成为两个极化信道，才能进行极化编码。极化信道可以从单极化单元说起。最基本的信道极化（见图 2-7）是对两个相同的未经极化的信道 W：$x \rightarrow y$ 进行单步极化操作，其中 x 是信道输入符号的集合，y 是信道输出符号的集合，u_1、u_2 分别对应信道的两个输入比特，并通过模 2 加运算进行赋值。其中，$x_1 = u_1 \oplus u_2$，$x_2 = u_2$。未经极化的信道有两个输入（u_1、u_2）和两个输出（y_1、y_2），而信道极化则是原本两个未经极化的信道 W 被合并成两个输入两个输出的向量信道 W_2：$x^2 \rightarrow y^2$，其中 $x^2 = x \times x$，运算×为

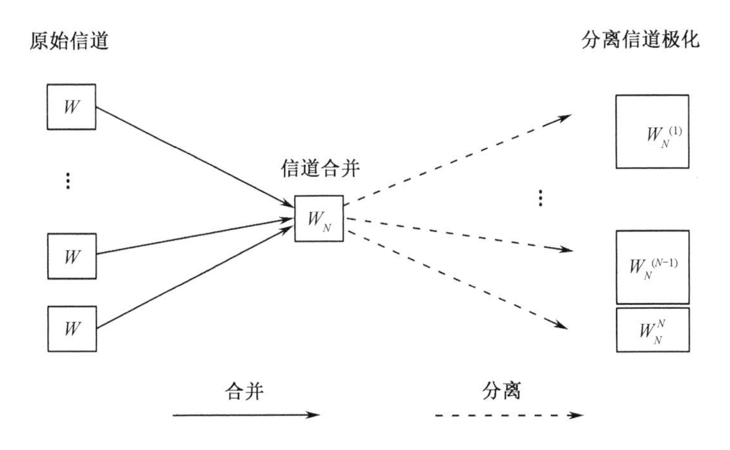

图 2-6　信道极化现象的形成过程

笛卡儿积。该向量信道包含两个子信道 $W_2^{(1)}$：$x \to y \times x$（输入为 u_1，输出为 y_1y_2）和 $W_2^{(2)}$：$x \to y$（输入为 u_2，输出为 $y_1y_2u_1$），这两个子信道即为两个极化信道，经过极化过程之后，从信道容量上来说，有 $I\left(W_2^{(1)}\right)+I\left(W_2^{(2)}\right)=2I\left(W\right)$，并且有 $I\left(W_2^{(1)}\right)<I\left(W\right)<I\left(W_2^{(2)}\right)$。也就是说，经过极化的两个信道的信道容量会出现偏移，一个增加，一个减少。如果对两组已经进行过一次极化操作的信道，在两组相互独立的且转移概率相同的极化信道之间分别进行单极化操作，这个偏离会更加明显，此时称为第 2 层极化，而前一次的极化操作称为第 1 层极化。当码长 $N=2^n$ 时，也就是说我们需要进行 n 层极化，即完全极化之后，会出现一部分信道容量为 1，而另一部分信道容量为 0 的情况，前者称为无噪信道，后者称为纯噪信道，且无噪信道的数量刚好为原二进制输入离散信道的容量 $I(W)$。

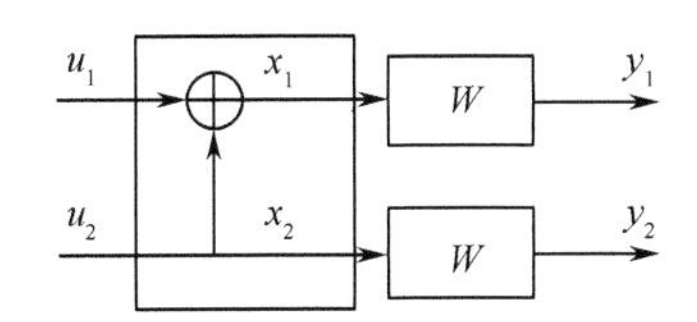

图 2-7　信道极化

1）信道合并

信道合并就是将 N 个相互独立的二进制离散信道 W 通过递归的方式，合并生成 W_N 的过程，记为：$X^N \to Y^N$，其中 $N=2^n$，$n \geqslant 0$。值得一提的是，在信道合并过程中，子信道的信道容量可能会发生变化，在图 2-8 中，假设两个 BEC 信道的删除概率 $p = 0.5$，那么 u_1 通过的信道 W_1 和 u_2 通过的信道 W_2 的信道容量都为 $1-p = 0.5$。当 u_1 通过合成信道之后，子信道容量变为 $1-(2\times p-p\times p) = 0.25$，低于原信道容量，我们称之为较差的信道，即 W^-；u_2 通过的子信道容量为 $1-p\times p = 0.75$，高于原信道容量，我们称之为较好的信道，即 W^+。两个信道的信道容量都发生了变化，但是总体的信道容量，即整个系统的信道容量并不会发生变化。也就是说，信道合并保持总的信道容量守恒。类似地，如果有 N 个信道参与合并，则

$$I(W) = NI(W_1) \tag{2-3}$$

对加性高斯白噪声（AWGN）信道，信道总容量依然不变，但是各子信道的信道容量却没有精确的表达解析式，我们可通过式（2-4）来近似表示：

$$C_{\text{AWGN}}^{-} = C_{\text{BEC}}^{2} + \delta \tag{2-4}$$

$$C_{\text{AWGN}}^{+} = 2C_{\text{BEC}} - C_{\text{BEC}}^{2} - \delta \tag{2-5}$$

式中，$\delta = \dfrac{\left|C_{\text{BEC}} - 0.5\right|}{32} + \dfrac{1}{64}$。

信道合并过程如图 2-8 所示。

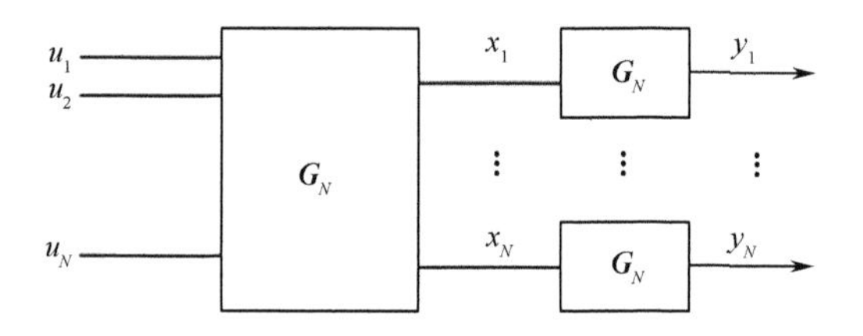

图 2-8 信道合并过程

信道转移概率为 $W_N\left(y_1^N | u_1^N\right) = W^N\left(y_1^N \mid u_1^N \boldsymbol{G}_N\right)$。其中，$\boldsymbol{G}_N$ 为极化码的生成矩阵，u_1^N 为所有输入变量的集合，向量 $\boldsymbol{x}_1^N = u_1^N \boldsymbol{G}_N$。生成矩阵是如何构造的，从 Arikan 的论文中我们看到式（2-6），即

$$\boldsymbol{G}_N = R_N\left(\boldsymbol{F} \otimes I_{N/2}\right)\left(I_2 \otimes \boldsymbol{G}_{N/2}\right) = R_N\left(\boldsymbol{F} \otimes \boldsymbol{G}_{N/2}\right) \tag{2-6}$$

式中，符号⊗是一种矩阵运算，称为克罗内克积；$\boldsymbol{F}$ 定义为矩阵$\begin{bmatrix} 1 & 0 \\ 1 & 1 \end{bmatrix}$。$\boldsymbol{F}$ 的定义有何意义呢？我们用一个二维向量来测试一下：$u_1, u_2 \boldsymbol{F} = u_1, u_2 \begin{bmatrix} 1 & 0 \\ 1 & 1 \end{bmatrix} = u_1 \oplus u_2, u_2$，可见我们用矩阵 $\boldsymbol{F}$ 实现了信道极化的初步变换。

2）信道分离

信道分离是将接收到的信息 y_1^N 分解成独立的多个输入信息 u_1^N 的过程。在两个子信道合并之后的分离过程中，首先译码器从 $Y^N = Y^2 = (y_1, y_2)$ 分解出第 1 个子信道 u_1；之后译码器从 (u_1, y_1, y_2) 中分解出第 2 个子信道 u_2。总之，分解之前的信道是 Y^N，分解之后的各子信道是 U^N，分解的方法是从 (Y^N, U^{i-1}) 中分解出 U^i，信道分离的过程实际上就是串行相消（SC）译码算法。

3）信道极化

信道极化是指极化码随码长的增加，子信道的信道容量会明显趋向于无噪信道和纯噪信道两个极端，码长 $N = 1024$ 时的极化信道容量如图 2-9 所示。我们用无噪信道来传送信息比特，而用纯噪信道来传送固定比特或冻结比特。

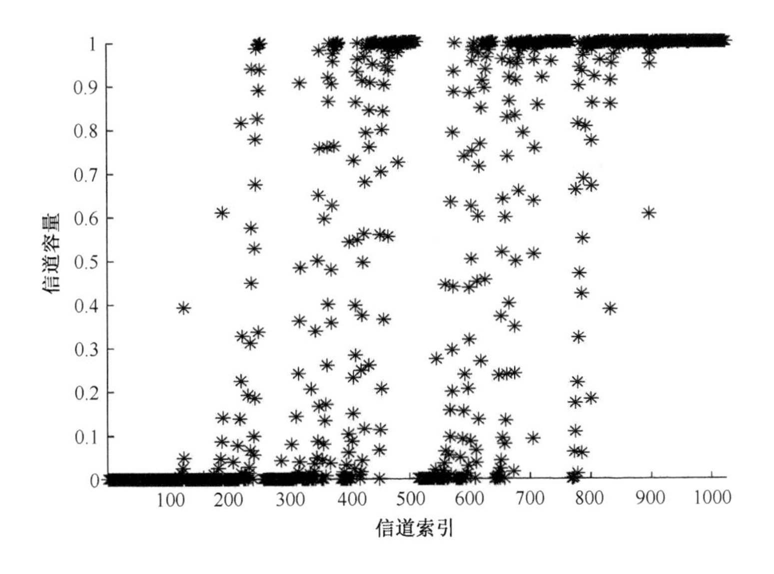

图 2-9　码长 $N=1024$ 时的极化信道容量

2.2.2　极化编码的实现

极化码基于信道极化，在保证信道总容量不变的情况下，经极化过程之后的一部分分离子信道变为无噪信道，该部分的信道容量为 1，另一部分分离子信道变为纯噪信道，信道容量变为 0。极化编码的编码问题一直是研究的热点，最早的构造算法是 Arikan 提出的蒙特卡罗算法，但是该算法构造复杂度太高，很难在实际中应用。另外，Arikan 还提出在 BEC 信道下通过巴氏参数来对极化码进行构造，虽然这相对蒙特卡罗算法复杂度减少了不小，但是该方法限定在 BEC 信道下，借鉴 LDPC 码的研究成果，对于二进制删除（BEC）信道以外的二进制输入离散无记忆信道（BDMC），Mori 和 Tanaka 提出了一种新的可以应用于极化码的密度进化（Density Evolution，DE）的构造方法，取得了比较好的效果，但是这种方法的计算复杂度远高于 Arikan 提出的在 BEC 信道下进行巴氏参数迭代。同时，Tal 和 Vardy 在二进制输入高斯信道（BI-AWGN）下研究在 Turbo 码和 LPDC 码中应用密度进化（DE）方法时发现，其对数似然比（LLR）的概率密度函数可以用新的方法来计算，即通过高斯分布来近似，可以将复杂的多维计算转化为简单的一维计算，从而在很大程度上减少计算量，这种对密度进化（DE）的简化称为高斯近似（GA），可以在高斯信道（BI-AWGN）环境下应用。此外，极化码的编码构造在离散信道中的研究逐渐推广到其他连续信道，如高斯信道、瑞利信道、中继信道等，极化码也逐渐应用到了多址接入信道、窃听信道、量子信道等中。

在极化码的编码中，最重要的一点就是从极化信道中挑选要传输信息的信道，在 Arikan 的论文中给出了两个重要参数，一个是信道的对称容量 $I(W)$，即

$$I(W) \triangleq \sum_{y\in Y}\sum_{x\in X}\frac{1}{2}W(y\mid x)\log\left[\frac{W(y\mid x)}{\frac{1}{2}W(y\mid 0)+\frac{1}{2}W(y\mid 1)}\right] \tag{2-7}$$

另一个是巴氏参数 $Z(W) \triangleq \sum_{y\in Y}\sqrt{W(y|0)W(y|1)}$。

当 W 为 BEC 信道时，有 $I\left(W_N^{(i)}\right)=1-Z\left(W_N^{(i)}\right)$，计算二者中的任何一个都可以。Arikan 论文中有 $Z(W)$的递推计算公式，即

$$Z(W'')=Z(W)^2,\ \ Z(W')\leqslant 2Z(W)-Z(W)^2 \tag{2-8}$$

其中，第 2 个公式在 W 为 BEC 信道时取等。当然，我们也可以通过对巴氏参数方程恰当的近似，将其应用到加性高斯白噪声（AWGN）信道中。

后来，Arikan 也给出了当 W 不为 BEC 信道时的计算方法，他提出使用蒙特卡罗算法来近似计算巴氏参数，然而这个计算的复杂度因 $W_N^{(i)}$ 输出符号集的指数型增长而变得不可能。

密度进化（DE）方法也可以用来进行巴氏参数的估计，但是这个方法的缺点在于计算复杂度还是较高，为 $O(n)$，同时精确度也不高。

信息位选取的方法是 2013 年 Tal 和 Vardy 提出来的，这种方法主要通过信道弱化和信道强化操作，将 $W_N^{(i)}$ 的输出符号集进行合并，使其能够具有符合需要长度的输出符号集大小。另外，对于经常用到的 AWGN 信道，通过高斯近

似（GA）方法可以在非常低的复杂度下在较高的精确度上选择信息位。

2.2.3　极化码的译码方案

SC 译码算法作为 Arikan 在论文中提出的译码算法是极化码的主流译码算法。经过对信道 W 的 N 次占用进行信道极化后，得到 N 个极化信道 $W_N^{(i)}$（$i=1, 2, \cdots, N$），每个极化信道的可靠性度量即信道错误概率 $p(A_i)$可以根据巴氏参数、密度进化或高斯近似算法得到。将包含 K 个信息比特的长度为 N 的输入序列经过极化信道传输，传输规则是选择错误概率最小的 K 极化信道来传输信息比特，这部分信道称为信息信道；另一部分信道用来传输双方已知的冻结比特，这些信道称为固定信道。同时，我们用符号 A 来表示信息信道序号的集合，用 A^C 表示固定信道的序号集合，即存在对于任意的 $i\in A$ 和 $j\in A^C$，同时满足 $p(A_i)<p(A_j)$，且$|A|=K$，$A\cup A^C=\{1, 2, \cdots, N\}$。输入序列 u_1^N 经过极化信道的传输得到码字，在接收端接收到 y_1^N，译码器就是从接收的序列中恢复出输入序列 u_1^N 的估计值 $\hat{u}_1^N$。

如果 $i\in A^C$，那么 u_i 是已知的固定比特，当第 i 个元素被激活时，将会直接令 $\hat{u}_i=u_i$，并将结果传给之后的元素；如果 $i\in A$，那么第 i 个元素需要接收之前的所有已经被译码的比特 $\hat{u}_1^{i-1}$，并计算似然比 $L_N^{(i)}$，即

$$L_N^{(i)}\left(y_1^N,\hat{u}_1^{i-1}\right)\triangleq \ln\left[\frac{W_N^{(i)}\left(y_1^N,\hat{u}_1^{i-1}\,|\,0\right)}{W_N^{(i)}\left(y_1^N,\hat{u}_1^{i-1}\,|\,1\right)}\right] \tag{2-9}$$

判决结果记为 $\hat{u}_i=\begin{cases}0, & L_N^{(i)}\left(y_1^N,\hat{u}_1^{i-1}\right)\geqslant 1\\ 1, & \text{其他}\end{cases}$。

LLR 的计算可以通过递归完成。现定义函数 f 和 g 如下：

$$f\left(a,\ b\right)=\ln\left(\frac{1+\mathrm{e}^{a+b}}{\mathrm{e}^a+\mathrm{e}^b}\right) \tag{2-10}$$

$$g\left(a,\ b,\ u_s\right)=\left(-1\right)^{u_s}a+b \tag{2-11}$$

式中，$a, b\in\mathbf{R}$，$u_s\in\{0, 1\}$。LLR 的递归运算借助函数 f 和 g 表示如下：

$$L_N^{(2i-1)}\left(y_1^N,\hat{u}_1^{2i-2}\right)=f\left(L_{N/2}^{(i)}\left(y_1^{N/2},\hat{u}_{1,o}^{2i-2}\oplus\hat{u}_{1,e}^{2i-2}\right),L_{N/2}^{(i)}\left(y_{N/2+1}^N,\hat{u}_{1,e}^{2i-2}\right)\right) \tag{2-12}$$

$$L_N^{(2i)}\left(y_1^N,\hat{u}_1^{2i-1}\right)=g\left(L_{N/2}^{(i)}\left(y_1^{N/2},\hat{u}_{1,o}^{2i-2}\oplus\hat{u}_{1,e}^{2i-2}\right),L_{N/2}^{(i)}\left(y_{N/2+1}^N,\hat{u}_{1,e}^{2i-2}\right),\hat{u}_{2i-1}\right) \tag{2-13}$$

递归的终止条件为：当 $N=1$ 时，即到达信道 W 端，此时

$L_1^{(1)}\left(y_j\right)=\ln\left[\frac{W\left(y_j\mid 0\right)}{W\left(y_j\mid 1\right)}\right]$。定义事件“SC 译码算法得到的译码码块错误”为 $E=U_{i=1}^{N}B_i$，其中事件

$$B_i=\left\{u_1^N,y_1^N:u_1^{i-1}=\hat{u}_1^{i-1},W_N^{(i)}\left(y_1^N,u_1^{i-1}|u_i\right)<W_N^{(i)}\left(y_1^N,u_1^{i-1}|u_i\oplus 1\right)\right\} \quad (2\text{-}14)$$

表示“SC 译码过程中第一个错误判决发生在第 i 比特上”。由于 $B_i \subset A_i$，因此有 $E\subset\sum_{i\in A}P\left(A_i\right)$，$A_i$表示序号为 i 的极化信道 $W_N^{(i)}$ 所承载的比特经过传输后接收发生错误，即 $A_i=\left\{u_1^N,y_1^N:W_N^{(i)}\left(y_1^N,u_1^{i-1}|u_i\right)<W_N^{(i)}\left(y_1^N,u_1^{i-1}|u_i\oplus 1\right)\right\}$。其中，$P(A_i)$的值可以根据之前提到的计算巴氏参数、密度进化或高斯近似等方法得到。因此，我们通过式 $g(a,b,u_s)$ 可以得到极化码在 SC 译码算法下的误码率（BLER）性能上界。

$$L_1^{(1)}\left(y_j\right)=\ln\left[\frac{W\left(y_j\mid 0\right)}{W\left(y_j\mid 1\right)}\right] \quad (2\text{-}15)$$

式（2-15）在这里仍然属于定义式，在实际中并不具有操作性，因为转移概率 W 是未知的。当引入高斯近似法，则接收符号 y 的对数似然比（LLR）定义为：

$$L\left(y\right)=\ln\left[\frac{p\left(y\mid 0\right)}{p\left(y\mid 1\right)}\right]=\frac{2y}{\sigma^2} \quad (2\text{-}16)$$

译码端对数似然比的初始值 $L_1^{(1)}\left(y_j\right)=\frac{2y}{\sigma^2}$ 可轻松获得，其中 y 为接收符号，σ^2 为噪声方差。

2.2.4 任意码长的极化码编码方法

传统极化码由 Kronecker 幂构造，这种构造方式只能构造码长为 2^n（$n=1, 2, \cdots$）的极化码，尽管其他码长的极化码可以通过利用 BCH 等其他极化核来进行构造，但是码长仍然受限于核长的幂次，且这种构造方式的译码结构较为复杂。而在实际通信系统中，原始信息的长度往往是不确定的，根据载波和调制方式的不同来确定需要的码元长度，毫无疑问，传统极化码的构造方式使其在实际通信系统的应用中大大受限，因此任意码长的极化码编码方法也成了研究热点。现有的构造可变码长的极化码的方法有缩短和凿孔两种方式，这两种方式均是对原始长度为 2 的幂次的码字通过删除部分码字比特的方式来实现任意码长的构造方法，这种方法在接收端译码时，对于删除掉的码字比特的似然信息置为 0、1 等概率，之后再对其进行普通极化码译码，即等同于猜测译码，这

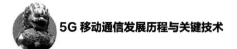

种方法虽然实现了任意码长的构造，但是其译码误码率却大幅增加，严重损失了通信系统的性能。因此，一种性能更好的极化码构造方法是一种需求。文献[1]中提到一种方法来构造非 2 的幂次的母码长度极化码，具体操作方法如下（以构造码长 $M=5$ 为例）。

（1）在构造极化码时，若码长不为 2 的幂次，则将极化矩阵按照列权重排比及结合信道容量索引排序对极化矩阵进行约化，使生成矩阵在较小性能损失的情况下被约化为大小为码长的方阵，从而进行极化编码，实现任意码长极化码编码。

（2）确定编码参数。其中主要包括信息位长度 $K=4$，预编码长度 $N=8$，以及编码长度 $M=5$。它们之间满足数学关系：$K<M<N$，且 $N=2^n$，$n=\log_2 M$；本步骤为将信息位 4 序列编码为所需长度的二进制编码序列。

（3）将所用于传输信息的预子信道标记为 W_1、W_2、W_3、W_4、W_5、W_6、W_7、W_8，并采用 PCC-0（巴氏参数法）对特定信噪比下 8 个子信道的信道容量进行排序，并将排序后的信道索引序列标记为矩阵 $\boldsymbol{p}=[W_3\ W_1\ W_5\ W_4\ W_8\ W_2\ W_6\ W_7]$。

设极化核 $\boldsymbol{F}=\begin{bmatrix}1 & 0\\ 1 & 1\end{bmatrix}$，对 $\boldsymbol{F}$ 进行 n 次 Kronecker 幂 $\boldsymbol{F}^{\otimes n}$，计算得到 $\boldsymbol{G}$：

$$\boldsymbol{G}=\begin{bmatrix}1&0&1&0&1&0&1&0\\1&1&1&1&1&1&1&1\\1&0&1&0&1&0&1&0\\1&1&1&1&1&1&1&1\\1&0&1&0&1&0&1&0\\1&1&1&1&1&1&1&1\\1&0&1&0&1&0&1&0\\1&1&1&1&1&1&1&1\end{bmatrix}$$

对极化矩阵 $\boldsymbol{G}$ 进行反序重排得到 $\boldsymbol{G}_8$：

$$\boldsymbol{G}_8=B_8\boldsymbol{G}=\begin{bmatrix}1&0&0&0&0&0&0&0\\1&0&0&0&1&0&0&0\\1&0&1&0&0&0&0&0\\1&0&1&0&1&0&1&0\\1&1&0&0&0&0&0&0\\1&1&0&0&1&1&0&0\\1&1&1&1&0&0&0&0\\1&1&1&1&1&1&1&1\end{bmatrix}$$

计算 $t=N-M=3$。

（4）经过计算，最后一列的权重为 1，标注为①，在构造码长 $M=7$ 的极化码时，这是需要删除的第一个索引指标，删除这列中元素 1 所在的行和列得到 $M=7$ 的生成矩阵。删除之后经过计算，此时 7×7 矩阵中列权重为 1 的有 3 列，分别为第 4、6、7 列。此时我们对比信道容量矩阵 $\boldsymbol{p}$ 发现，信道容量之间的关系是第 7 列 > 第 6 列 > 第 4 列，因此当我们构造码长 $M=6$ 的极化码时，删除第 4 列中元素 1 对应的行和列，标注为②；构造码长 $M=5$ 时，删除第 6 列中元素 1 对应的行和列，标注为③。

在删除之后得到的初始约化矩阵为 $\boldsymbol{G}_5'=\begin{bmatrix}1&0&0&0&0\\1&0&0&1&0\\1&0&1&0&0\\1&0&1&1&1\\1&1&0&0&0\end{bmatrix}$，$\boldsymbol{G}_5'$ 最后一列的最后一个元素并不是 1，因此选择矩阵 $\boldsymbol{G}_5'$ 列元素最后一位为 1，且权值最小的列（第 2 列），与最后一列交换列位置得到极化矩阵 $\boldsymbol{G}_5=\begin{bmatrix}1&0&0&0&0\\1&0&0&1&0\\1&0&1&0&0\\1&1&1&1&0\\1&0&0&0&1\end{bmatrix}$，即为任意码长极化码的生成矩阵 $\boldsymbol{G}_M$。

（5）在除删除 $t=3$ 列的列索引之外的矩阵 $\boldsymbol{p}$ 中，选取信道容量最大的 $K=4$ 进行信息位的存放。因此在信道索引为 3、1、5、4 处放置信息位，其余 $M-K=1$ 个位置为冻结位，构造信息序列 u_1^M，进行极化编码 $x_1^M=u_1^M\boldsymbol{G}_M$，编码长度为任意码长 M，这里取码长为 5。

参考文献

[1] 邓宏贵，熊儒菁，王文慧，等. 任意码长的 Polar 码编码方法：CN 201910313439.2[P/OL]. 2019-07-23. http://d.wanfangdata.com.cn/patent/CN201910313439.2.

[2] 贾启胜. 基于易错子结构的 LDPC 码分析与优化[D]. 天津：天津大学，2012.

[3] Arikan E, Telatar E. On the rate of channel polarization[J]. Proc.int. symp.

info.theory Seoul Korea, 2009: 1493-1495.

[4] Sasoglu E, Telatar E, Arikan E. Polarization for arbitrary discrete memoryless channels[C]. IEEE Information Theory Workshop, Taormina, Italy, 2009: 144-148.

[5] Vangala H, Hong Y, Viterbo E. Efficient algorithms for systematic polar encoding[J]. IEEE Communications Letters, 2016, 20(1): 17-20.

[6] Tahir B, Rupp M. New construction and performance analysis of Polar codes over AWGN channels[C]//International Conference on Telecommunications, 2017: 1-4.

[7] Niu K, Chen K. CRC-aided decoding of polar codes[J]. IEEE Communications Letters, 2012, 16(10): 1668-1671.

[8] Sharma A, Salim M. Polar Code: The Channel Code contender for 5G scenarios[C]//2017 International Conference on Computer, Communications and Electronics (Comptelix). IEEE, 2017: 676-682.

[9] 雷锋网新闻. Polar Code 入选 5G 标准，华为得到短码控制信道，这些意味着什么[EB/OL]. 2016-11-20. https://www.sohu.com/a/119450135_114877.

[10] 张东. 探秘 5G 新空口技术[EB/OL]. CSDN 博客: Mind_Hacks. 2016-09-12. https://me.csdn.net/huawei_ eSDK.

[11] Arikan E. Channel: A method for constructing capacity-achieving codes for symmetric binary-input memoryless channels[J]. IEEE Transactions on Information Theory, 2009, 55: 3051-3073.

[12] Huang Z H, Li W J, Shang J, et al. Non-uniform patch based face recognition via 2D-DWT[J]. Image & Vision Computing, 2015, 37(2): 12-19.

[13] 张淑军，王高峰，石峰. 基于AAM提取几何特征的人脸识别算法[J]. 系统仿真学报，2013，25（10）：126-131.

[14] 杨武周，刘彤. 极化码研究现状分析与展望[J]. 信息通信，2016（04）：218-219.

[15] Tal I, Vardy A. How to Construct Polar Codes[J]. iIEEE Transactions on Information Theory, 2013, 59(10): 6562-6582.

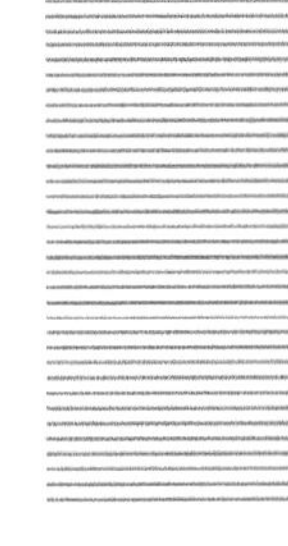

第3章

5G 信号通信系统的滤波器组多载波技术

3.1 滤波器组多载波技术的工作原理

通信技术的目的就是传输一个个符号，最原始的符号信息都是矩形方波，每个符号都是一个脉冲电平，其持续时间称为符号周期，每个符号频域对应无限宽的 Sinc 函数。为了保证优良的频域特性，可能需要对符号进行基带成型滤波，也就是牺牲时域特性换取频域特性，不同的基带成型滤波方法对应不同的基带时域波形和频谱特性。

对于任何一种波形技术，最终目标都是实现时域和频域资源的最大化利用，最理想的是时域和频域资源完全正交，这样时域和频域资源的利用效率最高，并且接收侧很容易实现解调。但是实际上，时域和频域是矛盾的，时域越窄，频域就越宽，反之亦然。CP-OFDM（带循环前缀的正交频分复用）优先保证时域的正交，每个符号都是理想的矩形函数，但是频域特性很差，频谱旁瓣衰减很慢。CP-OFDM 的原型滤波器是 Sinc 函数，各子载波的滤波器组是在原型滤波器的基础上依次频偏的，如图 3-1 所示。显然 CP-OFDM 的带外抑制性很差，而且要求各子载波严格同步，否则会带来严重的载波间干扰（ICI）。

滤波器组多载波（FBMC）技术则选择了折中考虑，使带外衰减很快，各不相邻的子载波都是独立的，图 3-2 为 FBMC 原型滤波器的频率响应，这是经 PHYDYAS 项目组设计的一种具有良好时频聚焦性的原型滤波器，是 $\alpha=1$ 的升余弦滤波器，图 3-3 为其时域响应。由于单个子载波满足要求，且带外衰减变小，能量被集中到子载波上，因此时域上的信号相应地被延长了，对应相同子信道数目的 OFDM 符号长度为 T，那么其 FBMC 符号的长度为 $4T$。其相邻子

载波是会干扰的，不再是纯正交的，调制的频域数据有要求，其原型滤波器相当于牺牲了在时域上的表现而在频域上减少了带外泄露。从图 3-3 中可以看出，其滤波器设计符合奈奎斯特准则，符号的中间采样时刻不为零，整符号周期点过零，也就是说，在别的符号中间时刻最大值处为零，不会引起码间串扰，而且是有限长的，即物理可实现的。

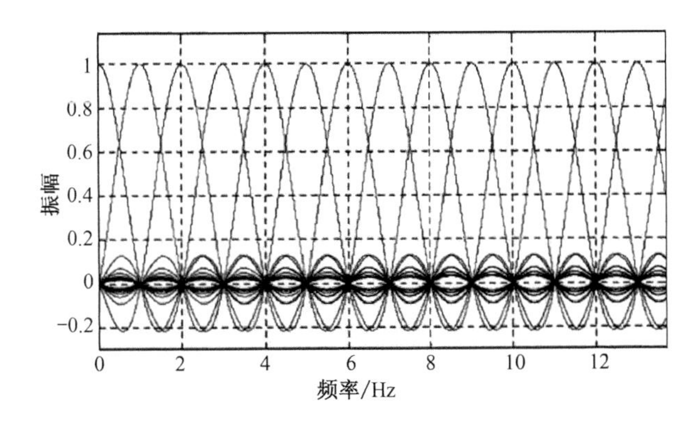

图 3-1　CP-OFDM 子载波频谱

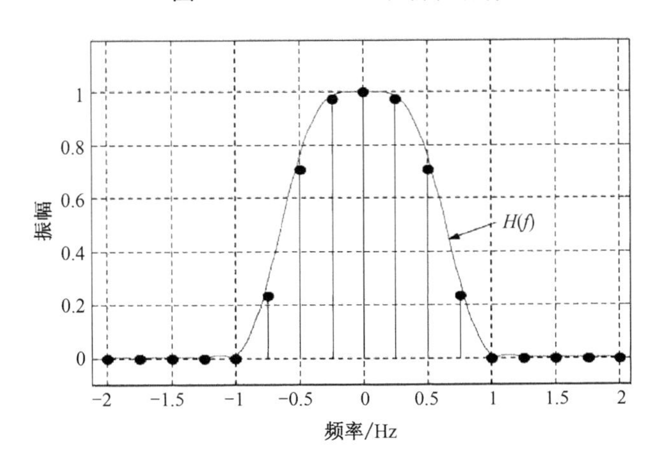

图 3-2　FBMC 原型滤波器的频率响应

因此，可以得 FBMC 滤波器组的频域响应如图 3-4 所示。不难发现，FBMC 技术虽然具有极低的旁瓣，但是 FBMC 符号之间是相互叠加的，相邻符号之间的重叠度可以达到 75%；来自相邻符号和相邻子载波的数据干扰是无法去除的。对于任何多载波通信技术来说，正交性是确保对不同信号进行完美区分的最简单的方法。因此，正交原理在通信领域和许多信号处理中都有广泛的应用。确保其载波间的正交性有利于接收端进行信号解调。可以看出，FBMC

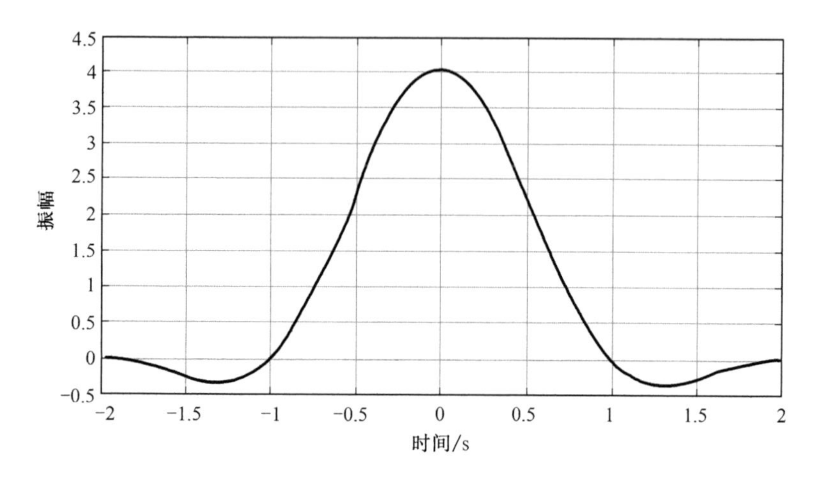

图 3-3　FBMC 原型滤波器的时域响应

的每个子载波只与邻近的两个子载波之间有重叠，与其他子载波之间没有重叠，不像 CP-OFDM，所有子载波之间都互相重叠。由于 FBMC 载波间这种特殊的重叠结构，因此对 FBMC 只需要考虑子载波与其相邻两个子载波之间的相互干扰即可。经计算发现，其干扰滤波器的实部和虚部偏移半个符号周期，交错过零点。

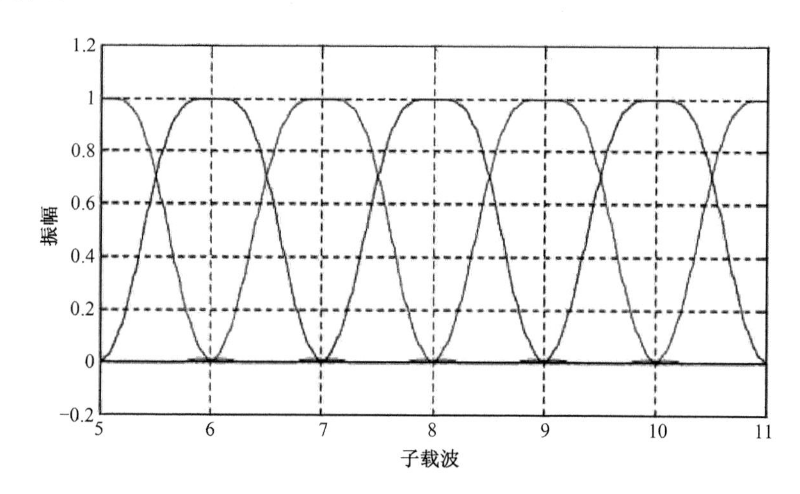

图 3-4　FBMC 滤波器组的频域响应

滤波器的作用是把需要的信号保留，不需要的信号去除（归零）。因而 OFDM 系统中的快速傅里叶逆变换（IFFT）就是一种滤波器，而正交就是过滤原则。对于 FBMC，若只使用其带内的奇数号或偶数号子载波，则由于不相邻

的子载波之间互相独立，没有干扰，因此也满足正交原则，不需要使用任何特殊的调制方式。但是这样频谱效率和传输速率都降低了一半，显然对于高传输速率和频带利用率的 5G 来说都是不适用的，因此要引入新的调制方式，以实现全速率传输。

为了实现全速率且正交的传输，我们引入 OQAM 调制，每个子信道和相邻子信道之间间隔为 $T/2$ 的 FBMC 符号的干扰，如图 3-5 所示，(k, n) 位置附近的干扰呈现间隔特点。如果有颜色的区域发送的是纯虚数数据，没有颜色的子载波发送的是实数数据，那么所有干扰都是虚数干扰。因此只要发送的数据呈现虚实间隔的特性，每个符号的实部和虚部就不会同时传输，而是会延后半个符号周期，接收的时候，来自相邻信道和符号的干扰才不会对解调过程产生干扰。这样虚实间隔的映射方式也称为 OQAM。OQAM 与传统 QAM 调制的关系如图 3-6 所示。

	$n-4$	$n-3$	$n-2$	$n-1$	n	$n+1$	$n+2$	$n+3$	$n+4$
$k-2$	0	0.0006	−0.0001	0	0	0	−0.0001	0.0006	0
$k-2$	0.0054	0.0429j	−0.125	−0.2058j	0.2393	0.2058j	−0.125	−0.0429j	0.0054
k	0	−0.0668	0.0002	0.5644	1	0.5644	0.0002	−0.0668	0
$k+1$	0.0054	−0.0429j	−0.125	0.2058j	0.2393	−0.2058j	−0.125	0.0429j	0.0054
$k+2$	0	0.0006	−0.0001	0	0	0	−0.0001	0.0006	0

图 3-5　子信道与相邻信道间的干扰表图

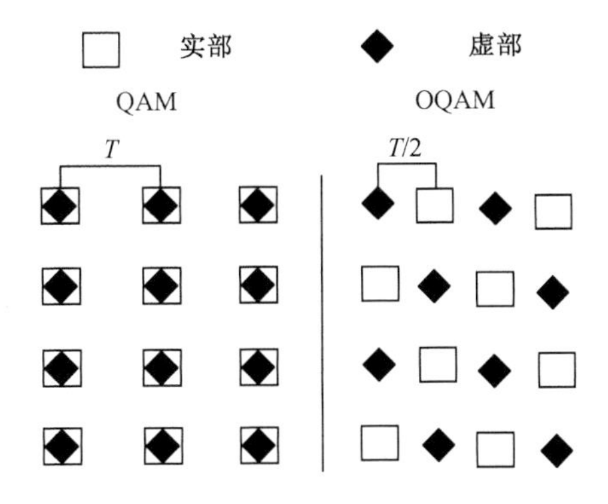

图 3-6　OQAM 与传统 QAM 调制的关系

与 OFDM 和 FMT 不同，FBMC-OQAM 方案不直接在 M 个子载波上传输 $a_{m,n}$ 的 QAM 符号，这里的 $a_{m,n}$ 表示第 m 个 FBMC 符号在第 n 个子信道上的调制数据。第 1 步会先将这些复数信号通过 C2R 转换分解成实部和虚部，C2R 是指将映射后的复数信号的虚部和实部交错半个 FBMC 符号周期后，经相位调整后再发送。

$$d_{m,2k}=\begin{cases}\mathrm{Re}\left\{a_{m,n}\right\}, & m\text{为偶数}\\ \mathrm{Im}\left\{a_{m,n}\right\}, & m\text{为奇数}\end{cases}$$

$$d_{m,2k+1}=\begin{cases}\mathrm{Im}\left\{a_{m,n}\right\}, & m\text{为偶数}\\ \mathrm{Re}\left\{a_{m,n}\right\}, & m\text{为奇数}\end{cases}$$

FBMC-OQAM 系统的时域发送符号可以表示为：

$$s(t)=\sum_{m=-\infty}^{+\infty}\sum_{n=1}^{N}d_{m,n}g_{m,n}(t) \tag{3-1}$$

其中：

$$g_{m,n}(t)=\exp(\mathrm{j}2\pi n v_0 t)\exp\left[\frac{\mathrm{j}(m+n)\pi}{2}\right]g(t-m\tau_0) \tag{3-2}$$

式中，N 为子载波数；v_0 为子载波间隔；τ_0 为输入符号的间隔。

由于 OQAM 调制的引入，即要分开传输虚实信号，导致传输速率倍增，所以有 $v_0\tau_0=1/2$；$g_{m,n}(t)$表示实数对称的经过频偏和相偏的原型滤波器，这里的相位调整 $\phi_{m,n}$ 之所以等于$\dfrac{(m+n)\pi}{2}$，是因为 $\phi_{m,n}$ 要满足在时间和频率上的正交规则：

$$\phi_{m,n}=\begin{cases}0\text{或}\pi, & m\text{、}n\text{具有相同的奇偶性}\\ \pm\dfrac{\pi}{2}, & m\text{、}n\text{具有不同的奇偶性}\end{cases}$$

在精准同步的情况下，FBMC 系统在(m_0, n_0)的解调计算为：

$$d_{m_0,n_0}=\left\langle\hat{s}(t),g_{m_0,n_0}\right\rangle_{\mathrm{R}}=\sum_{m=-\infty}^{+\infty}\sum_{n=1}^{N}d_{m,n}\left\langle g_{m,n},g_{m_0,n_0}\right\rangle_{\mathrm{R}} \tag{3-3}$$

式中，$\left\langle g_{m,n},g_{m_0,n_0}\right\rangle_{\mathrm{R}}$ 表示两个不同的滤波函数求内积并取实部，这里引入干扰系数的概念，令 $Ag(p,q)=\left\langle g_{m,n},g_{m_0,n_0}\right\rangle_{\mathrm{R}}$，其中 $p=m-m_0$，$q=n-n_0$，可得，接收机排除干扰成功解调出发送数据，必须符合下述条件：

$$Ag(p,q)=\left\langle g_{m,n},g_{m_0,n_0}\right\rangle_{\mathrm{R}}=\begin{cases}1, & m=m_0\text{且}n=n_0\\ 0, & m\neq m_0\text{或}n\neq n_0\end{cases}$$

因此，只需要设计合适的原型滤波器，使不同滤波函数之间的干扰系数为 0，相同滤波函数之间的干扰系数为 1，就可以排除干扰。

但是，由于滤波器的时域性能和频域性能总是互相矛盾的，FBMC 系统为了实现更好的频域性能，引入新的持续时间更长的滤波器，这使复数域正交条件无法满足。如图 3-7 所示为重叠因子 $K=4$ 的 FBMC 与 OFDM 原型滤波器的时域响应，可以发现，如果对应相同子信道数目的 OFDM 符号长度为 T，那么其 FBMC 符号长度为 $4T$。在发送端，当干扰项为实数时发送虚数符号，当干扰项为虚数时发送实数符号，从而消除了干扰。在接收端，则采取对应的方式处理，可以恢复发送的信号。

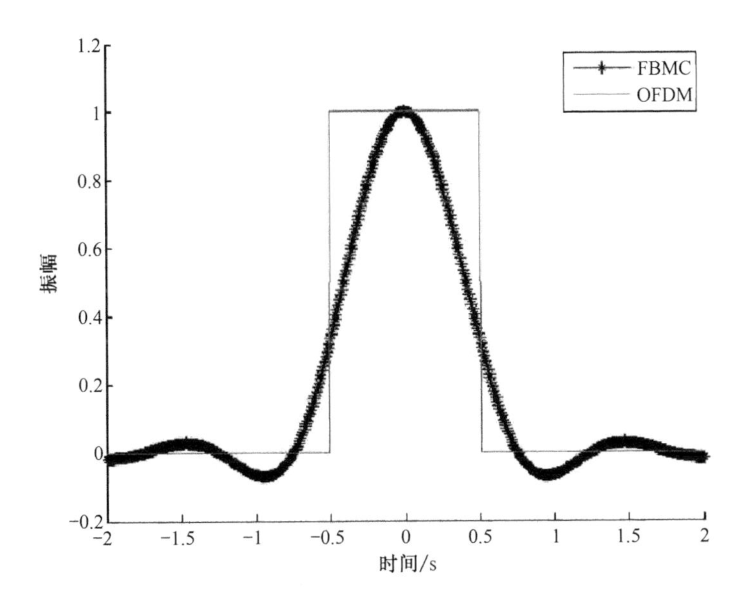

图 3-7　FBMC 与 OFDM 原型滤波器的时域响应

3.2　FBMC 的实现过程

利用 FBMC，通过一组调制滤波器发送一组并行数据符号。原型滤波器的选择控制了所产生的脉冲的所处频率，并且与 OFDM 相比，提供了更低的相邻信道泄露。OQAM 调制结合满足奈奎斯特约束的原型滤波器，保证相邻符号和相邻载波之间的正交性，同时提供最大的频谱效率。原型滤波器的持续时间是快速傅里叶变换（FFT）采样次数大小的 K 倍，其中 K 是整数，通常称为重叠因子。在设计原型滤波器时，常考虑采用频率采样技术。该技术已被证明是简单而有效的，可以建立 K 的函数来形成一个几乎最优的滤波器。FBMC 发射机-接收机结构可以使用 IFFT 或 FFT 与多相网络（PPN）相结合来有效地实现。而频率扩展方法(FS-FBMC)是最近提出的另一种替代 PPN-FBMC 的方法，FBMC 实现方法有频域的 FS-FBMC 和时域的 PPN-FBMC 两种。

1. FS-FBMC

该技术的灵感来源于用于设计原型滤波器的频率采样技术，将重叠因子设为 K，使用 $P=2K-1$ 给出频率响应中的非零样本数，由于滤波器的非零系数为 $2K-1$ 个，且关于每个滤波器频域响应的中心对称。一般来说，一个数据元素只对应一个 IFFT 的输入并且只调制一个载波。但是，对于重叠因子为 K 的滤波器组来说，一个数据元素需要调制 $2K-1$ 个载波。首先，数据流经过串并转换变为低速并行传输数据，通过 OQAM 调制后，使用长度为 KM 的 IFFT 生成所有必要的载波；然后，将数据元素乘以滤波器频率因子之后产生 IFFT 的 $2K-1$ 个输入，这一操作称为加权频率扩展。如图 3-8 和图 3-9 所示为 FS-FBMC 系统的发送机和接收机框架。

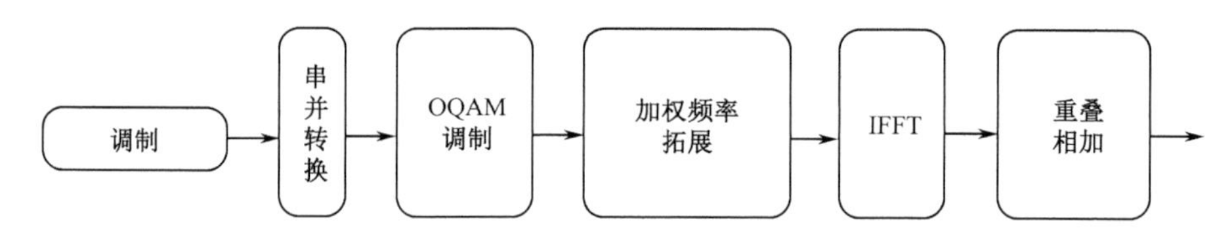

图 3-8　基于频率扩展的 FS-FBMC 系统的发送机框架

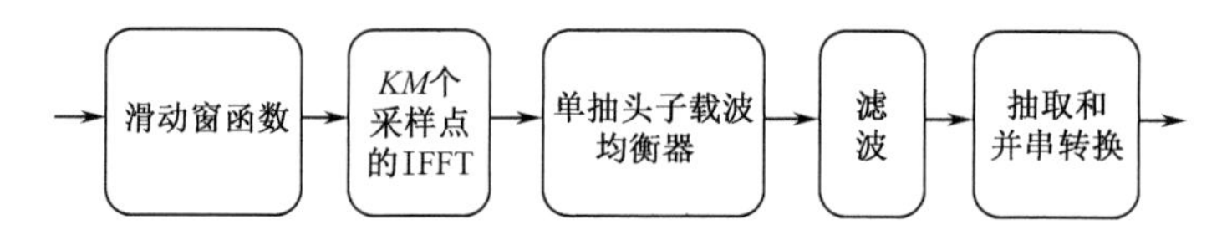

图 3-9　基于频率扩展的 FS-FBMC 系统的接收机框架

如图 3-10 所示的频率扩展技术，通过大小为 KM 的 IFFT 处理输出，前一个模块 OQAM 预编码规定，对于任何给定载波，纯实数和纯虚数符号值在连续载波频率和连续发送符号上交替传输，又由于原型滤波器的系数是实数，之后 IFFT 的输出再进行并串转换，即将 IFFT 输出数据与延迟 $M/2$ 的下一 IFFT 输出数据进行累加。

在接收端，与发射机重叠和运算对应的操作是用时域上长度为 KM 的滑动窗口（每滑动 $M/2$ 个样本，截取选择 KM 个信号点）进行 FFT，这就是加权解扩，以此来恢复每个数据单元。将 FFT 应用于每个 KM 选定点块，对输出的均衡采用单抽头均衡器，然后采用原型匹配滤波器进行滤波。

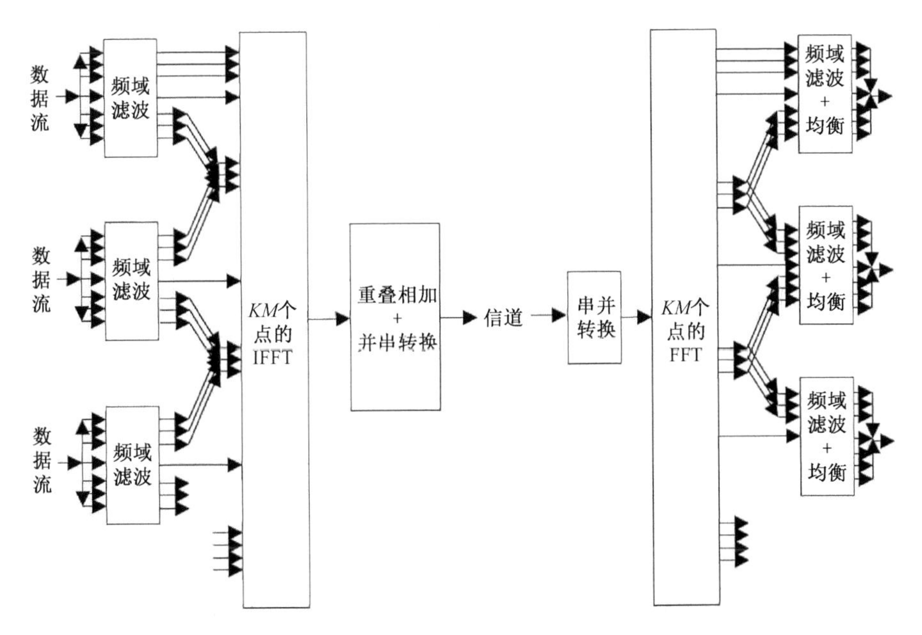

图 3-10　基于频率扩展的 FBMC

该方案的一个显著特点是它具有简单性，它只是在 IFFT 和 FFT 之前和之后通过较小的操作完成的方案。该方案也适用于信道呈现大延迟扩展或同步失配的情况。事实上，关键的问题是计算复杂度，由于 FFT 的长度从 M 增加到了 KM，如何降低复杂度是需要解决的问题。IFFT 输出和 FFT 输入在时域上重叠，使得计算中存在大量的冗余，有效降低冗余度的方案就是 PPN-FFT 方案，即基于多相滤波网络实现 FFT 的方案。

2. PPN-FBMC

前面给出了滤波器组基于频域的拓展。在本部分中，等效的时域实现方法目的是减少计算量、降低复杂度。FFT 的采样点数为 M，但是需要一些额外的处理，称为多相网络（PPN）滤波。FBMC-OQAM 的发送信号可以通过多相滤波网络 IFFT 来实现，其具体实现步骤如下。

步骤 1　进行 OQAM 调制。将待发送的复数符号进行虚实分离，并分别乘以对应的相位偏移因子。

步骤 2　进行 IFFT。将经过 OQAM 调制的信号进行 M 点 IFFT。

步骤 3　多项滤波。将 IFFT 后得到的时域离散信号与滤波器的采样值作为点乘。由于重叠因子大于 1 使滤波器长度大于 M，这里在点乘之前需要将 IFFT

后的长度为 M 的向量进行 K-1 次周期延拓，即发射机中的滤波器组是通过将原型滤波器的响应在频率轴上以 $1/M$ 的倍数偏移而产生的。重复进行步骤 1~步骤 3，并将不同待发送符号的值叠加在一起。

步骤 4 将两路信号叠加在一起，再进行转换。

相同的方案也适用于接收机中的滤波器组。不同之处在于，频率偏移是 $-1/M$ 的倍数，并且用 FFT 代替 IFFT。进行 FFT 运算，最后经解 OQAM 调制，整个过程与发送端流程相反。就复杂性而言，PPN 的每个部分都有 K 个乘法。PPN-FBMC 虽然实现了计算复杂度的降低，但是增加了信道均衡的难度。其实现过程系统框图如图3-11 所示。

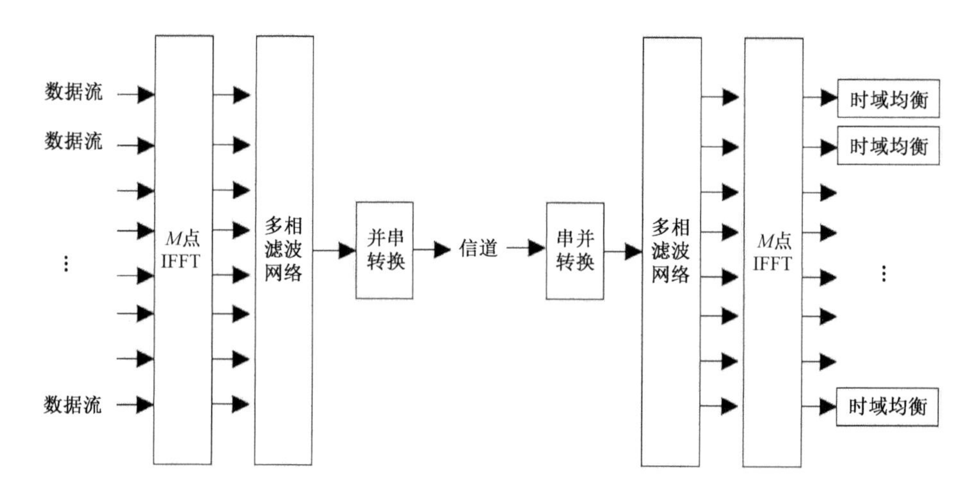

图 3-11 PPN-FBMC 系统框图

3.3 与 FBMC 技术相关的新型多载波传输技术

3.3.1 通用滤波多载波

由于 FBMC 滤波器帧的长度要求使 FBMC 不适用于短包类通信业务及对时延要求较高的业务，所以有学者提出了一种针对 FBMC 的改进方案——通用滤波多载波技术（UFMC）。UFMC 是 OFDM 的子带滤波变体，也被表示为通用滤波 OFDM（UF-OFDM）。在实际的 OFDM 系统中，通常一整组子载波被分配、组织在一个子带中，子带如 LTE 术语中的一个或多个物理资源块（Pb）。

UFMC 对一组连续的子载波进行滤波处理，如图 3-12 和图 3-13 所示。显然，当每组子载波的数目变为 1 时，对应的即为 FBMC。在 UFMC 中，一组连

续的子载波被分配到一个子带中，在多用户设置中，为不同用户保留不同的子带。因此，对于改进频谱定位的需求通常与子带级资源的使用相关联，这就推动了子带滤波方法的提出。使用子带滤波，可以实现对载波频谱定位能力的改进，这将改善 OFDM 在这方面的弱点。这种改进的频谱定位使多业务空中接口成为可能：它使系统能够以不同的多载波数字复用信号，允许不同上行链路分配之间的时频失调。当进行宽带业务的频率复用和基于开环同步竞争的接入业务时，这种对时频失调的健壮性是很重要的。这有利于低开销和低能耗的小包数据的高效传输。

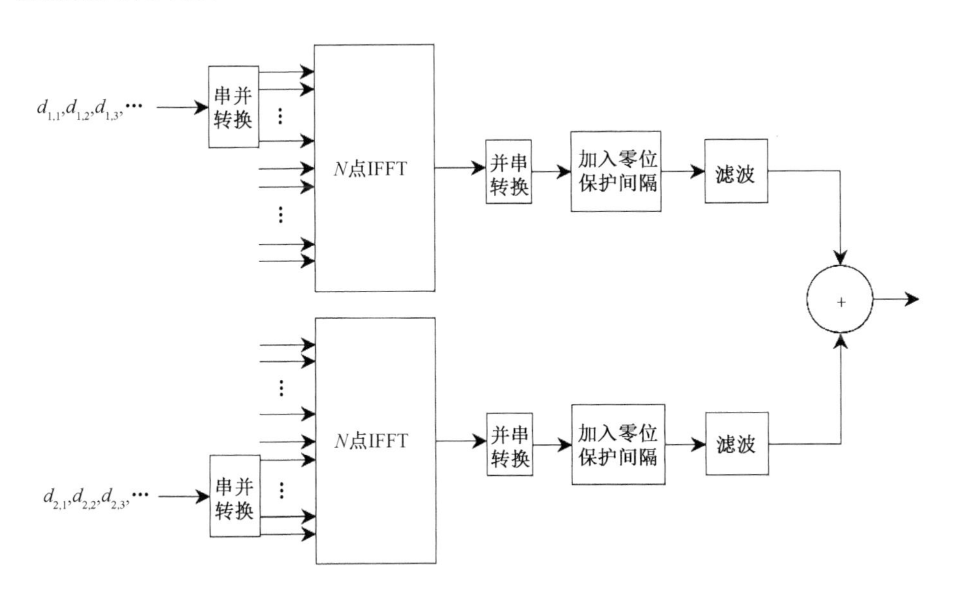

图 3-12　发射机端与接收机端流程

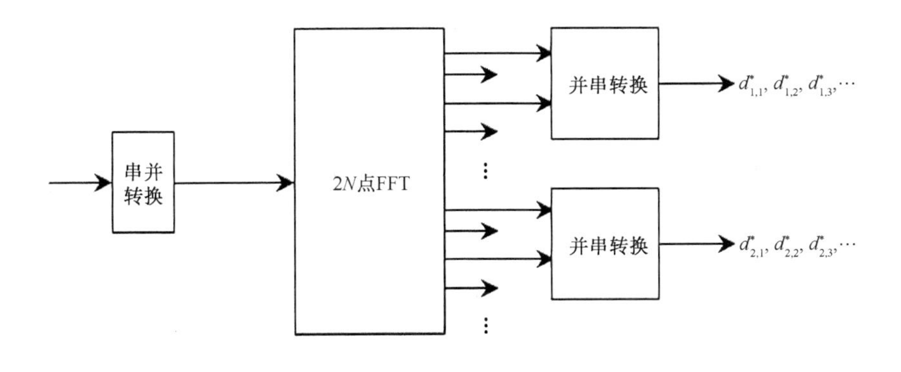

图 3-13　基于 UFMC 的载波传输流程

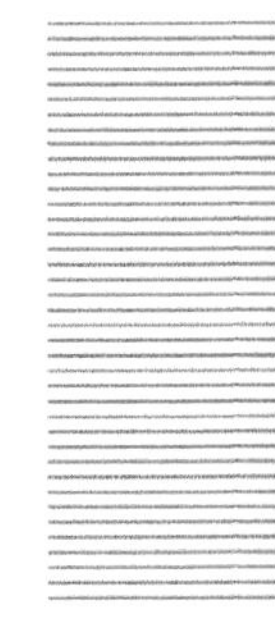

与 FBMC 中对单个子载波进行滤波相比，子带滤波的优点是将该滤波器应用于整个分配（如 12 个子载波或更多子载波），而对一整组连续子载波进行滤波会使 UFMC 更加灵活。由于要对包含一整组子载波的子带进行滤波，UFMC 滤波器的频域会比单独的子载波滤波器宽，因此滤波器的脉冲响应在时域上会相对更短，这使 UFMC 更适合短包突发数据传输，并更好地支持低时延和机器类型通信（MTC）服务。到目前为止，一个典型的滤波器长度设计选择是根据在 OFDM 中使用典型循环前缀的长度来选择。UFMC 的调制方式是 QAM 调制，可以很好地兼容 MIMO 和协同多点传输（COMP）技术。

在 UFMC 中，原型滤波器为带有全零保护间隔的矩形波，全零保护间隔是用来消除符号间干扰（ISI）的，在接收时插入的全零符号最终会被丢弃；发送滤波被优化设计用来抑制带外干扰，长度通常和添加了保护间隔的符号长度一致。不过，虽然 UFMC 比 FMBC 有更多的优势，但在实际应用中，大尺度的时延扩散，需要更高阶的滤波器来实现，硬件实现难度较大。同时，在接收机处也需要更复杂的算法，因而增加了系统的复杂度。

3.3.2 广义频分复用

广义频分复用（Generalized Frequency Division Multiplexing，GFDM）是另一种采用改进原型滤波器波形的多载波波形。与 FBMC 类似，GFDM 也通过为各子载波选择特定的具有良好频域集中性的原型滤波器来降低相邻频道泄露比（ACLR），不同的是它是一种块滤波多载波调制方案，它可以在一个子载波中传输多个子符号。GFDM 应用单个子载波的循环脉冲整形。GFDM 也类似使用单个子符号和矩形脉冲的正交频分复用（OFDM）系统，以及使用单个子载波多个子符号的单载波频域均衡（SC-FDE），GFDM 允许使用循环前缀（CP），并利用频域均衡（FDE）来处理频率选择性信道（FSC）中的多径效应。GFDM 可以被设计成减少带外辐射，可以避免在分散频谱或动态频谱分配的情况下，严重干扰现有服务或其他用户。

在 GFDM 中，多个 OFDM 符号组成一个块，不同 OFDM 符号的原型滤波器在时间上存在循环位移特性。GFDM 的实现原理：输入数据在变为时域信号后，插入循环前缀（CP），然后通过发射机发出。根据滤波、信号和业务的变化要求，理论上 GFDM 可以插入不同类型的 CP，允许低复杂度的均衡，因而具有 CP-OFDM 的简单性。同时，GFDM 将若干个时隙和若干个子载波上的信号作为统一的处理对象，如图 3-14 所示。总的来说，GFDM 提供了依据特定需

求对时域和频域资源进行分块的架构，其带外泄露性能可以通过原型滤波器进行改进（很大一部分改进来自时域加窗操作），与 FBMC 类似，GFDM 可能也需要复杂的调制（如 OQAM）和接收机设计。

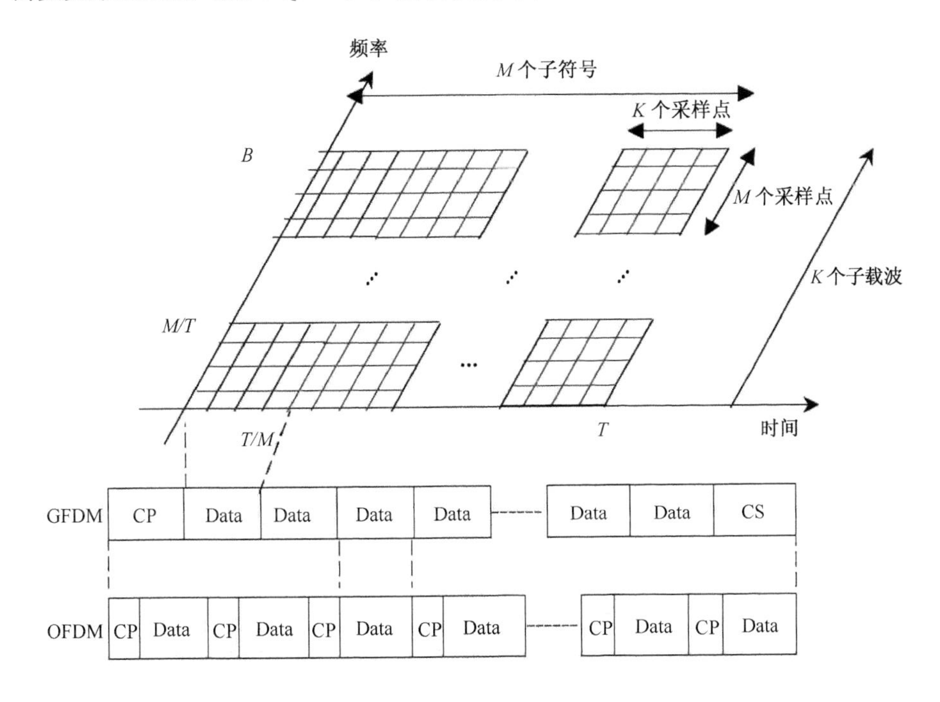

图 3-14　基于 GFDM 的载波传输流程

3.3.3　滤波器正交频分复用

滤波器正交频分复用（F-OFDM）与传统的 OFDM 系统保持了很高的通用性，包括简单和健壮的信道均衡，并允许直接应用为 OFDM 开发的多天线技术。在 OFDM 的时频图中，频域子载波带宽、时域符号周期长度、CP 和保护时隙（GP）都是固定的。相对 5G 的众多应用场景，单一的固定参数是无法满足要求的。不同的应用场景，对系统的要求完全不同。因此，与其他基于加窗操作的波形方案不同，F-OFDM 的带通滤波器与带宽相关。因此，需要根据分配的具体子载波数目动态优化或者选择具体的滤波器。由于总的滤波长度是固定的，因此带外抑制和符号间干扰性能也与具体分配的子载波数目密切相关。由于采用的滤波长度较长，因而会造成较长的群时延，F-OFDM 应用在时延要求较高的场景时会存在一定的局限，其发送和接收滤波导致的总处理时延约为 1 个 OFDM 符号长度。

总的来说，与传统 CP-OFDM 相比，F-OFDM 具备更好的带外抑制，但由于滤波器抽头随分配的子载波数目变化，导致其 ISI 性能产生了一定波动，总体群时延约为 1 个 OFDM 符号长度，较难满足低时延业务，尤其是在时分双工（TDD）的情况下，而且其用于抑制 OFDM 资源块旁瓣的滤波破坏了正交性，特别是对于接近物理资源块（Physical Resource Block，PRB）边缘的子载波。这在 OFDM 信号中引入了带内干扰，因此，F-OFDM 波形的设计涉及滤波 PRB 之间的保护带宽、带内干扰水平和实现复杂度之间的权衡。图 3-15 为 F-OFDM 的时频资源分配图。

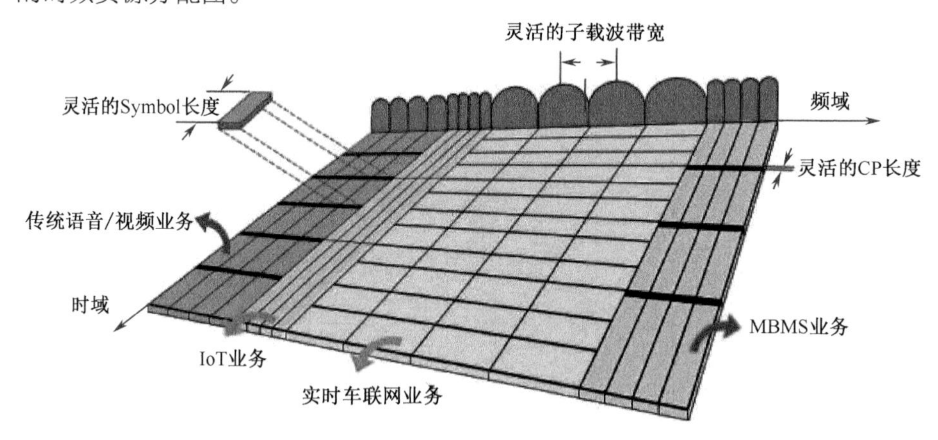

图 3-15 F-OFDM 的时频资源分配图

3.4 零相关码 FBMC 系统的同步方法

3.4.1 同步误差对 FBMC 系统的影响

同步误差分为定时误差和频率偏移，OFDM 系统中主要存在定时误差，射频系统中又存在频率偏移。频率偏移是由收发两端的采样晶振失配及通信场景中的多普勒频移引起的，具体的偏移值也是随机的，并且在通常情况下通信系统对频偏更加敏感。

FBMC 系统发射端的输出可以表示为：

$$s(l)=\sum_{m}\sum_{n=0}^{N-1}d_{m,n}g_{m,n}(l) \tag{3-4}$$

式中，$d_{m,n}$ 是第 m 个 FBMC 符号第 n 个子信道上的调制数据，并且

$$g_{m,n}(l)=g\left(l-m\frac{N}{2}\right)\exp\left[\mathrm{j}\left(\frac{2\pi}{N}\right)nl\right]\exp\left(\mathrm{j}\varphi_{m,n}\right) \tag{3-5}$$

式中，g 为实数对称的原型滤波器，长度为 $L_g = KN$，K 可以选择 2、3、4；$\varphi_{m,n} = (m+n)\pi/2$。

在精准同步的情况下，FBMC 系统的解调计算如下：

$$\bar{d}_{m,n}=\sum_{l} s(l)g_{m,n}^{*}(l)=\sum_{p}\sum_{q=0}^{M-1} d_{p,q}\sum_{l} g_{p,q}(l)g_{m,n}^{*}(l) \tag{3-6}$$

因为原型滤波器具有如下特性：

$$R\left\{\sum_{l} g_{m,n}(l)g_{p,q}^{*}(l)\right\}=\delta_{m,q}\delta_{n,q} \tag{3-7}$$

则实际解调数据为：

$$\bar{d}_{m,n}=\sum_{p}\sum_{q=0}^{N-1} d_{p,q}\sum_{l} g_{p,q}(l)g_{m,n}^{*}(l)=d_{m,n}+ju \tag{3-8}$$

虽然 FBMC 系统子信道之间不再是完全正交的，而是数据域上的正交，这样 FBMC 系统仍然可以解调出原有数据。

假设系统有延迟或者超前 T_{delay}，系统解调就为：

$$\begin{aligned}
\bar{d}_{m,n}&=\sum_{l} s\left(l-T_{\text{delay}}\right)g_{m,n}^{*}(l)=\sum_{p}\sum_{q=0}^{M-1} d_{p,q}\sum_{l} g_{p,q}\left(l-T_{\text{delay}}\right)g_{m,n}^{*}(l)\\
&=\sum_{p}\sum_{q=0}^{M-1} d_{p,q}\sum_{l} g\left(l-p\frac{N}{2}-T_{\text{delay}}\right)\exp\left[\mathrm{j}\left(\frac{2\pi}{N}\right)q\left(l-T_{\text{delay}}\right)\right]g\left(l-m\frac{N}{2}\right)\\
&\quad\exp\left[-\mathrm{j}\left(\frac{2\pi}{N}\right)nl\right]\exp\left(\mathrm{j}\varphi_{p,q}-\mathrm{j}\varphi_{m,n}\right)\\
&=\sum_{p}\sum_{q=0}^{M-1} d_{p,q}\sum_{l} g\left(l-p\frac{N}{2}-T_{\text{delay}}\right)g\left(l-m\frac{N}{2}\right)\\
&\quad\exp\left[\mathrm{j}\left(\frac{2\pi}{N}\right)\right]\left[q\left(l-T_{\text{delay}}\right)-nl\right]\exp\left(\mathrm{j}\varphi_{p,q}-\mathrm{j}\varphi_{m,n}\right)\\
&=\sum_{p}\sum_{q=0}^{M-1} d_{p,q}\exp\left[-\mathrm{j}\left(\frac{2\pi}{N}\right)qT_{\text{delay}}\right]\sum_{l} g\left(l-p\frac{N}{2}-T_{\text{delay}}\right)g\left(l-m\frac{N}{2}\right)\\
&\quad\exp\left[\mathrm{j}\left(\frac{2\pi}{N}\right)l(q-n)\right]\exp\left(\mathrm{j}\varphi_{p,q}-\mathrm{j}\varphi_{m,n}\right)
\end{aligned} \tag{3-9}$$

此时 $\sum_{l} g_{p,q}\left(l-T_{\text{delay}}\right)g_{m,n}^{*}(l)$ 项不为纯实数或者纯虚数，这也意味着来自相邻信道和相邻符号的干扰不可去除；从式（3-9）最后的结果来看，星座图上的数据除了被旋转，还会变小。因为原型滤波器被扩展，在一定定时误差范围内，数据缩小程度有限，即对定时不敏感。

假设接收信号存在归一化频偏 ε：

$$\begin{aligned}\bar{d}_{m,n}&=\sum_{l}s(l)\exp\left[\mathrm{j}\left(\frac{2\pi}{N}\right)\varepsilon l\right]g_{m,n}^{m}(l)\\&=\sum_{p}\sum_{q=0}^{M-1}d_{p,q}\sum_{l}g_{p,q}(l)\exp\left[\mathrm{j}\left(\frac{2\pi}{N}\right)\varepsilon l\right]g_{m,n}^{*}(l)\\&=\sum_{p}\sum_{q=0}^{M-1}d_{p,q}\sum_{l}g\left(l-p\frac{N}{2}\right)g\left(l-m\frac{N}{2}\right)\\&\quad\exp\left[\mathrm{j}\left(\frac{2\pi}{N}\right)l(q+\varepsilon-n)\right]\exp\left(\mathrm{j}\varphi_{p,q}-\mathrm{j}\varphi_{m,n}\right)\end{aligned} \tag{3-10}$$

类似存在定时误差的结果，受到频偏影响，解调结果在小范围内的解调误差很小，但当 ε 较大，特别是为整数时，可能导致解调完全失败。

3.4.2　基于训练符号的 FBMC 系统同步算法

基于训练符号的 FBMC 系统同步算法分为两类，一是利用训练符号构造特殊结构，以将原来基于 OFDM 系统的同步算法应用到 FBMC 系统中；二是利用训练符号频域上的数据结构特征、解调出的数据对称特性或其他特性进行同步。

1. Fusco 算法

Fusco 算法类似 OFDM 系统中的 Schmidl Cox 算法，它通过发送多个类似的符号使传输的信号序列中存在两个或多个相同的序列段，并使用相关运算构造度量函数。由于在 FBMC 系统中符号是重叠的，为了得到重复结构，必须发送多个数据，使能覆盖重复结构部分的符号都完全相同，从而得到两个重复部分。Fusco 算法产生重复结构数据的示意如图 3-16 所示。

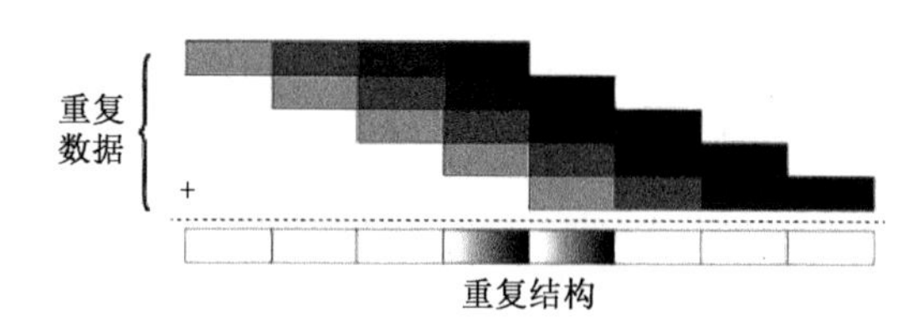

图 3-16　Fusco 算法产生重复结构数据的示意

图 3-16 中不同颜色表示一个符号的不同部分，以上结构能产生两个相同的数据部分。由于 FBMC 符号发送数据以半个周期为间隔，因此还有 5 个符号被置零处理，实际产生整个训练符号需要至少 10 个 FBMC 符号。

在众多文献中，他们提出了多种度量方案，但本质上仍然是利用相关运算将频偏分量移除度量函数。为了方便，下面只列举类似 Schmidl Cox 算法的度量函数，因为该度量函数同时具有优良的定时估计和频偏估计性能。

$$M_{\text{MLS}} = \arg\max_n \left\{ \frac{\|R(n)\|}{Q(n)} \right\} \tag{3-11}$$

$$R(n) = \sum_{i=0}^{N-1} r^*(n+1) r(n+1+N) \tag{3-12}$$

$$Q(n) = \sum_{i=0}^{2N-1} \|r(n+1)\|^2 \tag{3-13}$$

其中确定了定时点，就可以估计频偏值：

$$\Delta f = \frac{1}{2\pi N} \arg(R(n)) \tag{3-14}$$

式中，arg 表示取复数的相位值。由于 FBMC 系统中不存在循环前缀，该算法并没有平台效应。但是与 Schmidl Cox 算法类似，度量函数可以变成迭代形式，降低计算量；这样的特性对于时域上被扩展了的 FBMC 系统很重要。

Fusco 算法度量结果如图 3-17 所示，可以看出，在定时点附近度量结果变化较小，结果比较平坦；当有噪声影响时，定时点较难确定；这也是 Schmidl Cox 算法的缺点。

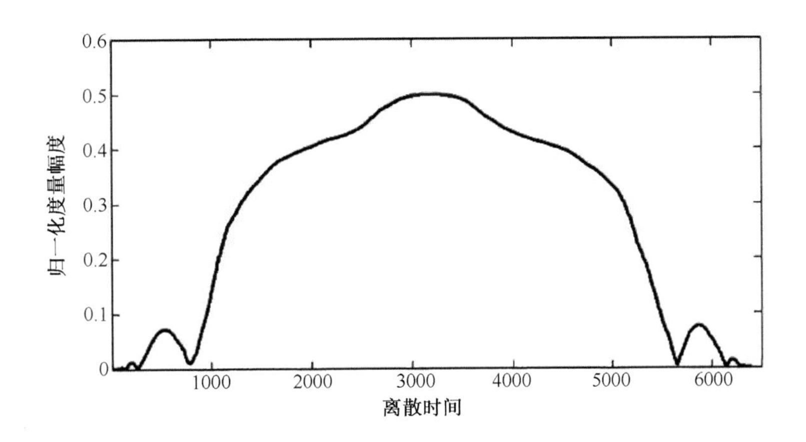

图 3-17　Fusco 算法度量结果（无噪声影响）

2. Mattera 算法

由于 Fusco 算法存在定时点较难确定的问题，使度量结果呈现脉冲特性，因此 Mattera 研究了 FBMC 原形滤波器的特性，利用传输符号的共轭对称特性来改造训练符号的结构。如果将原型滤波器时域上的数据分成 4 个部分（见图 3-18），即 g_0、g_1、g_2、g_3，那么 $g_0+g_1+g_2+g_3\cong 1$。

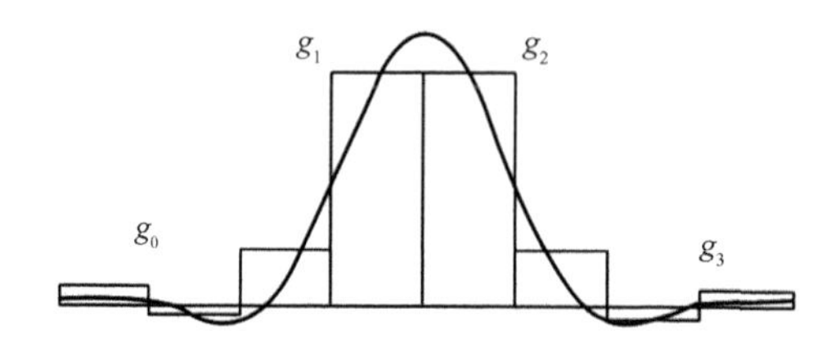

图 3-18　原型滤波器时域分段示意图

如果频域传输多个相同数据，那么传输的时域信号就可以出现两个相同的结构（如 Fusco 算法中所提）。并且当原始数据的傅里叶变换呈现共轭对称特性时，实际 FBMC 系统产生的时域上的相同结构也是共轭对称的。

将非对称部分之前的拖尾段去除，就直接保留了对称段，后面直接是包含传输数据的信号，如图 3-19 所示。

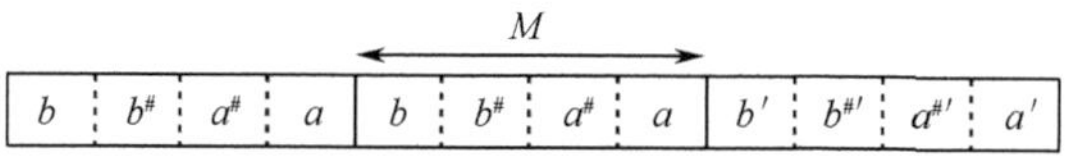

M

b	$b^{\#}$	$a^{\#}$	a	b	$b^{\#}$	$a^{\#}$	a	b'	$b^{\#\prime}$	$a^{\#\prime}$	a'

图 3-19　Mattera 算法训练符号结构示意图

该算法的度量函数如下：

$$M_{\text{MLS}}=\arg\max_n\left\{\frac{2\left\|\sum_{i=0}^{L-1} r(n+i+1)r^*(n-i)\right\|}{\sum_{i=-L+1}^{L-1}\left\|r(n+i+1)\right\|^2}\right\}\tag{3-15}$$

对比该度量函数与 Park 算法的度量函数，可以看出二者是基本相同的，没有办法进行迭代运算。Mattera 算法估计频偏值的函数为：

$$\Delta f=\frac{1}{2\pi}\arg\left[\sum_{i=0}^{L-1} r(n+i+1)r(n-i)\right]\tag{3-16}$$

Mattera 算法度量结果如图 3-20 所示，该算法存在多个远大于均值的峰值，因此定时估计性能比 Fusco 算法好，定时更加简单。

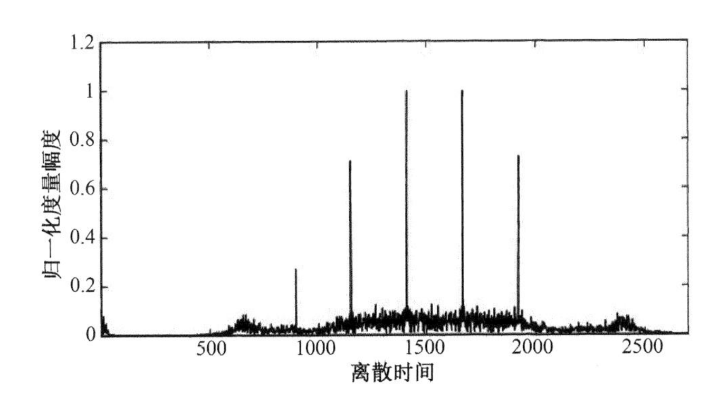

图 3-20　Mattera 算法度量结果（无噪声影响）

虽然该算法取得了更好的性能，但是由于直接截断了训练符号的部分数据，实际应用时会对其他用户的解调产生干扰。

3. W. Chung 算法

为了利用 4G 系统中的 CAZAC 序列，W. Chung 研究了 FBMC 系统符号产生的数学原理，通过一系列符号优化，使 FBMC 发送的信号存在 CAZAC 部分，并利用原有 OFDM 基于 CAZAC 的算法进行同步。

W. Chung 算法主要计算量用于符号的产生，但论文中没有给出度量函数的结构，分析中直接利用 OFDM 中基于 CAZAC 算法的度量函数，基于此，可以得到以下度量结果。

从图 3-21 中可以看出，虽然度量结果有脉冲特性，但旁瓣峰值较大；在多径信道中，旁瓣可能比主峰大，从而导致定时失败和频偏估计错误。

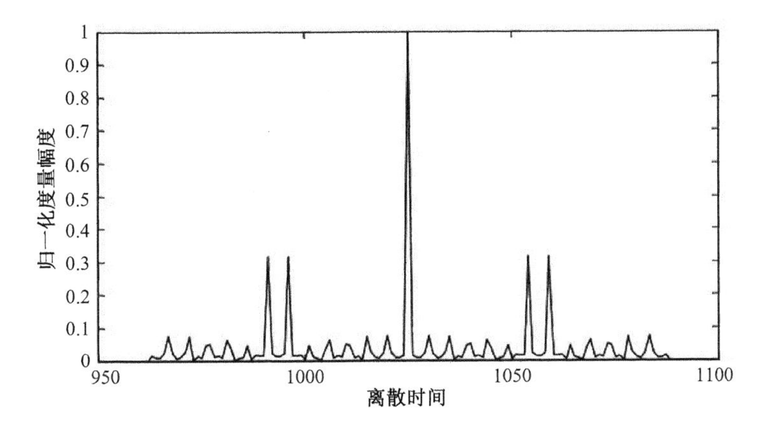

图 3-21　W. Chung 算法度量结果（无噪声影响）

4. S. V. Caekenberghe 算法

除了基于训练符号结构的算法，还有一些利用训练符号解调数据进行处理的算法。S. V. Caekenberghe 分析了 FBMC 系统解调数据的过程；当连续发送相同的符号（只使用偶数序号子信道）时，解调出来的数据具有对称性；并且对称性与系统参数有关，如图 3-22 所示。

假设 $y_k(n)$是 n 时刻解调出来的第 k 个子信道上的数据，则有：

$$Y_{\downarrow}(n)=\frac{\sum_{k=0}^{\frac{M}{2}-1}\left\|y_{2k}\left(n+\frac{M}{2}\right)\right\|\left\|y_{2k}(n)\right\|}{\sum_{k=0}^{\frac{M}{2}-1}\left\|y_{2k}(n)\right\|^{2}} \tag{3-17}$$

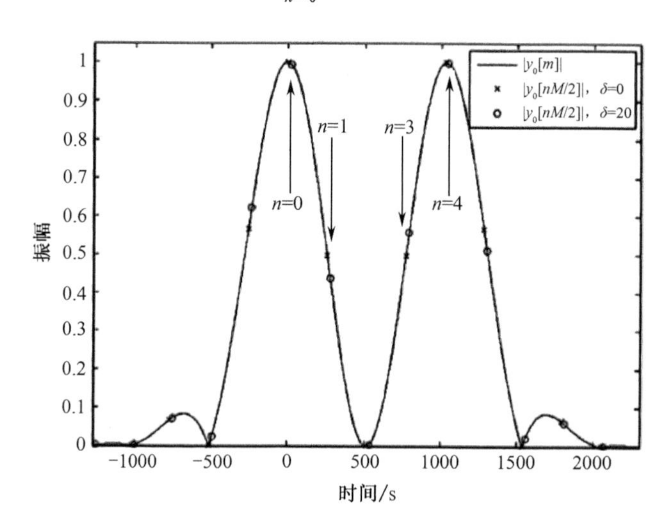

图 3-22　S. V. Caekenberghe 算法训练符号频域上解调对称性示意图

$$Y_{\uparrow}(n)=\frac{\sum_{k=0}^{\frac{M}{2}-1}\left\|y_{2k}\left(n+\frac{3M}{2}\right)\right\|\left\|y_{2k}(n+2M)\right\|}{\sum_{k=0}^{\frac{M}{2}-1}\left\|y_{2k}(n+2M)\right\|^{2}} \tag{3-18}$$

$$z(n)=Y_{\uparrow}(n)-Y_{\downarrow}(n) \tag{3-19}$$

该算法的度量函数与其他算法的有些不同，其度量结果如图 3-23 所示，判断度量结果为 0 的时刻为定时点。

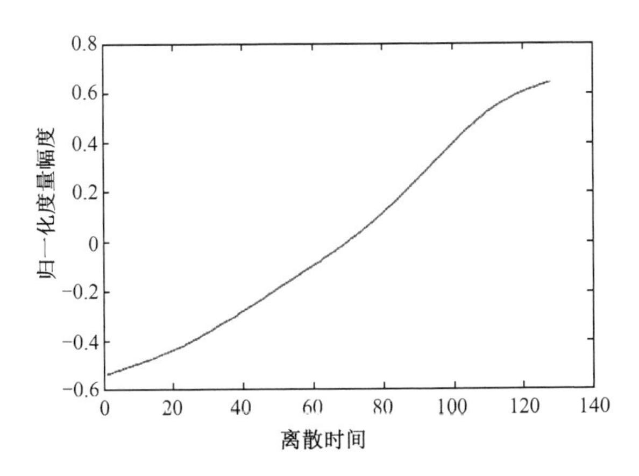

图 3-23　S. V. Caekenberghe 算法度量结果（无噪声影响）

确定了定时点，就可以利用发送的连续相同的符号数据进行频偏估计。

$$\varepsilon=\frac{1}{4\pi}\arg\left[\sum_{k=0}^{\frac{M}{2}-1}y_{2k}^{*}(0)\,y_{2k}(2M)\right] \tag{3-20}$$

由于每个时刻都要进行 4 次 IFFT 计算，计算量极其大，并且其定时和频偏估计的范围有限，因此实际上该算法并不实用。

5. H. Saeedi-Sourck 算法

H. Saeedi-Sourck 提出了一种同时进行信道估计和同步过程的算法，该算法通过对 FBMC 系统解调过程进行分析，得到了多径信道影响下的原始调制数据和解调数据在不同时刻和频偏影响下的关系。

假设原始调制数据 $x_k(m)$ 表示第 m 个符号在第 k 个子信道上的调制数据，$y_k(n)$表示第 n 时刻解调出来的第 k 个子信道上的数据。

$$P_k(n)=x_k(0)\,y_k(n) \tag{3-21}$$

$$Q_k(n)=x_k(1)\,y_k(n+N) \tag{3-22}$$

则

$$\tau=\arg\max_n\left\{\sum_{k=0}^{N}\left(\left\|P_k(n)\right\|^2+\left\|Q_k(n)\right\|^2+2\left\|P_k^{*}(n)Q_k(n)\right\|^2\right)\right\} \tag{3-23}$$

在确定了定时点后进行频偏估计

$$\varepsilon=\frac{1}{2\pi}\arg\sum_{k=0}^{N}P_k^{*}(n)\,Q_k(n) \tag{3-24}$$

在得到频偏估计之后，可以对原有数据进行频率偏移补偿，再进行以上处理，并进行多次迭代，得到最优值。在实际应用中，一次迭代的结果如图 3-24 所示。

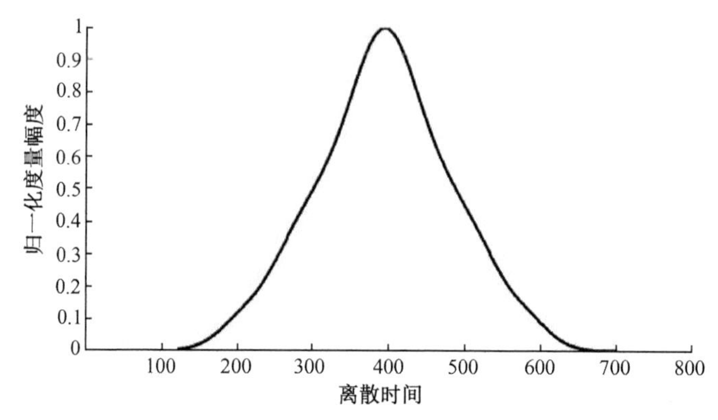

图 3-24　H. Saeedi-Sourck 算法度量结果（一次迭代）

从图 3-24 中可以看出，度量函数结果在定时点附近比 Fusco 算法结果更加集中，但定时点仍然难以处理；虽然进行多次迭代处理后可以有更好的效果，但是计算量代价太大，实际高速传输时的实时性很差。

6. C. Thein 算法

C. Thein 提出了一种优化训练符号的频域同步算法。利用辅助导频数据，使训练符号和后续传输数据之间的干扰最小，并利用解调数据的相关性，进行帧同步、频偏估计和准确定时估计。

首先，进行帧同步，计算函数如下：

$$C(n)=\frac{2}{N}\left\|\sum_{k=0}^{\frac{N}{2}} y_k^*(n)\, y_k(n+2N)\right\| \tag{3-25}$$

$$Q(n)=\frac{2}{N}\sum_{k=0}^{\frac{N}{2}}\left\|y_k(n)\right\|^2 \tag{3-26}$$

当 $C(n)>\rho(n)$时，帧同步成功，ρ 为阈值系数。

然后，进行频偏估计，计算函数如下：

$$\varepsilon=\frac{1}{2\pi}\arg\left[\sum_{k=0}^{\frac{N}{2}} y_k^*(0)\, y_k(2N)\right] \tag{3-27}$$

接下来，将该信号进行频偏补偿和解调处理；最后将处理过的信号记为 $\hat{y}_k(n)$，那么精细定时估计为：

$$\tau=\frac{1}{4\pi}\arg\left[\sum_{k=0}^{\frac{N}{2}}\frac{\hat{y}_k(0)\hat{y}_{k+2}^*(0)}{y_k(0)y_{k+2}(0)}+\sum_{k=0}^{\frac{N}{2}}\frac{\hat{y}_k(2M)\hat{y}_{k+2}^*(2N)}{y_k(2M)y_{k+2}(2N)}\right] \quad (3\text{-}28)$$

该算法的实际帧同步结果如图 3-25 所示。

该算法与之前的频域同步算法类似，仍然需要极大的计算量，并且估计范围很小。

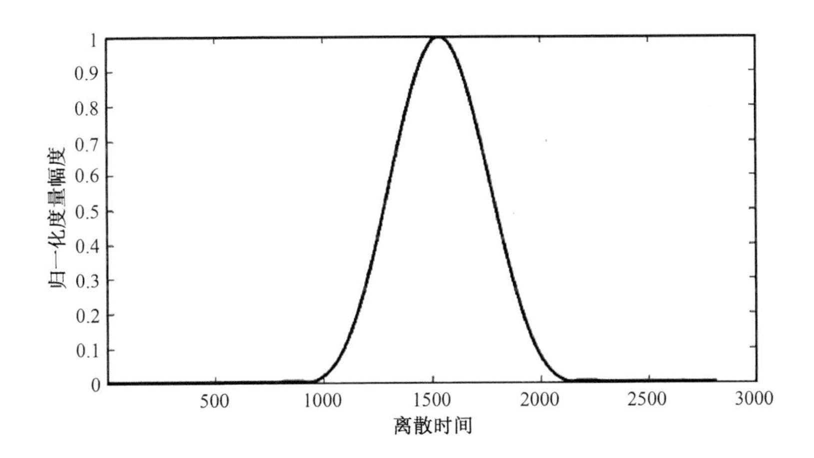

图 3-25　C. Thein 算法帧同步度量图（无噪声影响）

7. 基于 ZAC 的算法

OFDM 系统中的 CAZAC 序列具有优秀的自相关特性，基于该序列的同步算法具有更优的同步性能，将单天线同步算法应用到多天线系统中更加简单、方便，性能却没有较大改变。因此有必要研究能由 FBMC 系统产生的具有优秀自相关特性的特殊序列，并将该序列应用到 FBMC 系统同步算法中。

由于 ZAC 具有脉冲型的自相关结果，并且可以使用 FBMC 系统产生，将 FBMC 系统发送的前两个符号 $s_0(k)$和 $s_1(k)$作为同步符号（调制数据的幅度都相同，且大于 1），则度量函数为：

$$M(n)=\sum_{k=0}^{KN-1}r^*(n+k)r\left(n+k-\frac{N}{2}\right)s_1(k)s_0^*(k) \quad (3\text{-}29)$$

该算法的度量结果如图 3-26 所示，可以看出，该算法仅存在一个峰值，并且只利用了两个符号，相对其他算法提高了符号传输效率。

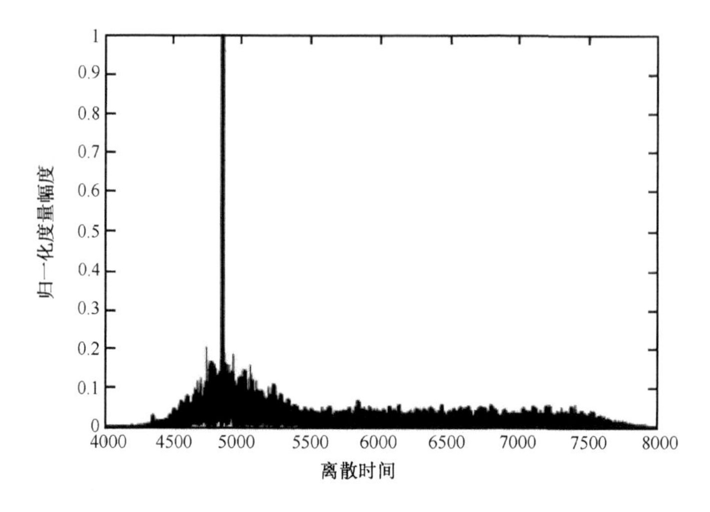

图 3-26 基于 ZAC 的算法的度量结果

3.4.3 性能分析与仿真结果

本节选取前面提到的算法作为仿真对比算法，数据映射采用基于 16QAM 的 16OQAM，子载波数为 512，重叠因子为 4，调制带宽为 10MHz，默认采用的原型滤波器为 PHYDYAS 滤波器。归一化频偏为-128～128，定时误差为-256～256。信道采用 ITU Vehicular A 信道。

假设发送的非同步符号的数目为 M，那么不同算法之间的性能对比如表 3-1 所示，可以看出，ZAC 算法的效率最高。对于计算的复杂度，这里仅考虑度量函数的复杂度，没有将训练符号优化所需的计算量包括进去。可以看出，ZAC 算法的计算量虽然不是最低的，但是因为不需要使用 FFT 操作，实际上复杂度还是可以接受的。因为基于频域数据的同步算法每个时刻都需要进行 FFT 操作，实际上需要消耗超大量的计算，复杂且耗时。

表 3-1 不同算法之间的性能对比

算 法	传输效率	乘法数目	FFT
ZAC	$2/(2+M)$	$4N+1$	0
Mattera	$4/(4+M)$	N	0
Fusco	$12/(12+M)$	3	0
S. V. Caekenberghe	$8/(8+M)$	$4N$	2
W. Chung	$4/(4+M)$	N	0
H. Saeedi-Sourck	$8/(8+M)$	$6N$	2
C. Thein	$4/(4+M)$	$2N$	2

如图 3-27 所示，ZAC 算法在高斯信道和多径信道中都具有最优的定时估计性能，且在 0dB 时，比 H. Saeedi-Sourck 算法有 10dB 的性能提升。其他算法的性能都随信噪比的增加而变好，但是只有信噪比很高时才能接近 ZAC 算法，因此 ZAC 算法具有最优的定时估计性能。

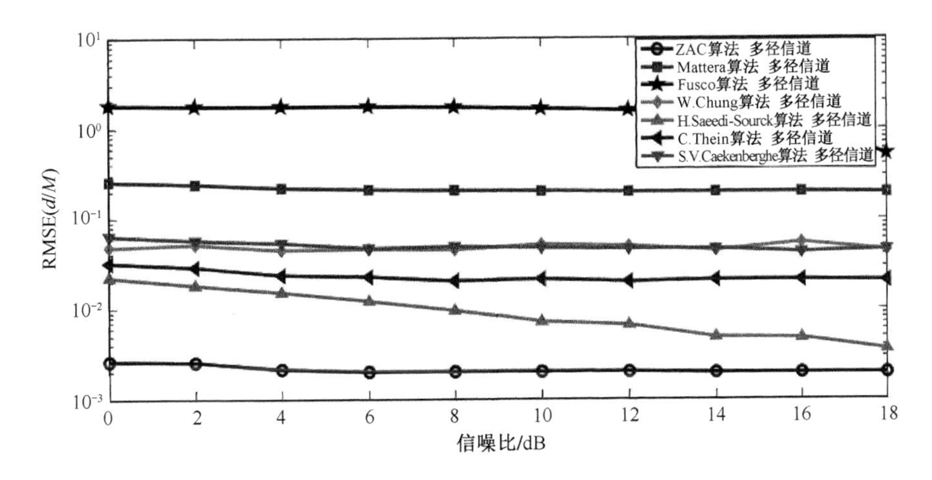

（a）多径信道下不同算法之间归一化定时误差对比

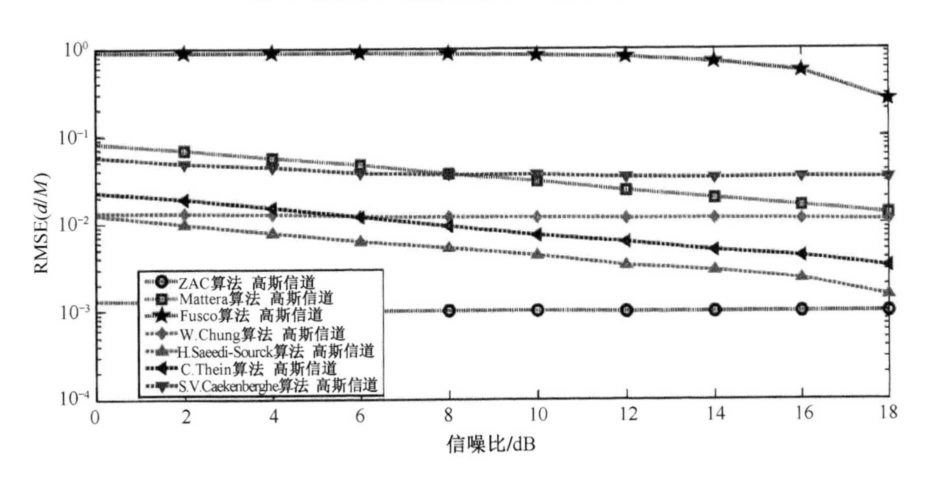

（b）高斯信道下不同算法之间归一化定时误差对比

图 3-27　不同算法之间归一化定时误差对比

图 3-28 显示了不同算法估计频偏的性能。在高斯信道中，Mattera 算法具有最好的效果，但是 ZAC 算法在多径信道中具有最优效果。而且，ZAC 算法的估计性能随信噪比的增加而降低，低信噪比时仍然较好，因此 ZAC 算法的性能是足够好的。

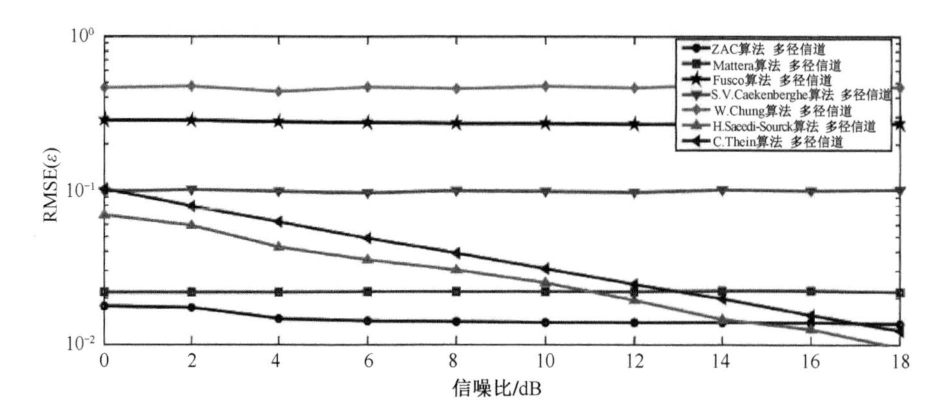

（a）多径信道下不同算法之间归一化频偏误差对比

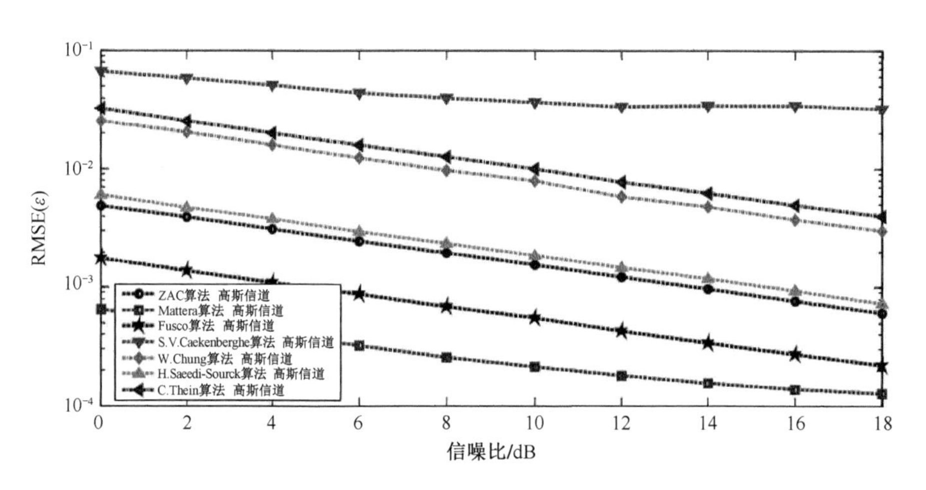

（b）高斯信道下不同算法之间归一化频偏误差对比

图 3-28 不同算法之间归一化频偏误差对比

图 3-29 显示了不同重叠因子条件下不同算法的定时估计性能。可以看出，ZAC 算法具有最优的定时估计效果，并且不同重叠因子条件下性能相比其他算法稳定。

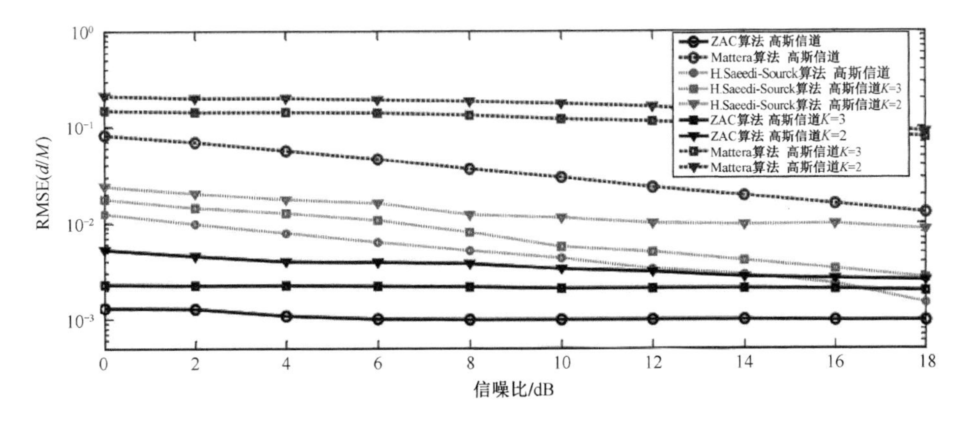

（a）高斯信道下 3 种算法之间不同符号长度对归一化定时误差的影响

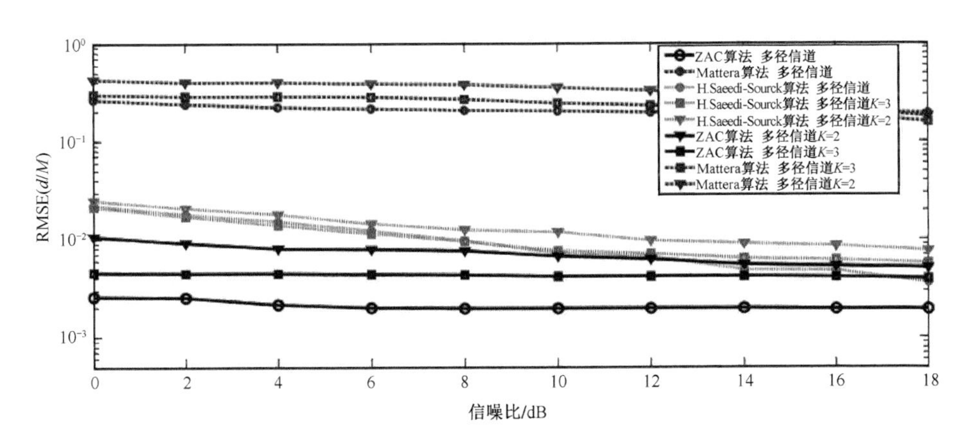

（b）高斯信道下 3 种算法之间不同符号长度对归一化定时误差的影响

图 3-29　3 种算法之间不同符号长度对归一化定时误差的影响

图 3-30 显示了不同重叠因子条件下不同算法的频偏估计性能。虽然 ZAC 算法在高斯信道下不如 Mattera 算法，但是 ZAC 算法在多径信道中比 Mattera 算法优秀，并且更加稳定。Mattera 算法在重叠因子较小时性能恶化严重。H. Saeedi-Sourck 算法的估计性能在高斯信道和多径信道下都不如 Mattera 算法和 ZAC 算法，并且计算量十分高，因此实际效率很低，并不实用。

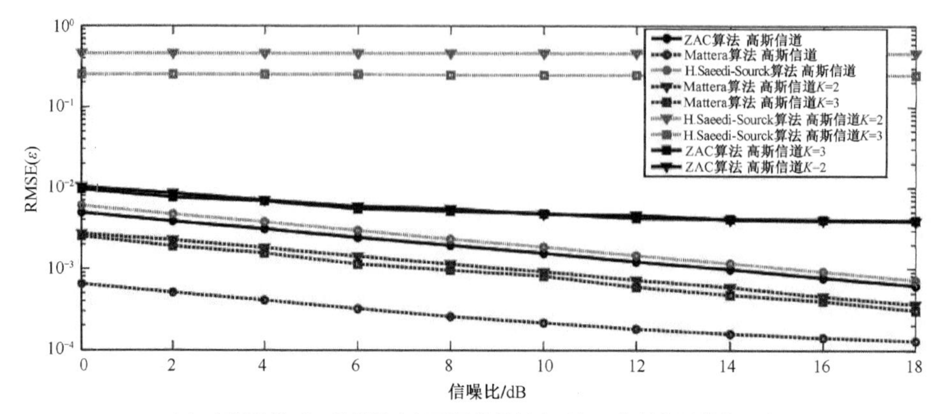

（a）高斯信道下 3 种算法之间不同符号长度对归一化频偏误差的影响

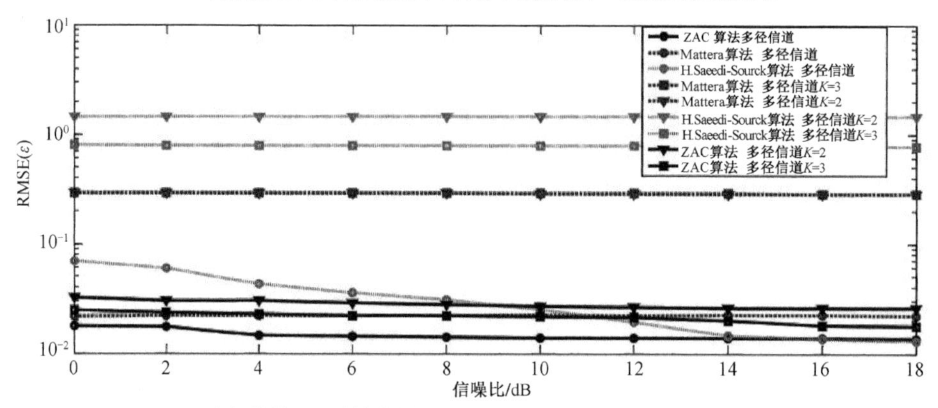

（b）多径信道下 3 种算法之间不同符号长度对归一化频偏误差的影响

图 3-30 3 种算法之间不同符号长度对归一化频偏误差的影响

3.5 基于峰值反馈跟踪降低 FBMC-OQAM 系统峰均功率比的方法

多年来，降低 OFDM 系统的高峰均功率比问题已经成为学术界的研究热点，而且已经有许多较为经典的有效降低 PAPR 的方法，主要分为以下两类。

（1）信号有失真方法。其代表方法有限幅法、压缩扩展变换法等。该类方法的基本思想是对信号的最大幅度值直接进行非线性处理，将其 PAPR 控制在放大器所能承受的范围内，从而降低信号的 PAPR，该类方法虽然实现简单、PAPR 降低性能好，但是会引起信号的非线性失真，有损系统的误码率性能。

（2）信号无失真方法。其代表方法有部分传输序列法（PTS）、选择映射法

（SLM）、载波预留法（TR）。这 3 种方法并不直接对信号的幅度进行处理，前两者利用相位旋转因子来优化信号相位，从而降低信号高峰值出现的概率，而后者通过预留子载波承载峰值消除信号，而不会对源信号造成干扰，因此此类方案不会使信号产生畸变，不影响系统的误码率性能。

3.5.1　PTS 算法的基本原理

PTS（部分传转序列）算法的主要目的是减少信号出现高峰均功率比的概率，其主要思路是将输入的频域信号分割成互不重叠的子块，再调制到子载波上，即子载波被分割成几组，将每组经 IFFT 后得到的时域信号乘以一个最佳相位旋转因子，来改变子载波的相位，再将每组优化后的时域信号叠加，得到一个 PAPR 值最小的信号发送出去。此算法的关键步骤是搜索出一组最佳的相位旋转因子，使整个时域信号具有最小的 PAPR。其中，PTS 算法的分割方式又分为交织分割、相邻分割和随意分割 3 种。一般 PTS 算法采用相邻分割方式，能确保较稳定且较好的 PAPR 性能，本书中的 PTS 算法均采用相邻分割的方式。下面以 OFDM 系统为例，阐述 PTS 算法降低 PAPR 的实现原理，如图 3-31 所示。

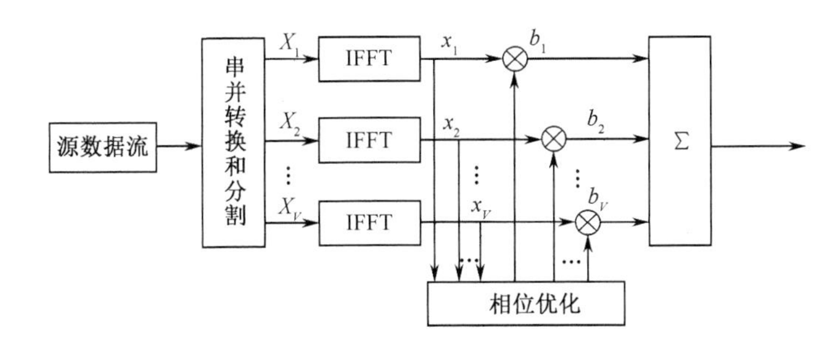

图 3-31　PTS 算法的原理框图

在输入端将输入信号进行串并转换后得到频域信号 X，将此并行信号分割成不相交的 V 组，即 $X = X_1, X_2, \cdots, X_V$，再按组调制到 N 个子载波上，每组包含的子载波个数为 N/V。经 IFFT 后得到 V 组时域信号 x_v $(v = 1, 2, \cdots, V)$，然后将每组信号 x_v 乘以对应的相位因子 $b_v = \mathrm{e}^{\mathrm{j}\varphi_v}$（$v = 1, 2, \cdots, V$；$\varphi_v = [0, 2\pi]$）进行相位优化，为了使计算简单，我们选取 $\varphi_v = \{0, \pi\}$，即相位因子 $b_v = \{1, -1\}$。再将各组优化信号 x_v 叠加得到最终的时域信号 x，表示为：

$$x = \sum_{v=1}^{V} b_v \cdot \mathrm{IFFT}\{X_v\} = \sum_{v=1}^{V} b_v x_v \tag{3-30}$$

为获得具有最小 PAPR 的时域信号 $\tilde{x}$，这组最佳的相位旋转因子需要满足：

$$\left\{\tilde{b}_1,\tilde{b}_2,\cdots,\tilde{b}_V\right\}=\underset{\{b_1,b_2,\cdots,b_V\}}{\arg\min}\left(\max_{n=0,1,\cdots,N-1}\left|\sum_{v=1}^{V}b_v\cdot x_v(n)\right|^2\right) \tag{3-31}$$

获取最佳相位旋转因子组合的基本方法是穷举搜索法，将 2^V 个备选组合 $\left\{b_1,b_2,\cdots,b_V\right\}$ 代入式（3-31）中求解。可见，PTS 算法在执行时需要遍历所有相位旋转因子组合，计算复杂度会随分组数目的增加而成指数级增长。为了减少搜索的复杂性，研究者也提出了多种方法，但得到的只是次优解，降低 PAPR 的性能不如 PTS 算法，本书中均采用穷举搜索法。最后，得到降低了的 PAPR 信号 $\tilde{x}$：

$$\tilde{x}=\sum_{v=1}^{V}\tilde{b}_v x_v \tag{3-32}$$

然而，PTS 算法在发送端引入了相位旋转因子，则在接收端恢复原始信号时需要相应的相位信息，因此系统需要增加开销，将 $\tilde{b}_v$ 作为边带信息发送给接收端。对于每次运用 PTS 算法，需要传输 $\log_2 2^V$bit 边带信息，这样降低了系统的频谱利用率。

3.5.2 TR 算法的基本原理

传统载波预留（Tone Reservation，TR）方案的主要思想是先预留出一小部分子载波来承载峰值消除信号，预留出来的子载波称为峰值降低载波（Peak Reduction Tones，PRTs），它们不会传输任何数据信息，只用于降低信号的 PAPR，而其余的子载波用于传输数据信息，通过两部分信号的叠加最终得到 PAPR 降低的时域信号。由于承载数据的子载波和 PRTs 是彼此正交的，在接收端接收器只用检测传输数据的子载波，并滤掉 PRTs 上的内容。因此，TR 算法不会造成信号失真，无须发送边带信息，其误码率性能也不差于其他降低 PAPR 的算法。

考虑具有 N 个子载波的基于 TR 算法的 OFDM 系统，首先将其中的 R 个子载波保留为降低峰值的载波，用于产生峰值消除信号，其余的（N-R）个子载波专门用于传输数据，那么第 n 个子载波上的频域信号 X_n 可以表示为：

$$X_n = \hat{X}_n + C_n = \begin{cases} C_n, n \in Q \\ \hat{X}_n, n \in Q^C \end{cases}$$
$$C_n \equiv 0,\ n \in Q^C \tag{3-33}$$
$$\hat{X}_n \equiv 0,\ n \in Q$$

式中，$\hat{X}_n$ 表示第 n 个子载波在频域上的原始符号；C_n 表示第 n 个子载波在频域上的峰值消除信号；$Q = \{n_1, n_2, \cdots, n_R\}$是随机生成的一个 PRTs 的索引集；$Q^C$ 是所有子载波序列的集合$\{0, 1, \cdots, N-1\}$中 Q 的补集。然后，由预留 PRTs 上的频域信号生成时域的峰值消除信号 $c(t)$，再将其加到原始的时域信号 $\hat{x}(t)$ 上，得到降低了 PAPR 的信号 $x(t)$，即

$$x(t) = \hat{x}(t) + c(t) \tag{3-34}$$

TR 算法能有最佳的 PAPR 降低性能在于获得最佳的峰值消除信号或者最佳的 PRTs。然而，找到最优的 PRTs 集要求对可能的所有子载波序号组合进行详尽的搜索，这是一个求不出解的 NP-hard（Non-deterministic Polynomial-time-hard，NP-hard）难题。因此，在许多研究中，通常选择次优的解决方案，关于 PRTs 的选取方案已有文献对连续 PRTs 集、等距 PRTs 集和随机 PRTs 集等的性能进行了论述，虽然连续 PRTs 集和等距 PRTs 集是最简单的 PRTs 选择，但它们的 PAPR 降低性能低于随机 PRTs 集的优化性能。

3.5.3　降低 FBMC-OQAM 系统 PAPR 的改进算法

由于现有的降低 OFDM 系统 PPAR 的经典算法直接应用在降低 FBMC-OQAM 系统 PPAR 的效果不佳。对于将相互重叠的 FBMC-OQAM 信号进行分段，并多次运用传统 PTS 算法来降低其 PPAR，会产生不可接受的计算复杂度及边带信息量。因此，根据 FBCMC-OQAM 信号的重叠结构特征，并观察到 FBMC-OQAM 信号出现的最大峰值相对稀疏，在传统 PTS 算法的基础上提出稀疏部分传输序列（Sparse PTS）算法，达到以很低的计算复杂度实现更好的降低 FBMC-OQAM 系统 PPAR 的效果。

1. 稀疏 PTS 算法原理

由于 FBMC-OQAM 信号的重叠结构，我们不能与优化 OFAM 符号一样单独处理每个符号，而是要将若干个相互重叠的 FBMC-OQAM 符号块作为一个整体进行 PAPR 的降低。在本方案中，我们要达到降低 FBMC-OQAM 系统 PAPR 的目的，首要的是降低 FBMC-OQAM 信号的峰值功率，也就是要降低

FBMC-OQAM信号随机出现的最大峰值，同时又要保证引入的方案不会对系统造成额外的失真和带外辐射，这让我们很自然地联想到利用相位旋转因子来处理信号幅度，但与传统 PTS 算法不同的是，我们只针对 FBMC-OQAM 信号随机出现的最大峰值位置上的数据进行相位优化。总的来说，FBMC-OQAM 信号出现最大 PAPR 的概率较低，且出现的峰值是稀疏的，因此我们只需要对少量具有高峰值的数据相位进行优化处理，而不改变其他位置上的数据信号，从而FBMC-OQAM信号整体的平均功率变化可以忽略不计，因此从理论上分析此稀疏 PTS 算法可以有效降低 PAPR。在仿真中，此算法实际上既可以实现极低的计算复杂度，也可以实现优异的 PAPR 降低性能，而且降低 PAPR 的性能远远胜过传统 PTS 算法。

稀疏 PTS 方案的基本思路：第 1 步是在分组模式下发送连续的重叠信号，然后检测并记录 FBMC-OQAM 信号随机出现的最大峰值在时域中的位置；第 2 步是将记录的位置反馈给子块，并利用相位因子来优化子块对应位置上每个数据的相位。然后重复上述两个步骤 I 次。图 3-32 说明了稀疏 PTS 方案的实现。我们预先将承载信号子载波分成 V 组，每组的子载波个数为 N/V，然后使经调制的复数信号依次经过 IFFT 和 PPN 分组发送，再各组求和得到原始 FBMC-OQAM 信号，则第 m 个信号可以表达为：

$$
\begin{aligned}
s^m(t)=\sum_{v=0}^{V-1}\sum_{i=0}^{\frac{N}{V}-1}&\left[a_i^m h(t-mT)+\mathrm{j}b_i^m h\left(t-mT-\frac{T}{2}\right)\right] \\
&\exp\left[\mathrm{j}\left(i+v\frac{N}{V}\right)\left(\frac{2\pi}{T}t+\frac{\pi}{2}\right)\right]
\end{aligned}
\tag{3-35}
$$

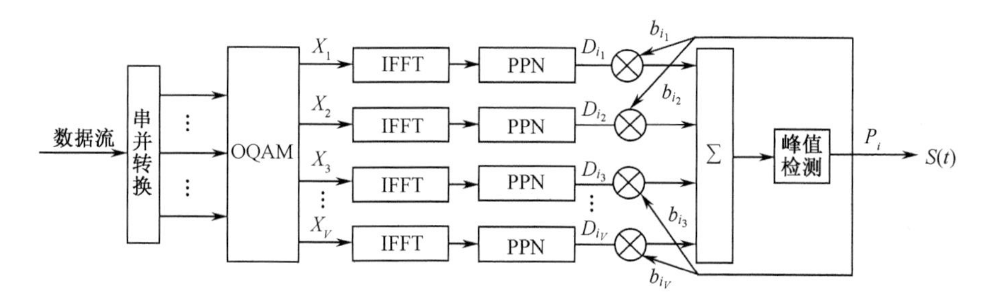

图 3-32 稀疏 PTS 算法在 FBMC-OQAM 系统中的应用

图 3-33 为稀疏 PTS 算法的执行示意图，其具体过程如下：

（1）检测 FBMC-OQAM 信号最大峰值的位置点并记录为 P_i，如图 3-33 所

示，假设迭代的总数为 I（$i=1, 2, \cdots, I$）。

（2）在子块信号中找到对应位置 P_i 处的数据 D_{i_v}（$v=1, 2, \cdots, V$），并且将每个数据乘以相应的相位旋转因子 $b_v \in \{-1, 1\}$，避免这些数据的相位因在同一时刻保持一致而出现较大幅值，并将位置 P_i 上的这些数据重新求和。

（3）从 2^V 个相位旋转因子组合中找出最好的一组$\left(\tilde{b}_1, \tilde{b}_2, \cdots, \tilde{b}_V\right)$，以使当前位置上数据叠加的幅度值降到最小。然后，将数据 D_{i_v}（$v=1, 2, \cdots, V$）乘以最佳组合$\left(\tilde{b}_1, \tilde{b}_2, \cdots, \tilde{b}_V\right)$以获得具有最小和值的新数据$\left(\tilde{b}_1 D_{i_1}, \tilde{b}_2 D_{i_2}, \cdots, \tilde{b}_V D_{i_V}\right)$。

（4）用$\left(\tilde{b}_1 D_{i_1}, \tilde{b}_2 D_{i_2}, \cdots, \ddot{b}_V D_{i_V}\right)$更新当前位置 P_i 处的数据，则得到新的子块，最后子块叠加就得到处理了最大峰值的 FBMC-OQAM 信号。

（5）重复步骤（1）~（4），直至迭代满足 I 的值。最后，由最佳子块信号叠加得到的时域 FBMC-OQAM 信号具有最低的 PAPR。

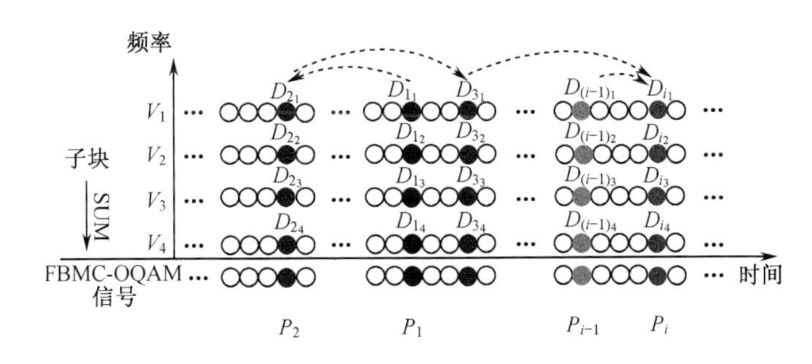

图 3-33　稀疏 PTS 算法的执行示意图

2. 稀疏 PTS 算法计算复杂度及边带信息量分析

由于是在传统 PTS 算法的基础上提出的稀疏 PTS 算法，因此下面将通过与传统 PTS 算法的对比来分析稀疏 PTS 算法的计算复杂度及边带信息。我们主要分析两种算法中的相位优化操作，而其他类似部分两者的计算相同，可以忽略不纳入对比。为了确定最佳的相位旋转因子组合，需要从 2^V 个备选组合中搜索，在这个过程中提出的稀疏 PTS 算法需要 $IV2^V$ 次复数乘法和 $2I(V-1)2^V$ 次复数加法，而传统 PTS 方案需要 $NMV2^V$ 次复数乘法和 $2NM(V-1)2^V$ 次复数加法。另外，当确定最小 PAPR 的传输信号时，稀疏 PTS 算法和传统 PTS 算法需要的复数乘法次数分别为 IV、NMV，需要的复数加法次数分别为 $2I(V-1)$、$2NM(V-1)$。由于实部与虚部的计算过程相同，因此在表 3-2 中仅列出了稀疏 PTS 算法和传统 PTS 算法在实部乘法和加法方面的计算量。

从表 3-2 可以看出，迭代次数 I 与提出的稀疏 PTS 方案的计算复杂度直接相关。在一般情况下，FBMC-OQAM 信号出现较大峰值的概率比较低，因此可以看出稀疏 PTS 算法的计算量将远远小于传统 PTS 算法的计算量。同样地，在接收端信号的恢复过程中，解稀疏 PTS 算法仅对少量数据进行相位还原，而传统 PTS 算法依然对所有数据进行相位还原，因此在信号还原过程中稀疏 PTS 算法的计算量也是很小且很容易实现的。

表 3-2　稀疏 PTS 算法和传统 PTS 算法的计算复杂度对比

算　法	实部乘法	实部加法
稀疏 PTS	$IV(2^V+1)$	$2I(V-1)(2^V+1)$
传统 PTS	$NMV(2^V+1)$	$2NM(V-1)(2^V+1)$

众所周知，PTS 方案需要发送有关相位旋转因子作为边带信息（SI）以准确恢复原始信号。对于所提出的稀疏 PTS 算法，边带信息随着迭代次数的增加而增加，而传统 PTS 算法中的边带信息随分段次数 S 的增加而增加。从下面的仿真分析中可以看到，当稀疏 PTS 算法的迭代次数与传统 PTS 算法的分块数相同，即两者需要发送等量边带信息时，稀疏 PTS 算法降低 PAPR 性能胜过传统 PTS 算法，并且前者的计算量也更小。然而稀疏 PTS 算法的不足就在于要实现更好的 PAPR 降低性能，需要以增加边带信息量为代价。

3. 稀疏 PTS 算法的仿真结果及分析

本小节对提出的稀疏 PTS 算法进行了大量仿真，验证其在 FBMC-OQAM 系统中降低 PAPR 的效果及计算复杂度，并对结果进行分析。表 3-3 为 FBMC-OQAM 系统仿真参数。

表 3-3　FBMC-OQAM 系统仿真参数

参　数	值
调制方式	4OQAM
连续发送的符号数	$M=16$
子载波数	$N=64$
分组数	$V=4$
相位旋转因子	$b_i=\{1, -1\}$
迭代次数	$I=4, 6, 8, 12, 16$

1）稀疏 PTS 算法不同迭代次数下的仿真结果

图 3-34 为稀疏 PTS 算法不同的 I 值的互补累积函数（CCDF）图，其中迭代次数分别为 $I=4$、6、8、12、16。曲线“原始信号”表示没有采用任何 PAPR 降低算法的 FBMC-OQAM 信号。显然，随着迭代次数 I 的增加，稀疏 PTS 算法的 PAPR 降低性能更加显著。当 $\mathrm{CCDF}=10^{-3}$ 时，稀疏 PTS 算法的 PAPR 值在 $I=4$、6、8、12、16 时分别比原来的 FBMC-OQAM 信号小 2.2dB、2.5dB、2.8dB、3.1dB、3.4dB。因此，证明了稀疏 PTS 算法可以有效降低 FBMC-OQAM 信号的 PAPR。

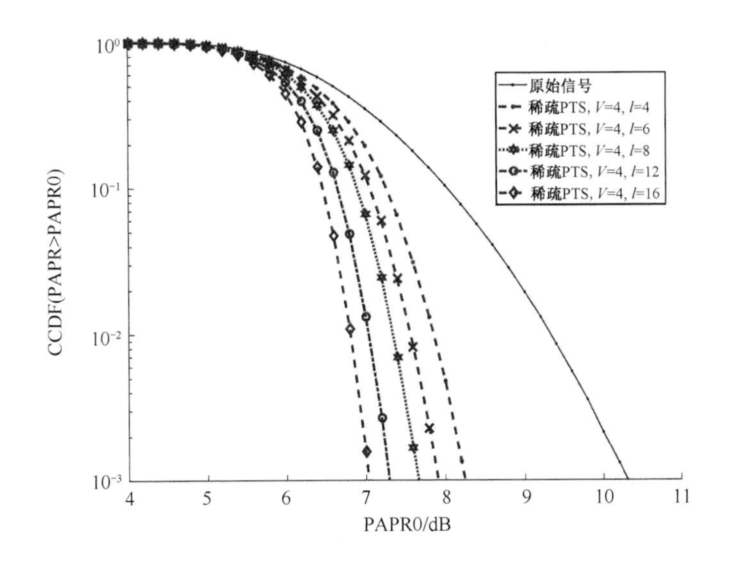

图 3-34　稀疏 PTS 算法不同的 I 值的 CCDF 图

2）稀疏 PTS 和传统 PTS 算法的 PAPR 降低性能和计算复杂度的对比分析

图 3-35 显示了稀疏 PTS 算法分别在参数 $V=4$，$I=6$、8、12、16 及传统 PTS 算法分别在参数 $V=4$，$S=1$、4、8、16 时的 PPAR 降低性能情况。表 3-4 给出了两种方案的计算复杂度和 PAPR 降低性能之间的关系。当 CCDF 固定在 10^{-3} 时，从图 3-35 和表 3-4 可以看出：①稀疏 PTS 算法在迭代次数 $I=6$ 时的 PAPR 值约为 7.89dB，略小于传统 PTS 算法在分段次数 $S=4$ 时的 7.98dB，说明在此参数下稀疏 PTS 算法的 PAPR 降低性能略优于传统 PTS 算法。尽管此时稀疏 PTS 算法的边带信息略高于传统 PTS 算法，但从表 3-4 中的计算复杂度分析可以看到，此参数下的稀疏 PTS 算法的计算量远远小于传统 PTS 算法。②稀疏 PTS 算法在迭代次数 $I=8$、16 时的 PAPR 值分别约为 7.63dB、7.03dB，均小

于传统 PTS 算法在分段次数 $S=8$、16 时的 7.70dB、7.49dB，这表明两种算法在等量边带信息的情况下，稀疏 PTS 算法可以实现优于传统 PTS 算法的 PAPR 降低能力，并且这些参数下稀疏 PTS 算法的计算量远远小于传统 PTS 算法，如表 3-4 所示。③稀疏 PTS 算法在迭代次数 $I=12$ 时的 PAPR 值约为 7.27dB，低于传统 PTS 算法在分段次数 $S=16$ 时的 7.49dB，这表明稀疏 PTS 算法可以发送更少的边带信息实现更优的 PAPR 降低性能，并且此时稀疏 PTS 算法的计算复杂度还远小于传统 PTS 算法。

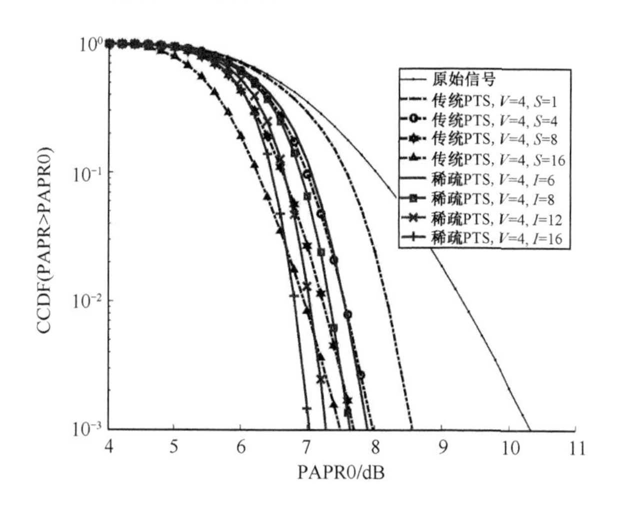

图 3-35　稀疏 PTS 算法和传统 PTS 算法的 CCDF

表 3-4　两种算法的计算复杂度对比

算　法	分组数	分段次数或迭代次数	实数乘法	实数加法	PAPR 值
传统 PTS	$V=4$	$S=1$	69632	104448	8.57
		$S=4$	69632	104448	7.98
		$S=8$	69632	104448	7.70
		$S=16$	69632	104448	7.49
稀疏 PTS	$V=4$	$I=6$	408	612	7.89
		$I=8$	544	816	7.63
		$I=12$	816	1224	7.27
		$I=16$	1088	1632	7.03

另外，从表 3-4 中可以直观地看出，在这些参数情况下，稀疏 PTS 算法的计算复杂度均远小于传统 PTS 算法。综上分析，相较于传统 PTS 算法，改进的稀疏 PTS 算法具有更好的性能，更宜应用于 FBMC-OQAM 系统。

参考文献

[1] 邓宏贵，任霜，刘岩. 一种基于峰值跟踪反馈降低FBMC-OQAM系统峰均功率比的方法：CN2016 11219471.7[P/OL]. 2017-05-31. http://cprs.patentstar.com.cn/Search/Detail?ANE=9EIF8IAA9EHDEHIA4 DAA9IHH9BIC6DCABCHA9AGB9AGE9EGC.

[2] 邓宏贵，钱学文，杜捷，等. 一种基于零自相关码的 FBMC 系统的同步方法：CN201610587706.1[P/OL]. 2016-12-14. http://d.wanfangdata.com.cn/patent/CN201610587706.1.

[3] Bellanger M, et al. FBMC physical layer: A primer[EB/OL]. 2010-6. http://www.ict-phydyas.org.

[4] Stitz T H, Ihalainen T, Viholainen A, et al. Pilot-Based Synchronization and Equalization in Filter Bank Multicarrier Communications[J]. EURASIP Journal on Advances in Signal Processing, 2010, 2010: 1-19B.

[5] Le F B, Alard M, Berrou C. Coded orthogonal frequency division multiplex [TV broadcasting][J]. Proceedings of the IEEE, 1995, 83(6): 982-996.

[6] Siclet C. Application de la théorie des bancs de filtres à l'analyse et à la conception de modulations multiporteuses orthogonales et biorthogonales[J]. Bibliogr, 2002.

[7] Fuhrwerk M, Jürgen P, Schellmann M. Channel adaptive pulse shaping for OQAM-OFDM systems[C]//Signal Processing Conference. IEEE, 2010.

[8] Bellanger M. FS-FBMC: An alternative scheme for filter bank based multicarrier transmission[C]//International Symposium on Communications Control & Signal Processing. IEEE, 2015.

[9] Schaich F, Sayrac B, Elayoubi S, et al. FANTASTIC-5G: flexible air interface for scalable service delivery within wireless communication networks of the 5th generation[J]. Transactions on Emerging Telecommunications Technologies, 2016.

[10] Kofidis E. Orthogonal Waveforms and Filter Banks for Future Communication Systems[J]. FBMC Channel Estimation Techniques, 2017: 257-297.

[11] Wunder G, Stefanović C, Popovski P, et al. Compressive coded random access for massive MTC traffic in 5G systems[C]//2015 49th Asilomar Conference on Signals, Systems and Computers, Pacific Grove, CA, 2015: 13-17.

[12] Schaich F, Wild T, Chen Y. Waveform Contenders for 5G-Suitability for Short Packet and Low Latency Transmissions[C]//Vehicular Technology Conference. IEEE, 2014.

[13] Vakilian V, Wild T, Schaich F, et al. Universal-filtered multi-carrier technique for wireless systems beyond LTE[C]. Globecom Workshops. IEEE, 2014.

[14] Michailow N, Matthe M, Gaspar I S, et al. Generalized Frequency Division Multiplexing for 5th Generation Cellular Networks[J]. IEEE Transactions on Communications, 2014, 62(9): 3045-3061.

[15] Abdoli J, Jia M, Ma J. Filtered OFDM: A new waveform for future wireless systems[C]//2015 IEEE 16th International Workshop on Signal Processing Advances in Wireless Communications(SPAWC), Stockholm, 2015: 66-70.

[16] Faulkner M. The effect of filtering on the performance of OFDM systems[J]. IEEE Transactions on Vehicular Technology, 2000, 49(5): 1877-1884.

[17] Aminjavaheri A , Farhang A , Rezazadehreyhani A , et al. Impact of Timing and Frequency Offsets on Multicarrier Waveform Candidates for 5G[C]//Signal Processing & Signal Processing Education Workshop. IEEE, 2015.

[18] Fusco T , Petrella A , Tanda M . Sensitivity of multi-user filter-bank multicarrier systems to synchronization errors[C]//2008 3rd International Symposium on Communications, Control and Signal Processing. IEEE, 2008: 393-398.

[19] Wunder G, Fischer R F H, Boche H, et al. The PAPR Problem in OFDM Transmission: New Directions for a Long-Lasting Problem[J]. Signal Processing Magazine IEEE, 2013, 30(6): 130-144.

[20] Xiao W, Deng H D, Jiang F Q, et al. Peak-to-average power ratio reduction in orthogonal frequency division multiplexing visible light communications system using a combnation of a genetic algorithm and a hill-climbing algorithm[J]. Optical Engineering, 2015, 54(3): 036106(1-8).

[21] Taspinar N, Kalinli A, Yildirim M. Partial Transmit Sequences for PAPR

Reduction Using Parallel Tabu Search Algorithm in OFDM Systems[J]. IEEE Communications Letters, 2011, 15(9): 974-976.

[22] Cho Y J, No J S, Shin D J. A New Low-Complexity PTS Scheme Based on Successive Local Search Using Sequences[J]. IEEE Communications Letters, 2012, 16(9): 1470-1473.

[23] Qi X, Li Y, Huang H. A Low Complexity PTS Scheme Based on Tree for PAPR Reduction[J]. IEEE Communications Letters, 2012, 16(9): 1486-1488.

[24] Cioffi J M. Peak Power Reduction for Multicarrier Transmission[C]. Global Telecommunications Conference. Information Systems Laboratory, Stanford University, 1998.

[25] Tellado-Mourelo J. Peak to Average Power Reduction for Multicarrier Modulation[D]. San Francisco: Stanford University, 1999.

[26] Lim D W, Noh H S, No J S, et al. Near Optimal PRT Set Selection Algorithm for Tone Reservation in OFDM Systems[J]. IEEE Transactions on Broadcasting, 2008, 54(3): 454-460.

[27] Chen J C, Li C P. Tone Reservation Using Near-Optimal Peak Reduction Tone Set Selection Algorithm for PAPR Reduction in OFDM Systems[J]. IEEE Signal Processing Letters, 2010, 17(11): 933-936.

[28] Chen J C, Chiu M H, Yang Y S, et al. A Suboptimal Tone Reservation Algorithm Based on Cross-Entropy Method for PAPR Reduction in OFDM Systems[J]. IEEE Transactions on Broadcasting, 2011, 57(3): 752-756.

第4章

新型大规模 MIMO 天线技术

4.1 大规模 MIMO 系统

无线通信系统的信道容量与系统收发端的天线数量的最小值成正比。为了满足未来无线通信业务不断增长的需求，相关科研单位与公司定义第五代无线通信系统（5G）标准，要求将多小区通信系统的系统能效提升一个数量级以上。传统的 MIMO 技术已经不能满足系统要求，因此大规模 MIMO 技术应运而生。它与传统的 MIMO 技术相比，最大的不同就是通过在基站配置数百根甚至数千根以上的天线，为系统提供丰富的空间资源，从而在相同的时域和频域资源内同时服务多个用户。因此，大规模 MOMO 技术可以有效提升通信系统的频率利用率和能效，成为未来通信的关键技术之一。

4.1.1 大规模 MIMO 系统发展背景

随着移动互联网、物联网、D2D（Device to Device）通信、M2M（Machine to Machine）通信等新业务的出现和发展，人们对移动通信的系统容量、传输速率、频谱效率、能效等方面有了更为严苛的要求，因此，以大规模 MIMO（Massive Multiple-Input Multiple-Output）技术为核心的第五代移动通信系统（5G）开始受到业界的广泛关注。

大规模 MIMO 技术自被提出以来，因为其优异的性能一直吸引着学术界和科研界的广泛关注，并进行深入研究。它是在传统的单天线（Single-Input-Single-Output，SISO）技术的基础上发展起来的。随着无线通信物理层天线技术研究的不断深入，先后出现了点对点 MIMO（Multiple-Input-Multiple-Output）

技术和多用户 MIMO（Multiple Users Multiple-Input-Multiple-Output）技术，进一步挖掘和利用了 MIMO 技术的空间复用优势。上述 MIMO 技术已经在 4G 移动通信中的 LTE/LTE-A、WLAN/Wi-Fi 等方面应用。但随着无线业务、数据业务的不断增长及频谱资源的日益紧张，传统的 MIMO 技术已经无法满足需求，为了进一步挖掘空间资源，提高频谱能量利用效率，大规模 MIMO 技术应运而生。

美国贝尔实验室的 Thomas L Marzetta 率先提出大规模 MIMO 的概念，该技术的基本思路是以现存的 MIMO 技术作为基础，在基站增加 1～2 个数量级的天线，使其达到几百根甚至上千根，并且基站天线的数目要远大于它服务的用户设备。利用基站大规模天线所提供的空间自由度，显著地提升了频谱资源利用效率，有效解决了频谱资源日益紧张这一难题，与此同时，每个用户与基站之间通信的功率效率也可以得到显著提升。此外，当小区基站的天线数趋于无穷时，不同用户之间的信道趋于正交，加性高斯白噪声、小尺度衰落等影响均可忽略不计，小区的用户仅受到复用同一导频的相邻小区用户的干扰。

4.1.2　大规模 MIMO 系统特点

大规模 MIMO 系统的特点主要表现为以下几点：

（1）在空间分辨率方面，大规模 MIMO 系统比传统 MIMO 系统显著提高。因此，可以让多个用户通过充分利用大规模 MIMO 系统的空间维度资源，在同一时域和频域资源上利用系统提供的丰富的空间自由度，提升频谱资源的复用能力。因此，在不需要增加基站密度和带宽的情况下，能够大幅度提高频谱效率。

（2）大规模 MIMO 系统可以充分利用波束形成技术，经过算法处理，可以形成更窄的波束，使天线辐射角度可以集中在规定的空间区域内，从而在目的范围内集中主要的发射功率，即使减小基站的发射功率，也同样可以满足高质量的通信要求，从而提升基站与用户之间的射频传输链路能量效率。研究表明，无论是否可以获得理想信道状态，基站端的天线越多，天线的发射功率越小。因此，大规模 MIMO 系统能大幅提高无线通信系统的能效。

（3）大规模 MIMO 系统具有更好的系统容错性能。由于在一般情况下用户的天线数目远少于基站天线数目。因此，系统可以获得更大的信道矩阵空间，使其具有更大的零空间维度，可以容纳更多的系统差错，从而增强系统的抗干扰能力。另外，随着系统收发端天线数目的增加，系统信道存在的一些干扰，如小尺度衰落和加性高斯白噪声等因素，对系统的影响不断减小。除此之外，数量众多的天线在面对突发状况时，可以提供了更为灵活的选择，从而使系统可以更好地处理出现的问题。

（4）系统预编码和检测复杂度降低。当收发天线数目足够大时，在系统的发送端可以使用简单的线性预编码，在接收端使用线性检测器，进行信号发送检测处理，这样就可以使系统的性能达到最佳状态。

此外，值得注意的是，在理想情况下，大规模 MIMO 应采用全正交导频调度策略（Fully Orthogonal Pilot Scheduling，FOPS）为每个用户分配正交导频，但导频序列的长度和导频集合规模受限于信道相干时长，因此大规模 MIMO 系统一般采用全复用导频调度策略（Fully Reused Pilot Scheduling，FRPS）。由于用户导频非正交或者完全相同，相邻小区复用同一导频的终端会对中心小区的对应终端产生信号干扰，这就是导频污染。导频污染无法随着天线数的增加而减少。因此，在实际运用大规模 MIMO 技术时，应该采取一些对应措施，如利用导频智能分配、功率控制、时移导频等方式降低系统的导频污染。

4.1.3 大规模 MIMO 系统模型

在大规模 MIMO 多小区系统中，每个小区的基站都配有庞大的天线阵列，并且天线数是当前 4G 通信系统的 1～2 个数量级。研究表明，当天线数趋于无穷时，不相关的热噪声、信道的小尺度衰落等因素的影响将被弱化。典型的大规模 MIMO 系统模型如图 4-1 所示，每个小区的中心基站都配有大量天线阵列，充分挖掘了空间自由度，并且可同时服务多个单天线终端。

目前针对导频污染的研究方案有很多，但结果都不尽如人意。有的方案从导频分配的角度入手，即根据终端对应信道增益的不同和不同导频受到的信号干扰程度对导频进行智能调度，以最大化系统总容量为优化目标寻找终端和导频的最佳配对关系。但这类方法往往是以牺牲性能较差的终端通信质量为代价的，而且算法复杂度较高。因此研究既能降低导频分配算法复杂度，又能有效提升受导频污染比较严重的终端性能是实现大规模 MIMO 系统性能进一步提升的关键。

与传统的点对点 MIMO 和多用户 MIMO 技术相比，大规模 MIMO 技术有两个显著特点：一是大规模 MIMO 技术针对的是多用户而不是点对点，从而极大地增加了空间复用率；二是无线数量的基站天线为固定数量的单天线终端服务，从而消除了噪声干扰。

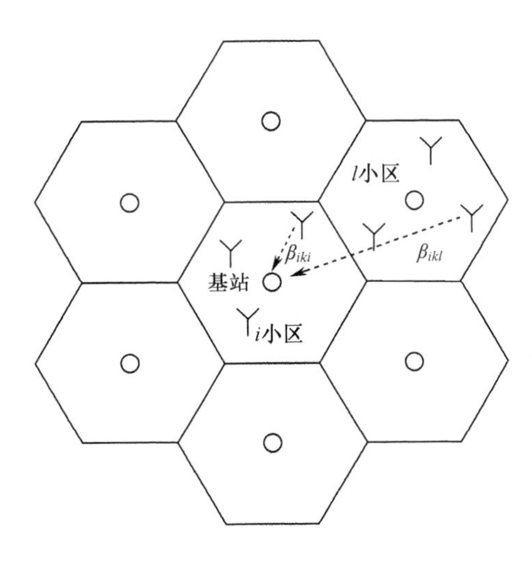

图 4-1　典型的大规模 MIMO 系统模型示意图

在一般情况下，大规模 MIMO 系统模型被设定为由 L 个六边形小区构成的蜂窝网络系统，每个小区都有一个安置了大规模天线阵列的中心基站，天线数量为 M 根，数量为 K（ $K \ll M$ ）根的单天线用户均匀随机地分布在小区内，并且所有小区用户共用同一带宽。在实际计算中，我们可以将六边形小区模型简化为半径为 R 的圆进行近似计算，其中用户均匀随机分布在除去以基站为中心的半径为 r 的圆内，如图 4-2 所示。

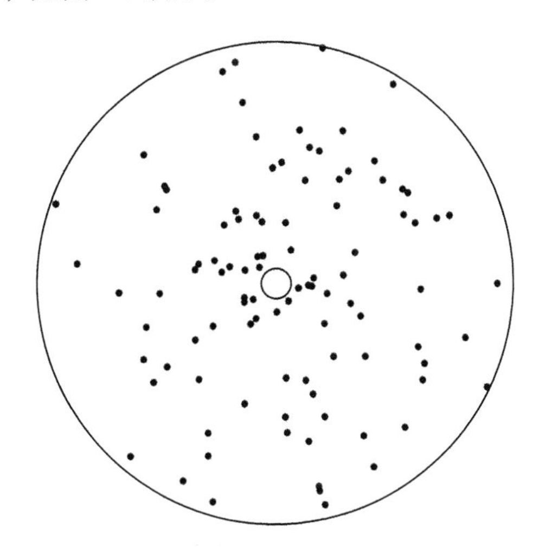

图 4-2　大规模 MIMO 系统小区模型示意图

4.1.4 大规模 MIMO 信道模型

考虑实际情况，大规模 MIMO 系统一般会在基站安装大规模天线阵列。这是由于移动终端一般体积较小，不能安装大规模天线；同时，移动端由于处理器性能的影响和电源设备的限制，不可能有强大的信号处理能力和能量供应能力，而基站由于条件充足，则不受太多限制。在大规模 MIMO 系统中，一个基站可以同时服务多个用户，并发地向用户传输无线数据，基站拥有大量天线，每个用户安装少量天线。对于一个大规模 MIMO 系统来说，在系统的收发端分别安装 M 根和 N 根天线，且 $N \gg M$，其系统模型如下。

在发送端，天线阵列上的信号可以表示为：

$$\boldsymbol{x}(t)=\left[x_1(t),x_2(t),x_3(t),\cdots,x_N(t)\right]^{\mathrm{T}} \tag{4-1}$$

式中，$[]^{\mathrm{T}}$ 为矩阵的转置；$x_i(t)$为发送端第 i 根天线发送的信号，$1 \leqslant i \leqslant N$。

在接收端接收到的信号为：

$$\boldsymbol{y}(t)=\left[y_1(t),y_2(t),y_3(t),\cdots,y_M(t)\right]^{\mathrm{T}} \tag{4-2}$$

式中，$y_i(t)$为接收端第 i 根天线接收到的信号，$1 \leqslant i \leqslant M$。

1. 非频率选择性信道模型

在非频率选择性衰落的情况下，由于各天线之间的子信道可以等效为一个瑞利衰落的子信道，所以此时大规模 MIMO 系统信道模型比较简单，各子信道可以表示为：

$$h_{j,i}(t,\tau)=h_{j,i}(t)\delta(\tau-\tau_0) \tag{4-3}$$

式中，$i=1, 2, \cdots, N$；$j=1, 2, \cdots, M$；$\delta(\tau-\tau_0)$为多径时延；$|h_{j,i}(t, \tau)|$服从瑞利分布。

其中，信道矩阵 $\boldsymbol{H}$ 为：

$$\boldsymbol{H}=\begin{bmatrix} h_{11} & h_{12} & \cdots & h_{1N} \\ h_{21} & & & \vdots \\ \vdots & & \ddots & \vdots \\ h_{M1} & \cdots & \cdots & h_{MN} \end{bmatrix}$$

对应的系统模型为：

$$\boldsymbol{y}=\boldsymbol{H}\boldsymbol{x}+\boldsymbol{n} \tag{4-4}$$

式中，$\boldsymbol{y} \in C^M$ 为接收信号；$\boldsymbol{x} \in C^M$ 为发送信号；$\boldsymbol{n}$ 为高斯白噪声矩阵，其均值为零。

2. 频率选择性信道模型

如果系统的信道是频率选择性的，那么大规模 MIMO 系统的子信道可以表示为：

$$\boldsymbol{H}(\tau)=\sum_{l=1}^{S}\boldsymbol{H}^{l}\delta(\tau-\tau_{l}) \tag{4-5}$$

式中，$\boldsymbol{H}^l$ 为一个由复数构成的矩阵，它表示两个天线阵列之间在时延为 τ 时所考虑的线性变换。式（4-5）是一个简单的抽头延时模型，$\boldsymbol{H}(\tau)\in C_{M\times N}$ 并且有：

$$\boldsymbol{H}=\begin{bmatrix} h_{11}^{l} & h_{12}^{l} & \cdots & h_{1N}^{l} \\ h_{21}^{l} & & & \vdots \\ \vdots & & \ddots & \vdots \\ h_{M1}^{l} & \cdots & \cdots & h_{MN}^{l} \end{bmatrix}$$

式中，$h_{j,i}^{l}$ 为第 i 根发送天线到第 j 根接收天线的复传输系数。在 S 个时延信道系数的信道模型中，可以用矩阵来表示，其关系可以表示为：

$$\boldsymbol{y}(t)=\int\boldsymbol{H}(\tau)\boldsymbol{x}(t-\tau)\mathrm{d}\tau \tag{4-6}$$

对式（4-6）进行离散化处理，可以得到大规模 MIMO 系统的离散模型为：

$$\boldsymbol{y}_{n}=\sum_{l=0}^{S-1}\boldsymbol{H}^{l}\boldsymbol{x}_{n-l}+\boldsymbol{n}_{n} \tag{4-7}$$

式中，$\boldsymbol{n}_n$ 为均值为零的复高斯噪声矩阵。

4.2　大规模 MIMO 系统预编码技术

人们对高传输速率及高可靠性的追求促使无线移动通信系统的不断发展，其中大规模 MIMO 技术和预编码技术的提出为克服多径效应和实现高吞吐量的传输提供了一条全新的路径。在采用 MIMO 技术时，因为基站部署了多根天线，小区内也存在大量用户，所以 MIMO 系统存在严重的用户间干扰。预编码作为解决在已有线性预编码方案中非码本和基于码本的预编码，在实际通信系统中受反馈链路带宽的限制，往往无法实现理想的 CSI 反馈，对于部分 CSI 反馈，3GPP 规定采用基于码本的预编码方案，MIMO-OFDM 系统架构的核心功能模块是解决这一问题的有效手段，得到了广泛应用。预编码的基本思路是：发射端得知全部或部分信道状态信息（Channel State Information），然后据此来设计发射信号，从而达到消除干扰的目的。目前，预编码技术主要有线性预编码和非线性预编码两种，非线性预编码的复杂度高，实现困难，而线性预编码的复杂度低、原理简单，普遍应用于实际通信系统中。

4.2.1　线性预编码技术

1. 迫零预编码技术

迫零预编码（ZF）技术是基于迫零准则来设计预编码矩阵的，其基本思路是：如果流间干扰（ISI）是由基站和用户之间的信道造成的，那么如果信道的增益被“抹平”了，则达到了消除 ISI 的目的。首先，我们提出一个广播信道的多用户传输模型 $\boldsymbol{R}=\boldsymbol{G}^{\mathrm{H}}\boldsymbol{F}\boldsymbol{S}+\boldsymbol{n}$，其中第 K 个用户的第 l 流接收数据为：

$$\boldsymbol{r}_{k,l}=\boldsymbol{g}_{k,l}^{\mathrm{H}}\boldsymbol{f}_{k,l}\boldsymbol{s}_{k,l}+\boldsymbol{g}_{k,l}^{\mathrm{H}}\sum_{j\neq l}^{N_k}\boldsymbol{f}_{k,l}\boldsymbol{s}_{k,l}+\boldsymbol{g}_{k,l}^{\mathrm{H}}\sum_{i\neq k}\boldsymbol{F}_i\boldsymbol{S}_i+\boldsymbol{n}_k \tag{4-8}$$

式中，等号右边第 2 项为 ISI，第 3 项为多用户干扰（MUI）。具体的 ZF 矩阵的设计由式（4-9）给出：

$$\boldsymbol{F}=k_{\mathrm{ZF}}\boldsymbol{G}\left(\boldsymbol{G}^{\mathrm{H}}\boldsymbol{G}\right)^{-1} \tag{4-9}$$

式中，$k_{\mathrm{ZF}}=\sqrt{\dfrac{p}{\mathrm{tr}\left(\boldsymbol{G}^{\mathrm{H}}\boldsymbol{G}\right)^{-1}}}$ 为功率控制因子，p 为发射功率；$\boldsymbol{G}$ 为信道矩阵。将上述 $\boldsymbol{F}$ 代入信道传输模型中可得：

$$\boldsymbol{r}=k_{\mathrm{ZF}}\boldsymbol{s}+\boldsymbol{n} \tag{4-10}$$

因此式（4-10）中的 ISI 被完全消除了，并且有效发射信息的增益也被“抹平”了。从信噪比公式 $\mathrm{SNR}=\dfrac{p}{\mathrm{tr}\left(\boldsymbol{G}^{\mathrm{H}}\boldsymbol{G}\right)^{-1}\sigma_n^2}$ 中可以看出，虽然 ZF 技术能消除 ISI，但同时也会放大噪声。所以当发射功率一定时，ZF 技术反而会降低每流数据的接收 SNR。为了解决这个问题，C. B. Peel 等人在 2005 年提出了正则化迫零预编码（RZF）技术。

2. 奇异值分解（SVD）预编码方案

无论是 ZF 技术还是 RZF 技术，本质上都没有利用其信道的增益，而是简单地通过“抹平”信道来解耦数据流。该部分将引入基于 SVD 分解的预编码技术。与 ZF 技术的相同之处是基于 SVD 分解的预编码技术能够完全解耦数据流并消除 ISI。与 ZF 技术不同的是，基于 SVD 分解的预编码技术能够充分利用信道，将整个信道拆分为若干个互不干扰的具有不同增益的子信道。

既然这个预编码方案是基于 SVD 分解的，我们就先对信道进行 SVD 分解，即

$$\boldsymbol{G}=\boldsymbol{U}\begin{bmatrix}\boldsymbol{\Sigma}_1 & \\ & \boldsymbol{\Sigma}_0\end{bmatrix}^{\mathrm{H}}\boldsymbol{V}^{\mathrm{H}} \tag{4-11}$$

式中，$\boldsymbol{\Sigma}_1$、$\boldsymbol{\Sigma}_2$ 表示信道矩阵 $\boldsymbol{G}$ 的奇异值矩阵的非零部分和零部分，$\boldsymbol{U}$ 和 $\boldsymbol{V}$ 分别为左奇异向量矩阵和右奇异向量矩阵。我们设计基于 SVD 分解的预编码技术的预编码矩阵为：

$$\boldsymbol{F}=\boldsymbol{U}_1 \tag{4-12}$$

式中，$\boldsymbol{U}_1$ 为由 $\boldsymbol{U}$ 中非零奇异值所对应的左奇异向量组成的矩阵。将式（4-12）代入信道传输模型，在等号左右两边同时乘以 $\boldsymbol{V}^{\mathrm{H}}$ 得：

$$\boldsymbol{V}^{\mathrm{H}}\boldsymbol{r}=\boldsymbol{V}^{\mathrm{H}}\boldsymbol{V}\boldsymbol{\Sigma}^{\mathrm{H}}\boldsymbol{U}^{\mathrm{H}}\boldsymbol{U}_1\boldsymbol{s}+\boldsymbol{V}^{\mathrm{H}}\boldsymbol{n}=\boldsymbol{\Sigma}_1\boldsymbol{X}+\boldsymbol{U}^{\mathrm{H}}\boldsymbol{n} \tag{4-13}$$

由式（4-13）可以发现，经过 SVD 预编码后，实际信道等效为平行的正交子信道，使数据传输在相互独立的子信道中，数据流之间的干扰得到了有效抑制，同时信道增益也得到了大幅提升，使传输信号能够达到最佳传输速率。

3. 块对角预编码技术

从式（4-8）中可以看出，信号传输过程中不仅存在 ISI，还有别的用户对当前用户造成的干扰（MUI），其中典型的方案为基于块对角化的预编码技术，即块对角（BD）预编码技术。该技术的设计思路是，若每个用户都在其他用户信道状态矩阵的零空间传输数据，则能消除 MUI。

定理 4-1：在 SVD 分解中，零奇异值对应的矩阵 $\boldsymbol{G}$ 的右奇异向量是矩阵 $\boldsymbol{G}$ 的零空间的基。

根据定理 4-1，利用 SVD 分解，得出信道矩阵 $\boldsymbol{G}$ 的零空间，首先构造一个矩阵 $\tilde{\boldsymbol{G}}_k=\left[G_1,G_2,\cdots,G_{k\text{-}1},G_{k+1},G_K\right]^{\mathrm{H}}$，不包含 $\boldsymbol{G}_k$，对 $\tilde{\boldsymbol{G}}_k$ 进行 SVD 分解，即

$$\tilde{\boldsymbol{G}}_k=\tilde{\boldsymbol{U}}_k\tilde{\boldsymbol{\Sigma}}_k\begin{bmatrix}\tilde{\boldsymbol{V}}_k^1 & \\ & \tilde{\boldsymbol{V}}_k^0\end{bmatrix}^{\mathrm{H}} \tag{4-14}$$

因为 $\forall i\neq k$，$\boldsymbol{G}_i\tilde{\boldsymbol{V}}_k=0$，$i=1,2,3,\cdots,k$，$i\neq k$，所以令 $\boldsymbol{F}_k=\tilde{\boldsymbol{V}}_k^0\left(T_k\right)$，即从 $\tilde{\boldsymbol{V}}_k^0$ 中选取 T_k 列组成 $\boldsymbol{F}_k$。并将 $\boldsymbol{F}_k$ 代入式（4-14）中，可知：

$$\boldsymbol{G}_k^{\mathrm{H}}\sum_{i\neq k}\boldsymbol{F}_i\boldsymbol{S}_i=\boldsymbol{G}_k^{\mathrm{H}}\sum_{i\neq k}\tilde{\boldsymbol{V}}_i^0\boldsymbol{S}_i=0 \tag{4-15}$$

从而达到了消除 MUI 的目的。虽然 BD 预编码技术能消除 MUI，且在无用户间干扰时，用户数越多，系统获得的用户分集就越大，性能就越好，但是 BD 预

编码技术的算法维度有限制（$N_k \leqslant T_k \leqslant M - \sum N_i$，$N_k$为第 K 个用户的天线数），用户越多 T_k 越小，越趋近于 N_k，从而使系统性能下降。

综合上述 3 种典型的预编码技术，我们可以设计一种新的预编码矩阵，即将预编码矩阵 $\boldsymbol{F}$ 拆分为两个预编码矩阵的级联 $\boldsymbol{F}=\boldsymbol{F}_1\boldsymbol{F}_2$，$\boldsymbol{F}_1$ 用来处理 MUI，$\boldsymbol{F}_2$ 用来处理 ISI。这种处理方式的基本原理是，首先采用 BD 预编码技术将多用户的 MIMO 系统分解成没有 MUI 的单用户 MIMO 系统，接着采用 ZF 或基于 SVD 分解的预编码方案来消除系统的 ISI。

4.2.2 非线性预编码技术

1. 脏纸编码技术

脏纸编码（DPC）技术的根本原理是，如果 MUI 和信道的高斯白噪声 n 相互独立，并且基站发射端已知 MUI 的具体形式，而用户不知道，需要通过一定的预处理技术消除干扰，那么某一用户的信道容量将不受 MUI 的影响。

该方案的具体操作为：基站先给用户 1 挑选一个码字。紧接着，将用户 1 的码字信息“添加”到为用户 2 挑选的码字中，这样用户 2 就不会把用户 1 的码字当作干扰。相似的，在为用户 3 挑选码字时，也会将用户 1 和用户 2 的码字“添加”上去，这样用户 3 就不会将用户 1 和用户 2 的码字当作干扰。依此类推，最后一个用户可以进行无干扰传输。当然用户 1 还是受到了所有用户的干扰，但相比其他系统，经过脏纸编码的 MUI 有显著的减少。

从上述方案的具体操作可以看出，当选择用户的顺序不同时，每个用户的速率也会不同。因此，对用户的排序是 DPC 必须要考虑的问题之一。而 DPC 技术会给基站和用户增加不可接受的运算复杂度，在实际应用中，仍然没有达到 DPC 理论容量的实现方法。

2. THP 预编码技术

THP 预编码技术在刚提出时只是一种时域符号级的信号处理技术，用于消除符号间干扰。2002 年，R. F. H. Fischer、C. Windpassinger 及 A. Lampe 等人将 THP 技术引入 MIMO 系统，从此引起了该技术在空域信号处理领域的应用研究热潮。本节将详细介绍预编码的基本原理及具体实现方式。

THP 预编码技术是简化版的 DPC 技术，因此其原理也与 DPC 技术的原理相同。值得提出的是，THP 预编码技术是一种联合编码技术，即要求用户端也采用相应的信号处理技术对信号进行解调。特别地，在 THP 预编码技术中，放

在基站端的预编码矩阵为前置反馈矩阵；放在用户端的为后置检测矩阵。前面提到过多用户 MIMO 系统既存在 MUI 又存在 ISI。因此，THP 预编码技术的基本思路是通过基站端的操作将 MUI 消除，然后通过用户端的接收矩阵来进行解耦 ISI 的第一步。基站端与每个用户之间的非数据通信，可以通过专用的无线信道来完成，本节不再讨论。

THP 预编码技术的具体实现方式是基于正交三角（QR）分解的。首先，对用户 1 的信道状态矩阵 $\boldsymbol{G}_k$ 进行 SVD，有 $\boldsymbol{G}_1^{\mathrm{H}}=\boldsymbol{U}_1\boldsymbol{\Sigma}_1\boldsymbol{V}_1^{\mathrm{H}}$，其中 $\boldsymbol{U}_1$、$\boldsymbol{\Sigma}_1$、$\boldsymbol{V}_1$ 分别是 $\boldsymbol{G}_1$ 的左奇异向量矩阵、非零奇异值矩阵和右奇异向量矩阵。在此基础上，令 $\tilde{\boldsymbol{G}}_2^{\mathrm{H}}=\boldsymbol{G}_2\left(\boldsymbol{I}_M-\boldsymbol{V}_1\boldsymbol{V}_1^{\mathrm{H}}\right)$，其 SVD 分解为 $\tilde{\boldsymbol{G}}_2^{\mathrm{H}}=\boldsymbol{U}_2\boldsymbol{\Sigma}_2\boldsymbol{V}_2^{\mathrm{H}}$，一直重复上述两个步骤，直到最后一个用户 K，有：

$$\tilde{\boldsymbol{G}}_K^{\mathrm{H}}=\boldsymbol{G}_k\left(\boldsymbol{I}_M-\sum_{k=1}^{K-1}\boldsymbol{V}_k\boldsymbol{V}_k^{\mathrm{H}}\right) \tag{4-16}$$

$$\tilde{\boldsymbol{G}}_K^{\mathrm{H}}=\boldsymbol{U}_k\boldsymbol{\Sigma}_k\boldsymbol{V}_k^{\mathrm{H}} \tag{4-17}$$

令 $\boldsymbol{Q}=[\boldsymbol{V}_1, \boldsymbol{V}_2, \cdots, \boldsymbol{V}_K]$，因此

$$\begin{aligned}\boldsymbol{G}_{\mathrm{sys}}^{\mathrm{H}}\boldsymbol{Q}&=\begin{bmatrix}\boldsymbol{G}_1^{\mathrm{H}}\\ \vdots\\ \boldsymbol{G}_K^{\mathrm{H}}\end{bmatrix}\left[\boldsymbol{V}_1,\cdots,\boldsymbol{V}_K\right]\\ &=\begin{bmatrix}\boldsymbol{G}_1^{\mathrm{H}}\\ \vdots\\ \tilde{\boldsymbol{G}}_K^{\mathrm{H}}+\boldsymbol{G}_K^{\mathrm{H}}\sum_{K=1}^{K-1}\boldsymbol{V}_K\boldsymbol{V}_K^{\mathrm{H}}\end{bmatrix}\left[\boldsymbol{V}_1,\cdots,\boldsymbol{V}_K\right]\end{aligned} \tag{4-18}$$

由于 $\boldsymbol{V}_k$（$\forall k$）的列都是两两正交的，因此，在式（4-11）中有：

$$\left(\tilde{\boldsymbol{G}}_k^{\mathrm{H}}+\boldsymbol{G}_k^{\mathrm{H}}\sum_{i}^{k-1}\boldsymbol{V}_i\boldsymbol{V}_j^{\mathrm{H}}\right)\boldsymbol{V}_1=\begin{cases}\boldsymbol{G}_k^{\mathrm{H}}\boldsymbol{V},k\neq l\\ \boldsymbol{U}_k\boldsymbol{\Sigma}_k,k=l\end{cases} \tag{4-19}$$

将式（4-19）代入式（4-18）中可得：

$$\boldsymbol{G}_{\mathrm{sys}}^{\mathrm{H}}=\begin{bmatrix}\boldsymbol{U}_1\boldsymbol{\Sigma}_1 & & \\ & \cdots & \\ \boldsymbol{G}_K^{\mathrm{H}}\boldsymbol{V}_1 & & \boldsymbol{U}_K\boldsymbol{\Sigma}_K\end{bmatrix}\begin{bmatrix}\boldsymbol{V}_1^{\mathrm{H}}\\ \vdots\\ \boldsymbol{V}_K^{\mathrm{H}}\end{bmatrix} \tag{4-20}$$

从式（4-20）可以看出，整个系统的信道状态矩阵可以被分解为一个下三角矩阵和一个可逆矩阵的乘积。因此，令 $\boldsymbol{F}_{\mathrm{sys}}=\boldsymbol{Q}$，$\boldsymbol{B}_{\mathrm{sys}}=\boldsymbol{EL}-\boldsymbol{I}_{N_r}$ 就能实现 THP 预编

码技术所要求的结果，其中$E=\mathrm{diag}\left(\boldsymbol{\Sigma}_1^{-1}\boldsymbol{U}_1^{\mathrm{H}},\cdots,\boldsymbol{\Sigma}_1^{-1}\boldsymbol{U}_1^{\mathrm{H}}\right)$。因此，传输模型可以改写为：

$$\begin{bmatrix}\hat{\boldsymbol{s}}_1\\ \vdots\\ \hat{\boldsymbol{s}}_K\end{bmatrix}=\boldsymbol{R}_{\mathrm{sys}}\begin{bmatrix}\boldsymbol{G}_1^{\mathrm{H}}\\ \vdots\\ \boldsymbol{G}_K^{\mathrm{H}}\end{bmatrix}\left[\boldsymbol{V}_1\cdots\boldsymbol{V}_K\right]\begin{bmatrix}\boldsymbol{x}_1\\ \vdots\\ \boldsymbol{x}_K\end{bmatrix}+\boldsymbol{R}_{\mathrm{sys}}\begin{bmatrix}\boldsymbol{n}_1\\ \vdots\\ \boldsymbol{n}_K\end{bmatrix} \tag{4-21}$$

其中

$$\begin{aligned}\boldsymbol{x}&=\mathrm{mod}\left\{\boldsymbol{s}_k-\sum_{k}^{-1}\boldsymbol{U}_k^{\mathrm{H}}\left(\sum_{i=1}^{k-1}\boldsymbol{U}_i\sum_i\boldsymbol{x}_i\right)\right\}_\tau\\&=\boldsymbol{s}_k-\sum_{k}^{-1}\boldsymbol{U}_k^{\mathrm{H}}\left(\sum_{i=1}^{k-1}\boldsymbol{U}_i\sum_i\boldsymbol{x}_i\right)+\tau\boldsymbol{I}_k\end{aligned} \tag{4-22}$$

在式（4-22）中，τ由信息向量具体的调制方式决定，$\boldsymbol{I}_k$与$\boldsymbol{x}_k$是相同维度的高斯整数向量。可以看出，其他用户的信息向量已经被“添加”到当前用户的发送信息向量之中了。结合式（4-21）和式（4-22），第k个用户的译码器输出向量为：

$$\hat{\boldsymbol{s}}_k=\boldsymbol{R}_k\left(\boldsymbol{U}_k\boldsymbol{\Sigma}_k\boldsymbol{s}_k+\boldsymbol{n}_k+\tau\boldsymbol{I}_k\right) \tag{4-23}$$

可以看出，当$\boldsymbol{R}_K=\boldsymbol{\Sigma}_k^{-1}\boldsymbol{U}_k^{\mathrm{H}}$时，能将当前用户的每一流都解耦。此外式（4-23）中$\tau\boldsymbol{I}_k$项可以通过用户端对τ进行求模运算，并进行消除。

从上文的描述中可以看出，选择先对哪些用户进行干扰消除对系统的容量是有影响的。目前，有很多关于排序 THP 预编码技术的研究，进一步拉小了 THP 预编码技术与 DPC 技术之间的性能差距。当然，这些性能的提升是以增加复杂度为代价的。

4.2.3 基于码本的预编码技术

基于码本的预编码技术主要分为码本的构造与码字选取两个部分。码本构造的方法有很多，如 Grassmannian 码本、DFT 码本、Householder 码本、Lloyd 矢量量化码本等；关于码字选取的算法，普遍采用“最大 Frobenius 范数”准则，来实现最大化接收端信噪比，从而降低系统误码率。虽然还有容量最大化准则、最小奇异值最大化准则和均方误差最小准则，但这 3 种方案只有在采用相应的检测算法时才能发挥最大优势，不具备普适性，且会对信道矩阵进行量化，在这过程中引入量化误差，会造成系统的性能损失。下文将详细介绍 Grassmannian 码本、DFT 码本、Householder 码本、Lloyd 矢量量化码本方案。

1. Grassmannian 码本方案

在空间非相关性的瑞利衰落信道下，最小化中断概率、最大化信噪比和最大化系统容量的码本需要满足两个条件：一是码本必须是欧几里得空间中直线的集合，二是需要将不同码字之间的最小夹角最大化。因此，最优的码本便是在反馈量固定的前提下使码字之间最小距离最大化的码本，即 Grassmannian 码本，它适用于空间非相关的 MIMO 信道。

2. DFT 码本方案

信道相关性较强一般采用 DFT（离散傅里叶）码本，其实质是 DFT 矩阵。其特点是每个码字的相邻元素之间只相差某一相位；同一码本中的不同码字之间相互正交，这保证了码字在复空间中充分散开，也有利于发射端的用户调度。对于随机信道来说，最优的码本设计方案是最大化最小弦距离（两个码字之间），这个过程就是求解 Grassmannian 子空间封装问题，但是求解需要耗费大量时间，且无法直接得到，所以我们考虑了一种次优但更加实际的设计方案，即 DFT 码本构建。

DFT 码本的结构为 $\boldsymbol{F}=\left\{\boldsymbol{W}_{\mathrm{DFT}},\boldsymbol{\theta}\boldsymbol{W}_{\mathrm{DFT}},\cdots,\boldsymbol{\theta}^{L-1}\boldsymbol{W}_{\mathrm{DFT}}\right\}$，从 $N_{tx}\times N_{tx}$ 的 DFT 矩阵中选择 M 列（码字长度），得到第一个码字 $\boldsymbol{W}_{\mathrm{DFT}}$，其中 DFT 矩阵的$(k, l)$元素是 $\dfrac{\exp\left[\mathrm{j}2\pi(k-1)(l-1)/N_{tx}\right]}{\sqrt{N_{tx}}}$，$k$，$l$=1，2，…，$N_{tx}$，$\boldsymbol{\theta}=\mathrm{diag}\left[\exp\left(\dfrac{\mathrm{j}2\pi u_1}{N_{tx}}\right)\exp\left(\dfrac{\mathrm{j}2\pi u_2}{N_{tx}}\right)\cdots\exp\left(\dfrac{\mathrm{j}2\pi u_{N_{tx}}}{N_{tx}}\right)\right]$是旋转矩阵，其中 $u_i\in 1, 2, \cdots, L$，其确定条件为 $\boldsymbol{u}=\arg\max_{\{u_1,u_2,\cdots,u_{N_{tx}}\}}\min_{l=1,2,\cdots,N-1}\mathrm{d}\left(\boldsymbol{W}_{\mathrm{DFT}},\boldsymbol{\theta}^l\boldsymbol{W}_{\mathrm{DFT}}\right)$，另外表 4-1 给出了 IEEE 802.16e 标准中，在不同的 N_{tx}、M 和 L 情况下 $\boldsymbol{u}=\left[u_1,u_2,\cdots,u_{N_{tx}}\right]$的取值。

表 4-1 IEEE 802.16e 标准中用于 OSTBC 的码本设计参数

N_{tx}	M	L（F_B）	c	u
发射天线数	数据流数	码本大小/（反馈比特数）	列编号	旋转向量
2	1	8/（3）	[1]	[1, 0]
3	1	32/（5）	[1]	[1, 26, 28]
4	2	32/（5）	[1, 2]	[1, 26, 28]
4	1	64/（6）	[1]	[1, 8, 61, 45]
4	2	64/（6）	[0, 1]	[1, 7, 52, 56]
4	3	64/（6）	[0, 2, 3]	[1, 8, 61, 45]

3. Householder 码本方案

Householder 码本即利用 Householder 变化对信号向量在保持其长度不变的前提下进行一定角度的旋转，从而使发射信号向量处于信道矩阵的正交基上，达到消除干扰，降低误码率的目的。该方案采用 Householder 变化中的计算公式 $\boldsymbol{W}_n=\boldsymbol{I}-\dfrac{2\boldsymbol{u}_n\boldsymbol{u}_n^{\mathrm{H}}}{\boldsymbol{u}_n^{\mathrm{H}}\boldsymbol{u}_n}$，在给定 $\boldsymbol{u}_n$ 的条件下便可求出预编码矩阵 $\boldsymbol{W}_n$，并且 3GPP 已经确定了在 LTE-A 中双天线和四天线的 Householder 码本，如表 4-2 和表 4-3 所示。

表 4-2　双天线使用的 Householder 码本

码本序号	层数 v	
	1	2
0	$\frac{1}{\sqrt{2}}\begin{bmatrix}1\\1\end{bmatrix}$	$\frac{1}{\sqrt{2}}\begin{bmatrix}1&0\\0&1\end{bmatrix}$
1	$\frac{1}{\sqrt{2}}\begin{bmatrix}1\\-1\end{bmatrix}$	$\frac{1}{\sqrt{2}}\begin{bmatrix}1&1\\1&-1\end{bmatrix}$
2	$\frac{1}{\sqrt{2}}\begin{bmatrix}1\\\mathrm{j}\end{bmatrix}$	$\frac{1}{\sqrt{2}}\begin{bmatrix}1&1\\\mathrm{j}&-\mathrm{j}\end{bmatrix}$
3	$\frac{1}{\sqrt{2}}\begin{bmatrix}1\\-\mathrm{j}\end{bmatrix}$	—

表 4-3　四天线使用的 Householder 码本

码本序号	$\boldsymbol{u}_n$	层数 v			
		1	2	3	4
0	$\boldsymbol{u}_0=\begin{bmatrix}1&-1&-1&-1\end{bmatrix}^{\mathrm{T}}$	$\boldsymbol{W}_0^{\{1\}}$	$\frac{\boldsymbol{W}_0^{\{14\}}}{\sqrt{2}}$	$\frac{\boldsymbol{W}_0^{\{124\}}}{\sqrt{3}}$	$\frac{\boldsymbol{W}_0^{\{1234\}}}{2}$
1	$\boldsymbol{u}_1=\begin{bmatrix}1&-\mathrm{j}&1&\mathrm{j}\end{bmatrix}^{\mathrm{T}}$	$\boldsymbol{W}_1^{\{1\}}$	$\frac{\boldsymbol{W}_1^{\{12\}}}{\sqrt{2}}$	$\frac{\boldsymbol{W}_1^{\{123\}}}{\sqrt{3}}$	$\frac{\boldsymbol{W}_1^{\{1234\}}}{2}$
2	$\boldsymbol{u}_2=\begin{bmatrix}1&1&-1&1\end{bmatrix}^{\mathrm{T}}$	$\boldsymbol{W}_2^{\{1\}}$	$\frac{\boldsymbol{W}_2^{\{12\}}}{\sqrt{2}}$	$\frac{\boldsymbol{W}_2^{\{123\}}}{\sqrt{3}}$	$\frac{\boldsymbol{W}_2^{\{3214\}}}{2}$
3	$\boldsymbol{u}_3=\begin{bmatrix}1&\mathrm{j}&1&-\mathrm{j}\end{bmatrix}^{\mathrm{T}}$	$\boldsymbol{W}_3^{\{1\}}$	$\frac{\boldsymbol{W}_3^{\{12\}}}{\sqrt{2}}$	$\frac{\boldsymbol{W}_3^{\{123\}}}{\sqrt{3}}$	$\frac{\boldsymbol{W}_3^{\{3214\}}}{2}$
4	$\boldsymbol{u}_4=\begin{bmatrix}1&\frac{-1-\mathrm{j}}{\sqrt{2}}&-\mathrm{j}&\frac{1-\mathrm{j}}{\sqrt{2}}\end{bmatrix}^{\mathrm{T}}$	$\boldsymbol{W}_4^{\{1\}}$	$\frac{\boldsymbol{W}_4^{\{14\}}}{\sqrt{2}}$	$\frac{\boldsymbol{W}_4^{\{124\}}}{\sqrt{3}}$	$\frac{\boldsymbol{W}_4^{\{1234\}}}{2}$
5	$\boldsymbol{u}_5=\begin{bmatrix}1&\frac{1-\mathrm{j}}{\sqrt{2}}&\mathrm{j}&\frac{-1-\mathrm{j}}{\sqrt{2}}\end{bmatrix}^{\mathrm{T}}$	$\boldsymbol{W}_5^{\{1\}}$	$\frac{\boldsymbol{W}_5^{\{14\}}}{\sqrt{2}}$	$\frac{\boldsymbol{W}_5^{\{124\}}}{\sqrt{3}}$	$\frac{\boldsymbol{W}_5^{\{1234\}}}{2}$
6	$\boldsymbol{u}_6=\begin{bmatrix}1&\frac{1+\mathrm{j}}{\sqrt{2}}&-\mathrm{j}&\frac{-1+\mathrm{j}}{\sqrt{2}}\end{bmatrix}^{\mathrm{T}}$	$\boldsymbol{W}_6^{\{1\}}$	$\frac{\boldsymbol{W}_6^{\{13\}}}{\sqrt{2}}$	$\frac{\boldsymbol{W}_6^{\{134\}}}{\sqrt{3}}$	$\frac{\boldsymbol{W}_6^{\{1324\}}}{2}$

续表

码本序号	u_n	层数 v			
		1	2	3	4
7	$\boldsymbol{u}_7=\left[1\quad \frac{-1+\mathrm{j}}{\sqrt{2}}\quad \mathrm{j}\quad \frac{1+\mathrm{j}}{\sqrt{2}}\right]^{\mathrm{T}}$	$\boldsymbol{W}_7^{\{1\}}$	$\frac{\boldsymbol{W}_7^{\{13\}}}{\sqrt{2}}$	$\frac{\boldsymbol{W}_7^{\{134\}}}{\sqrt{3}}$	$\frac{\boldsymbol{W}_7^{\{1324\}}}{2}$
8	$\boldsymbol{u}_8=[1\quad -1\quad 1\quad 1]^{\mathrm{T}}$	$\boldsymbol{W}_8^{\{1\}}$	$\frac{\boldsymbol{W}_8^{\{12\}}}{\sqrt{2}}$	$\frac{\boldsymbol{W}_8^{\{124\}}}{\sqrt{3}}$	$\frac{\boldsymbol{W}_8^{\{1234\}}}{2}$
9	$\boldsymbol{u}_9=[1\quad -\mathrm{j}\quad -1\quad -\mathrm{j}]^{\mathrm{T}}$	$\boldsymbol{W}_9^{\{1\}}$	$\frac{\boldsymbol{W}_9^{\{14\}}}{\sqrt{2}}$	$\frac{\boldsymbol{W}_9^{\{134\}}}{\sqrt{3}}$	$\frac{\boldsymbol{W}_9^{\{1234\}}}{2}$
10	$\boldsymbol{u}_{10}=[1\quad 1\quad 1\quad -1]^{\mathrm{T}}$	$\boldsymbol{W}_{10}^{\{1\}}$	$\frac{\boldsymbol{W}_{10}^{\{13\}}}{\sqrt{2}}$	$\frac{\boldsymbol{W}_{10}^{\{123\}}}{\sqrt{3}}$	$\frac{\boldsymbol{W}_{10}^{\{1324\}}}{2}$
11	$\boldsymbol{u}_{11}=[1\quad \mathrm{j}\quad -1\quad \mathrm{j}]^{\mathrm{T}}$	$\boldsymbol{W}_{11}^{\{1\}}$	$\frac{\boldsymbol{W}_{11}^{\{13\}}}{\sqrt{2}}$	$\frac{\boldsymbol{W}_{11}^{\{134\}}}{\sqrt{3}}$	$\frac{\boldsymbol{W}_{11}^{\{1324\}}}{2}$
12	$\boldsymbol{u}_{12}=[1\quad -1\quad -1\quad 1]^{\mathrm{T}}$	$\boldsymbol{W}_{12}^{\{1\}}$	$\frac{\boldsymbol{W}_{12}^{\{12\}}}{\sqrt{2}}$	$\frac{\boldsymbol{W}_{12}^{\{123\}}}{\sqrt{3}}$	$\frac{\boldsymbol{W}_{12}^{\{1234\}}}{2}$
13	$\boldsymbol{u}_{13}=[1\quad -1\quad 1\quad -1]^{\mathrm{T}}$	$\boldsymbol{W}_{13}^{\{1\}}$	$\frac{\boldsymbol{W}_{13}^{\{13\}}}{\sqrt{2}}$	$\frac{\boldsymbol{W}_{13}^{\{123\}}}{\sqrt{3}}$	$\frac{\boldsymbol{W}_{13}^{\{1324\}}}{2}$
14	$\boldsymbol{u}_{14}=[1\quad 1\quad -1\quad -1]^{\mathrm{T}}$	$\boldsymbol{W}_{14}^{\{1\}}$	$\frac{\boldsymbol{W}_{14}^{\{13\}}}{\sqrt{2}}$	$\frac{\boldsymbol{W}_{14}^{\{123\}}}{\sqrt{3}}$	$\frac{\boldsymbol{W}_{14}^{\{3214\}}}{2}$
15	$\boldsymbol{u}_{15}=[1\quad 1\quad 1\quad 1]^{\mathrm{T}}$	$\boldsymbol{W}_{15}^{\{1\}}$	$\frac{\boldsymbol{W}_{15}^{\{12\}}}{\sqrt{2}}$	$\frac{\boldsymbol{W}_{15}^{\{123\}}}{\sqrt{3}}$	$\frac{\boldsymbol{W}_{15}^{\{1234\}}}{2}$

4. Lloyd 矢量量化码本方案

基于 Lloyd 矢量量化算法的码本构造第一步是在随机选取的若干个信道矩阵中再随机选取 N（码本大小）个信道矩阵，利用 SVD 分解，得到初始码本；第 2 步将这 N 个码字作为质心，并根据对信号的增益大小将选取得到的所有信道矩阵分为 N 组；第 3 步将每组中的信道矩阵进行 SVD 分解，得到一个新的预编码矩阵，找出各组的质心，合并构成一个新的预编码码本，然后计算新旧码本之间的误差，小于门限则迭代收敛，否则返回第 2 步继续迭代。该码本构建方案的性能比 DFT 码本和 Grassmannian 码本的要好，而且算法是单调不增性的。它可以为任意给定的码本进行改造，但是第 2 步的计算复杂度较高，收敛速度和最终迭代结果在很大程度上取决于初始码本的选取。该方案的详细计算步骤如下。

步骤 1　随机选取 Q（$Q>>N$）个信道矩阵 $\boldsymbol{H}$，然后又从中选取 N 个信道矩阵 $\boldsymbol{H}$ 进行 SVD 分解，得到 N 个 F_{opt} 作为初始码本 $\boldsymbol{\tau}^{(0)}=\left\{\boldsymbol{F}_0^{(0)},\boldsymbol{F}_1^{(0)},\cdots,\boldsymbol{F}_{N-1}^{(0)}\right\}$，令迭代次数 i=1，误差门限 ε（$0<\varepsilon<1$）。

步骤 2 将 N 个码字作为“质心”，根据 $\left\{\boldsymbol{H}\left\|\boldsymbol{HF}_l^{(i-1)}\right\|_{\boldsymbol{F}}^2 \leqslant \left\|\boldsymbol{HF}_k^{(i-1)}\right\|_{\boldsymbol{F}}^2, \forall l \neq k\right\}$ 将 Q 个 $\boldsymbol{H}$ 分为 N 组 $\boldsymbol{R}^{(i-1)} = \left\{\boldsymbol{R}_0^{(i-1)}, \boldsymbol{R}_1^{(i-1)}, \cdots, \boldsymbol{R}_{N-1}^{(i-1)}\right\}$，设第 k 组有 β_k 个 $\boldsymbol{H}$，则 $\boldsymbol{R}_k^{(i-1)} = \left[\boldsymbol{H}_1^{(k)}, \boldsymbol{H}_2^{(k)}, \cdots, \boldsymbol{H}_{\beta k}^{(k)}\right]^{\mathrm{T}}$。

步骤 3 将 $\boldsymbol{R}_K^{(i-1)}$ 中的每个 $\boldsymbol{H}^{(k)}$ 进行 SVD 分解，得到一个预编码矩阵 $\boldsymbol{F}$，然后根据最佳码本条件 $\boldsymbol{F}_k^{(i-1)} = \arg\min \boldsymbol{E}\left[\left\|\boldsymbol{H}\right\|_{\boldsymbol{F}}^2 - \left\|\boldsymbol{HF}\right\|_{\boldsymbol{F}}^2 \middle| \boldsymbol{H} \in \boldsymbol{R}_k^{(i-1)}\right]$，$\boldsymbol{F} : \left\|\boldsymbol{F}\right\|_{\boldsymbol{F}}^2 \leqslant 1$，选出该组 $\boldsymbol{H}$ 的“质心” $\boldsymbol{F}_k^{(i)}$，所有的 $\boldsymbol{R}^{(i-1)}$ 都进行同样的处理，最后得到一组新的码本 $\boldsymbol{\tau}^{(1)} = \left\{\boldsymbol{F}_0^{(1)}, \boldsymbol{F}_1^{(1)}, \cdots, \boldsymbol{F}_{N-1}^{(1)}\right\}$。

步骤 4 计算新旧码本的误差 $\mathrm{d}(\boldsymbol{\tau}) = \boldsymbol{E}\left[\left\|\boldsymbol{H}\right\|_{\boldsymbol{F}}^2 - \max_{1 \leqslant k \leqslant N}\left\|\boldsymbol{HF}_k\right\|_{\boldsymbol{F}}^2\right]$，分别求得 $\mathrm{d}(\boldsymbol{\tau}^{(i-1)})$ 与 $\mathrm{d}(\boldsymbol{\tau}^{(i)})$；若 $\mathrm{d}(\boldsymbol{\tau}^{(i-1)}) - \mathrm{d}(\boldsymbol{\tau}^{(i)}) > \varepsilon$ 则令 $i=i+1$，$\boldsymbol{\tau}^{(i-1)} = \boldsymbol{\tau}^{(i)}$，转到步骤 2 继续迭代，若小于或等于 ε；$\boldsymbol{\tau} = \boldsymbol{\tau}^{(i)}$，则迭代收敛，码本生成成功。

4.2.4 大规模 MIMO 系统导频污染的抑制方法

在对大规模 MIMO 系统的研究中，基站一般根据 TTD 模式中同一相干时间内上、下行信道的互易性，利用终端发送的上行导频信号进行信道估计。但由于正交导频的数量受限于信道的相干时长，并且为了保证在一定相干时长内发送更多上、下行有效数据，大规模 MIMO 系统一般采用全复用导频调度策略，即同一组正交导频被所有小区的终端完全复用。这一策略导致了不同小区间复用同一导频的终端会产生信号之间的干扰，即导频污染问题。导频污染问题严重影响了基站对信道估计的准确性，成为制约大规模 MIMO 系统性能进一步提升的瓶颈。

目前针对导频污染的研究方案有很多，但结果都不尽如人意。有的方案从导频分配的角度入手，即根据终端对应信道增益的不同和不同导频受到的信号干扰程度对导频进行智能调度，以最大化系统总容量为优化目标寻找终端和导频的最佳配对关系，但这类方法往往是以牺性能较差的终端的通信质量为代价的，而且算法复杂度较高。因此研究既能降低导频分配算法复杂度，又能有效提升受导频污染比较严重的终端的性能是实现大规模 MIMO 系统性能进一步提升的关键。

下面重点介绍一种大规模 MIMO 系统导频污染的抑制方法，从系统整体终端通信的公平性考虑，在运算复杂度尽可能低的情况下，给信道质量较差的终

端分配一个较高的信号发射功率，以改善信道质量较差终端的通信质量。该方法的主要步骤如下。

步骤 1　搭建大规模 MIMO 小区系统模型，利用余弦定理分别计算出每个终端到本小区基站之间的距离，以及相邻小区复用同一导频的终端到该基站之间的距离，进而求出终端与基站之间的大尺度衰落因子。

在大规模 MIMO 系统中，一般采用正六边形蜂窝小区模型，每个小区内均匀随机地分布着 K 个终端（以基站为中心，半径为 r_h 的圆区域），基站位于各小区中心，分布 M 根天线（$M>>K$），基站在每个相干时间内通过终端发送的上行导频信号估计信道，并完成信号检测和下行预编码。

假设所有小区复用同一导频，在每个相干时间开始时刻，同时发送上行导频序列，大尺度衰落因子满足：

$$\beta_{ikl}=\frac{z_{ikl}}{r_{ikl}^{\gamma}} \tag{4-24}$$

式中，β_{ikl} 为第 i 个小区的第 k 个终端到第 l 个小区基站之间的大尺度衰落因子，它由路径损耗和阴影衰落两部分组成；z_{ikl} 为服从对数正态分布的随机变量，即 $10\lg\left(z_{ikl}\right)\sim N\left(0,\sigma_{\text{shadow}}\right)$，$\sigma_{\text{shadow}}$ 为正态分布的标准差；r_{ikl}^{γ} 为第 i 个小区的第 k 个终端到第 l 个小区基站之间的距离，可建立坐标系用余弦定理求解。

步骤 2　设定本小区每个基站的天线数趋于无穷，获取每个终端的信干噪比，每个终端的信干噪比满足：

$$\text{SINR}_{ik}^{U}=\frac{\rho_{ki}P_{ki}^{U}\beta_{iki}^{2}}{\sum_{l\neq i}^{L}\rho_{kl}P_{kl}^{U}\beta_{ikl}^{2}} \tag{4-25}$$

式中，SINR_{ik}^{U} 为第 i 个小区的第 k 个用户上行链路的信干噪比；ρ_{kl} 代表导频发射功率；P_{kl}^{U} 为信号发射功率；β_{ikl} 为大尺度衰落因子。

由式(4-25)可得，每个终端的信干噪比可近似表示为本小区终端到基站之间的大尺度衰落因子的平方比相邻小区复用同一导频的终端到基站之间的大尺度衰落因子的平方。

步骤 3　按照信干噪比的大小对各终端进行升序排列，排序越靠前，说明该终端的信号质量越差，需要分配一个较高的功率分配因子。为便于处理，首先将导频功率设为统一，然后利用大尺度衰落因子计算出的信干噪比，对所有终端进行升序排列。

步骤 4　获取排序后各终端的功率分配系数。

（1）计算功率分配因子。功率分配因子的计算公式如下：

$$\frac{a-a^{KL+1}}{1-a}=1 \tag{4-26}$$

式中，a 为功率分配因子，$0<a<1$；K 为每个小区的终端数；L 为小区数目，将系统所有终端的信号发射功率分配因子之和设为 1，并且功率分配因子按照等比数列的方式排列，其中等比数列的公比为 a，首项也为 a。

根据所得功率分配因子 a，按照等比数列的形式依次计算出排序后每个终端的功率分配系数。

（2）计算各终端的功率分配系数。各终端的功率分配系数计算公式如下：

$$\alpha_{kl}=a\alpha_{(k+1)l} \tag{4-27}$$

式中，a 表示功率分配因子；α_{kl} 表示第 l 个小区的第 k 个终端的功率分配系数。

步骤 5 计算出分配信号发射功率后每个终端的信干噪比及系统容量：

在运用固定功率分配算法之前，为便于计算，首先将每个终端的导频发射功率统一为 ρ，这样就只用考虑发射功率的分配了。假设系统总功率为 P，则每个终端的信号发射功率系数可以表示为：

$$\alpha_{kl}=\frac{P_{kl}^{U}}{P} \tag{4-28}$$

将式（4-28）转化为仅含功率分配系数及大尺度衰落因子的公式，即

$$\mathrm{SINR}_{ik}^{U}=\frac{\alpha_{ki}\beta_{iki}^{2}}{\sum\limits_{j\in A_{\gamma},j\neq i}^{L}\alpha_{kj}\beta_{ikj}^{2}} \tag{4-29}$$

式中，α_{ki} 为功率分配系数；β_{ikl} 为第 i 个小区的第 k 个终端到第 l 个小区基站之间的大尺度衰落因子。

每个终端的系统容量满足：

$$C_{ik}=\sigma\log_{2}\left(1+\mathrm{SINR}_{ik}\right) \tag{4-30}$$

式中，σ 为含有带宽、信号传输时间占比等因素的参数。

从图 4-3 中可以看出通过与全复用导频系统对比发现，加入固定功率分配算法后，当 K=2 时，每个终端 SINR<0 的概率降低约 6%，每秒吞吐量<1Mb/s 的概率降低约 7%。

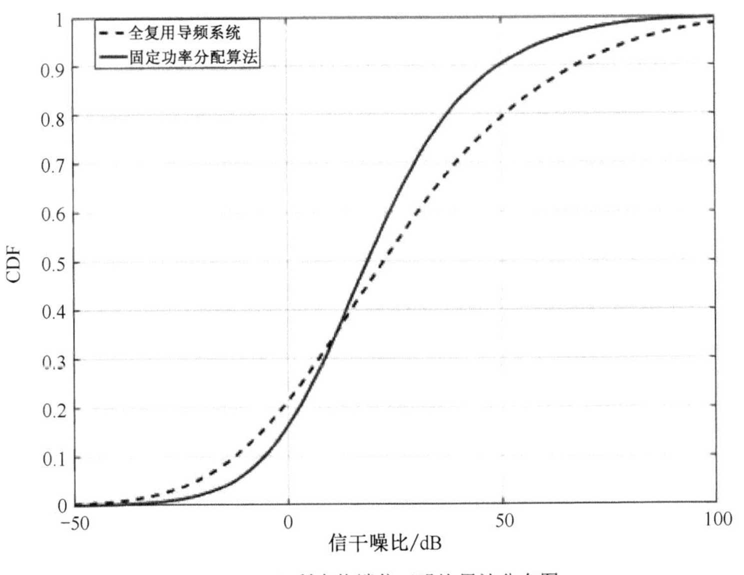

（a）所有终端信干噪比累计分布图

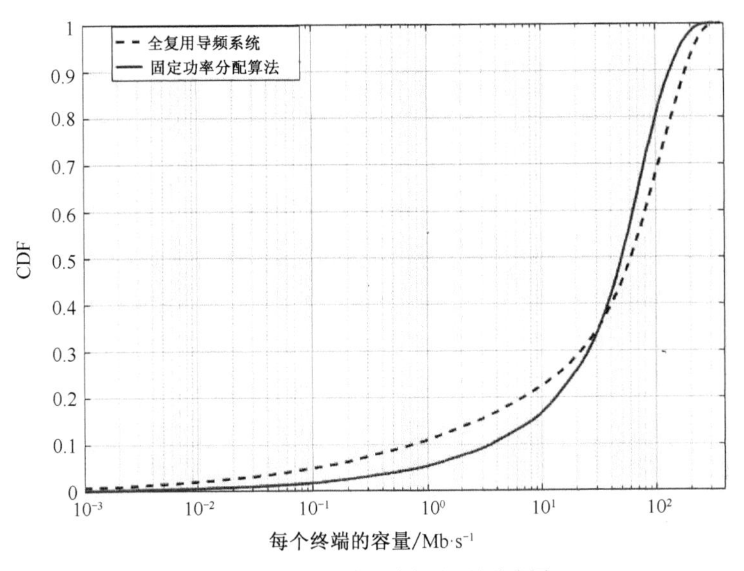

（b）所有终端容量累计分布图

图 4-3　固定功率分配算法与全复用导频系统对比图

4.3　大规模 MIMO 系统的波束赋形技术

波束赋形技术是指两根或多根天线以受控的延迟或相位偏移来发射信号，从而产生一定方向性的干涉波瓣，使接收信噪比得到较大的提高，如图 4-4 所

示。波束赋形技术可以获得空间分集增益和阵列增益，通常用来增强小区的覆盖。在任意一种采用波束赋形的系统中，系统必须得知道目标用户的方位，在 FDD 系统中，接收端通过反馈预编码矩阵指数来告知发射端自己的位置信息，而在 TDD 系统中，接收端向基站发送信道信息，基站通过检查相同极化天线之间的相对相位差，就能够估计出接收终端的位置信息。虽然这种处理是在上行链路中实行的，但基站能够利用 TDD 系统的信道互易性通过对上行链路的估计在下行链路发送信号中采用。

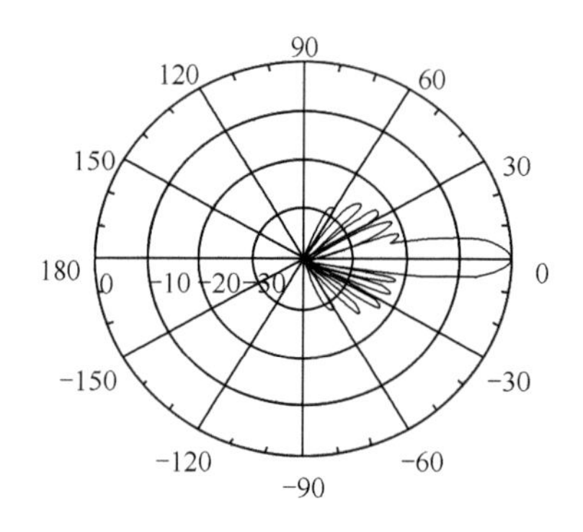

图 4-4　波束导向示意图

目前，波束成形技术在多天线的 Wi-Fi 路由器中有着广泛应用，但是在当前使用的通信频段中，不可能在手机上安装如此多根该频段下的接收天线，因为天线尺寸太大，很难将这样的天线集成到手机上。而 5G 通信中采用的毫米波技术能够很好地解决这个问题，毫米波波段的波长大约是现在手机频段波长的十分之一，所以天线的尺寸便相应缩小，能够集成到手机上，实现毫米波波段的波束成型。波束成型可以使信号的能量集中在接收端的方向上，解决频谱利用率的问题，使用毫米波技术可以给信号传输提供更大的带宽，支持大量用户同时进行通信，二者的结合使得 5G 通信如虎添翼。

波束赋形的架构分为数字和模拟两种。在数字波束赋形器中，为了提供最大的灵活性，每根天线都有一个相应的基带端口，天线单元中的模/数转换和数/模转换器耗电很高，因此当基站端天线数量增加时，如果所有天线单元都采用数字波束赋形器，即使实现了目标，耗电也会特别高，而且十分复杂。模拟波束赋形中权重施加在基带或射频上，且通常网络中会产生物理波束，但无法产生复杂的波束图案。尤其是当用户比较多的时候，如果波束隔离不充分，容易造成干扰。上述两种方案组成混合波束赋形，在基带端口采用数字赋形

器，模拟波束赋形组成网络，这种架构是在灵活性和复杂度之间的折中。

4.3.1　波束赋形算法性能

由于波束赋形技术建立在通信环境模型及系统模型的基础上，因此在考察波束赋形算法的性能时，要考虑环境因素的影响及其对系统的要求，以便得到更符合实际需要的性能估计。综合各种因素，一般可以从以下几个方面考察波束赋形算法的性能。

1. 算法运算性能

算法运算性能主要包括算法的收敛速度、复杂程度、精度、稳定性及对误差的正确判断性等。前 4 项指标是衡量算法性能的常见指标，而最后一项在智能天线应用领域有特别的意义。在实际的通信系统中，由于天线规模等实际条件的限制及移动无线信道复杂情况的影响，对波束到达方向的测量估计误差较大，因此对采用基于波束到达方向估计的波束赋形算法，能否降低其对误差的敏感度就显得十分重要，尤其是在下行链路中，一旦发生较大的指向偏差，不仅会使目标用户无法获得一定质量的信号，还可能给其他用户带来干扰，从而导致系统性能急剧下降。

2. 算法的测量要求

算法的测量要求主要包括算法需要了解的信道特征参量的种类和数量，以及是否需要提供参考信号等。信道特征参量的种类可以包括多普勒频移、入射信号的角度分布及相应的时延分布等；而数量则是指需要了解的信道数量，如在了解天线与目标用户间信道的同时，是否需要了解天线与其他非目标用户（干扰源）之间的信道参量等。通过预定义的参考信号进行信道估计是一种常用的方法，不同的算法对是否需要参考信号及对参考信号长度等参数会有不同的要求。

3. 算法对系统的其他要求

算法对系统的其他要求主要包括达到一定性能需要的天线单元数目、是否有对传输协议的额外要求（如是否需要反馈链路）、是否对输入信号有一定的要求（如是否为恒包络的调制信号）等。

4.3.2 波束赋形的现状及发展方向

波束赋形技术发展过程中，出现了大量的具体技术，其命名、分类并不完全统一，加之近年来与其他技术（如联合检测、功率控制等）的结合乃至融合，使相关的具体技术更显纷繁复杂。通常可以依据的分类有，根据应用场合的不同将波束赋形技术分为上行链路波束赋形和下行链路波束赋形；根据其所使用的信道特征参量的种类，可分为使用信道空域参量的技术和使用信道空域或时域参量的技术；根据不同的波束赋形技术对于问题采用的描述方法，可分为优化类和自适应滤波器类；根据波束赋形技术计算使用的方法可分为线性算法和非线性算法。

对于上行链路，由于可以获得可靠的信道实时估计，因此可以采用信道的空域或时域参量进行波束赋形，以提高上行链路性能。针对移动无线通信系统，尤其是CDMA系统的实际情况，上行链路的波束赋形可以结合信号检测，实现多用户联合检测。但是应用这一方法存在以下两个问题：算法要求测量所有信道的空域或时域参数，且测量要求高（除了盲检测算法，大部分算法需要使用训练序列，并要求在获得同步以后进行测量）；计算过于复杂难以实现，尤其是针对多用户的方案。实际可采用的方法有：采用性能次优但较为简单的方法；设计便于并行运算的结构，以硬件代价满足运算时间方面的要求；或者结合两种方法。其中，通过有限度降低算法性能提高算法可实现性的具体方法包括：减少计算需要的参量；减少计算的维数（如使用训练序列进行初始化，或者分解全局优化问题变为互不相关的局部优化问题的叠加）；选择计算复杂度较低的计算方法等。在保证性能的前提下，进一步降低系统结构的复杂度主要依赖于使用结构较为简单的处理单元，根据传统上对均衡和检测领域的研究，非线性的系统结构和算法可以大大降低系统结构的复杂度，目前对判决反馈结构、神经网络技术等在波束赋形领域的应用已有初步研究。

对于下行链路，由于条件限制很难在下行链路实现对信道的可靠实时估计。对于 TDD 模式的系统，在上下行信道间隔时隙很小的条件下，可以近似认为信道未发生变化，从而可以在下行链路使用由上行数据获得的信道空域或时域参数的估计值，甚至可以直接使用上行波束赋形的数据。但是对于FDD系统，则一般无法满足上下行信道频率间隔足够小的要求而使两者的变化强相关，因此如果不使用反馈回路获取移动站的测量数据，仅可根据上行数据获得一些与频率变化无关或者弱相关的信道参量，这包括信道的空域参量及空域或时域参量的平均值等。其中，使用空域或时域参量平均估计值的方法原理上同

使用空域或时域信道参量的方法并无区别，只是由于缺乏对于信道状况的实时跟踪，性能会有所下降。而仅依赖信道空域参量的算法则符合波束赋形的传统含义，即使基站实现下行指向性发射。

仅依赖信道空域参量的算法需要了解目标移动站与基站的相对位置，为了抑制同信道用户间的干扰可能还需要了解同信道移动站与基站的相对位置。这些信息可以由上行信道数据得到，即根据上行数据对波束到达方向进行估计，因此这种算法又可称为基于 DoA 估计的算法，由于使用的信息可以认为与上下行信道载频无关，因此可以适用于 TDD 或者 FDD 模式的系统。这类算法的主要局限在于较大的 DoA 估计误差及天线单元数限制了算法的性能，因此在实际应用时，系统性能并不理想。一般为了减小天线增益凹陷的指向偏差，必须配合使用凹陷点展宽（Null Broadening）技术，即在计算所得的凹陷点附近形成凹陷区，确保对其他用户的干扰降低到最小的程度。

目前，由于上行波束赋形技术的发展，下行链路性能成为提高系统性能的瓶颈，因此迫切需要有效的方法。在可以获得可靠的空域或时域参量的条件下（TDD 模式或使用反馈链路的系统），可以应用空时处理方法，但是在具体的表述、算法的实现等方面仍需进行进一步的系统研究。如果无法获得可靠的空域或时域参量（不采用反馈链路的 FDD 模式的系统），那么基于 DoA 估计的算法应该是最终的解决方案，但是目前的估计精度很难满足实际系统的需要，必须发展对估计误差不敏感的波束赋形算法。

4.3.3　预编码与波束赋形比较

所谓的预编码或波束赋形，从来没有严格的定义和界限，两者都是通过天线阵列的加权处理，产生具有特定空域分布特性的信号的过程。从这个意义上讲，两者是没有实质差别的。当然，之所以有很多人咬文嚼字地纠结于两者的差别，也是有一定历史原因的：波束赋形源自阵列信号处理，比预编码概念的提出大概要早数十年。在经典的阵列信号处理或早期的波束赋形方案中，出于避免相位模糊的考虑，一般都采用阵子间距不超过 0.5 lambda 的阵列；这些早期波束赋形方案的目标基本都是瞄准期望方向，同时对若干干扰方向形成零限（用于电子对抗或军事通信）；它们考虑的主要是 LOS 或接近 LOS 的场景；在民用移动通信领域，从实现波束赋形的便利性角度考虑，TDD 系统有着较为天然的互易性优势，因此早期人们普遍认为波束属于 TDD 专属技术。尤其是在 TD-SCDMA 中大范围使用了波束赋形，更是留下了波束赋形等同于 TDD 技术的口实。相对而言，预编码则是十几年前 MIMO 兴起之后的概念。由于在低相关、高空间自由度场景中，MIMO 信道容量的优势才能得以体现，因此针对 MIMO 中预编码的研究（尤其是早期）更多地偏重于大间距天线及 NLOS 的情况。当然，这也是由于小间距+LOS 这一场景在阵列信号处理领域已经被掘地三尺，从做文章的角度考虑，缺乏新意（这一点也从侧面印证了预编码和波束赋形之间的联系）。从实现的角度出发，最优化的预编码需要收发端确知 CSI，这对于 TDD 系统较为便利，但是对于 FDD 系统则成了障碍。基于互易性假设的空域预处理在波束赋形这个阶段已经有很多成形研究，但是对 FDD 的预编码无论从后面的实现还是标准化，都有很多值得挖掘的问题。因此，针对 MIMO 中预编码的研究初期，基于有限反馈（码本）的预编码很快就成了关注的焦点，特别是在 LTE 中在 MIMO 技术标准化浪潮中。在这种情况下，早期 LTE 标准化领域中逐渐形成了一种惯例（非正式的），即默认：预编码是基于公共参考信号的传输（LTE Release 8 中，基于公共参考信号的传输方案主要是针对 FDD 设计的，当然 TDD 也可以用）；基于专用参考信号的传输就称为波束赋形（LTE Release 8 中，这种传输方式主要是为 TDD 设计的）。

但是这种非正式的划分随着 LTE MIMO 技术标准化的演进，已经趋于消失。LTE Release 9 正是这一变化的转折点，因为从 TM8 开始（直至后续的所有 TM），无论 FDD 还是 TDD 都采用基于专用参考信号的传输方式。尽管 TM8 还被习惯性地称为双流波束赋形，但是从 TM9 开始就不再强调基于专用参考信号的传输到底是波束赋形还是预编码。从标准化和实践两个方面考虑，无论用于 TDD/FDD、大间距/小间距阵列、基于码本/互易性反馈，在基于专用参考信号进行传输的框架里，波束赋形和预编码的差异或许仅仅体现在算法的称谓上。

4.4 大规模 MIMO 系统的通信能效

能量效率（简称“能效”）是未来 5G 无线通信考虑的重要性能指标之一。绿色无线通信就是要使系统的能量使用达到最小，同时满足用户要求的服务质量（Quality of Service，QoS）。从更大的方向来说，绿色通信就是将绿色节能的理念，深入贯穿无线通信的各方面。通过将更为先进节能的通信技术深入无线通信的各方面，来降低规模日益增加的通信对地球能源的消耗。如果想要提高无线数据传输速率，则需要消耗更多的能源，显然仅仅研究通信系统的频谱

效率已不能满足未来 5G 无线通信对绿色通信的要求，未来对无线通信系统能耗的研究也必将成为研究的热点，从而实现绿色通信的要求。因此，对大规模 MIMO 系统能效的研究十分重要。

4.4.1　提高大规模 MIMO 系统能效的传统方法

越来越多的研究人员开始关注无线通信系统的能效设计。现阶段，大规模 MIMO 系统的能效研究主要有天线选择技术和功率分配技术两个方面。

1. 天线选择技术

大规模 MIMO 技术可以有效利用多径效应，能够消除传统无线通信信道存在的多径衰落等不利因素影响，明显提高无线通信数据传输速率。与传统 MIMO 系统相比较，大规模 MIMO 技术因为具有明显的技术优势，可以显著提高通信系统各方面的性能，因而能够为未来无线通信系统带来较大的技术革新。但是，该系统也存在一些实际问题。大规模 MIMO 系统的收发端需要安装大量天线。但是在实际的使用过程中，同时使用所有天线进行数据的发送与接收，需要在每根天线上安装与之对应的射频链路。由于射频链路主要包括数/模和模/数转换器、低噪声放大器、混频器等价格昂贵的元件，因此系统成本较高，同时也给系统带来了维护困难的问题。此外，随着天线数量的增加，大规模 MIMO 系统编解码算法的复杂度将不断提高，无线通信环境也将因天线数量增加而变得更加复杂。天线选择技术不仅能够保持通信系统的可靠性和较高的系统频谱效率，也能降低系统硬件成本及设备和算法的复杂度，从而减少大规模 MIMO 系统带来的不利影响，为大规模 MIMO 技术的性能优化带来更多技术优势。

天线选择技术就是在大规模 MIMO 系统的收发端安装大量天线元件，同时安装少于天线数量的射频链路；然后采用符合实际场景要求的算法，从这些天线中选择性能符合要求的天线组合，再将射频链路链接到选定的天线组合上；最后，通过这些天线收发需要传输的无线数据。天线选择技术能够最大限度地减少昂贵的射频链路的数量，并能保证系统通信质量。该技术能显著降低系统软硬件的复杂度，从而降低系统成本，具有良好的应用价值。

天线选择技术主要的优势：首先，大规模 MIMO 天线选择技术能够减少系统收发端射频链路的数量，从而简化大规模天线系统硬件结构，降低系统硬件成本；其次，由于系统编码和解码算法的复杂度随着天线数量的增加而变得复杂，天线选择技术可通过减少实际收发数据中天线的数量，降低算法复杂度；最后，实际通信系统中的信道有一定的相关性，此时天线选择技术可以通过选择性能良好、相关性低的天线进行数据收发。天线选择技术能够改善大规模 MIMO 系统的通信性能，具有广阔的应用前景。

2. 功率分配技术

功率分配技术是指系统发送端在获得信道状态信息的条件下，合理地将发射端总功率按照某种规则分配给不同信道状态的信号，可以大幅提升整个通信系统的数据传输速率，满足用户需求。不同功率分配算法，给系统带来的性能影响不同，在实际应用中，应该根据不同的场景要求，选择不同的功率分配算法。在一般情况下，功率分配技术有信道容量最大化、系统误码率最优化、系统发射功率最小 3 类优化原则。

1）信道容量最大化原则

如何提高系统信道容量是大规模 MIMO 系统的首要问题。以信道容量最大化为目标的算法，其原理是在系统的发射功率不变的情况下，采用一定方法合理地为各发射天线分配射频功率，让系统在信道上的系统容量之和达到最大，其数学模型为：

$$\begin{aligned} &\max \quad R_b = \sum_{i=1}^{N} b_i \\ &\text{满足} \begin{cases} P_{tx} = \sum_{i=1}^{N} P_i \\ \text{BER} \leqslant \text{BER}_{t\,\text{arget}} \end{cases} \end{aligned} \tag{4-31}$$

2）系统误码率最优化原则

减小通信系统误码率可以有效提高系统的通信性能，在发射端知道信道状态信息时，可以根据信道状态，在固定传输速率、固定功率算法和其他条件一定的情况下，采用最优分配规则，使系统的误比特率（BER）最小，其数学模型为：

$$\begin{aligned} &\min \quad \text{BER} \\ &\text{满足} \begin{cases} P_{tx} = \sum_{i=1}^{N} P_i \\ R_b = \sum_{i=1}^{N} b_i \end{cases} \end{aligned} \tag{4-32}$$

3）系统发射功率最小原则

系统发射功率最小原则即在系统传输速率和误码率确定的情况下，根据信道状态信息，对发射端的功率进行最优分配，使系统需要的发射总功率达到最小，其数学模型为：

$$\min \quad P_{tx}$$
$$\text{满足}\begin{cases}\text{BER} \leqslant \text{BER}_{target} \\ R_b = \sum_{i=1}^{N} b_i\end{cases} \tag{4-33}$$

4.4.2　大规模 MIMO 系统中基于天线选择提高通信能效的方法

天线选择技术利用少数射频链路支持全部收发天线的数据传输，使系统硬件成本不再完全受限于射频链路成本。这在提高系统能效的同时也减少了系统数据处理算法的复杂度，成为大规模 MIMO 系统能效研究的一个热点。

本节主要讨论接收端天线数量固定时，发射端的天线选择。发射天线选择后，系统的容量为：

$$C_s = \sum_{i=1}^{L} B\log_2\left(1 + \frac{\lambda_i^2 p_i}{\sigma^2 \Gamma}\right) \tag{4-34}$$

因此，系统能效函数可以表示为：

$$EE(L) = \frac{\sum_{i=1}^{L} B\log_2\left(1 + \frac{\lambda_i^2 p_i}{\sigma^2 \Gamma}\right)}{\frac{P_{tx}}{\gamma} + LP_s + MP_r} \tag{4-35}$$

天线选择条件为：

$$\tilde{\boldsymbol{H}} = \arg\max\left\{EE(L)\right\}, \tilde{\boldsymbol{H}} \in \boldsymbol{H} \tag{4-36}$$

如图 4-5 所示为分步天线选择算法流程图。首先，在获得信道状态的情况下计算出需要的最佳天线数量；然后，利用最大范数法得到由 βL 根天线构成的阵列；最后，在由 βL 根天线构成的阵列中，利用递减法获得最终的天线阵列 $\boldsymbol{S}$。

1. 天线数量求解

算法描述：在天线数量求解过程中，首先使用信道平均能效，通过信道 CSI 获得能效函数曲线如图 4-6 所示，即

$$EE(n) \approx \frac{E\sum_{i=1}^{N} B\log_2\left(1+\frac{\lambda_i^2 p_i}{\sigma^2 \Gamma}\right)}{\frac{P_{tx}}{\gamma}+nP_t+MP_r} \tag{4-37}$$

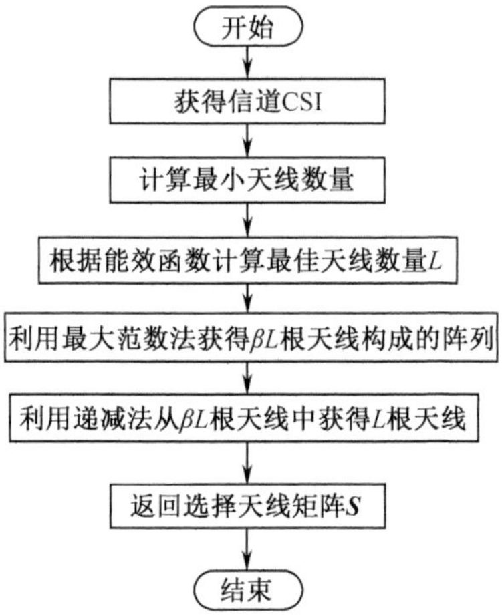

开始
获得信道CSI
计算最小天线数量
根据能效函数计算最佳天线数量L
利用最大范数法获得βL根天线构成的阵列
利用递减法从βL根天线中获得L根天线
返回选择天线矩阵S
结束

图 4-5　分步天线选择算法流程图

0.9
0.8
0.7
0.6
0.5
0.4
0.3
0.2
系统能效/bsp・Hz^{-1}・J^{-1}
0
50
100
150
200
250
300
天线数量/根

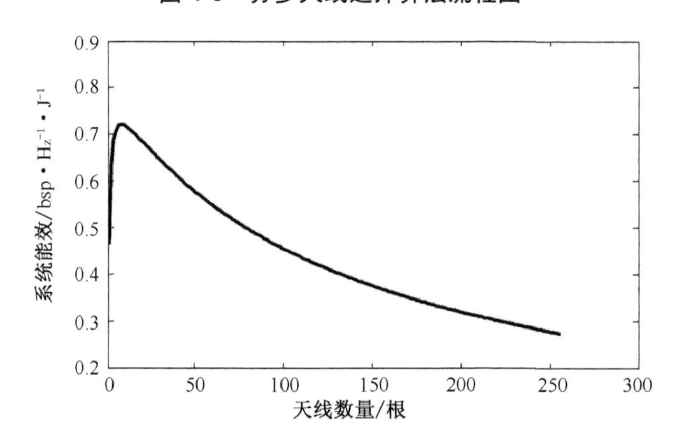

图 4-6　系统能效与发射天线数量的关系

在发射功率、P_t、P_r、发射效率和接收天线数量一定的情况下，系统能效先随发射天线数量的增加而增加。当发射天线到达一个最优解时，系统的能效最高；当发射天线数量超过最优解时，系统能效逐渐减小。因此，天线数量为最优解时，系统能效最高。

然后，利用图 4-7 所示方法求出系统能效最高时的天线数量 L。

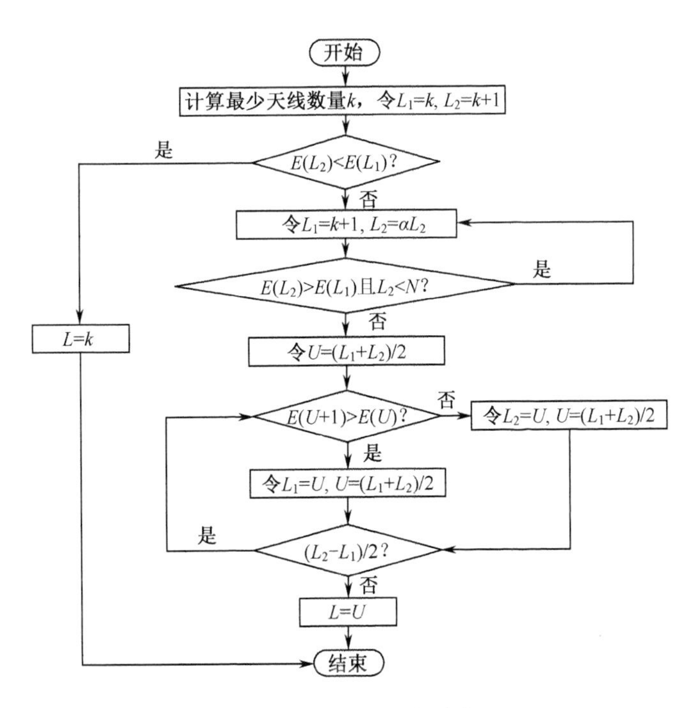

图 4-7　天线数量求解流程图

2. 天线阵列求解

首先，利用最大范数法从天线矩阵 $\boldsymbol{H}$ 的 N 列中选出 βL 列组成信道矩阵。最大范数法过程：初始化天线空集 S，选取天线矩阵 $\boldsymbol{H}$ 中 Frobenius 范数最大的列插入空集 S 中，并在天线矩阵 $\boldsymbol{H}$ 中删除该列，直到满足选择天线数量要求，结束计算。

然后，在信道矩阵上利用递减法从 βL 列中选出 L 列。递减法过程：计算天线矩阵 $\boldsymbol{H}$ 去掉每列对应的系统容量，去除对系统容量影响最小的一列；循环执行上述操作，直到所剩天线数量满足系统要求。其选择结果流程如图 4-8 所示。

$$\begin{bmatrix} h_{1,1} & h_{1,2} & \cdots & h_{1,N} \\ h_{2,1} & \cdots & \cdots & h_{2,N} \\ \cdots & \cdots & \cdots & \cdots \\ h_{M,1} & h_{M,2} & \cdots & h_{M,N} \end{bmatrix} \Rightarrow \begin{bmatrix} h'_{1,1} & h'_{1,2} & \cdots & h'_{1,\beta L} \\ h'_{2,1} & \cdots & \cdots & h'_{2,\beta L} \\ \cdots & \cdots & \cdots & \cdots \\ h'_{M,1} & h'_{M,2} & \cdots & h'_{M,\beta L} \end{bmatrix} \Rightarrow \begin{bmatrix} h''_{1,1} & h''_{1,2} & \cdots & h''_{1,L} \\ h''_{2,1} & \cdots & \cdots & h''_{2,L} \\ \cdots & \cdots & \cdots & \cdots \\ h''_{M,1} & h''_{M,2} & \cdots & h''_{M,L} \end{bmatrix}$$

图 4-8　天线阵列选择结果流程

3. 瑞利信道下 4 种系统能效算法的比较

为了比较本书方法、递减法、最大范数法和随机法 4 种系统能效算法的性能，我们分别仿真了它们在瑞利信道下、具有相同接收天线（2 根）不同发射功率，以及相同发射功率（2W）不同接收天线的能效，仿真结果如图 4-9 和图 4-10 所示。

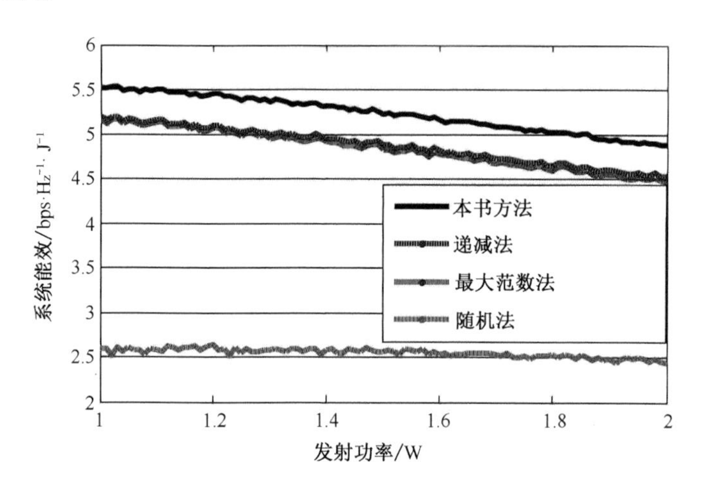

图 4-9 瑞利信道下不同发射功率 4 种算法的系统能效

从图 4-9 可以看出，P_t、P_r 发射效率和接收天线数量一定的情况下，本书提出的新天线选择方法在各发射功率下系统的能效最高，其次是递减法，再次是最大范数法，最差的是随机法。前 3 种算法的性能都明显优于随机法。同时，发射功率也会影响系统能效，随着功率的增加，系统能效有降低的趋势。

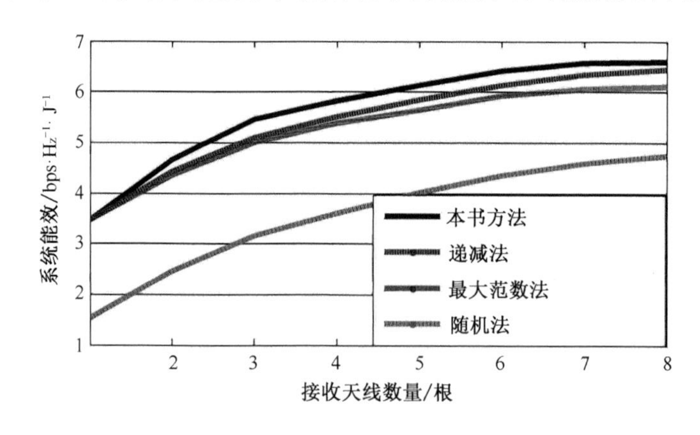

图 4-10 瑞利信道下不同接收天线 4 种算法的系统能效

从图 4-10 可以看出，在发射功率、P_t、P_r一定的情况下，本书提出的新的天线选择方法在不同发射功率下系统的能效最高，其次是递减法，再次是最大范数法，最差的是随机法。前 3 种算法的性能都明显优于随机法。同时，接收天线数量也会影响系统的能效。

4．莱斯信道下 4 种系统能效算法的比较

在莱斯信道下，我们同样分别仿真了上述 4 种算法在相同接收天线不同发射功率，以及相同发射功率（2W）不同接收天线时的能效，结果如图 4-11 和图 4-12 所示。

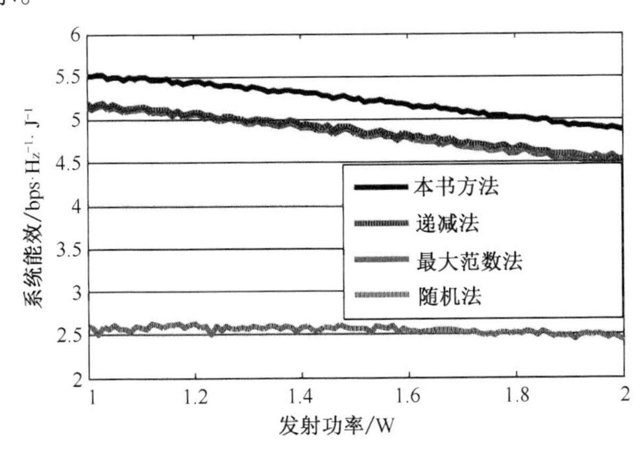

图 4-11　莱斯信道下不同发射功率 4 种算法的系统能效

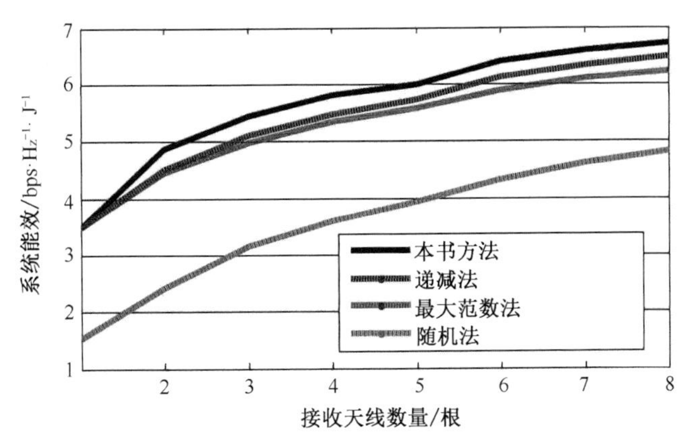

图 4-12　莱斯信道下不同接收天线 4 种算法的系统能效

从图 4-11 可以看出，在 P_t、P_r 发射效率和接收天线数量一定的情况下，本书提出的新的天线选择方法在不同发射功率下系统的能效最高，其次是递减

法，再次是最大范数法，最差的是随机法。前 3 种算法的性能都明显优于随机法。同时，发射功率也会影响系统的能效，随着功率的增加，系统能效有降低的趋势。

从图 4-12 可以看出，在发射功率、P_t、P_r一定的情况下，本书提出的新的天线选择方法在各发射功率下系统的能效最高，其次是递减法，再次是最大范数法，最差的是随机法。前 3 种算法的性能都明显优于随机法。同时，接收天线数量也会影响系统的能效。

4.4.3 大规模 MIMO 系统中注水功率分配改进方法

面向大规模 MIMO 系统的功率分配是指根据发射端获取接收端反馈的信道状态信息（CSI）将总发射功率根据一定的准则和算法分配给各发射链路。功率分配是无线通信系统中资源调度的重要手段之一，功率分配是否合理决定了无线系统能源是否得到了合理的利用，这在倡导节能减排、绿色通信的今天具有重要意义。根据功率分配原理，给信道增益较大的信道分配较大比例的发射功率，而给信道增益较小的信道分配较小比例的发射功率可以显著提升整个通信系统的容量，有效减少不必要的能量耗散，降低误码率，提高整个通信系统的能效和数据传输质量。基于此，本节旨在无限提升系统容量和降低系统能耗之间找到一个平衡点，以提高大规模 MIMO 的系统能效、节约能源。

在大规模 MIMO 系统中，功率分配模型如图 4-13 所示。发射端天线数量为 N，接收端天线数量为 M。为径预编码处理的输入信号分配发射功率，经过无线信道传输给指定用户。

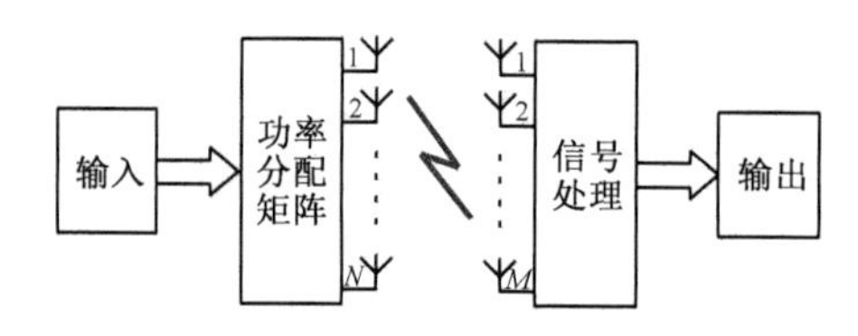

图 4-13 大规模 MIMO 系统功率分配模型

发射端的发送序列为 $\boldsymbol{x}=(x_1,x_2,\cdots,x_N)^{\mathrm{T}}$，接收端的接收信号序列为 $\boldsymbol{y}=(y_1,y_2,\cdots,y_M)^{\mathrm{T}}$，接收信号可以表示为：

$$\boldsymbol{y}=\boldsymbol{PQHx}+\boldsymbol{n} \tag{4-38}$$

式中，$\boldsymbol{P}$ 为发射端天线的功率分配矩阵，即每根发射天线的分配功率的集合；$\boldsymbol{Q}$ 为预编码矩阵，$\boldsymbol{n}$ 为接收端的信道噪声，即

$$\boldsymbol{P}=\begin{bmatrix}\sqrt{P_1} & 0 & \cdots & 0\\ 0 & \sqrt{P_2} & \cdots & 0\\ \vdots & \vdots & \ddots & \vdots\\ 0 & 0 & \cdots & \sqrt{P_N}\end{bmatrix}=\mathrm{diag}\left|\sqrt{P_1}\quad \sqrt{P_2}\quad \cdots \quad \sqrt{P_N}\right| \tag{4-39}$$

接收端对接收到的信号进行检测处理后可表示为：

$$\hat{\boldsymbol{y}}=\boldsymbol{W}\boldsymbol{y}=\boldsymbol{W}\boldsymbol{P}\boldsymbol{Q}\boldsymbol{H}\boldsymbol{x}+\boldsymbol{W}\boldsymbol{n} \tag{4-40}$$

式中，$\boldsymbol{W}$ 为接收端对信号的处理矩阵。对信道矩阵 $\boldsymbol{H}$ 进行奇异值分解，即

$$\boldsymbol{H}=\boldsymbol{U}\boldsymbol{D}\boldsymbol{V}^{\mathrm{H}} \tag{4-41}$$

则有：

$$\boldsymbol{W}=\left(\boldsymbol{U}^{\mathrm{H}}\boldsymbol{U}\right)^{-1}\boldsymbol{U}^{\mathrm{H}} \tag{4-42}$$

式中，$\boldsymbol{U}$ 和 $\boldsymbol{V}$ 分别为 $M\times M$ 和 $N\times N$ 的酉矩阵；$\boldsymbol{D}$ 为 $M\times N$ 的对角矩阵，对角元素是信道矩阵 $\boldsymbol{H}$ 的奇异值，即

$$\boldsymbol{V}=\mathrm{diag}\left|\lambda_1\quad \lambda_2\quad \cdots\quad \lambda_M\quad 0\quad \cdots\quad 0\right| \tag{4-43}$$

在发送端采用迫零预编码对信号进行处理，令 $\boldsymbol{Q}=\boldsymbol{D}$。则整个通信系统的模态分解模型如图 4-14 所示。

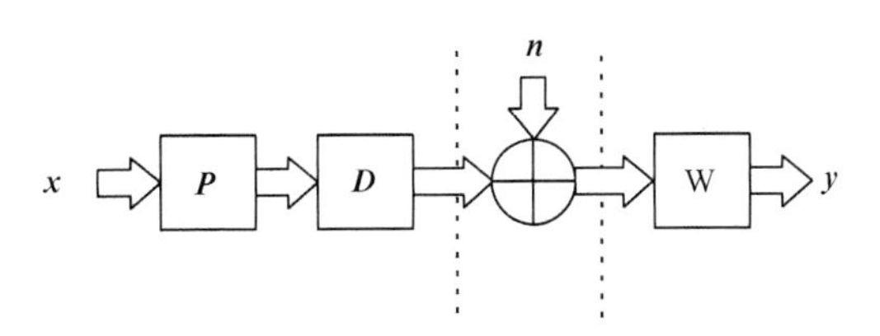

图 4-14　通信系统模态分解模型

将经过天线选择的大规模 MIMO 信道矩阵 $\boldsymbol{H}$ 解耦合，分解成 r 个平行的子信道。

本节提出的适用于大规模MIMO系统的功率分配算法流程如图4-15所示。首先经过信道矩阵SVD分解，获得各子信道增益，并对各子信道增益进行一系列数学处理，按照式(4-44)和式(4-45)计算各子信道的分配功率和接收功率，最后计算大规模 MIMO 系统的容量和能效，并分析时间复杂度。

$$P_i=P_{tx}\cdot\frac{\sqrt{\lambda_i}}{\sum_{i=1}^{r}\sqrt{\lambda_i}} \tag{4-44}$$

$$P_{ri}=\lambda_i P_i \tag{4-45}$$

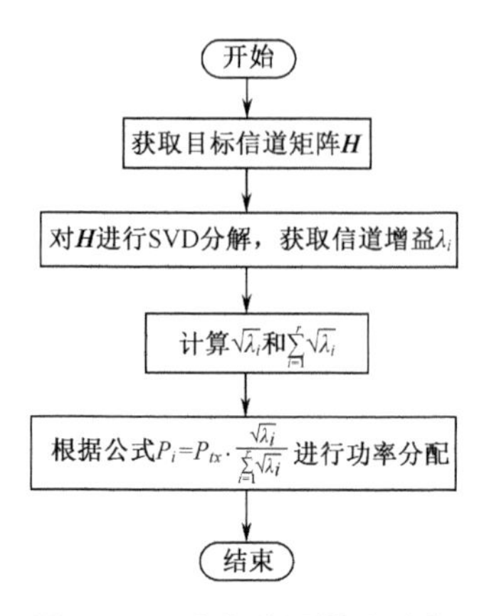

图 4-15　功率分配算法流程

为了验证占比功率分配算法在大规模 MIMO 系统中的有效性，本节将提出的占比功率分配算法与传统的平均功率分配算法、注水功率分配算法和自适应功率分配算法进行对比。在收发端天线数量、总发射功率、系统噪声功率等相同的条件下，分别从系统容量和能效随收发端天线数量、信噪比大小的变化情况，以及各功率分配算法的时间复杂度等方面对 4 种分配算法进行性能分析和比较。

1. 系统容量和能效随发射端天线数量变化的性能比较

图 4-16 和图 4-17 分别表示接收端天线数量为 4 根，4 种功率分配算法下的系统容量和系统能效随发射端天线数量的变化情况。

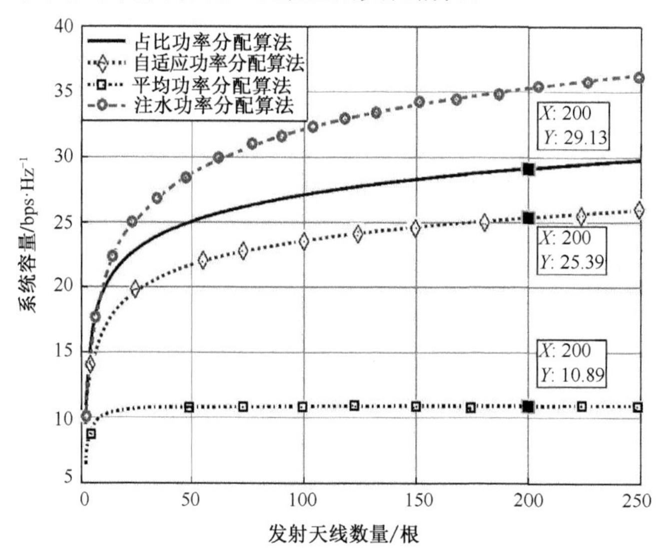

图 4-16　4 种功率分配算法系统容量随发射端天线数量的变化情况

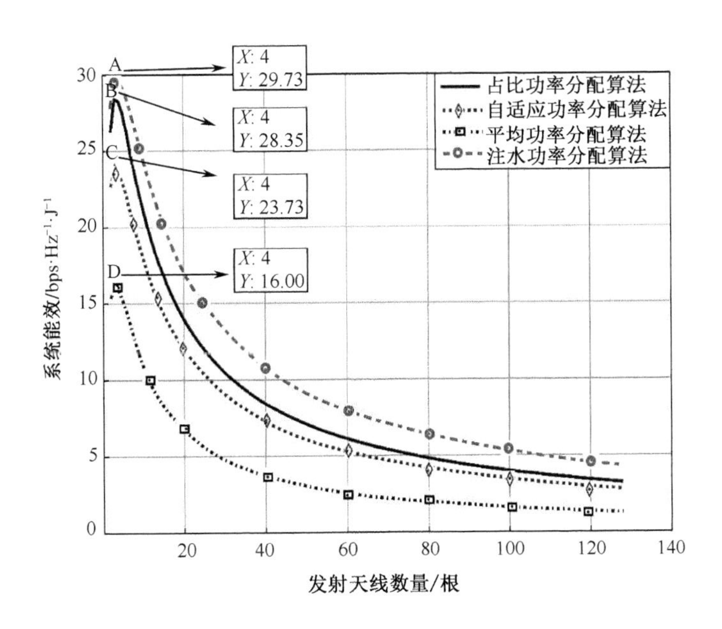

图 4-17　4 种功率分配算法系统能效随发射端天线数量的变化情况

从图 4-16 中可以看出，4 种功率分配算法下的系统容量随发射天线数量的增加而增加，而后趋于一个稳定值，这是因为当天线数量很大时，可以忽略终端小区间干扰。图 4-16 表明本书所提算法比注水功率分配算法的性能稍低，较其他两种算法则可以显著提高系统容量。当发射端天线数量 N=200 根时，本书所提算法的系统容量分别比自适应功率分配算法和平均功率分配算法增加 14.73%和 167.49%。

从图 4-17 中可以看出 4 种功率分配算法下的系统能效随发射端天线数量的增加而先增加后减少，这是因为射频链路的增加导致系统功耗成线性增长，满足前文大规模 MIMO 系统能效的凸函数模型。可以发现，本书所提算法的性能稍低于注水功率分配算法，但是优于平均功率分配算法和自适应功率分配算法。当 N=4 根时，本书所提算法的系统能效分别比自适应功率分配算法和平均功率分配算法增加 19.47%和 77.19%。

图 4-18 和图 4-19 分别表示收发端天线固定，4 种功率分配算法下的系统容量和系统能效随信噪比的变化情况。

从图 4-18 中可以看出，4 种功率分配算法下的系统容量随信噪比的增加而升高。通信功率越多，发送数据的能量供给越多，系统频谱效率越高。这 4 种算法中注水功率分配算法性能最佳，占比功率分配算法、自适应功率分配算法、平均功率分配算法性能则依次降低。这是由于当发送端没有获取到接收端反馈的 CSI 时，采取平均功率分配算法传输信号，由于信道状态的不确定，易造成资源的浪费，降低通信系统性能。

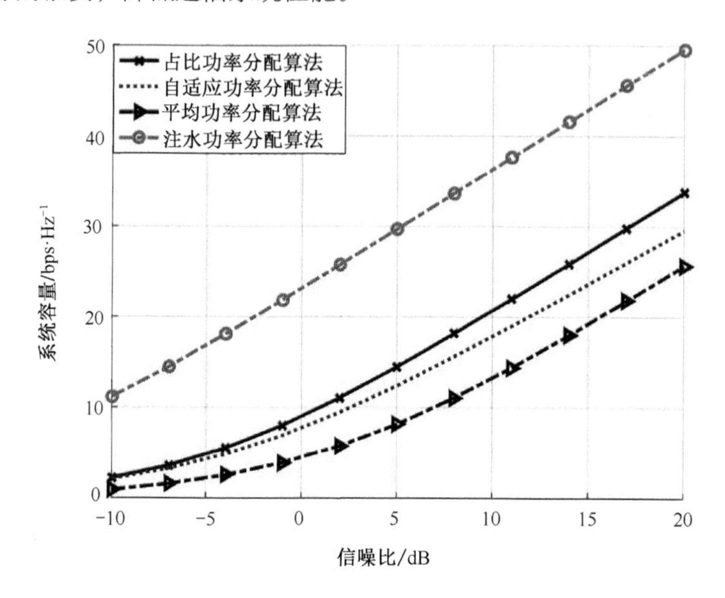

图 4-18　4 种功率分配算法系统容量随信噪比的变化情况

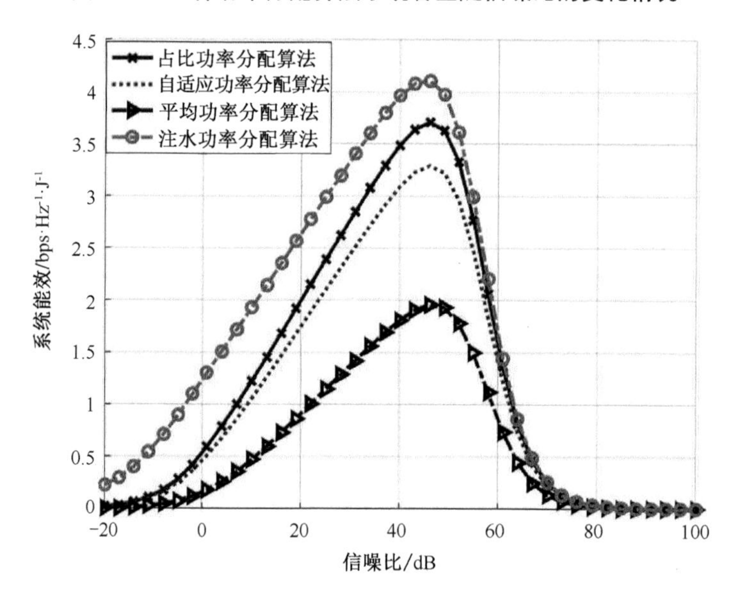

图 4-19　4 种功率分配算法系统能效随信噪比的变化情况

2. 4 种功率分配算法系统容量和系统能效随信噪比变化的性能比较

从图 4-19 中可以看出，4 种功率分配算法下的系统能效随着信噪比的增加而先升高后降低，最后 4 条曲线趋于重合，与理论相符。注水功率分配算法较其他 3 种算法更能提高系统能效性能，但复杂度极高。本书所提算法低于注水功率分配算法但优于平均功率分配算法和自适应功率分配算法，且不需要多次计算矩阵的逆，可以在保证无线通信系统能效性能的情况下，满足大规模 MIMO 系统高可靠性、低时延的要求。此外，当发射功率较大时，这 4 种功率分配算法的能效趋于一致。

3. 相同条件下 4 种功率分配算法的时间复杂度

图 4-20 仿真了大规模 MIMO 系统中接收端天线数为 4 根时，4 种功率分配算法随发射端天线数量变化的时间复杂度。从图 4-20 中可以看出，这 4 种算法在时间复杂度上的差异很小。可以提出结论，本书所提算法可以在不增加时间复杂度的情况下，进一步提高大规模 MIMO 系统的系统容量和能效性能。这进一步验证了本书所提算法的有效性。

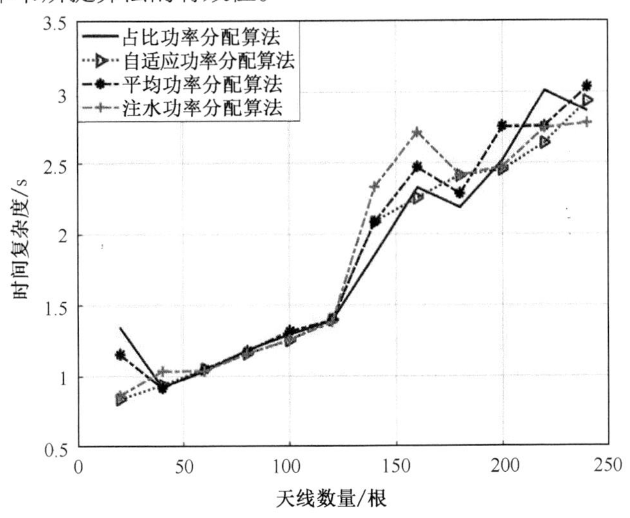

图 4-20　4 种功率分配算法的时间复杂度

4.5　MIMO 系统检测技术

MIMO 技术可分为空间分集技术和空分复用技术等，其中空间分集技术是指具有相同信息的信号在发射端通过不同的路径被发送出去，可以在接收端获

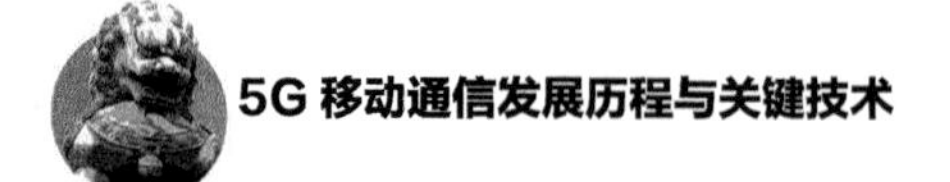

得多个独立衰落的数据符号复制品，从而获得更高的接收可靠性，分集技术主要用来对抗信道衰落。与空间分集技术相比，空分复用技术通过在发射端将数据流切割成许多子数据流，再将数据流从不同发射天线发射出去，从而提高系统的传输速率和吞吐量。但在 MIMO 系统接收端的信号处理中会产生大量基带数据，同时由于天线数量多、接收信号复杂、信道矩阵维度大，所以对接收端的信号恢复提出了更高的要求。从混叠的接收信号中恢复发射信号的技术称为 MIMO 系统检测技术，其复杂度影响着信号处理时延和能耗，而检测性能的好坏更是影响着整个通信系统的性能。MIMO 系统检测技术是 MIMO 系统通信质量的关键，选择一个好的 MIMO 系统检测算法能够有效提升通信系统性能。

4.5.1 MIMO 系统检测基本原理和常用技术

与传统的单天线通信系统相比，空分复用的 MIMO 系统中每根接收天线接收的信号是经过不同子信道的所有发射信号的混合信号，如果发射信号经过频率选择信道则会导致信号之间的码间干扰，而 MIMO 信号检测是要从一组混合的接收信号中恢复得到发射信号向量，然后通过解调、解码等处理得到比特流信号。MIMO 系统检测结果的好坏将直接影响后面的解调、译码等操作，从而对整个 MIMO 系统的总体性能产生影响。

MIMO 系统检测是对经过 MIMO 无线信道的混叠信号进行恢复，从而得到了发射信号。由于 MIMO 系统检测问题可以转化为多种问题形式进行求解，不同的问题形式会导出不同的求解方法从而产生相应的检测技术。下面将根据不同的求解方法介绍相应的检测技术。

线性检测的主要原理是利用一个加权矩阵来实现逆转信道的效果和消除干扰信号的影响，其中最典型的线性检测有迫零（ZF）算法、最小均方差（MMSE）算法，它们的共同特点是复杂度较低、检测性能较差。后来有研究提出了一种排序连续干扰消除（OSIC）方法，它以一定的复杂度来大幅改善线性检测的性能。为了进一步提升性能，有人将 OSIC 方法和译码相结合，将软比特信息输出到译码器，然后通过译码器的软判决得到发射信号。这种方式可以有效改善检测性能，但也增加了复杂度和处理时延，此外，以上的检测算法都需要对信道矩阵进行求逆。

最大似然（ML）检测是最优的信号检测方法，它的主要原理是通过在发射信号向量空间内寻找从经过信道变化到接收信号，欧几里得距离最小的那个发射信号向量。这种方法将所有可能的发射信号组合全部遍历后，选择最优的信

号组合，因而具有最佳的检测性能，但其计算复杂度随着天线数量和调制星座图的大小而成指数式增长，所以不具有实用价值，一般作为其他算法的比较。

基于树搜索的检测方法根据搜索策略的不同可分为深度优先搜索和广度优先搜索。其中SD检测采用的是深度优先搜索策略，它能够取得ML检测性能，但复杂度随信噪比的变化而变化，在信噪比较低时其复杂度比较高。为了解决这个问题，许多研究人员提出了固定复杂度的 SD 检测（Fixed Complexity SD，FSD）。其中，英国爱丁堡大学数字通信学院的学者提出了新型固定复杂度 SD 检测方法，该方法借助专门设计的排序策略对信道矩阵进行顺序重排，然后对部分发送数据流进行最大似然检测，再对剩余的发送数据流使用 Schnorr-Euchner 策略进行解码，从而获得复杂度固定的 MIMO 检测方案。而 K-Best 方法与 SD 方法原理类似，但 K-Best 方法在搜索时采用的是广度优先的策略。在计算每层中每条支路的欧几里得度量值后，只保留 K 条欧几里得度量值最小的支路，在最后一层选择欧几里得度量值最小的路径作为最终检测结果。该方法通过控制 K 的大小来平衡检测性能和复杂度，若想得到优异的检测性能，需要较大的 K 值。有文献提出了一种改进的 K-Best 方法，每层保留的节点数为 $K+\varDelta$，$\varDelta$ 可以根据天线数量、噪声大小等因素动态调节，通过 $\varDelta$ 能够在改善检测性能的同时避免一些额外的搜索复杂度开销。此外，基于树搜索的检测方法都需要对信道矩阵进行 QR 分解。

基于差分度量的检测方法主要有梯度搜索算法和 ML 检测算法，有文献了提出差分度量的概念，利用差分度量进行检测时，只需要简单的加法和乘法运算。梯度搜索算法通过阈值 p 控制复杂度，可以用较低的复杂度获得良好的检测性能。ML 检测算法则可以取得完美的检测性能，在低阶调制时，与相比 SD 方法，ML 检测算法有着较低的复杂度。但在高阶调制时，由于该算法属于比特级检测算法，需要将每个调制符号还原成比特进行检测，因此其复杂度随着增加的调制阶数而激增。

4.5.2　基于差分度量低复杂度 QAM-MIMO 检测方法

在 MIMO 系统中，前文所提到的检测算法都需要对信道矩阵进行多次求逆运算或 QR 分解，这两种操作包含大量加法和乘法运算，并且在硬件电路上难以实现。基于差分度量的最大似然检测算法（MLD-DM）在取得最优检测性能的同时，只需要加法和乘法运算便可完成检测，且乘法次数是固定的。在低阶调制时，如 QPSK 等，其复杂度要低于 SD 检测；但在高阶调制时，如 16-QAM

等，其复杂度要远高于 SD 检测。

针对上述问题，本节提出了一种基于差分度量低复杂度 QAM-MIMO 检测方法，针对经过基于差分度量的检测算法的预处理过程后存在大量未确定位置这一问题，将充分考虑信道信息和接收信息，提出了未确定位置成为 ML 位概率函数以增加确定的 ML 位数，从而有效减小了树搜索的节点数和算法复杂度，以牺牲少量的检测性能来使算法的计算复杂度大幅降低，使该算法在工程上可以实现实时处理。

1. 差分度量

假设 MIMO 系统配有 N_t 根发射天线和 N_r 根接收天线（$N_r \geqslant N_t$），每根发射天线和每根接收天线之间都是平坦瑞利衰落信道。在 MIMO 系统中，$N_r \times 1$ 维接收信号的等效基带表示为：

$$\boldsymbol{y}_r = \boldsymbol{H}_r \boldsymbol{s}_r + \boldsymbol{n}_r \tag{4-46}$$

式（4-46）为复数信号模型，其中 $\boldsymbol{y}_r$ 为 $N_r \times 1$ 维的复数接收信号，$\boldsymbol{s}_r \in Q^{N_t}$ 为 $N_t \times 1$ 维的复数发射信号，Q 表示调制星座图，$\boldsymbol{H}_r$ 为 $N_r \times N_t$ 维的信道矩阵，$\boldsymbol{n}_r$ 为 $N_r \times 1$ 维的噪声向量，$\boldsymbol{H}_r$ 和 $\boldsymbol{n}_r$ 都是独立同分布的零均值复高斯随机变量，其方差分别为 1 和 $2\sigma_v^2$。复数信号模型可以转为实数信号模型，即

$$\begin{bmatrix} \mathrm{Re}\{\boldsymbol{y}_r\} \\ \mathrm{Im}\{\boldsymbol{y}_r\} \end{bmatrix} = \begin{bmatrix} \mathrm{Re}\{\boldsymbol{H}_r\} & -\mathrm{Im}\{\boldsymbol{H}_r\} \\ \mathrm{Im}\{\boldsymbol{H}_r\} & \mathrm{Re}\{\boldsymbol{H}_r\} \end{bmatrix} \begin{bmatrix} \mathrm{Re}\{\boldsymbol{s}_r\} \\ \mathrm{Im}\{\boldsymbol{s}_r\} \end{bmatrix} + \begin{bmatrix} \mathrm{Re}\{\boldsymbol{n}_r\} \\ \mathrm{Im}\{\boldsymbol{n}_r\} \end{bmatrix} \tag{4-47}$$

可等效为：

$$\boldsymbol{y} = \boldsymbol{H}\boldsymbol{s} + \boldsymbol{n} \tag{4-48}$$

式中，$\boldsymbol{y}$、$\boldsymbol{s}$ 和 $\boldsymbol{n}$ 分别为 $2N_r \times 1$ 维、$2N_t \times 1$ 维和 $2N_r \times 1$ 维的实数向量；$\boldsymbol{H}$ 为 $2N_r \times 2N_t$ 维的实数矩阵；$\boldsymbol{n}$ 中的元素都是独立同分布的高斯随机变量，其中均值为 0、方差为 σ_v^2。为了简便起见，我们定义 $M=2N_t$，$N=2N_r$。

ML 检测的主要原理是在星座图中寻找一个向量 $\boldsymbol{s}$（$\boldsymbol{s} \in Q^{N_t}$），使 $\|\boldsymbol{y} - \boldsymbol{H}\boldsymbol{s}\|$ 最小，即

$$\boldsymbol{s}_{ml} = \underset{s \in Q^{N_t}}{\arg\min} \|\boldsymbol{y} - \boldsymbol{H}\boldsymbol{s}\|^2 \tag{4-49}$$

可将 ML 检测的表达式变形为：

$$\boldsymbol{s}_{ml} = \underset{s \in Q^{N_t}}{\arg\min} \left\{ \|\boldsymbol{y} - \boldsymbol{H}\boldsymbol{s}_0\|^2 - \|\boldsymbol{y} - \boldsymbol{H}\boldsymbol{s}\|^2 \right\} \tag{4-50}$$

式中，$\boldsymbol{s}_0$ 可以为任何恒定的向量，称为初始向量。根据式（4-51）可以寻找与

$\|\boldsymbol{y}-\boldsymbol{H}\boldsymbol{s}_0\|$欧几里得度量差距最大的向量 $\boldsymbol{s}$，等效于 ML 检测。我们可以从中定义差分度量，即

$$\Delta(k)=\|\boldsymbol{y}-\boldsymbol{H}\boldsymbol{s}_0\|^2-\|\boldsymbol{y}-\boldsymbol{H}\boldsymbol{s}\|^2 \tag{4-51}$$

假设 MIMO 系统采用 QPSK 调制时，那么 $\boldsymbol{s}_0$和 $\boldsymbol{s}$ 中的调制符号只能取 1 或 −1。假设 $\boldsymbol{s}_0$和 $\boldsymbol{s}$ 只有第 k 位符号不同，其余位置符号相同，则有：

$$\begin{aligned}\boldsymbol{s}_0-\boldsymbol{s}&=(0,\cdots,0,\pm 2,0,\cdots,0)\\ \boldsymbol{s}_0+\boldsymbol{s}&=(\pm 2,\cdots,\pm 2,0,\pm 2,\cdots,\pm 2)\end{aligned} \tag{4-52}$$

式中，在 $\boldsymbol{s}_0-\boldsymbol{s}$ 向量中只有第 k 位符号不为 0，在 $\boldsymbol{s}_0+\boldsymbol{s}$ 向量中只有第 k 位符号为 0。根据这一特性，可以得到初始序列 $\boldsymbol{s}_0$和序列 $\boldsymbol{s}$ 只有一位不同的差分度量，称为一阶差分度量，即

$$\begin{aligned}\Delta(k)&=-2\boldsymbol{y}^{\mathrm{T}}\boldsymbol{H}(\boldsymbol{s}_0-\boldsymbol{s})+(\boldsymbol{s}_0+\boldsymbol{s})^{\mathrm{T}}\boldsymbol{H}^{\mathrm{T}}\boldsymbol{H}(\boldsymbol{s}_0-\boldsymbol{s})\\ &=-4\mathrm{sgn}\left([\boldsymbol{s}_0]_k\right)\left[\boldsymbol{y}^{\mathrm{T}}\boldsymbol{H}\right]_k+4\sum_{l=1,l\neq k}^{M}\mathrm{sgn}\left([\boldsymbol{s}_0]_k\right)\mathrm{sgn}\left([\boldsymbol{s}_0]_l\right)\left[\boldsymbol{H}^{\mathrm{T}}\boldsymbol{H}\right]_{kl}\end{aligned} \tag{4-53}$$

式中，我们定义初始序列 $\boldsymbol{s}_0$ 的确定方式，如果$\left[\boldsymbol{y}^{\mathrm{T}}\boldsymbol{H}\right]_k>0$，则有$[\boldsymbol{s}_0]_k=1$；相反则有$[\boldsymbol{s}_0]_k=-1$。同时为了简便起见，有 $1\leqslant l$，$k\leqslant M$，我们定义：

$$[\boldsymbol{K}]_{kl}=\mathrm{sgn}\left([\boldsymbol{s}_0]_k\right)\mathrm{sgn}\left([\boldsymbol{s}_0]_l\right)\left[\boldsymbol{H}^{\mathrm{T}}\boldsymbol{H}\right]_{kl} \tag{4-54}$$

此外，我们定义不同阶的差分度量之间互相有递归关系，即

$$\begin{aligned}\Delta(k_1,k_2)&=\Delta(k_1)+\Delta(k_2)-8[\boldsymbol{K}]_{k_1k_2}\\ \Delta(k_1,k_2,k_3)&=\Delta(k_1)+\Delta(k_2)+\Delta(k_3)-8[\boldsymbol{K}]_{k_1k_2}-8[\boldsymbol{K}]_{k_1k_3}-8[\boldsymbol{K}]_{k_2k_3}\\ &=\Delta(k_1,k_2)+\Delta(k_3)-8[\boldsymbol{K}]_{k_1k_3}-8[\boldsymbol{K}]_{k_2k_3}\\ \Delta(k_1,\cdots,k_M)&=\Delta(k_1)+\Delta(k_2)+\cdots+\Delta(k_M)-8\sum_{l_1=1}^{M}\sum_{l_2=l_1+1}^{M}[\boldsymbol{K}]_{k_{l1}k_{l2}}\\ &=\Delta(k_1,k_2,\cdots,k_{M-1})+\Delta(k_M)-8\sum_{l=1}^{M-1}[\boldsymbol{K}]_{k_lk_M}\end{aligned} \tag{4-55}$$

式中，$\Delta(k_1,k_2)$称为二阶差分度量；$\Delta(k_1,k_2,\cdots,k_M)$称为 M 差分度量。

如果我们计算所有阶的差分度量值，从中挑选出最大的差分度量值所对应的情况，然后对应改变初始序列，也能得到 ML 检测的解向量。假如$\Delta(k_1,k_2,k_4,\cdots,k_n)$的差分度量值是最大的，那么改变初始序列 $\boldsymbol{s}_0$ 中第(1, 2, 3, ⋯, n) 位的符号，有 $\pm 1\rightarrow\mp 1$，则更改后的 $\boldsymbol{s}_0$就是 ML 检测解向量 $\boldsymbol{s}_{ml}$。但这个过程的计算量十分巨大，因此我们可以选择一种更有效的搜索方法找到最大差分度量值。

2. 边界函数

假设最大差分度量值为 $\varDelta\left(k_1,k_2,\cdots,k_D\right)$，即初始序列 $\boldsymbol{s}_0$ 与最大似然解向量 $\boldsymbol{s}_{ml}$ 在 $S=\left\{k_1,k_2,\cdots,k_D\right\}$，$0\leqslant D\leqslant M$ 上不同。如果 $\boldsymbol{s}_0=\boldsymbol{s}_{ml}$，则 S 集合是空集。根据式（4-55）有：

$$\varDelta\left(k_1,k_2,k_3,\cdots,k_D,q\right)=\varDelta\left(k_1,k_2,k_3,\cdots,k_D\right)+\varDelta\left(q\right)-8\sum_{l=1}^{D}\left[\boldsymbol{K}\right]_{k_l q} \tag{4-56}$$

式中，q 为 $1\sim M$ 之间的任意一个整数，但 $q\notin S$，由假设可知 $\varDelta\left(k_1,k_2,\cdots,k_D\right)$ 是最大差分度量值，故存在：

$$\varDelta\left(q\right)-8\sum_{l=1}^{D}\left[\boldsymbol{K}\right]_{k_l q}<0,\ q\notin S \tag{4-57}$$

通过放缩，有上边界：

$$\varDelta\left(q\right)-8\sum_{l=1}^{D}\left[\boldsymbol{K}\right]_{k_l q}\leqslant\varDelta\left(q\right)+\sum_{l=1,l\neq q}^{M}\left[-8\left[\boldsymbol{K}\right]_{lq}\right]^{+} \tag{4-58}$$

式中，定义$[\ ]^+$为取正数操作，如 $x>0$，则$[x]^+=x$；如 $x\leqslant 0$，则$[x]^+=0$；M 是初始序列的长度。如果$\varDelta\left(k_m\right)+\sum\limits_{l=1,l\neq m}^{D}\left[-8\left[\boldsymbol{K}\right]_{k_l k_m}\right]^{+}<0$，则一定有 $k_m\notin S$，称 k_m 为最大似然（ML）位，即初始序列 $\boldsymbol{s}_0$ 中第 k_m 个位置上的符号值与 $\boldsymbol{s}_{ml}$ 中的相同。

同理，假设最大差分度量值为 $\varDelta\left(k_1,k_2,\cdots,k_D\right)$，即初始序列 $\boldsymbol{s}_0$ 与最大似然解向量 $\boldsymbol{s}_{ml}$ 在 $S=\left\{k_1,k_2,\cdots,k_D\right\}$，$0\leqslant D\leqslant M$ 上不同，如果 $\boldsymbol{s}_0=\boldsymbol{s}_{ml}$，则 S 集合是空集。根据式（4-56）有：

$$\varDelta\left(k_1,k_2,k_3,\cdots,k_D\right)=\varDelta\left(k_1,k_2,k_{m-1},k_{m+1},\cdots,k_D\right)+\varDelta\left(k_m\right)-8\sum_{l=1,l\neq m}^{D}\left[\boldsymbol{K}\right]_{k_l k_m} \tag{4-59}$$

式中，$1\leqslant m\leqslant D$，因为 $\varDelta\left(k_1,k_2,\cdots,k_D\right)$ 是最大差分度量值，所以有：

$$\varDelta\left(k_m\right)-8\sum_{l=1,l\neq m}^{D}\left[\boldsymbol{K}\right]_{k_l k_m}>0,\ k_m\in S \tag{4-60}$$

然后，通过放缩有：

$$\varDelta\left(k_m\right)-8\sum_{l=1,l\neq m}^{D}\left[\boldsymbol{K}\right]_{k_l k_m}\geqslant\varDelta\left(k_m\right)+\sum_{l=1,l\neq m}^{D}\left[-8\left[\boldsymbol{K}\right]_{k_l k_m}\right]^{-} \tag{4-61}$$

式中，定义$[\ ]^-$为取负数操作，如 $x>0$，则$[x]^-=0$；如 $x\leqslant 0$，则$[x]^-=x$。如果 $\varDelta\left(k_m\right)+\sum\limits_{l=1,l\neq m}^{D}\left[-8\left[\boldsymbol{K}\right]_{k_l k_m}\right]^{-}>0$，则一定有 $k_m\in S$，称 k_m 为非最大似然（non-ML）位，即初始序列 $\boldsymbol{s}_0$ 中 k_m 位置上的符号值与 $\boldsymbol{s}_{ml}$ 中的相反。

根据式（4-58）和式（4-61）可以推出上边界函数 $\delta_{ub}(k)$和下边界函数 $\delta_{lb}(k)$，即

$$\delta_{ub}(k)=\Delta(k)+\sum_{l=1,l\neq k}^{M}\left[-8[\boldsymbol{K}]_{lk}\right]^{+},1\leqslant k\leqslant M \tag{4-62}$$

$$\delta_{lb}(k)=\Delta(k)+\sum_{l=1,l\neq k}^{M}\left[-8[\boldsymbol{K}]_{lk}\right]^{-},1\leqslant k\leqslant M \tag{4-63}$$

当 $\delta_{ub}(k)<0$ 时，即 $k\notin S$，说明初始序列 $\boldsymbol{s}_0$ 中第 k 位符号与最大似然序列 $\boldsymbol{s}_{ml}$ 的取值相同，即这个位置为 ML 位。同理，如果 $\delta_{lb}(k)>0$，则初始序列 $\boldsymbol{s}_0$ 中第 k 位符号与最大似然序列 $\boldsymbol{s}_{ml}$ 中的相反，称这个位置为非最大似然（non-ML）位。

尽管一开始我们不知道集合 S，但我们可通过式（4-62）和式（4-63）计算初始序列中每位的上边界函数值和下边界函数值。一旦发现有 $\delta_{ub}(k)<0$ 或 $\delta_{lb}(k)>0$，则可确定该位置为 ML 位或为 non-ML 位。与此同时，我们可以根据这个位置和规则去更新其余位置的上边界函数值和下边界函数值，以寻求找到更多的确定位置。

更新规则：

（1）如果 $\delta_{ub}(k)<0$，$1\leqslant k\leqslant M$，则称初始序列 $\boldsymbol{s}_0$ 中第 k 位为 ML 位。我们可以利用它更新其余位置的 $\delta_{ub}(q)$和 $\delta_{lb}(q)$，$1\leqslant q\leqslant M$，$q\neq k$。

① 如果$-8[\boldsymbol{K}]_{qk}>0$，则将 $\delta_{ub}(q)$减去$-8[\boldsymbol{K}]_{qk}$。

② 如果$-8[\boldsymbol{K}]_{qk}<0$，则将 $\delta_{lb}(q)$加上$-8[\boldsymbol{K}]_{qk}$。

（2）如果 $\delta_{lb}(k)>0$，$1\leqslant k\leqslant M$，则称初始序列 $\boldsymbol{s}_0$ 中第 k 位为 non-ML 位。我们可以利用它更新其余位置的 $\delta_{ub}(q)$和 $\delta_{lb}(q)$，$1\leqslant q\leqslant M$，$q\neq k$。

① 如果$-8[\boldsymbol{K}]_{qk}<0$，则将 $\delta_{ub}(q)$加上$-8[\boldsymbol{K}]_{qk}$。

② 如果$-8[\boldsymbol{K}]_{qk}>0$，则将 $\delta_{lb}(q)$减去$-8[\boldsymbol{K}]_{qk}$。

如果通过更新后，发现有新的 ML 位产生，即有新位置的上边界函数从正数变为负数；或者发现有新的 non-ML 位产生，即有新位置的下边界函数从负数变为正数。则可以利用新的 ML 位或新的 non-ML 位继续按更新规则去更新其余的未确定位置。直到没有新的 ML 位或新的 non-ML 位产生为止。

这里需要特别说明，根据 $\boldsymbol{s}_0$ 的确定方式，以及为了减小计算复杂度和提升算法的效率，在整个检测过程中 MLD-DM 算法只用上边界函数确定和更新位置。虽然可以通过上边界函数 $\delta_{ub}(k)$ 确定某些位置，但很难将初始序列 $\boldsymbol{s}_0$ 中的所有位置都确定，所以需要对未确定的位置进行进一步处理，以确定它们的属性。

3. 树搜索

为了方便，在接下来的描述中，假设初始序列 $\boldsymbol{s}_0$ 中有 R 个位置未被确定，且 $R\geqslant 1$。对于$[\boldsymbol{s}_0]_k$，$1\leqslant k\leqslant R$ 被确定为 ML 位或 non-ML 位，我们使用一个满二叉树表示$([\boldsymbol{s}_0]_1, [\boldsymbol{s}_0]_2,\cdots, [\boldsymbol{s}_0]_R)^{\mathrm{T}}$所有可能的状态（包括 ML 或 non-ML），如图 4-21 所示。通过深度优先的树搜索来遍历未确定位置的所有情况，以获得最优的检测性能。除了尖端节点，每个节点都有两个子节点。节点的深度从 0 到 R，根节点的深度为 0，尖端节点的深度为 R。对于某个节点，连接两个子节点的两条边分别称为 ML 边和 non-ML 边。例如，深度为 1 的节点与深度为 0 的根节点通过 ML 边，此时我们认为$[\boldsymbol{s}_0]_1$为 ML 位。每条从根节点到尖端节点的路径$([\boldsymbol{s}_0]_1, [\boldsymbol{s}_0]_2,\cdots, [\boldsymbol{s}_0]_R)^{\mathrm{T}}$代表一种可能的状态序列，称为一条路径。

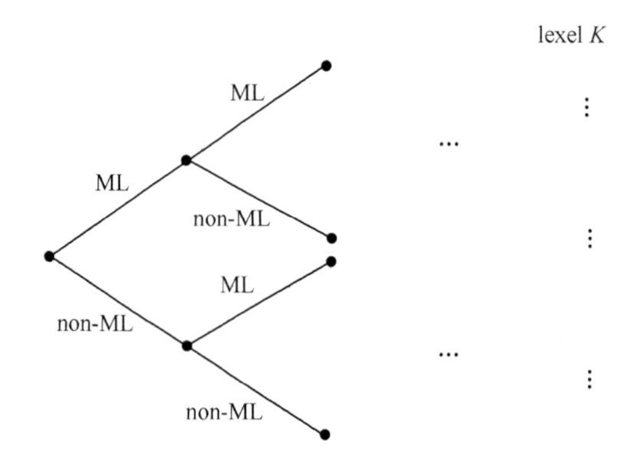

图 4-21 未确定位置的所有可能情况表示树

当$[\boldsymbol{s}_0]_k$被假设为 ML 位或者 non-ML 位时，为了有效执行树搜索和消除一些不必要的路径和节点，我们在假设确定某个位置后，用位置的上边界函数来提升搜索效率，即根据假设的情况来更新其他未确定位置的上边界函数值，更新规则如下：

（1）对于深度为 k 的节点，假设父母节点连接节点的边为 ML，即假设初始序列中$[\boldsymbol{s}_0]_k$为 ML 位，对其余的上边界函数则有以下更新规则，其中 $1\leqslant q\leqslant R$，$k\neq q$。

如果$-8[\boldsymbol{K}]_{kq}>0$，则此节点更新 $\delta_{ub}(q)$，即将 $\delta_{ub}(q)$减去$-8[\boldsymbol{K}]_{kq}$。

（2）对于深度为 k 的节点，假设父母节点连接节点的边为 non-ML，即假设指示着初始序列中$[\boldsymbol{s}_0]_k$是 non-ML 位，对其余的上边界函数则有以下更新规则，其中 $1\leqslant q\leqslant M$，$k\neq q$。

如果$-8[\boldsymbol{K}]_{kq}<0$，则此节点更新 $\delta_{ub}(q)$，即将 $\delta_{ub}(q)$加上$-8[\boldsymbol{K}]_{kq}$。

在树搜索过程中，每次更新都会使 $\delta_{ub}(q)$ 减小或保持不变。一旦 $\delta_{ub}(q)$ 成为负数，将停止对该位置的更新，因为 $\delta_{ub}(q)<0$ 代表第 q 位只能假设为 ML 位。与此同时，还可以根据以下判决准则，利用每个未确定位置的 $\delta_{ub}(k)$ 提升树搜索的效率，避免搜索一些不必要的树边。

当搜索到深度为 q 的节点时，如果此时有 $\delta_{ub}(q+1)<0$，则可以去掉连接为 non-ML 边的子节点，即只搜索 ML 边连接的子节点，如图 4-22（a）所示。

当搜索到深度为 k 的节点时，通过它更新其余的指引函数，如果得到 $\delta_{ub}(q)<0$，$q<k$，而此时连接深度为 q 的节点的树边为 non-ML，由于假设的情况与实际的 $\delta_{ub}(q)$ 相矛盾，可以立即停止搜索这条路径，如图 4-22（b）所示。

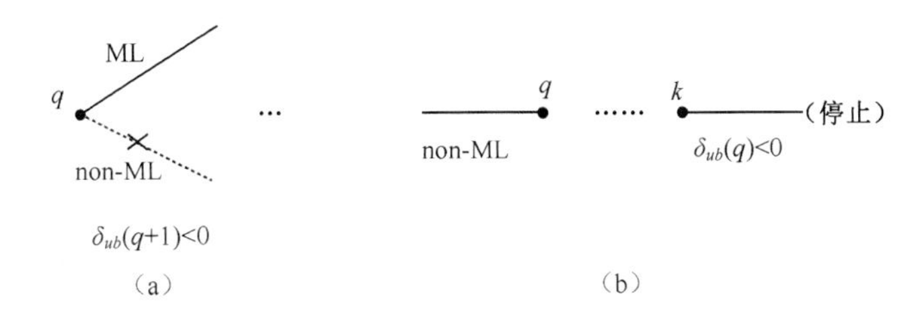

图 4-22　判决条件

当搜索到叶子节点时，即根据$[\boldsymbol{s}_0]_R$ 的情况更新完其余位置的上边界函数值后，要判断这条候选路径的假设是否合理，即是否满足以下条件：

$$\begin{aligned}&\delta(q)<0，\text{如果 } q\in\varGamma\\&\delta(q)>0，\text{如果 } q\notin\varGamma\end{aligned}\tag{4-64}$$

这条路径中某个位置被假设为 ML 位，它的上边界函数值要为负数，被假设为 non-ML 位，它的上边界函数值要为正数。$\varGamma$ 表示这条路径中所有 non-ML 位的集合。如果路径不满足这一条件，则这条路径为无效路径。如果满足式（4-64），则需要计算这条路径的累计度量值，计算公式为：

$$2\varDelta(\varGamma)=\sum_{k\in\varGamma}\left[\delta_{ub}(k)+\varDelta(k)\right]\tag{4-65}$$

式中，$\delta_{ub}(k)$和 $\boldsymbol{\varDelta}(k)$分别是初始序列 $\boldsymbol{s}_0$ 中 non-ML 位的上边界函数值和一阶差分度量值。在搜索完一条合格路径并计算其累计度量值后，如果这条路径的累计度量值大于上一条合格路径，则保留这条路径。待树搜索全部完成，输出最大累计度量值对应的路径，同时联合树搜索之前确定的位置，将该条路径中 non-ML 位的符号进行取反 $(\pm1\rightarrow\mp1)$，最终得到最大似然检测序列 $\boldsymbol{s}_{ml}$。MLD-DM

算法流程图如图 4-23 所示。

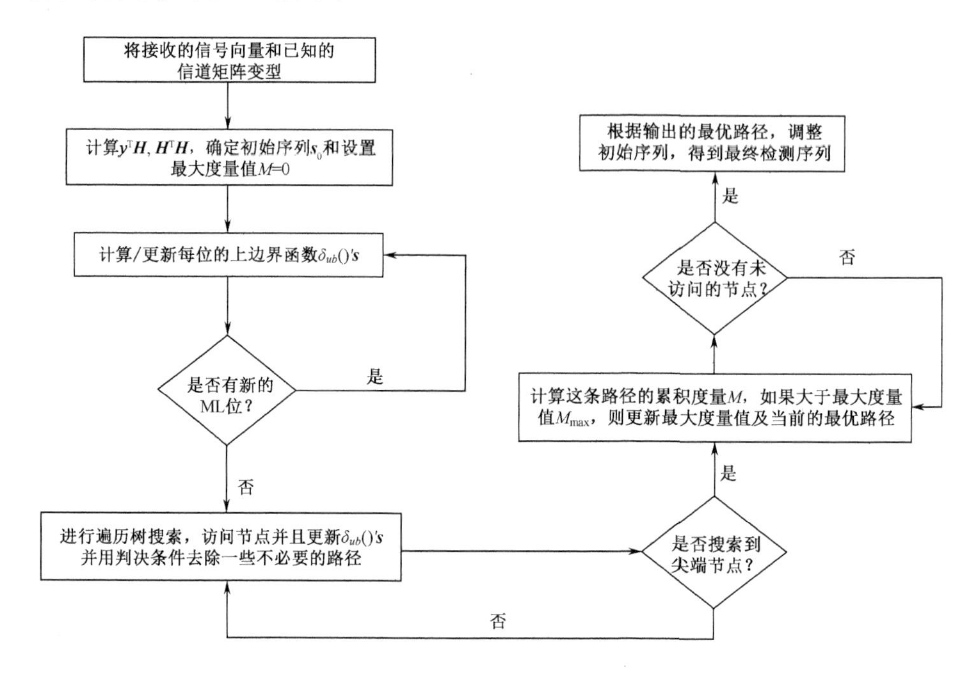

图 4-23 MLD-DM 算法流程图

在算法推导过程中，我们假设采用 QPSK 调制。当 MIMO 系统采用高阶调制时，如 16-QAM、64-QAM。从前面可知，差分度量值是利用 QPSK 的符号只能为 1 或−1 的特性推导而来的。因此对于高阶调制，要想应用于该算法，需要对调制符号做进一步变形，即利用比特映射将高阶调制符号映射为±1。这里用 16-QAM 调制举例，其他高阶调制类似。

我们知道 16-QAM 调制的实数符号 s 可能为±1 或±3，通过式（4-66）进行转换：

$$s=b_1(2+b_2)=2b_1+b_1b_2=2b_1+b_2' \tag{4-66}$$

式中，$b_1,b_2,b_2'\in\{\pm1\}$，如符号 s=3，则 b_1=1、b_2'=1，如符号 s=−1，则 b_1=−1、b_2'=1。将 16-QAM 符号用两位只能取±1 的符号表示，同时式（4-48）也有不同的表达，即

$$\boldsymbol{y}=\boldsymbol{Hs}+\boldsymbol{n}=\boldsymbol{H}(2\boldsymbol{b}_1+\boldsymbol{b}_2')+\boldsymbol{n}=[2\boldsymbol{H}\quad \boldsymbol{H}]\begin{bmatrix}\boldsymbol{b}_1\\ \boldsymbol{b}_2'\end{bmatrix}+\boldsymbol{n}=\boldsymbol{H}_q\boldsymbol{b}+\boldsymbol{n} \tag{4-67}$$

式中，$\boldsymbol{H}_q$=[2$\boldsymbol{H}$ $\boldsymbol{H}$]和 $\boldsymbol{b}=\left(\boldsymbol{b}_1^{\mathrm{T}}\quad \boldsymbol{b}_2'^{\mathrm{T}}\right)^{\mathrm{T}}$，在 16-QAM 调制下，通过式（4-67）可以将一阶差分度量公式和上边界函数重新推导为：

$$\Delta(k)=-4\mathrm{sgn}\left(\left[\boldsymbol{s}_0\right]_k\right)\left[\boldsymbol{y}^{\mathrm{T}}\boldsymbol{H}_q\right]+4\sum_{l=1,l\neq k}^{2M}\mathrm{sgn}\left(\left[\boldsymbol{s}_0\right]_k\right)\mathrm{sgn}\left(\left[\boldsymbol{s}_0\right]_l\right)\left[\boldsymbol{H}_q^{\mathrm{T}}\boldsymbol{H}_q\right]_{kl} \quad (4\text{-}68)$$

$$\delta_{ub}(k)=\Delta(k)+\sum_{l=1,l\neq k}^{2M}\left[-8\left[\boldsymbol{K}_q\right]_{kl}\right]^{+} \quad (4\text{-}69)$$

式中，$\left[\boldsymbol{K}_q\right]_{kl}=\mathrm{sgn}\left(\left[\boldsymbol{s}_0\right]_k\right)\mathrm{sgn}\left(\left[\boldsymbol{s}_0\right]_l\right)\left[\boldsymbol{H}_q^{\mathrm{T}}\boldsymbol{H}_q\right]_{kl}$，由于 16-QAM 符号由两位取 ± 1 的符号表示，故初始序列 $\boldsymbol{s}_0$ 的长度为 $2M$。

与 QPSK 调制相比，采用 16-QAM 调制时，初始序列 $\boldsymbol{s}_0$ 长度是它的两倍，其他过程均相似。其他高阶调制有类似的属性，这里不再赘述。由于采用高阶调制，MLD-DM 的整体复杂度会不可避免地增加，对此我们将在下文中提出优化方案。

4. 递归函数

针对高阶调制的场景，如采用 16-QAM 调制时，MLD-DM 可能需要在树搜索过程中的每个节点上更新 $2M$ 个上边界函数值，而采用 64-QAM 调制时可能需要更新 $4M$ 个上边界函数值，这会严重影响原算法的更新效率。但对于 QAM 调制而言，我们可以利用上边界函数之间的递归关系和式（4-67）来提升树搜索的节点更新效率。这里具体以 16-QAM 调制为例，其他 QAM 调制同样有类似的递归关系。根据式（4-66）和式（4-67），有：

$$\boldsymbol{y}^{\mathrm{T}}\boldsymbol{H}_q=\boldsymbol{y}^{\mathrm{T}}\left[2\boldsymbol{H}\quad\boldsymbol{H}\right]=\left[2\boldsymbol{y}^{\mathrm{T}}\boldsymbol{H}\quad\boldsymbol{y}^{\mathrm{T}}\boldsymbol{H}\right] \quad (4\text{-}70)$$

$$\boldsymbol{H}_q^{\mathrm{T}}\boldsymbol{H}_q=\begin{bmatrix}2\boldsymbol{H}^{\mathrm{T}}\\\boldsymbol{H}\end{bmatrix}\left[2\boldsymbol{H}\quad\boldsymbol{H}\right]=\begin{bmatrix}4\boldsymbol{H}^{\mathrm{T}}\boldsymbol{H} & 2\boldsymbol{H}^{\mathrm{T}}\boldsymbol{H}\\2\boldsymbol{H}^{\mathrm{T}}\boldsymbol{H} & \boldsymbol{H}^{\mathrm{T}}\boldsymbol{H}\end{bmatrix} \quad (4\text{-}71)$$

通过特性式（4-70）和式（4-71），我们又可以得到：

$$\left[\boldsymbol{y}^{\mathrm{T}}\boldsymbol{H}_q\right]_k=2\left[\boldsymbol{y}^{\mathrm{T}}\boldsymbol{H}_q\right]_{k+M} \quad (4\text{-}72)$$

$$\begin{aligned}\left[\boldsymbol{H}_q^{\mathrm{T}}\boldsymbol{H}_q\right]_{kl}&=2\left[\boldsymbol{H}_q^{\mathrm{T}}\boldsymbol{H}_q\right]_{k(l+M)}\\\left[\boldsymbol{H}_q^{\mathrm{T}}\boldsymbol{H}_q\right]_{kk}&=4\left[\boldsymbol{H}_q^{\mathrm{T}}\boldsymbol{H}_q\right]_{(k+M)(k+M)}\end{aligned} \quad (4\text{-}73)$$

通过上面这些关系和式（4-69），我们可以得到上边界函数之间的关系为：

$$\delta_{ub}(k+M)=\frac{1}{2}\delta_{ub}(k)+4\left[\boldsymbol{K}_q\right]_{(k+M)(k+M)} \quad (4\text{-}74)$$

式中，$0<k\leqslant M$，在树搜索过程中，假设某个节点后，需要对其余未确定位置的上边界函数值进行更新，此时我们不需要对每个未确定的节点进行更新，只需要更新前 M 个节点的上边界函数即可，待这条路径搜索完成后，后 M 个节点

的上边界函数值用递归式(4-28)计算得到。但利用递归公式计算的 $\delta_{ub}(k+M)$ 并不完全正确，需要根据这条路径的实际情况，按照下面的修正公式进行调整才能得到正确的上边界函数值。在一条路径中，具体情况如下：

假如在第 k 个节点（$0<k\leqslant M$）有被假设的 non-ML 位，则需要进行以下操作

$$\delta'_{ub}\left(k+M\right)=\delta_{ub}\left(k+M\right)-8\left[\boldsymbol{K}_q\right]_{k(k+M)},0<k\leqslant M \tag{4-75}$$

式中，$\delta'_{ub}\left(k+M\right)$ 表示修正后的上边界函数值，即在这条路径中第 k 个位置有被假设的 non-ML 位，需要对第 $k+M$ 位的上边界函数值进行修正。

假如在第 k 个节点（$M<k\leqslant 2M$）有被假设的 non-ML 位，则需要进行以下操作：

$$\delta'_{ub}\left(k\right)=\delta_{ub}\left(k\right)+4\left[\boldsymbol{K}_q\right]_{k(k-M)},2M<k\leqslant M \tag{4-76}$$

式中，$\delta'_{ub}\left(k\right)$ 表示修正后的上边界函数值，即在这条路径中第 k 位被假设为 non-ML 位，需要对第 k 位的上边界函数值进行修正。

在整个树搜索过程，使用式(4-76)可以使树搜索的更新效率提升一倍，但需要在每条路径搜索后进行修正处理。同时，带递归公式的改进算法不会损失任何检测性能，但在树搜索过程中，当 $\delta_{ub}(k)<0$，$0<k\leqslant M$ 时，需要继续对它进行更新来保持对 $\delta_{ub}(k+M)$ 的递归性，这一特点导致改进算法的整体复杂度略高于原算法。

4.5.3 带预测函数的改进算法

1. MLD-DM 复杂度分析

当采用高阶调制时，与相比其他算法，MLD-DM 算法的高复杂度会使其失去竞争力。而现在的无线通信系统往往都是采用高阶调制来增加数据传输速率的。所以应该降低 MLD-DM 算法在高阶调制时的复杂度，即便要损失一点检测性能，使其成为一个在检测性能和复杂度上更平衡的算法。让 MLD-DM 算法有可能成为通信系统中实际应用的检测算法是本节的意义所在。

从上文可知，MLD-DM 算法的复杂度主要分为两个部分：第一部分是在树搜索之前上边界函数 $\delta_{ub}(k)$ 的计算和更新，这部分的复杂度是固定的；第二部分是树搜索的复杂度开销，这一部分是最主要的，同时也是可变的。从另外一个角度说，初始序列 $\boldsymbol{s}_0$ 的长度和树搜索之前确定 ML 位的数量共同决定了算法的复杂度。由于原算法属于比特级的检测算法，所以初始序列的长度随调制

阶数的增加而成倍增加是自然的。例如，当调制方式由 QPSK 转变到 16-QAM，在 4×4MIMO 的前提下，初始序列的长度由 8 位增加到 16 位，这一特性是原算法的本质缺陷。在不同的配置下，初始序列长度在表 4-4 中给出。

表 4-4　不同配置下初始序列的长度

配　置	4×4MIMO QPSK 调制	8×8MIMO QPSK 调制	4×4MIMO 16-QAM 调制
初始序列的长度/位	8	16	16

其次，更深层次的原因是在树搜索之前被确定为 ML 位的数量显著减小，大多数时候是没有任何一位 ML 位被确定的，即初始序列中所有位置都需要被树搜索确定，这导致树搜索的搜索空间十分巨大。通过联立式（4-70）和式（4-71）得到式（4-72），根据初始序列 $\boldsymbol{s}_0$ 中符号的确定方式可知$[\boldsymbol{s}_0]_k$ 和$[\boldsymbol{y}^{\mathrm{T}}\boldsymbol{H}_q]_k$ 同号，所以式（4-72）的第一部分一直是负数，而第二部分的数值由于取正数操作而一直是正数。此外，第二部分的数值随着增加的调制阶数而不断增加，而第一部分的数值则保持不变，所以每个位置的上边界函数值会变得更大，即每个位置不能被确定为 ML 位，这也是导致原算法在高阶调制时复杂度较高的主要原因。

$$\begin{aligned}\delta_{ub}(k)&=\Delta(k)+\sum_{l=1,l\neq k}^{2M}\left[-8\left[\boldsymbol{K}_q\right]_{kl}\right]^{+}\\&=-4\operatorname{sgn}\left(\left[\boldsymbol{s}_0\right]_k\right)\left[\boldsymbol{y}^{\mathrm{T}}\boldsymbol{H}_q\right]_k+4\sum_{l=1,l\neq k}^{2M}\left|\left[\boldsymbol{K}_q\right]_{kl}\right|,1\leqslant k\leqslant 2M\end{aligned}\tag{4-77}$$

式中，$[\boldsymbol{s}_0]_k$ 与$[\boldsymbol{y}^{\mathrm{T}}\boldsymbol{H}_q]_k$ 同号，当$[\boldsymbol{y}^{\mathrm{T}}\boldsymbol{H}_q]_k>0$ 时，$[\boldsymbol{s}_0]_k=1$；当$[\boldsymbol{y}^{\mathrm{T}}\boldsymbol{H}_q]_k<0$ 时，$[\boldsymbol{s}_0]_k=-1$；$|\cdot|$表示取绝对值操作。

2. 预测函数

调制阶数越高，在树搜索之前能确定的位置越少。事实上，原算法中不确定位置之间是相互独立的，所以不管选择哪一种搜索顺序，树搜索的最终结果都是相同的。所以我们如果能正确地提前预测一些位置的属性，并更新其余位置的上边界函数，那么我们将得到和原算法一样的搜索结果。也将减小树搜索的搜索空间，同时也可以有效地减小算法复杂度。

如果某位的上边界函数值为负数，则这个位置被确定为 ML 位。随着调制阶数的增加，虽然很少有位置被确定为 ML 位，但有一些位置可以根据树搜索的原理被精准地预测为 ML 位。这里假设在树搜索之前有 R 位未被确定，则树搜索过程将考虑路径$([\boldsymbol{s}_0]_1, [\boldsymbol{s}_0]_2, \cdots, [\boldsymbol{s}_0]_R)^{\mathrm{T}}$所有可能的状态（包括 ML 位或 non-ML 位），其中每条路径要满足判决条件，即某个位置被假设为 ML 位或 non-ML 位，其上边界函数值应分别为负数和正数，之后对合格的路径计算累计度量值，累计度量值最大对应的路径是树搜索最终输出的结果。在每条合格的路径中，每个未确定的位置都会被更新多次，并且每次更新后它的上边界函数值都可能减小。根据这个原理，我们提出两个准则，能够在树搜索之前确定更多的位置。

（1）对于某位$[\boldsymbol{s}_0]_k$，$k\in U$，U 表示未确定位置的集合，我们假设 $\delta_{ub}(k)$ 会经历 $R-1$ 次有效更新，即每次更新都会使 $\delta_{ub}(k)$ 减小。如果更新的 $\delta_{ub}(k)$ 仍然为正数，那么这一特性代表无论第 k 位在哪条路径上都是 non-ML 位，所以在树搜索之前我们可直接设第 k 位为 non-ML 位。

$$p_{nML}(k)=\delta_{ub}(k)-8\sum_{l\in U,l\neq k}\left|\left[\boldsymbol{H}_q^{\mathrm{T}}\boldsymbol{H}_q\right]_{kl}\right| \tag{4-78}$$

在树搜索之前，我们计算每个未确定位置的 $p_{nML}(k)$，如果有 $p_{nML}(k)>0$，则直接将第 k 位确定为 non-ML 位并更新其他未确定位置的 $\delta_{ub}(q)$，$q\in U$，$q\neq k$。

（2）如果所有 $p_{nML}(k)$ 都是负数，即不存在确定的 non-ML 位，我们也可以利用已经计算的结果和少量乘法运算精准地预测 ML 位。在每条合格的路径上，都存在一些位置，只需要经历很少次数的更新后，它的上边界函数从正数变为负数。此外，在不同路径中，这些位置都有这种属性。因此，如果我们可以在树搜索之前将这些位置预测并确定为 ML 位。那么既不会损失任何检测性能，同时也减小了树搜索的搜索空间。式（4-79）代表提前对这些未确定位置的上边界函数进行更新，并且是平均化的更新，可调节因子 σ 代表平均化更新的次数。

$$p_{ML}(k)=\delta_{ub}(k)-8\sum_{l\in U,l\neq k}\left|\left[\boldsymbol{H}_q^{\mathrm{T}}\boldsymbol{H}_q\right]_{kl}\right|\times\frac{\sigma}{R-1} \tag{4-79}$$

当我们计算每位未确定位置的 $p_{ML}(k)$ 后，从中选择一个或两个 $p_{ML}(k)$ 较小的位置作为预测的 ML 位，并更新其他未确定位置的 $\delta_{ub}(q)$，$q\in U$，$q\neq k$。虽然预测的位置数较小，但也可以有效降低树搜索的搜索空间。

我们在树搜索之前提出式（4-78）和式（4-79）以确定更多位置，通过这一步骤有效降低算法的整体复杂度。同时，预测 ML 位的精度对算法的检测性能至关重要，当式（4-79）在预测一位或两位 ML 位时，它的高精度保证了改进方案的优良检测性能。下文的仿真可以证明该方案的有效性。

3. 仿真与性能分析

在图 4-24 中，MIMO 系统采用不同调制方式和不同的收发天线数量，我们比较了 MIMO 系统在误比特率上的检测性能。当 MIMO 系统采用 16-QAM 调制，收发天线数为 4 根时，在信噪比为[0, 12]时，预测一位改进算法的误码率与原算法几乎相同，在信噪比大于 12dB 时，改进算法的检测性能略有损失。原算法能够取得最优的检测性能，而预测一位的改进算法属于检测性能优异的算法。而预测两位的改进算法虽然有明显的性能损失，但与其他检测相比，它属于次优检测算法。当 MIMO 系统采用 64-QAM 调制，收发天线数为 3 根时，预测一位的改进算法和原算法都取得了同一级别的检测性能，但预测两位的改进算法有较大的性能损失。

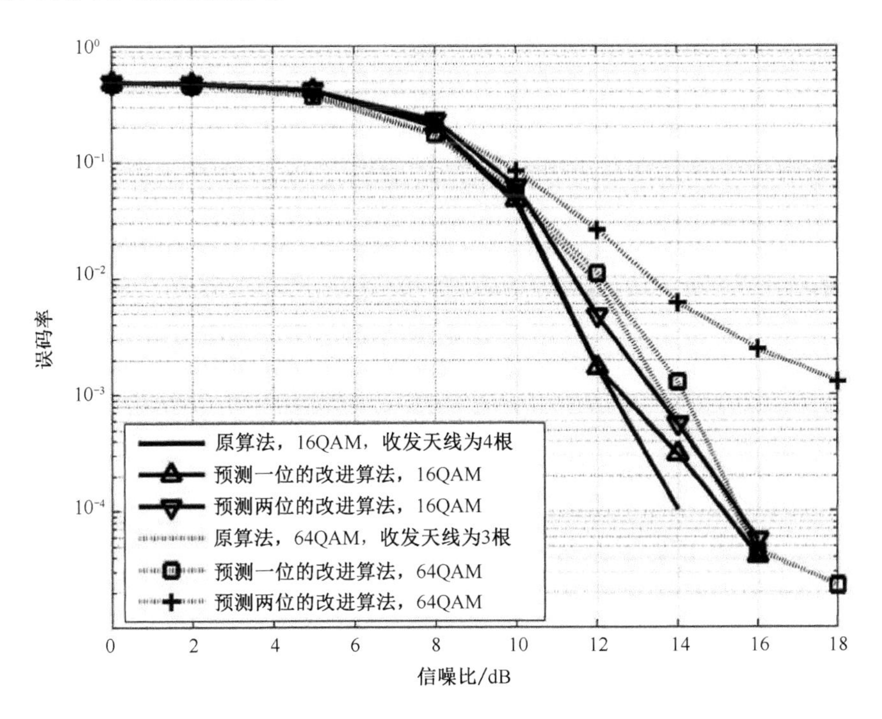

图 4-24　误码率比较图

在图 4-25 中，我们比较了改进算法和 MLD-DM 算法在树搜索过程中需要访问的节点数，在 4×4MIMO 系统中采用 16-QAM 调制，预测一位改进算法在树搜索需要访问的节点比原算法平均少 400 个，预测两位改进算法减少大约 900 个节点。在 3×3MIMO 系统中采用 64-QAM 调制，预测一位改进算法在树搜索需要访问的节点数比原算法平均少 1500 个，预测两位的改进算法则减少了 3600 个节点的搜索。总的来说，与相比原算法，预测一位改进算法减小了 10% 的节点数，预测两位则减小了 25%左右。在图 4-26 中，我们同样在两种配置下比较改进算法和原算法的复杂度（包括加法次数和乘法次数）。由于预测 ML 位需要乘法计算，所以从图 4-26（a）中可以看到改进算法的乘法次数多于原算法，但增加量几乎可以忽略不计。虽然计算预测函数同样也增加了一部分加法运算，但通过预测函数提前确定一些位置可以有效减小树搜索中的加法次数。从图 4-26（b）中可知，当在 4×4MIMO 系统中采用 16-QAM 调制，预测一位改进算法的加法次数比原算法平均少 100 次（每位），而预测两位可以少 230 次加法运算。在 3×3MIMO 系统中采用 64-QAM 调制时，预测一位改进算法的加法次数比原算法平均少 350 次，预测两位可以少 900 次加法运算。

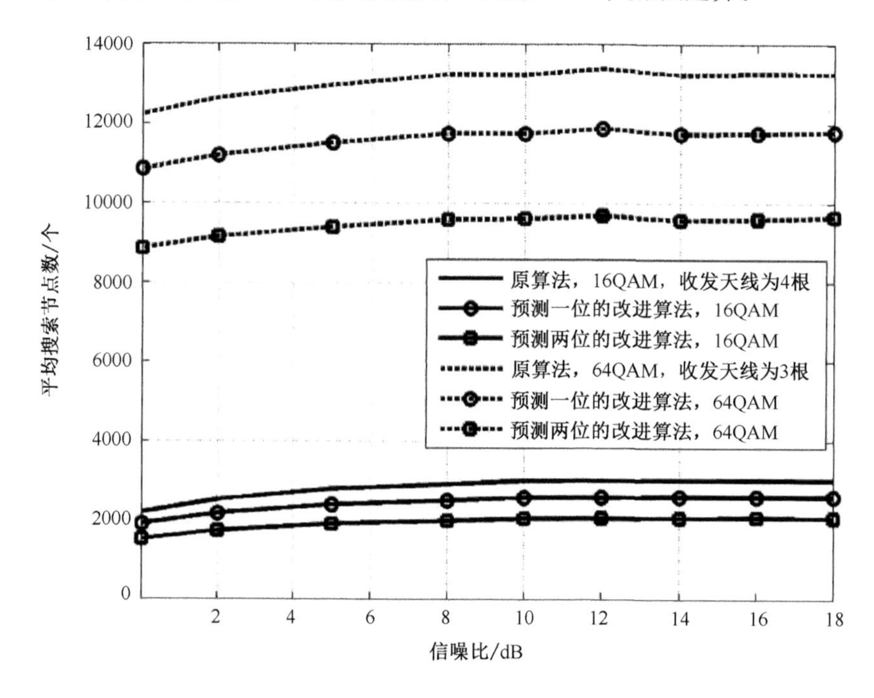

图 4-25　平均搜索节点数对比图

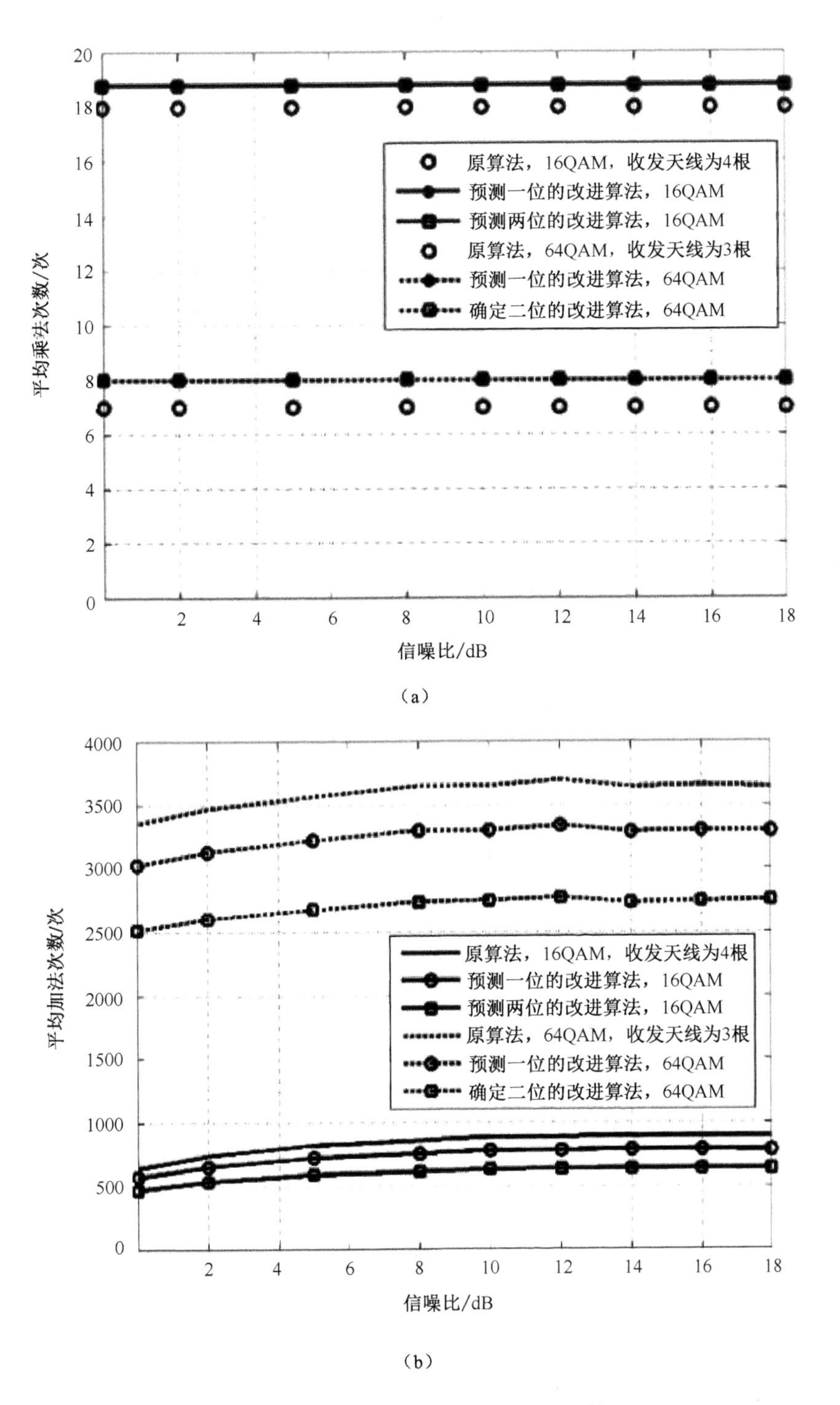

图 4-26　平均乘法次数和加法次数比较图

参考文献

[1] Jorgušeski L. Vision on Radio Resource Management (RRM) and Quality of Service (QoS) for Wireless Communication Systems in Year 2020[M]//Globalization of Mobile and Wireless Communications, 2011: 119-128.

[2] Marzetta T L. Noncooperative Cellular Wireless with Unlimited Numbers of Base Station Antennas[J]. IEEE Transactions on Wireless Communications, 2010, 9(11): 3590-3600.

[3] Swindlehurst A L, Ayanoglu E, Heydari P, et al. Millimeter-wave massive MIMO: the next wireless revolution[J]. IEEE Communications Magazine, 2014: 56-62.

[4] Krishnan N, Yates R D, Mandayam N B. Uplink Linear Receivers for Multi-Cell Multiuser MIMO With Pilot Contamination: Large System Analysis[J]. IEEE Transactions on Wireless Communications, 2014: 4360-4373.

[5] Zhu X, Wang Z, Qian C, et al. Soft Pilot Reuse and Multi-Cell Block Diagonalization Precoding for Massive MIMO Systems[J]. IEEE Transactions on Vehicular Technology, 2015: 3285-3298.

[6] Wu Y, Tong L, Meng C, et al. Pilot contamination reduction in massive MIMO systems based on pilot scheduling[J]. Eurasip Journal on Wireless Communications & Networking, 2018: 21.

[7] Qian X W, Deng H G, He H L. Pilot-based parametric channel estimation algorithm for DCO-OFDM-based visual light communications[J]. Optics Communications, 2017, 400: 150-155.

[8] Evolved Universal Terrestrial Radio Access (E-UTRA). Physical Channels and Modulations (Release 12), 3GPP TS 36.211, 2014-6.

[9] Seleem H, Sulyman A, Alsanie A. Hybrid Precoding-Beamforming Design with Hadamard RF Codebook for mmWave Large-Scale MIMO Systems[J]. IEEE Access, 2017, 9(2): 122-130.

[10] Andrews J G, Buzzi S, Wan C, et al. What Will 5G Be[J]. Selected Areas in Communications IEEE Journal, 2014, 32(6): 1065-1082.

[11] Marzetta T L. Massive MIMO: An introduction[J]. Bell Labs Technical Journal, 2015, 20: 11-22.

[12] Jose J, Ashikhmin A, Marzetta T L, et al. Pilot Contamination and Precoding in Multi-Cell TDD Systems[J]. IEEE Transactions on Wireless Communications, 2011, 10(8): 2640-2651.

[13] Rusek F, Persson D, Lau B K, et al. Scaling up MIMO: Opportunities and Challenges with Very Large Arrays[J]. IEEE Signal Processing Magazine, 2012, 30(1): 40-60.

[14] Jin H, Peng K, Song J. A Spectrum Efficient Multi-User Transmission Scheme for 5G Systems With Low Complexity[J]. Communications Letters, IEEE, 2015, 19(4): 613-616.

[15] Zappone A, Sanguinetti L, Bacci G, et al. Energy-Efficient Power Control: A Look at 5G Wireless Technologies[J]. arXiv preprint arXiv, 2015: 1503.04609.

[16] Bastug E, Bennis M, Debbah M. Living on the edge: The role of proactive caching in 5G wireless networks[J]. Communications Magazine, IEEE, 2014, 52(8): 82-89.

[17] Marzetta T L. Massive MIMO: An Introduction[J]. Bell Labs Technical Journal, 2015, 20: 11-22.

[18] Mahyiddin W A W M, Martin P A, Smith P J. Massive MIMO Systems in Time-Selective Channels[J]. Communications Letters, IEEE, 2015, 19(11): 1973-1976.

[19] Mehana A H, Nosratinia A. Diversity of MIMO linear precoding[J]. Information Theory, IEEE Transactions on, 2014, 60(2): 1019-1038.

[20] Murata H, Yoshida S, Yamamoto K, et al. Software radio-based distributed multi-user MIMO test bed: towards green wireless communications[J]. IEICE Transactions on Fundamentals of Electronics, Communications and Computer Sciences, 2013, 96(1): 247-254.

[21] Molisch A F, Win M Z. MIMO systems with antenna selection[J]. IEEE Microwave Magazine, 2004, 5(1): 46-56.

[22] Gorokhov A, Gore D A, Paulraj A J. Receive antenna selection for MIMO spatial multiplexing: theory and algorithms[J]. IEEE Transactions on Communication, 2003, 49(10): 2687-2696.

[23] Gueluoglu T, Duman T. Performance analysis of transmit and receive antenna selection over flat fading channels[J]. IEEE Transactions on Wireless Communications, 2008, 7(8): 3056-3065.

[24] Gharavi-Alkhansari M, Gershman A B. Fast antenna subset selection in MIMO systems[J]. IEEE Transactions on Signal Processing, 2004, 52(2): 339-347.

[25] Liu A, Lau V K N. Joint power and antenna selection optimization in large cloud radio access networks[J]. IEEE Transactions on Signal Processing, 2014, 62(5): 1319-1328.

[26] Zanella A, Chiani M. Reduced Complexity Power Allocation Strategies for MIMO Systems With Singular Value Decomposition[J]. IEEE Transactions on vehicular technology, 2012, 61(9): 4031-4041.

[27] Lee S R, Kim J S, Moon S H, et al. Zero-Forcing Beam forming in Multiuser MISO Downlink Systems under Per-Antenna Power Constraint and Equal-Rate Metric[J]. IEEE Transactions on wireless communications, 2013, 12(1): 228-236.

[28] Schaefer R F, Loyka S. The Secrecy Capacity of Compound Gaussian MIMO Wiretap Channels[J]. Information Theory, IEEE Transactions on, 2015, 61(10): 5535-5552.

[29] Kohno K, Inouye Y, Kawamoto M. A matrix pseudo-inversion lemma for positive semidefinite hermitian matrices and its application to adaptive blind deconvolution of MIMO systems[J]. Circuits and Systems Ⅰ: Regular Papers, IEEE Transactions on, 2008, 55(1): 424-435.

[30] Dong K, Prasad N, Wang X, et al. Adaptive antenna selection and Tx/Rx beamforming for large-scale MIMO systems in 60 GHz channels[J]. EURASIP Journal on Wireless Communications and Networking, 2011, 2011(1): 1-14.

[31] Hui S Y, Yeung K H. Challenges in the Migration to 4G Mobile Systems[J]. Communications Magazine IEEE, 2003, 41(12): 54-59.

[32] Boudreau G, Panicker J, Guo N, et al. Interference coordination and cancellation for 4G networks[J]. IEEE Communications Magazine, 2009, 47(4): 74-81.

[33] Boccardi F, Heath R W, Lozano A, et al. Five disruptive technology directions for 5G[J]. Communications Magazine IEEE, 2013, 52(2): 74-80.

[34] Andrews J G, Buzzi S, Wan C, et al. What Will 5G Be[J]. IEEE Journal on Selected Areas in Communications, 2014, 32(6): 1065-1082.

[35] Osseiran A, Boccardi F, Braun V, et al. Scenarios for 5G mobile and wireless communications: the vision of the METIS project[J]. Communications Magazine

IEEE, 2014, 52(5): 26-35.

[36] Chihlin I, Han S, Xu Z, et al. 5G: rethink mobile communications for 2020[J]. Philosophical Transactions, 2016, 374(2062): 20140432.

[37] Liu G, Jiang D. 5G: Vision and Requirements for Mobile Communication System towards Year 2020[J].Chinese Journal of Engineering, 2016, (2016-4-6), 2016: 1-8.

[38] Larsson E G, Edfors O, Tufvesson F, et al. Massive MIMO for Next Generation Wireless Systems[J]. IEEE Communications Magazine, 2013, 52(2): 186-195.

[39] BjRnson E, Larsson E G, Marzetta T L. Massive MIMO: ten myths and one critical question[J]. IEEE Communications Magazine, 2016, 54(2): 114-123.

[40] Keerti T, Saini D S, Bhooshan S V. ASEP of MIMO System with MMSE-OSIC Detection over Weibull-Gamma Fading Channel Subject to AWGGN[J]. Journal of Computer Networks and Communications, 2016, 2016: 1-7.

第5章 新型超高频传输技术

5.1 毫米波技术

随着无线移动通信技术的飞速发展，人们对通信的需求量逐年增加，现有的通信系统已经无法满足要求。5G 是面向下一代的移动通信技术，相比于现有的 4G 通信技术，5G 在用户速率、频谱利用率、系统吞吐量等方面具有绝对的优势。但由于低频段频谱资源有限，已无法满足用户对高传输速率、高带宽的需求，这是 5G 亟待解决的问题之一。与低频段相比，高频段频谱资源丰富，可以很好地满足 5G 通信对频谱资源的需求，因此 5G 毫米波技术应运而生，成为近年来的研究热点之一。

现代移动通信逐渐向高频波发展，尤其是毫米波频段。目前，各国家和地区开始重视 60GHz 的毫米波频段，已经相继规划了以 60GHz 为中心频率的无线通信频段，并进行相关频段的通信技术研究，如图 5-1 所示。因此以 60GHz 为中心频率的毫米波通信技术将成为无线通信技术的重要发展方向之一。

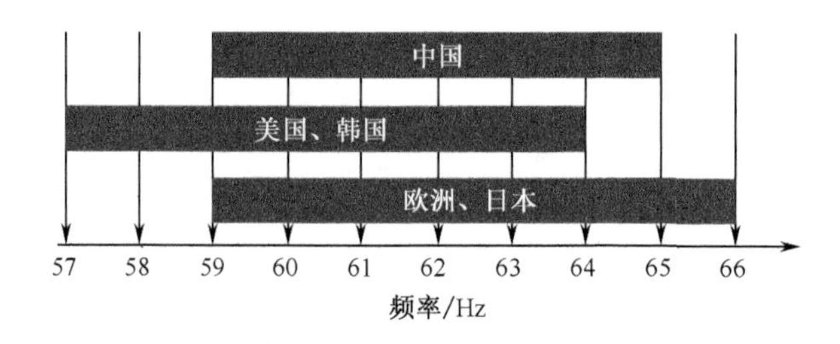

图 5-1 60GHz 免许可频段

早在 20 世纪 40 年代，学者就开始对毫米波通信系统展开研究。研究内容不仅涉及地面移动通信技术，还涉及军事和卫星毫米波通信技术，但由于毫米波技术本身存在的技术难点，制约了其在民用通信领域的发展。直到 20 世纪 70 年代，在集成电路的飞速发展和电子元器件成本降低的推动下，毫米波通信开始得到长足发展。

频率在 3 ~ 30GHz 范围内的电磁波被称为特高频（SHF）波，频率在 30 ~ 300GHz 范围内的电磁波被称为极高频（EHF）波。由于特高频波的波长范围是 1 ~ 10mm，因此被称为毫米波。实际上因为超高频与特高频的传播特性十分相似，所以学者通常将频率范围在 3 ~ 30GHz 的超高频波也作为毫米波处理。

之所以研究毫米波技术，主要是因为它具有以下优势：

（1）极宽的可利用频谱。毫米波频谱覆盖在 3 ~ 300GHz，频谱资源极其丰富。毫米波频段拥有多个大气吸收少、传输衰减小的大气窗口，不仅为低空导弹、雷达等通信领域提供了完美的频谱保障，也为毫米波陆地移动通信系统的发展提供了更广阔的频谱资源。另外对于毫米波中大气吸收或水蒸气吸收达到峰值的不适用于室外长距离传输的频段，可用于军事通信或安全保密通信和领域。

（2）抗干扰能力强，安全性能好。毫米波传输具有类光性、波束窄、不同方向信号互干扰小，且毫米波通信系统较少、干扰源少、信道条件稳定等特点。其传输距离较短，被窃听风险低，保证了其在军事上有较强的保密性与安全性。

（3）小型化，易集成。根据天线理论，因为毫米波波长短，因此毫米波天线尺寸也较小，这为大规模 MIMO 系统的搭建提供了有利条件，并且毫米波适应了未来移动通信中设备小型化、便携化的趋势，推动了新兴产业（如可穿戴设备）的发展。

毫米波频段同样存在一些制约地面毫米波无线通信的不利因素，主要有：

（1）与微波相比，毫米波有更大的路径损耗，且各类建筑物对毫米波的吸收能力强，这导致穿透损耗大，使毫米波室外通信传输距离变短，基站覆盖范围变小，并且室外信号难以进入室内，需要额外搭建室内基站或发展异构网络弥补。

（2）大气吸收、树叶遮挡和雨水等对毫米波传输的影响较大，使其信道传输特性特殊，搭建毫米波通信系统需要考虑这些不利影响带来的不稳定因素。

（3）毫米波通信的电子元器件价格较高，性能也不稳定，电子器件与制造工艺的发展水平制约着毫米波通信的发展。目前，毫米波主要用于卫星与星际通信、军事通信和地面移动通信领域。从 20 世纪 70 年代开始，毫米波就被纳入卫星与星际通信领域的研究范围，在星际之间，大气稀薄，对毫米波的吸收并不明显，并且在卫星与地面之间，采用毫米波大气窗口附近频段，也可以有效减少信号衰减。由于毫米波的高保密性与安全性，其在军事上的应用更是十分广泛。

对于地面移动通信领域，目前被开发利用的主要是以下几个频段：3.1 ~ 10.6GHz 的频段被用于发展超宽带（UWB），28 ~ 30GHz 频段用于发展本地多点分配业务（LMDS），57 ~ 64GHz 频段被誉为室内短距离无线通信的黄金频段，国际上已经有多个制定 60GHz 标准的小组，如 EMCA-387、IEEE 802.15.3c 和 IEEE 802.11ad。此外 71 ~ 76GHz、81 ~ 86GHz 和 92 ~ 95GHz 被统称为 E 频段，被视为高速点到点无线局域网、宽带网络接入和移动回传链路的有效解决方案。

5.1.1 毫米波传播特性

毫米波是目前移动网络回传技术的重要组成部分，用于点对点无线链路。对于 5G 通信来说，就是将毫米波用于网络的接入部分，这样可以为终端用户扩大信道容量并提高数据传输速率。但这个技术受高频段下恶劣的传播特性及天线单元可用功率受限等技术的挑战，毫米波的传输特性表现为随着频率平方的增加，路径损耗对传输距离的限制愈发严重。此外，大部分物体对毫米波都表现为不透明，信号无法穿透；同样，在大多数情况下，由于材质和到达角的原因，反射路径也十分有限。由于许多不同参数都能影响信号，并且要考虑很多不同的场景，毫米波信道的这些特性本身就已经给研究人员提出了严峻挑战。其中，最值得注意的是，由于毫米波受大气影响衰减严重，穿透障碍物能力很差，导致其传输距离很短，为了克服这些困难，可以安装高度定向的天线阵列，在配置灵活波束控制协议的情况下，这些阵列能够在减小传播损耗的同时增加安全性。

在毫米波无线通信系统中，从基站到用户之间的传播路径十分复杂，有直射径，也有信号通过反射、散射或绕射后形成的反射径、绕射径和散射径。由于毫米波频率高、波长短，其散射能力和绕射能力相对较弱，一般来说，毫米波的绕射径和散射径很少，主要是直射径和反射径混杂。毫米波传播特性的研

究也就显得意义重大，其特性主要包括大尺度衰落和小尺度衰落。

无线信道的大尺度衰落特性反映了其宏观上的衰落特性，它是由信号的路径损耗和大障碍物形成的阴影所引起的，阐明了信号在自由空间中传输时，接收功率随频率与距离变化的特点。一般来说，大尺度衰落包括阴影衰落和路径损耗。

阴影衰落是一种慢衰落过程，电磁波在传输过程中受障碍物阻挡或地形起伏的影响，使接收区域产生了半盲区，并使接收信号产生的电磁场强度发生随机变化。实际测量研究表明，毫米波频段信道的阴影衰落服从对数正态分布。

5.1.2　毫米波通信的信道模型

在移动通信发展初期，接收天线大都只考虑接收信号的平均功率，对信道模型，无论是统计信道模型还是确定性信道模型，对其进行研究时主要考虑电磁波在传播过程中的损耗。在 5G 通信之前就已经提出过许多模型。例如，Hata 模型，该模型是 Okumura 根据路径损耗数据总结的一系列公式，传播损耗由一个标准公式加上校正公式计算而得。COST 231/Walfisch-Ikegami 模型是 COST-231 在 Walfisch 和 Ikegami 提出的模型的基础上加以完善的模型，主要考虑了电磁波的自由传播损耗、基站与建筑物之间的损耗、绕射损耗。IMT-2000 多径信道模型给出了不同场景下多径支路的不同抽头延迟线参数值。Lee 模型采用等效的散射体，来描述场景中用户附近的多径传播情况。空时信道传播模型主要为服务高速移动的用户而提出，如车载通信等。

然而随着 5G 时代的到来，以往的信道模型显然已经不适用于信号的传播。不仅是毫米波技术的应用，还有 D2D 和 V2V（Vehicle-to-Vehicle）的新技术需求等。新的信道模型是顺利进行 5G 通信的必然要求。2018 年 6 月，3GPP 发布的 3GPP TR 38.901 文件中提出了新的信道模型，该模型需要满足以下要求：

（1）信道模型 SI 应该基于 RAN-level 讨论的关于 5G 要求的结果。

（2）在描述复杂性方面，应考虑信道系数的生成、开发复杂性及仿真时间。

（3）支持高达 100GHz 的频率范围。

① SI 的关键路径为 6～100GHz。

② 负责毫米波的传播方面，如阻塞和大气衰减。

（4）模型应在空间、时间和频率上保持一致。

（5）支持高达载波频率 10%的信道带宽。

（6）支持当前典型小区场景的尺寸，如直径达千米范围的宏小区。

（7）适应用户移动性。

① 移动速度高达 500km/h。

② 支持设备到设备（D2D）或车辆到车辆（V2V）的场景。

（8）支持大型天线阵列。

除 3GPP 标准组织外，全球范围很多其他组织及研究机构也通过大量实际测量、数据分析，发布了许多信道模型。

1. PL 模型

PL（Pathloss）模型共有 4 个场景，分别为农村宏小区（RMa）、城市宏小区（UMa）、城市微观—街道（UMi-Street Canyon）、室内—办公室（InH-Office）。如图 5-2 所示为 3GPP 标准化信道模型所用的参数定义。

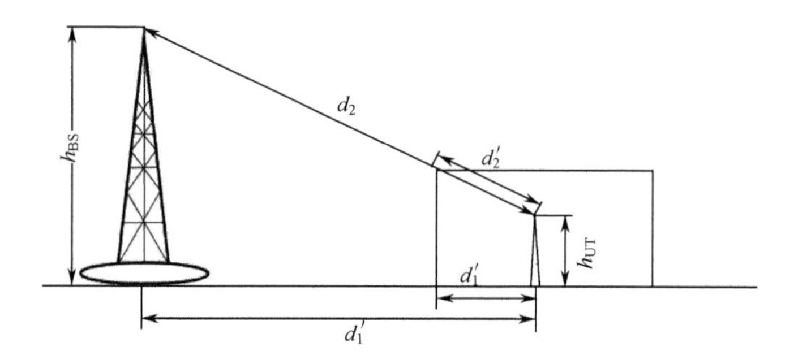

图 5-2　3GPP 标准化信道模型所用的参数定义

该模型中的主要参数及适用范围：

（1）基站天线高度 h_{BS}：$5m \leqslant h_{BS} \leqslant 150m$。

（2）移动台天线高度 h_{UT}：$1m \leqslant h_{UT} \leqslant 10m$。

（3）平均建筑高度 h：$5m \leqslant h \leqslant 50m$。

（4）平均街道高度 W：$5m \leqslant W \leqslant 50m$。

（5）毫米波频率 f：$0.5GHz \leqslant f \leqslant 100GHz$。

1）农村宏小区

（1）可视（LOS）传播路径损耗。

当 $10m \leqslant d_1 \leqslant d$ 时，其中 $d = 2\pi h_{BS} h_{UT} f (3\times10^8)^{-1}m$，阴影衰落（Shadow Fading）的标准方差 $\sigma_{sf} = 4$。

$$P_{11}=20\lg\left(\frac{40\pi d_2 f}{3}\right)+\min\left(0.03h^{1.72},10\right)\lg\left(d_2\right)-\min\left(0.044h^{1.72},14.77\right)+0.002d_2\lg\left(5\right) \tag{5-1}$$

当 $d \leqslant d_1 \leqslant 10\text{km}$ 时，阴影衰落标准方差 $\sigma_{sf}=6$。

$$P_{12}=dp_1+40\lg\left(\frac{d_2}{d}\right) \tag{5-2}$$

（2）不可视（NLOS）传播损耗。

当 $10\text{m} \leqslant d_1 \leqslant d$ 时，其中阴影衰落标准方差 $\sigma_{sf}=8$。

$$P_{13}=161.04-7.1\lg(W)+7.5\lg\left(-\left(24.37-3.7\left(\frac{h}{h_{BS}}\right)^2\lg\left(h_{BS}\right)+\left[43.42-3.11\lg\left(h_{BS}\right)\right]\right)\right)\left[\lg\left(d_2\right)-3\right]+20\lg(f)-\left[3,2\left(\lg\left(11.75h_{UT}\right)\right)\right]^2-4.97 \tag{5-3}$$

当 $d \leqslant d_1 \leqslant 5\text{km}$ 时，其中阴影衰落标准方差 $\sigma_{sf}=8$。

$$P_{14}=\max\left(P_{12},P_{13}\right) \tag{5-4}$$

2）城市宏小区

（1）LOS 传播路径损耗（阴影衰落 $\sigma_{sf}=4$）。

$$P_{21}=\begin{cases}28+22\lg\left(d_2\right)+20\lg(f),\ 10\text{m}\leqslant d_1\leqslant d' \\ 28+40\lg\left(d_2\right)+20\lg(f)-9\lg\left[\left(d'\right)^2+\left(h_{BS}-h_{UT}\right)^2\right],\ d'\leqslant d_1\leqslant 5\text{km}\end{cases} \tag{5-5}$$

d' 的计算公式应为：

$$d'=4h'_{BS}h'_{UT}f\left(3\times10^8\right)^{-1}\text{m} \tag{5-6}$$

在城市宏观场景中，$h'_{BS}=h_{BS}-h_E$，$h'_{UT}=h_{UT}-h_E$，$h_E=1\text{m}$ 的概率为 $\frac{1}{1+c\left(d_1,h_{UT}\right)}$，且 $c\left(d_1,h_{UT}\right)$ 定义为：

$$c\left(d_1,h_{UT}\right)=\begin{cases}0,\ h_{UT}\leqslant 13\text{m} \\ \frac{h_{UT}-13}{10}g\left(d_1\right),13\text{m}\leqslant h_{UT}\leqslant 23\text{m}\end{cases} \tag{5-7}$$

$$g\left(d_1\right)=\begin{cases}0,\ d_1\leqslant 18\text{m} \\ \frac{5}{4}\left(\frac{d_1}{100}\right)^3\exp\left(\frac{-d_1}{150}\right),d_1>18\text{m}\end{cases} \tag{5-8}$$

（2）NLOS 传播损耗（阴影衰落 $\sigma_{sf}=6$）。

当 $d_1 \leqslant 10\text{m}$ 时，

$$P_{23}=13.54+39.08\lg(d_2)+20\lg(f)-0.6(h_{UT}-1.5) \quad (5\text{-}9)$$

当 $10\text{m} \leqslant d_1 \leqslant 5\text{km}$ 时，

$$P_{24}=\max(P_2,P_{23}) \quad (5\text{-}10)$$

3）城市微观—街道

（1）LOS 传播路径损耗（阴影衰落 $\sigma_{sf}=4$）。

$$P_{31}=\begin{cases}32.4+21\lg(d_2)+20\lg(f), 10\text{m}\leqslant d_1\leqslant d'' \\ 32.4+40\lg(d_2)+20\lg(f)-9.5\lg\left[(d'')^2+(h_{BS}-h_{UT})^2\right], d''\leqslant d_1\leqslant 5\text{km}\end{cases} \quad (5\text{-}11)$$

d' 的计算公式应为：

$$d'=4h'_{BS}h'_{UT}f\left(3\times10^8\right)^{-1}\text{m} \quad (5\text{-}12)$$

在城市微观—街道场景中，$h'_{BS}=h_{BS}-h_E$，$h'_{UT}=h_{UT}-h_E$，$h_E=1\text{m}$。

（2）NLOS 传播损耗（阴影衰落 $\sigma_{sf}=7.82$）。

当 $d_1 \leqslant 10\text{m}$ 时，

$$P_{32}=22.4+35.3\lg(d_2)+21\lg(f)-0.3(h_{UT}-1.5) \quad (5\text{-}13)$$

当 $10\text{m} \leqslant d_1 \leqslant 5\text{km}$ 时，

$$P_{33}=\max(P_{31},P_{32}) \quad (5\text{-}14)$$

4）室内—办公室

（1）LOS 传播路径损耗（阴影衰落 $\sigma_{sf}=3$）。

当 $1\text{m} \leqslant d_2 \leqslant 150\text{m}$ 时，

$$P_{41}=32.4+17.3\lg(d_2)+20\lg(f) \quad (5\text{-}15)$$

（2）NLOS 传播损耗（阴影衰落 $\sigma_{sf}=8.03$）。

当 $1\text{m} \leqslant d_2 \leqslant 150\text{m}$ 时，

$$P_{42}=\max\left(P_{41},\left(38.3\lg(d_2)+17.3+24.9\lg(f)\right)\right) \quad (5\text{-}16)$$

室内—办公室场景中的主要参数及适用范围如下：

（1）室内基站天线高度 h_{BS}=3m。

（2）城市微小区（UMi）场景室外基站天线高度 h_{BS}=10m。

（3）城市宏小区（Uma）场景室外基站天线高度 h_{BS}=25m。

（4）毫米波频率 f：0.5GHz≤f≤100GHz。

表 5-1 所示分别为农村宏小区、城市微小区—街道、城市宏小区、室内—

混合型办公室、室内—开放型办公室 5 个场景下的 LOS 概率。

表 5-1　各场景下的 LOS 概率

场　景	LOS 概率
农村宏小区	$P_{\mathrm{LOS}}=\begin{cases}1, d_1'\leqslant 10\mathrm{m}\\ \exp\left(-\dfrac{d_1'-10}{1000}\right), 10\mathrm{m}<d_1'\end{cases}$
城市微小区—街道	$P_{\mathrm{LOS}}=\begin{cases}1, d_1'\leqslant 18\mathrm{m}\\ \dfrac{18}{d_1'}+\exp\left(-\dfrac{d_1'}{36}\right)\left(1-\dfrac{18}{d_1'}\right), 18\mathrm{m}<d_1'\end{cases}$
城市宏小区	$P_{\mathrm{LOS}}=\begin{cases}1, d_1'\leqslant 18\mathrm{m}\\ \left[\dfrac{18}{d_1'}+\exp\left(-\dfrac{d_1'}{36}\right)\left(1-\dfrac{18}{d_1'}\right)\right]\left[1+C'(h_{\mathrm{UT}})\dfrac{5}{4}\left(\dfrac{d_1'}{100}\right)^3\exp\left(-\dfrac{d_1'}{150}\right)\right], 18\mathrm{m}<d_1'\end{cases}$ 其中：$C'(h_{\mathrm{UT}})=\begin{cases}0, h_{\mathrm{UT}}\leqslant 13\mathrm{m}\\ \left(\dfrac{h_{\mathrm{UT}}-13}{10}\right)^{1.5}, 13\mathrm{m}<h_{\mathrm{UT}}\leqslant 23\mathrm{m}\end{cases}$
室内—混合型办公室	$P_{\mathrm{LOS}}=\begin{cases}1, d_1'\leqslant 1.2\mathrm{m}\\ \exp\left(-\dfrac{d_1'-1.2}{4.7}\right), 1.2\mathrm{m}<d_1'<6.5\mathrm{m}\\ \exp\left(-\dfrac{d_1'-6.5}{32.6}\right)\times 0.32,\ 6.5\mathrm{m}\leqslant d_1'\end{cases}$
室内—开放型办公室	$P_{\mathrm{LOS}}=\begin{cases}1, d_1'\leqslant 5\mathrm{m}\\ \exp\left(-\dfrac{d_1'-5}{70.8}\right), 5\mathrm{m}<d_1'<49\mathrm{m}\\ \exp\left(-\dfrac{d_1'-49}{211.7}\right)\times 0.54, 49\mathrm{m}<d_1'\end{cases}$

2. O2I 模型

O2I（Outdoor-to-Indoor）模型的路径损耗定义如下：

$$\mathrm{PL}=\mathrm{PL}_b+\mathrm{PL}_{\mathrm{tw}}+\mathrm{PL}_{\mathrm{in}}+N\left(0,\sigma_P^2\right) \tag{5-17}$$

式中，PL_b 为室外自由空间传播损耗；$\mathrm{PL}_{\mathrm{tw}}$ 为透过建筑物外墙的损耗；$\mathrm{PL}_{\mathrm{in}}$ 为室内产生的损耗；$N\left(0,\sigma_P^2\right)$ 为渗透损失的标准方差；而 $\mathrm{PL}_{\mathrm{tw}}$ 又定义为：

$$\mathrm{PL}_{\mathrm{tw}}=\mathrm{PL}_{\mathrm{npi}}-10\lg\left(\sum_{i=1}^{N}P_i\times 10^{\frac{L_{\mathrm{m}}}{-10}}\right) \tag{5-18}$$

式中，$\mathrm{PL}_{\mathrm{npi}}$ 为非垂直入射损耗；L_{m} 为材料的穿透损耗。

表 5-2 所示为对损耗分类的加权平均，表 5-3 所示为 O2I 建筑物渗透损失模型（f 为毫米波频率，$0.5\mathrm{GHz}\leqslant f\leqslant 100\mathrm{GHz}$）。

表 5-2　对损耗分类的加权平均

材　料	穿透损耗/dB
标准多窗格玻璃	$2+0.2f$
红外反射玻璃	$23+0.3f$
混凝土	$5+4f$
木材	$4.85+0.12f$

表 5-3　O2I 建筑物渗透损失模型

模　型	PL_{tw}	PL_{in}	σ_p
低损耗模型	$5-10\lg\left[0.3\times10^{\frac{-(2+0.2f)}{10}}+0.7\times10^{\frac{-(5+4f)}{10}}\right]$	$0.5d_1'$	4.4
高损耗模型	$5-10\lg\left[0.7\times10^{\frac{-(23+0.3f)}{10}}+0.3\times10^{\frac{-(5+4f)}{10}}\right]$	$0.5d_1'$	6.5

3. SCME 模型

SCME（Space Channel Model Extended）模型，即 SCM（Space Channel Model）扩展模型。这是为了适应更大的带宽及不同的载频要求，在 SCM 模型的基础上进行扩展而得出的信道模型。SCM 模型支持 5MHz 信道带宽和 2GHz 载频，经过扩展，SCME 模型支持 100MHz 信道带宽和 6GHz 载频。与 SCM 模型相比，SCME 模型新增了室内场景和郊区场景（可选）。SCME 模型支持 4 种基本场景和 1 种可选场景：城市微小区（UMi）、城市宏小区（UMa）、农村宏小区（RMa）、室内热点（InH）、郊区宏小区（SMa）。

SCME 信道模型是基于散射体的随机模型，此模型没有明确定义散射体的位置，但是该模型通过角度、时延、功率等一系列信道参数来描述信号的路径。SCME 模型采用簇代表在空间域或时间域可分辨的传播路径，簇由多条射线组成，簇内射线在时间域不可分离，且在不同场景，单条链路下，簇的类型和数量不同。具有最强功率的两个簇要各自裂成 3 个子簇。SCME 模型与 SCM 模型最大的不同之处在于引入了中径的概念，SCM 模型设置了固定的 6 条主径，每条主径分为 20 条子径，每条子径都是互相独立的，有着不同的信道参数。SCME 模型中的每条主径分为 3 条中径，不同中径对应不同的功率和时延。

在 SCME 模型中，从发送端到接收端的所有传播路径的总和称为一条链路。下面将以室内场景为例，简单计算室内场景下的总路径损耗。室内场景可

分为 LOS 和 NLOS 两种情况在 LOS 情况下和 NLOS 情况下的路径损耗：

$$\mathrm{PL}=\begin{cases}16.9\lg(d)+32.8+20\lg(f),3\mathrm{m}<d<100\mathrm{m}\ (\mathrm{LOS})\\43.3\lg(d)+11.5+20\lg(f),10\mathrm{m}<d<150\mathrm{m}\ (\mathrm{NLOS})\end{cases}\quad(5\text{-}19)$$

其中，室内发射基站高度 h_{BS} 取 3m≤h_{BS}≤6m；接收终端高度 h_{UT} 取 1m≤h_{UT}≤2.5m；d 为发送端与接收端之间的距离，单位为 m；f_c 为载频，单位为 MHz。

在室内场景中，一条链路是 LOS 还是 NLOS 则是通过概率分布来决定的，P_{LOS} 为一条链路是 LOS 链路的概率：

$$P_{\mathrm{LOS}}=\begin{cases}1,d\leqslant 18\mathrm{m}\\\exp\left(-\dfrac{d-18}{27}\right),18\mathrm{m}<d<37\mathrm{m}\\0.5,d\geqslant 37\mathrm{m}\end{cases}\quad(5\text{-}20)$$

计算出在 LOS 情况下和 NLOS 情况下的路径损耗后，还需要考虑由于不同地形或周围建筑物所造成的阴影衰落，该场景下 LOS 情况下的阴影衰落标准方差为 3dB，NLOS 情况下的阴影衰落标准方差为 4dB。

5.1.3　毫米波通信在 5G 中的应用

众所周知，毫米波的应用场景主要针对大带宽、高容量的应用，面向高频段的 eMBB 场景，可用于人口密度大、网络容量需求大的热点区域。根据 3GPP TR38.913 定义，与高频段应用相关的场景分别为室内热点、密集城区、宏覆盖、高速铁路接入与回传及卫星扩展到地面。但一般认为毫米波的应用场景是前两种，毫米波用于宏覆盖投资太大，运营商基本不会考虑。

另外一种可能的应用场景是，运营商利用毫米波系统的大规模阵列天线技术，通过波束赋形，一部分波束可用于网络回传，另一部分波束可用于容量覆盖，从而替代传统的光纤网络，节省网络部署成本。

未来毫米波系统可以用于室内场馆及办公区覆盖，也可应用于室外热点覆盖、无线宽带接入等，可以与 6GHz 以下移动通信网络协同组成双连接异构网络，实现大容量和广覆盖的有机结合，未来市场空间巨大。毫米波的特性决定其组网模式也呈现新特点。根据波段的特性，5G 将利用低频和中频进行连续覆盖，利用高频进行热点覆盖，而且高频段和中低频段可采用双连接方式融合组网。另外，由于毫米波系统集成的天线数量及射频通道数量都很高，因此，成本问题和散热问题需要重点考虑，高低频协同组网才能更好地满足用户对覆盖及容量的需求。

5.2 可见光通信技术

可见光通信技术（Visible Light Communication，VLC）是指利用可见光波段的光作为信息载体，无须光纤等有线信道的传输介质，利用 LED 灯人肉眼感受不到的明暗交替闪烁进行数据传输的一种通信方式，是一种将传统照明与无线通信和网络融合的创新方法，如图 5-3 所示。

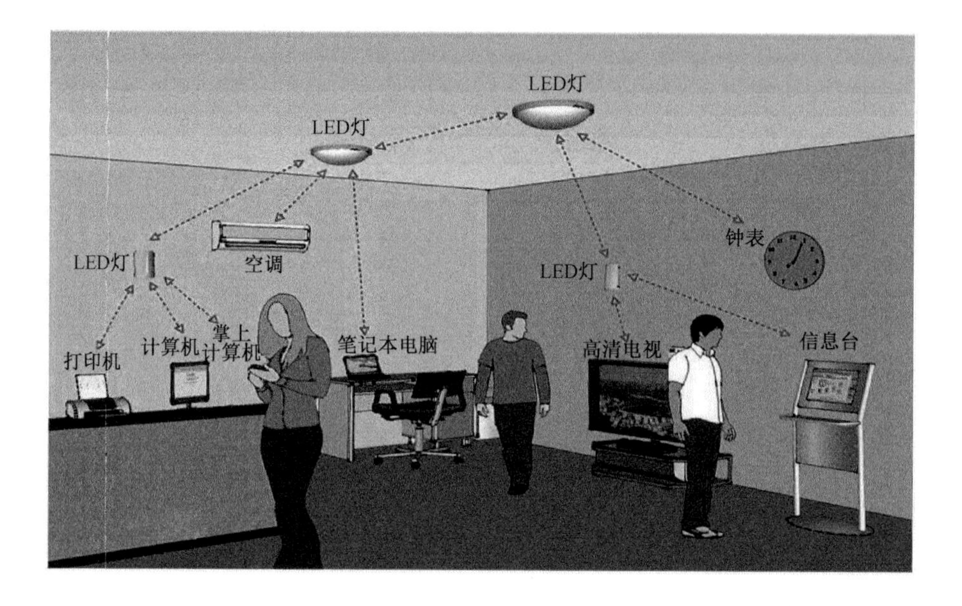

图 5-3 室内可见光通信系统

5.2.1 可见光通信概述

室内可见光LED灯以其亮度高、散热少、调制性能好、发射功率大等优点满足了室内日常照明和通信的双重要求。在目前的无线通信研究中，主要采用下列途径制造白光 LED 光源：第一种是采用黄色的荧光粉吸收部分蓝色 LED 光，并激发出黄光，黄光和剩余的蓝色 LED 光会混合形成白色的 LED 光，如图 5-4 所示；第二种是将红色、蓝色、绿色三原色 LED 光按照一定的比例混合，合成高亮度的白光，如图 5-5 所示。

第一种基于荧光粉产生白色LED光的方法的封装和实现工艺相对简单，成本低廉，是目前生产LED 白光的主流技术。此外，荧光粉的使用会引入额外的时间延迟，且荧光粉在使用过程中会退化，从而影响 LED 光的上升和下降时间，影响整个通信系统的通信质量。

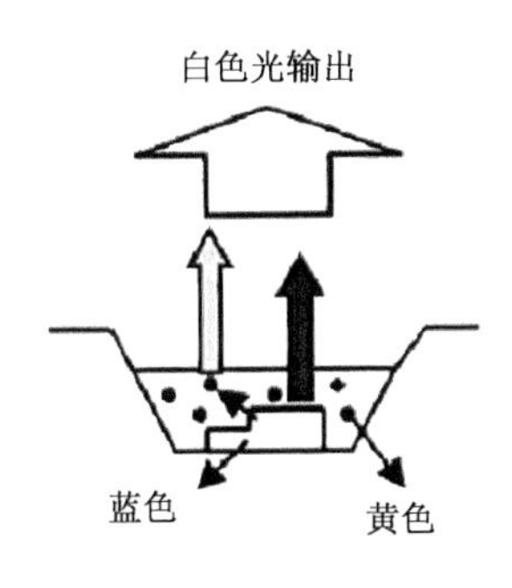

图 5-4　蓝黄混合 LED 光

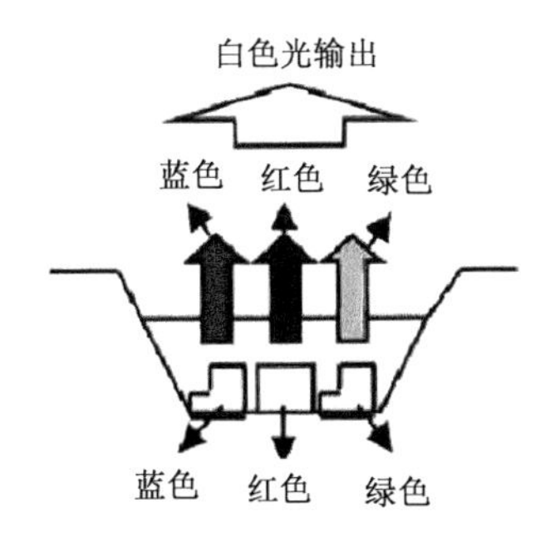

图 5-5　蓝红绿混合 LED 光

利用 LED 灯光进行数据传输将成为新一代绿色高效的无线通信方式。与现有的传统无线通信技术相比，可见光通信具有以下特点：

（1）高速率。与现在部署的无线通信技术每秒几十兆比特的速率相比，可见光通信技术可以实现超过 10Gb/s 的数据速率，比超高速宽带快 250 倍。

（2）高密度覆盖。Li-Fi 非常适合需要高密度覆盖的地方，但 Wi-Fi 一般适用于无线覆盖。同时可以对现有部署的无线通信覆盖的盲区进行补充，如隧道、地下矿井、地铁等无线通信信号不畅的地方。

（3）保密性和安全性。无线通信的射频信号对人体有害，并且容易对其他设备造成电磁干扰，同时还会出现电磁泄漏现象，不适用于飞机等对电磁敏感的场合及对信息保密度要求高的领域。而可见光没有电磁泄漏现象，且很容易被不透明材料遮挡，不能穿透墙壁，具有极高的安全性和保密性。

（4）成本低廉。现有的无线通信技术为了满足通信数据日益增长的要求，需要大量部署基站，以保证通信质量和通信信号，但是大部分能量都是用在冷却上，能源利用率只有 5% 左右。可见光通信具有很高的能量利用率，信号由 LED 灯发出，高效简单。此外，Li-Fi 技术免授权，比其他许可技术便宜，预计比 Wi-Fi 便宜 10 倍。

（5）更丰富的频谱资源。目前用于通信、导航、雷达、广播及无线电视的电磁波从长波到毫米波全波段的频率范围为 10kHz ~ 300GHz，全部频谱宽度不大于 3×10^2GHz，几乎接近满容量；而可见光的频率范围为 $3.85\times10^6 \sim 7.89\times10^6$GHz，频谱宽度大于 4×10^6GHz，是射频谱的 10000 多倍，几乎没有容量限制。

（6）动态负载均衡。Li-Fi 和 Wi-Fi 都可用于混合网络。在 Wi-Fi 具有非常高的负载的情况下，它可以在切换之后由 Li-Fi 共享，以便平衡负载，减轻通信系统压力。

5.2.2 可见光通信的国内外研究现状

1. 国外研究现状

20 世纪初，日本学者对可见光通信投入了大量的人力物力，开始了对可见光通信的研究，提出了 LED 可见光通信的接入方案。2001 年，庆应义塾大学的研究团队提出了将交通信号灯用于可见光通信的设想，并对信道模型、系统的调制解调方式、数据传输速率等特性进行分析研究。研究结果表明，数据传输速率较低时，采用 OOK 调制技术系统性能更佳，而数据传输速率较高时则采用 OFDM 调制方式效果更好。此外，他们也提出了将可见光通信系统应用在道路照明中，这样司机与行人之间可以通过照明灯通信而互不干扰，减少交通事故的发生。2004 年，M. Nakagawa 研究团队对室内可见光通信系统进行进一步的研究和探索，建立了可见光信道模型，研究了可见光 LED 阵列在不同布局情况下的信道冲激响应、数据传输速率、信噪比分布、码间干扰等。同时，他们还研究了接收端视场角大小对数据传输速率的影响。仿真结果表明视场角越小，数据传输速率越高，甚至可以达到 10Gb/s 的数量级。2005 年，Toshihiko Komine 等人在可见光 LED 通信系统中采用了自适应均衡技术，还引入了基于训练序列的信道估计算法来提高系统通信性能。2008—2009 年，日本研究人员将海上灯塔作为发射端验证了可见光通信系统，通信距离为 2000m，通信速率达到 1000 多比特每秒；此外，他们还将可见光通信系统应用于数字广告牌和室内定位系统，均取得了实质性进展。2009 年至今，日本研究团队对可见光无线通信系统的广泛应用进行了大量试验和研究，取得了一系列成就，如室内盲人导航、机器人定位、智能交通灯、超市购物应用等。

2008 年，美国政府开启了“智慧照明”计划，该计划专门用于研究可见光通信，有多所研究机构参与了该项计划，旨在将可见光作为连接无线设备和 LED 照明设备的接入媒介。波士顿大学的研究人员对现有可见光通信系统进行了改进，构建了可见光通信系统信道模型，对色移键控（CSK）调制技术、MIMO 技术和小区缩放技术进行了进一步改进，以更好地应用于可见光通信系统。佐治亚理工学院的研究人员主要关注 OFDM 调制技术及其改进技术在可见光通信中的应用，并提出了一些改进措施。他们仿真分析了 OFDM 调制技术中的峰均比（Peak-to-Average Power Ratios，PAPR）性能特征和对可见光通信性能的影响。为了减少或避免 PAPR 过大对通信性能的影响，他们进一步研究了在 OFDM 调制下保持照明的稳定性。总体而言，美国研究团队主要关注可见光通

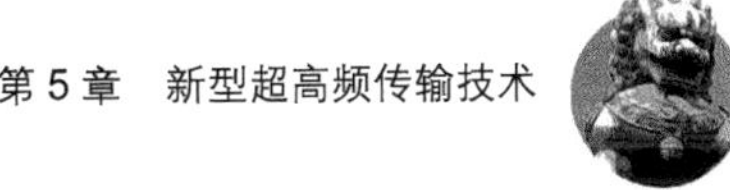

信系统的改进和创新方案。

2008 年，在欧洲开始的 OMEGA（The Home Gigabit Access）计划中，可见光通信技术被作为重点研究对象。海因里希-赫兹研究所主要关注单个 LED 采用 OOK 或 OFDM 调制方式实现高速可见光通信。通过理论分析和仿真验证，他们提出的离线分析系统实现了单个 LED 806Mb/s 的通信速率。英国牛津大学的研究人员主要研究了均衡技术和 MIMO 技术在可见光通信系统中的应用，通过多路并行实现高速可见光通信系统。此外，他们还研究了可见光通信系统中 OFDM 多种调制方式。英国思克莱德大学和爱丁堡大学的研究主要专注于新型 LED 及其在可见光通信方面的应用。他们对可见光 LED 阵列调制带宽进行试验，并成功应用于可见光无线通信系统中，获取了 Gb/s 数量级的速率。意大利比萨圣安娜高等研究大学的研究主要关注高速和非准直情况的可见光通信系统。他们采用 DMT 调制方式，在非视距传播路径下对可见光通信系统进行研究，分别达到了 200Mb/s 和 250Mb/s 的速率。总体而言，欧洲主要着重新型 LED 器件和高速率可见光通信系统的研究。

2000 年，日本庆应义塾大学和索尼研究所提出以 LED 灯作为通信的基站，在室内进行信息无线传输的构想。Tanaka 与 Komine 等人于 2002 年正式提出电力线的载波通信与 LED 可见光通信融合的数据传输系统。2003 年，经中川倡导建立可见光通信联合体，NEC、索尼等研究单位和企业共同参与。在 2008 年东京国际电子展上，太阳诱电株式会社首次展出 LED 光通信产品的样机。

2. 国内研究现状

相比日本、美国和欧洲，我国对可见光通信技术的研究起步较晚，但在国内学者的努力下，对可见光通信技术的研究也取得了一系列成果。目前，进行可见光通信研究的机构主要有清华大学、复旦大学、北京邮电大学、中国科技大学、中国科学院半导体研究所等。

清华大学科研人员研究了室内可见光局域网通信系统的信道特性、信道容量和 LED 等特性。此外，他们还研究了可见光通信系统中 OFDM 调制技术及改进方案、室内可见光精确定位技术，以及将可见光通信技术与电力线相融合的通信技术。

北京邮电大学科研人员深入地研究了可见光通信信道模型、LED 驱动电路均衡技术等。2010 年，他们提出了基于光子追踪的室内可见光通信系统仿真算法，与传统的光追踪算法相比，该算法的效率和复杂度有了较大改进。在上述研究的基础上，他们还研究了室内不同接收位置下的信号均方根时延扩展，估算最大速率；他们提出的均衡电路扩展了可见光通信系统带宽，降低了系统误码率。此外，他们在室内可见光通信系统模型、可见光 LED 阵列布局、室内定位系统等方面均有深入研究。

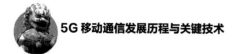

暨南大学科研人员成功研制了白光 LED 通信系统，并在 2010 年的上海世博会展出。2015 年，解放军信息工程大学的宏毅教授承担的“863”计划项目在“可见光通信关键技术”中取得突破，实现了 50Gb/s 的速率。复旦大学科研人员采用 QAM-OFDM 技术调制的 RGB-LED 实现双向通信，还提出了基于 2×2 成像的 MIMO 技术单向数据传输；2015 年，他们利用 CPA 高阶调制技术和后均衡技术，并采用 RGB-LED，使传输速率达到了 8Gb/s。

东南大学的研究团队从多用户接入、信道容量、多光源布局、可见光 OFDM 调制到信道均衡等方面，对可见光通信系统进行了广泛深入的研究，并提出了一些改进方案，并进行了仿真研究。

总体来看，我国对可见光通信系统的研究，大部分还停留在试验研究阶段，与国际领先水平还存在差距，在进一步研究可见光通信系统、开阔可见光应用前景上还需要不断努力。

5.2.3 可见光通信正交频分复用技术原理和实现方法

传统的频分复用（FDM）系统将整个带宽分成 N 个互不重叠的子频带，并且通常会在各子频带加入保护带宽以防止子频带间相互干扰，造成频谱资源的浪费。为了解决这个问题，可见光通信正交频分复用（OFDM）系统采用 N 个重叠的正交子频带，如图 5-6 所示，在接收端利用了子载波的正交性，无须分离频谱即可将数据提取出来，可见 OFDM 系统可以极大地节约频谱资源。

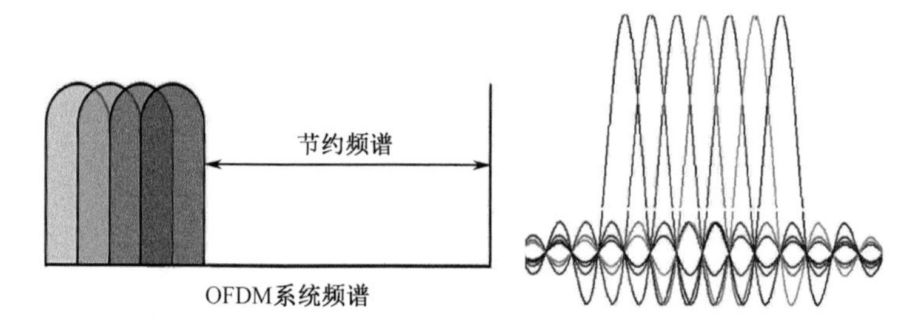

图 5-6 OFDM 信号频谱图

图 5-7 为 OFDM 系统原理，发送端将传输数据加载到 k 路调制子载波并进行叠加，通过无线信道传输，最后接收端对信号进行接收调解。原始信号 (a_1, a_2, a_3, …, a_k) 经过发送端调制后生成的叠加信号 $s(t)$ 和第 k 路调制子载波 $s_k(t)$ 为：

$$s(t)=\sum_{i=-\infty}^{+\infty}\sum_{k=1}^{N}a_{ki}s_k\left(t-iT_s\right) \tag{5-21}$$

$$s(t)=\varPi(t)\exp\left(\mathrm{j}2\pi f_k t\right)\varPi(t)=\begin{cases}1, 0<t<T_s\\0, T_s<t\leqslant 0\end{cases} \tag{5-22}$$

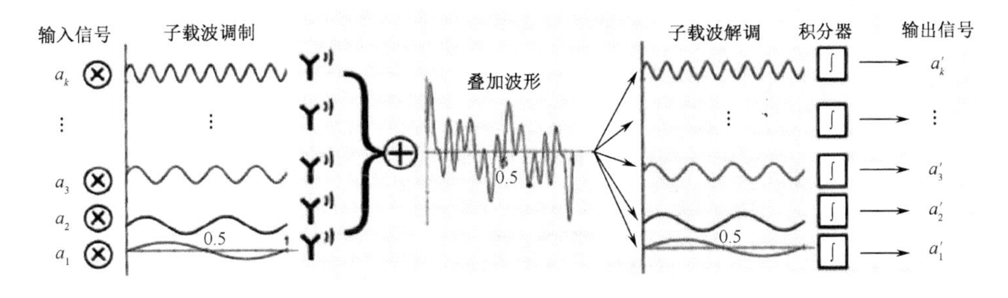

图 5-7　OFDM 系统原理图

式中，a_{ki} 为第 k 路子载波上的第 i 个信息符号；f_k 为第 k 路子载波频率；T_s 为符号周期；$\varPi(t)$为脉冲形成函数。接收端进行接收解调后的信号 a'_{ki} 为：

$$\begin{aligned}a'_{ki}&=\frac{1}{T_s}\int_0^T r\left(t-iT_s\right)s_k^*\left(t-iT_s\right)\mathrm{d}t\\&=\frac{1}{T_s}\int_0^{T_s} r\left(t-iT_s\right)\exp\left(-\mathrm{j}2\pi f_k t\right)\mathrm{d}t\end{aligned} \tag{5-23}$$

式中，$s_k^*(t)=\varPi(t)\exp(\mathrm{j}2\pi f_k t)$为第 k 路解调子载波；$r(t)$为接收的时域信号。

两个子载波之间 $s_k(t)$和 $s_k^*(t)$的相关性可表示为：

$$\begin{aligned}\delta_{kl}&=\frac{1}{T_s}\int_0^{T_s} s_k\left(t-iT_s\right)s_l^*\left(t-iT_s\right)\mathrm{d}t\\&=\exp\left[\mathrm{j}\pi\left(f_k-f_l\right)T_s\right]\frac{\sin\left[\pi\left(f_k-f_l\right)T_s\right]}{\pi\left(f_k-f_l\right)T_s}\end{aligned} \tag{5-24}$$

由此可得，当 $f_k-f_l=\dfrac{m}{T_s}$ 时，这两个子载波正交，接收端通过式（5-24）匹配相应的滤波器恢复原始信号，即可实现可见光系统的高速通信。

OFDM 调制技术具有极强的抗多径能力，在现代无线通信领域中获得了广泛应用。此外，将 OFDM 技术和 MIMO 技术结合起来，可以将在接收端接收到的多个 LED 阵列发出的光信号解调为多个平行子信道，收发端数据的并行传输可以成倍提高光通信质量和系统性能，还可以使不同用户占用不同的子载波通信信道，实现了无线通信系统下行链路多用户数据传输。

5.2.4 降低 VLC-OFDM 系统峰均功率比的 PTS 技术

PTS 技术是一种加权相位搜索优化技术，它是搜索出一个加权因子组合并将分组后的每个子载波块乘以这个组合中的一个加权因子，使得这个信号的 PAPR 值达到最小。PTS 技术原理如图 5-8 所示。

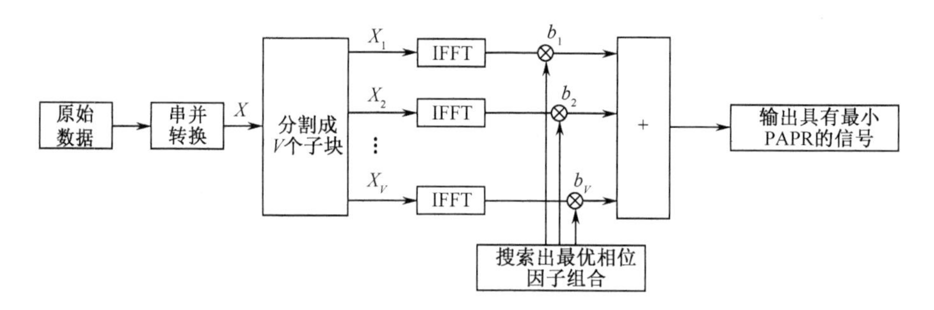

图 5-8 PTS 技术原理

首先，原始数据流经过串并转换以后，变为由 N 个子载波同时传输的并行数据流。之后将 N 个并行数据流划分为 V 组，那么划分后的任意一组就会含有原信号 N/V 个子载波的数据。将每组的 N/V 个子载波合成后进行 IFFT，变为 V 组时域信号。在将它们相加之前要分配给它们一个加权系数。因为有 V 组时域信号，所以就需要得到一个相位因子组合$[b_1, b_2,\cdots, b_v]$（v=1,2,⋯,V），一般相位的选择设为 $b_v=e^{j\theta}$，本书经过试验对比，并考虑搜索的复杂度和降低 PAPR 的效果两方面因素，令其可选范围为{1, −1}，这样保证了良好的降低 PAPR 效果，又减少了算法的计算量。

PTS 技术的核心环节就是搜索最佳的相位因子组合$[b_1, b_2,\cdots, b_v]$，使经式（5-25）处理的信号具有最小的 PAPR。

$$X=\sum_{m=1}^{V} b_m X_m \tag{5-25}$$

传统 PTS 技术的搜索方式是采用的枚举法。因为加权相位是从{1, −1}中选择的，若将全部传递信号的子载波划分成 V 块，每个子载波块都要从中选择一

个旋转因子，那么就会有 2^V 种不同的匹配组合。假设第一个旋转因子固定为 1，则需要枚举 2^{V-1} 次来确定最优组合，所以算法复杂度是非常高的。

此外，上文提到的分割方式包括相邻分割、交织分割和随机分割 3 种。

如图 5-9 所示，随机分割指的是分割后，每个子载波块中子载波对应的频率是不固定的，是完全从 N 个子载波中随机选取 N/V 个的。交织分割指的是把系统的 N 个子载波按频率次序依次划分其中一个给对应的子载波块，并且一个子载波块获得一个子载波后就轮到下一个，依次循环，直至将 N 个子载波划分完成。相邻分割指的是将每 N/V 个相邻的子载波分给其中一个子载波块，直至将 N 个子载波全部分完而得到 V 个子载波块。

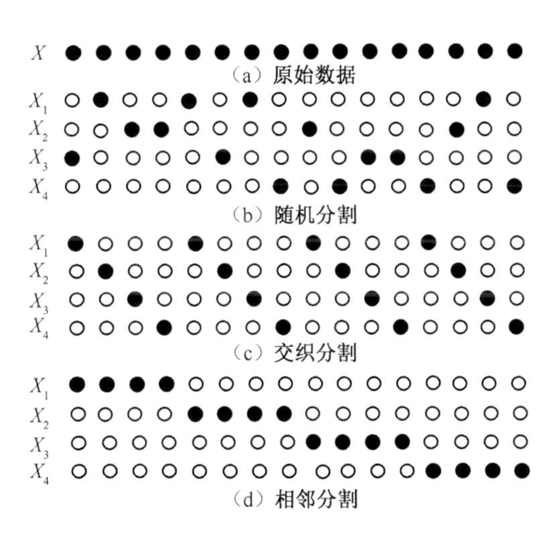

图 5-9　分割方式

为了确定到底哪个分割方式为最优的分割方式，我们通过 MATLAB 进行仿真，观察它们的 CCDF 曲线，来对比 3 种分割方式下各自的性能。其中，子载波个数为 N=128，划分的块数为 V=4。

图 5-10 为 3 种分割方式下 PTS 技术降低 PAPR 的 CCDF 曲线图。可以清晰地看出，在 3 种分割方式中，交织分割的效果最差，PAPR=8.59dB。相邻分割和随机分割降低 PAPR 的效果很接近，采用相邻分割方法降低后的 PAPR 为 7.74dB，采用随机分割方法降低后的 PAPR 为 7.72dB。基于此，我们在接下来的试验中放弃了交织分割这一方式，拟从相邻分割和随机分割中选择一种。后来考虑随机分割会具有随机性，性能可能不稳定。对于可见光通信，必须能够保证长时间的稳定通信，因此我们最终选择了相邻分割。最终的新算法也全是

基于相邻分割的，后续仿真工作也证明了相邻分割的效果非常好也非常稳定。

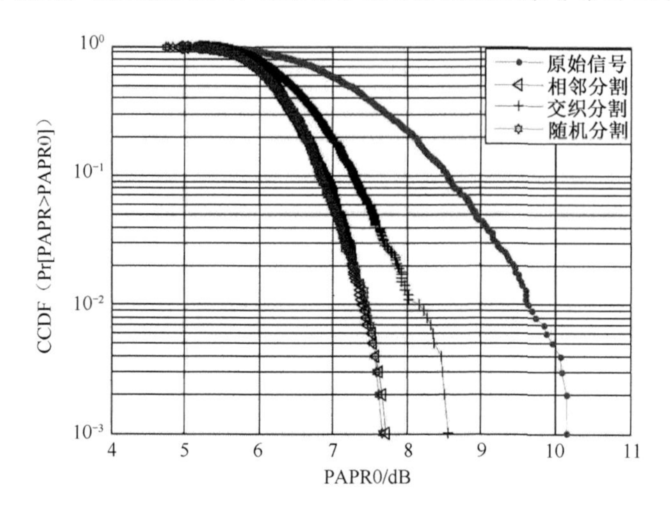

图 5-10　3 种分割方式下 PTS 技术降低 PAPR 的 CCDF 曲线图

5.2.5　波峰反馈与遗传算法相结合的 PTS 技术降低 VLC-OFDM 系统峰均功率比的方法

爬山算法具有出色的局部优化能力，能够弥补遗传算法局部搜索能力不足的缺陷。但是爬山算法的算法复杂度过高，不利于实现高速实时通信。因此需要研究出一种更加高效的算法来代替爬山算法。

1. 改进波峰反馈算法

改进波峰反馈（PFA）算法是将时域信号的峰值点作为参考点，创新地提出将参考点处的各子载波时域信号值进行排序，依次旋转相位，以降低系统的 PAPR。

改进 PFA 算法的核心思想是：对于具有高 PAPR 的信号，降低信号的峰值是降低 PAPR 最有效的途径；而对于降低信号峰值的操作，首先旋转该峰值点处对峰值贡献最大的子载波块来降低信号峰值的概率更大，从而使降低系统 PAPR 的概率更大。

图 5-11 所示为一个处理前的时域 VLC-OFDM 信号，虚线标记出了该信号的最大幅值点，即波峰反馈算法的采样点。

我们将该 VLC-OFDM 信号分解为 4 个子载波块，将每个子载波块合成时域信号，如图 5-12 所示。

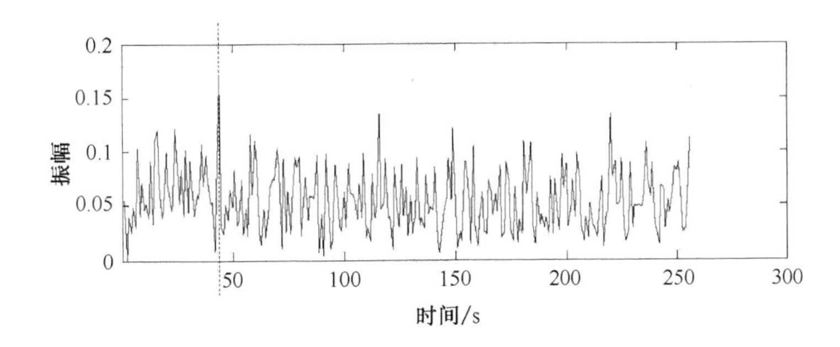

图 5-11　处理前的时域 VLC-OFDM 信号

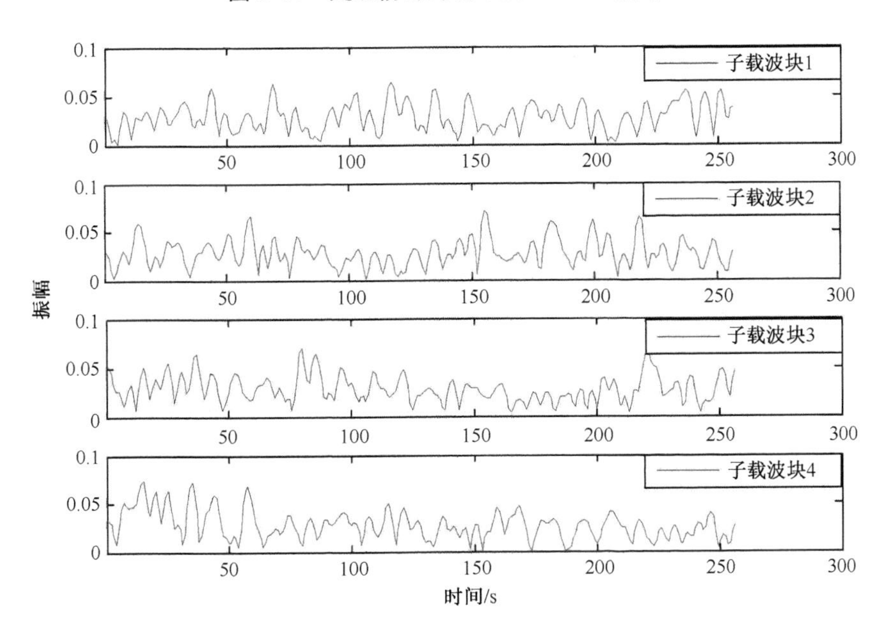

图 5-12　分解为 4 个子载波块的时域信号

在图 5-12 中，我们标记了由图 5-11 确定的信号采样点。接下来我们要比较该采样点处各子载波块时域信号的幅值，结果如表 5-4 所示。

表 5-4　采样点处的时域信号幅值

名　称	幅值大小
子载波块 1	0.052
子载波块 2	0.033
子载波块 3	0.037
子载波块 4	0.053

由表 5-4 可知，子载波块 4 具有最大的幅值，因此我们首先旋转子载波块 4 的相位，其余 3 个子载波块的相位不变，将旋转后的时域信号合成，如图 5-13 所示。

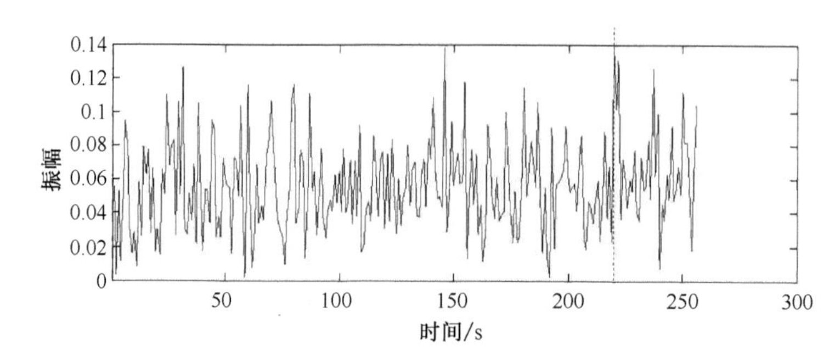

图 5-13 处理后的时域 VLC-OFDM 信号

从图 5-13 中我们可以看到，经过处理的信号的峰值比图 5-11 中的信号峰值明显下降了，表 5-5 给出了处理前后信号幅值及 PAPR 对比。

表 5-5 处理前后信号参数对比

名 称	信号幅值	PAPR/dB
处理前信号	0.17	9.96
处理后信号	0.14	9.74

通过表 5-5 的对比可知，通过旋转第 4 个子载波块的相位，信号的峰值及 PAPR 均得到了明显的下降，由此证明了改进 PFA 算法的思想是可行的。

如图 5-14 所示，改进 PFA 算法步骤如下：

（1）计算初始信号的 PAPR，并把它记作 PAPR0。找出信号的峰值点，即采样点。

（2）将信号分割成 V 个子数据块，分别求出 V 个子数据块上该采样点所对应的幅值，按照其采样点值以降序排列该信号的 V 个子块，并将序列号设置为 i（初始值为 1）。此时，子块的最大幅值对应序列号 1。

（3）将系数组合$[b_1, b_2,\cdots, b_v]$中的第 i 个乘以−1 进行相位旋转，此时有 b_i 变为$-b_i$，组合中其他的系数维持不变。

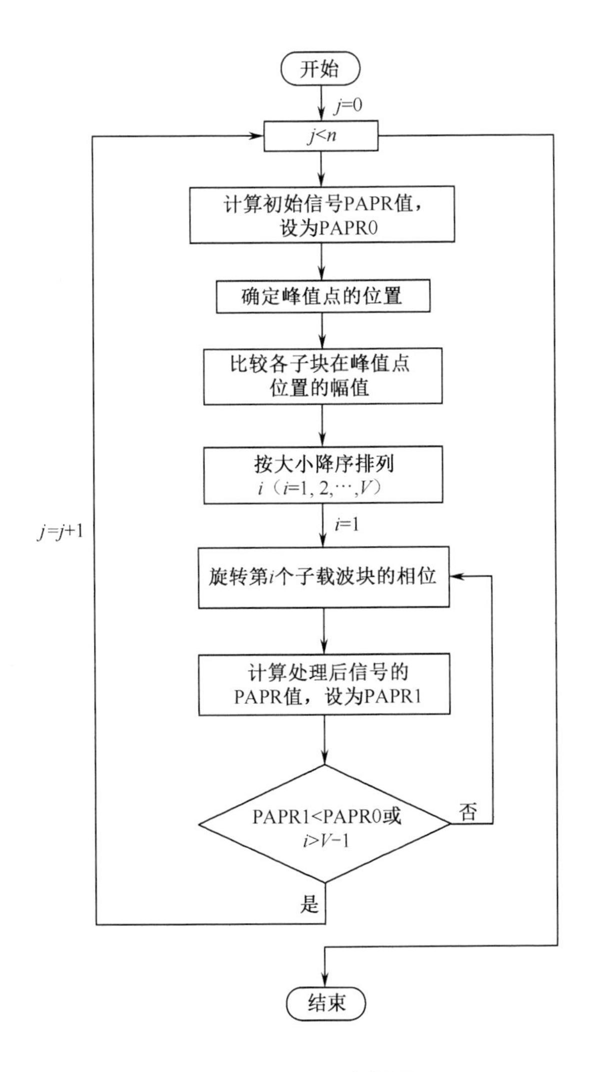

图 5-14　PFA 流程图

（4）计算变化后的加权组合处理的信号 PAPR，若改变后的系数组合处理的信号 PAPR 值比前系数组合处理的信号 PAPR 值小，那么这次旋转操作保留，进行下一步判断。若大小比较结果相反，则此次旋转操作恢复原状。我们应该用加权因子−1 乘以第二大子块（i=2）的信号，其他相位因子保持不变，如果改变后的加权系数组合$[b_1, b_2,\cdots, b_v]$所对应的 PAPR 值小于改变前的 PAPR 值，则此次操作有效；反之，此次操作无效。继续操作下一个子数据块，直到得到一个较小的 PAPR 值。

（5）当 PAPR1 < PAPR0 或 $i > v-1$ 时，达到本代 PFA 操作的终止条件，令

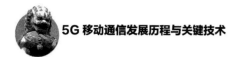

迭代次数 $j=j+1$，继续重新执行下一代操作，直到 $j=n$ 达到预先设置的迭代次数，结束本次 PFA 操作。

PFA 算法具有出色的局部寻优能力，并且因为给出了处理次序，一旦旋转某个相位后的 PAPR 值下降了，那么一次迭代的 PFA 操作就结束了，所以该算法的复杂度也是很小的，避免了一些不必要的计算。下文会将该算法与具有出色全局搜索能力的遗传算法相结合，期望达到优势互补，具有出色的降低 PAPR 效果，并且具有一个较低的计算量。

2. GAPFA-PTS 算法

GAPFA-PTS 算法原理如图 5-15 所示。

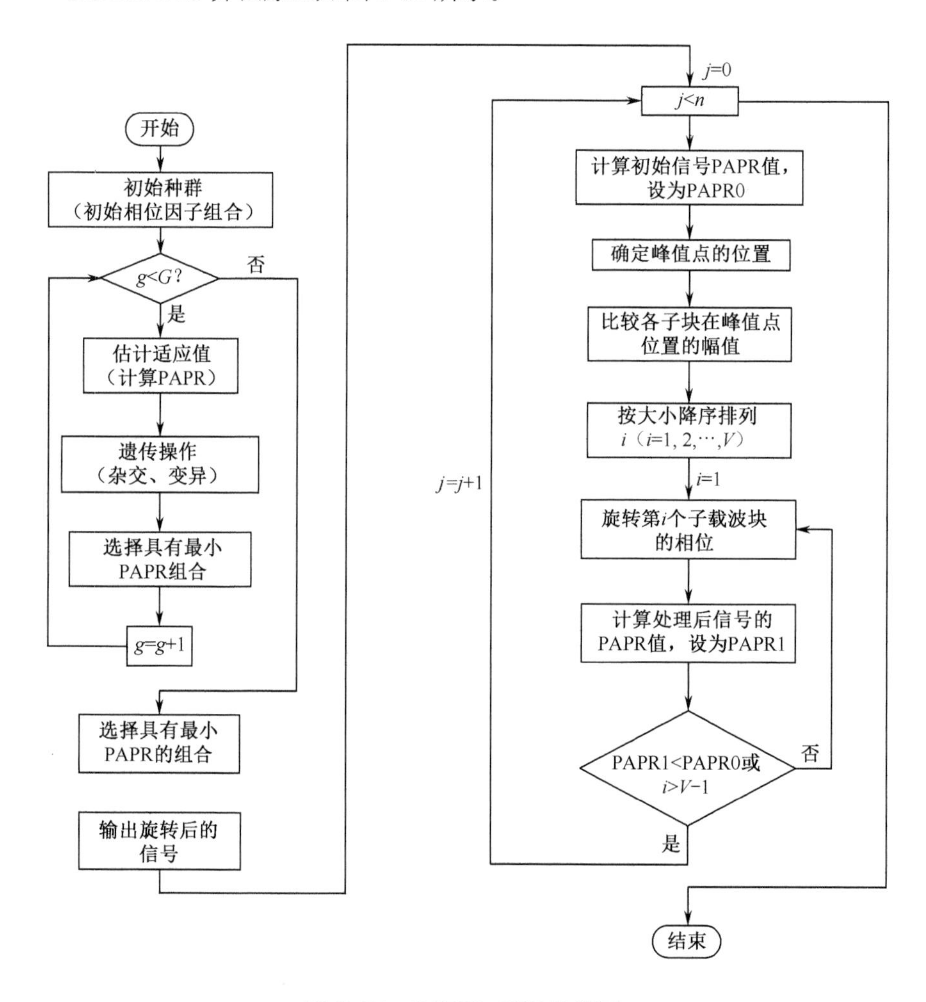

图 5-15　GAPFA-PTS 流程图

用遗传算法结合改进波峰反馈算法处理信号，首先是利用遗传算法出色的全局搜索能力，用很少的复杂度搜索出一个具有不错处理结果的相位旋转因子组合。之后利用改进波峰反馈算法进行局部寻优，进一步调整由遗传算法搜出的相位旋转因子组合。具体步骤如下：

（1）首先将信号分割成 V 个子数据块，挑选出 Q 个初始种群作为遗传操作的父代，这 Q 个父代是从 W^V 种系数组合中随机挑选的。每个父代种群都是指相位因子组合$[b_1, b_2, \cdots, b_v]$，这个相位因子组合中的每个相位因子 b_v 均是指在处理子载波块加权合成时的系数。

（2）对上一步随机挑选产生的 Q 个父代完成两两配组，之后执行遗传操作。

（3）计算每组父代子代的 PAPR，挑选出最优的两个作为这一组的输出，更新进入 Q 个父代种群当中替代本次遗传操作对应的两个父代基因组合。

（4）重复执行步骤（2）~（3），直到遗传代数达到开始设定的代数为止。之后，从最后一代中依据 PAPR 大小选择最优的一个相位因子组合作为遗传操作部分的输出，传给改进 PFA 算法。

（5）计算初始信号的 PAPR，并把它记作 PAPR0。找出信号的峰值点，即采样点。

（6）分别求出 V 个子数据块上，该采样点所对应的信号幅值，按照其采样点值以降序排列该信号的 V 个子块，并将序列号设置为 i（i=1, 2, 3, ⋯, V）。此时，子块的最大幅值对应 1。

（7）将系数组合$[b_1, b_2,\cdots, b_v]$中的第 i 个数乘以−1，进行相位旋转，此时有 b_i 变为$-b_i$，组合中的其他系数维持不变。

（8）计算变化后的加权组合处理的信号 PAPR，并记为 PAPR1。如果 PAPR1 < PAPR0，那么这次旋转操作保留，进行下一步判断。若大小比较结果相反，则此次旋转操作恢复原状。我们用加权因子−1 乘以第二大子块（i=2）的信号，其他相位因子保持不变，如果改变后的 PAPR1 < PAPR0，那么这次旋转操作保留，进行下一步判断。若大小比较结果相反，则此次旋转操作恢复原状，继续操作下一个子数据块，直至得到一个较小的 PAPR 值。

（9）当 PAPR1 < PAPR0 或 $i > v-1$ 时，达到本代 PFA 操作的终止条件，令迭代次数 $j=j+1$，继续执行下一代操作，直到 $j=n$ 达到预先设置的迭代次数，输出最终的加权系数组合，结束本次 PFA 操作。

融合后的 GAPFA-PTS 算法在理论上既拥有了出色的全局寻优功能，又有了出色的局部寻优功能。为了进一步验证结合后的GAPFA-PTS技术在全局寻优和局部寻优方面出色的性能，下文将利用MATLAB进行仿真验证。

3. GAPFA-PTS 性能的仿真分析

本节主要对 GAPFA-PTS、GA-PTS、GH-PTS 进行仿真分析，从算法复杂度、降低PAPR的性能及BER的表现来分析新算法的优越性。

1）算法复杂度分析

因为在算法复杂度分析的过程中，仿真所用到的几种算法中计算 PAPR 的计算量占总算法计算量的99%以上，为了更加清晰地反映算法复杂度的对比，以下复杂度分析中均以一次 PAPR 的计算为一个计算单位，其他的计算量（如比较大小、排序等步骤）近似为0。

在 GA-PTS 技术中，每个杂交过程都要进行4次 PAPR 计算，其中包括两个父代的 PAPR 计算及两个子代的 PAPR 计算。对于一个有 Q 个初始种群的父代系统，如果规定每代的杂交次数为 $Q/2$，而一共进行 G 代遗传操作，那么GA-PTS 的算法复杂度 CA_G 为（因为变异率一般设置的非常低，所以忽略变异带来的算法复杂度）：

$$\mathrm{CA}_G=\frac{4\times Q}{2\times G}=2\times Q\times G \tag{5-26}$$

在 GH-PTS 算法中，我们需要进行两步操作，先是遗传操作，后是爬山操作。前面已经分析了遗传操作的算法复杂度，所以只需要额外分析爬山操作的算复杂度。在每代爬山操作中，假设系统的子载波块数为 V 个，那么我们就需要计算 V 个 PAPR 值，如果延续遗传代数的设置，那么爬山操作的算法复杂度就是 $V\times G$，而 GH-PTS 的算法复杂度 $\mathrm{CA_H}$ 则为：

$$\mathrm{CA_H}=2\times Q\times G+V\times G \tag{5-27}$$

对于新算法 GAPFA-PTS，首先进行的遗传算法的算法复杂度与前面的计算方法相同。对于改进的PFA算法，因为每代PFA算法的复杂度是不固定的，它是由系统本身的 PAPR 及改变后的 PAPR 与改变前的 PAPR 进行比较而决定的。有时，可能一次迭代 PFA 算法只需要旋转一次相位便达到了终止条件，有时也可能需要旋转 V 次相位才能达到终止条件。为此我们需要求一个统计平均值 P_{M}，这个统计平均值是由1000个符号的仿真总计算复杂度 P_{Z} 决定的，可表示为：

$$P_{\mathrm{M}}=\frac{P_{\mathrm{Z}}}{1000} \tag{5-28}$$

由此得到 GAPFA-PTS 算法的计算复杂度 CA_P 为：

$$CA_P = 2 \times Q \times G + \frac{P_Z}{1000} \tag{5-29}$$

2）PAPR 性能仿真

对于遗传算法，无论是单点交叉，还是多点交叉方法，在进行杂交的过程中都需要在 Q 个种群中任意选出两个进行杂交，所以对于每个父代在该次杂交中被选中的概率为 $2/Q$。如果我们规定在一代遗传操作中需要进行 $Q/2$ 次杂交操作，并且一共要完成 G 代遗传操作，那么对于每个父代杂交的概率 P_{GA} 为：

$$P_{GA} = 1 - \left(1 - \frac{2}{Q}\right)^{\frac{Q}{2G}} \tag{5-30}$$

其他仿真参数设置如表 5-6 所示。

表 5-6　PAPR 仿真参数设置

参　数	值
调制方式	QPSK
子载波数	N=512
子载波块数	V=16
符号个数	1000
相位旋转因子	b_v=−1, 1
父代个数	Q=10
遗传迭代次数	G=4
PFA 操作次数	C=10
杂交概率	P_{GA}=0.988
变异概率	0.01

其 MATLAB 仿真结果如图 5-16 所示。

在图 5-16 中，我们仿真了 4 种 PTS 技术，分别是 Optimization-PTS 技术、GA-PTS 技术、GH-PTS 技术及新提出的 GAPFA-PTS 技术。表 5-7 列出了图 5-16 中各技术的计算量和性能的比较。

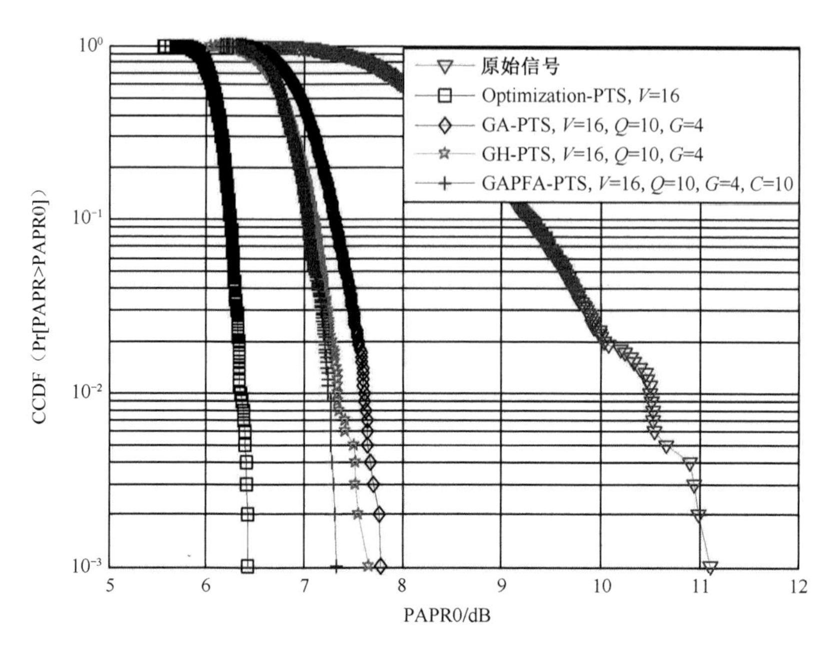

图 5-16 PAPR 对比图

表 5-7 3 种技术的计算量和性能的比较

技 术	计 算 量	PAPR 性能
原始信号	0	11.03
Optimization-PTS（W=2、V=16）	W^{V-1}=32768	6.45
GA-PTS（W=2、V=16、Q=10、G=4）	$2\times Q\times G$=80	7.89
GH-PTS（W=2、V=16、Q=10、G=4）	$2\times Q\times G+V\times G$=144	7.64
GAPFA-PTS（W=2、V=16、Q=10、G=4、C=10）	$2\times Q\times G+P_Z/1000$=92.497	7.32

从图 5-16 中可以看出，与原始信号相比，4 种 PTS 技术都很大程度地降低了信号的 PAPR，降低幅度均超过 3dB 以上。其中，传统最优化 PTS 技术的效果是最好的。但是通过表 5-7 中列出的数据可知，Optimization-PTS 技术由于采用枚举法，其算法复杂度过高，是其他技术的 200 倍以上，因此不适用于高速实时通信系统。新提出的 GAPFA-PTS 技术与 GH-PTS 技术及 GA-PTS 技术对

比，其性能是最好的。与 GA-PTS 技术相比，GAPFA-PTS 技术只牺牲了 12.497 次计算就多降低了 0.57dB 的 PAPR，改进效果非常明显。仿真结果同时也说明了 PFA 算法很好地弥补了 GA 算法的局部搜索能力，大幅度提升了降低 PAPR 的性能。与 GH-PTS 技术相比，新提出的 GAPFA-PTS 技术在少计算了 51.503 次 PAPR 的计算的情况下，降低 PAPR 的效果却提升了 0.32dB。究其原因，主要是爬山算法每次局部寻优都要把相位因子组合中的每个相位旋转一次，挑一个结果最好的，大量计算浪费在了一些可以有效避免的计算当中。而 PFA 算法通过排序后处理相位，一旦满足条件就结束本次操作，节约了额外的计算。不仅如此，PFA 将节约的计算用来适当增加迭代次数，效果非常明显。

3）BER 性能仿真

为了进一步证明 GAPFA-PTS 算法的可行性与稳定性，我们模拟了可见光信道，来进行 BER 的仿真试验。

BER 的仿真试验是基于高斯信道和 QPSK 调制技术的。调制后的数据经过高斯信道可以表示为：

$$r(t) = x(t) \otimes h(t) + v(t) \tag{5-31}$$

式中，$x(t)$、$h(t)$、$v(t)$和 $r(t)$分别表示实数光信号、信道脉冲响应、实数高斯白噪声和接收端接收的光信号。

在本次 BER 仿真中，我们只考虑视线路径的信道，因此 $h(t)$ 可以被定义为：

$$h(t) = \frac{\left[-\frac{\ln 2}{\ln\left(\cos \phi_{1/2}\right)} + 1\right] A_r \cos(\varphi)}{2\pi D^2} \cos^{-\frac{\ln 2}{\ln\left(\cos\phi_{1/2}\right)}}(\theta) T(\varphi) G(\varphi) \delta(t), \varphi \leqslant \alpha \tag{5-32}$$

式中，$\phi_{1/2}$ 为 LED 的半功率角；A_r 为 PD 的接收面积；α 为入射角；φ 为辐射角；θ 为接收器的视场角；$T(\varphi)$为滤光片增益；$G(\varphi)$为集线器增益；D 为 LED 与 PD 的距离。

接收端转化后的电信号 $y(t)$可以表示为：

$$y(t) = \eta r(t) \tag{5-33}$$

式中，η 为光电转换效率。

BER 的计算表达式为：

$$\text{BER} = \frac{\text{num}_{\text{error}}}{\text{num}_{\text{all}}} \tag{5-34}$$

式中，num_{error} 为传送错误的信号数；num_{all} 为总的测试信号数。

本次 BER 仿真的目的主要是测试新加入 PTS 技术的一些操作流程（PFA 操作）是否对接收端的译码造成额外的误码率。因此，本次仿真没有考虑 LED 上下限截止电压的影响，这一影响将在下一章更加成熟的 GAPOA-PTS 技术的 BER 仿真中加以体现。本次 MATLAB 仿真的参数设置如表 5-8 所示，仿真结果如图 5-17 所示。

表 5-8　BER 仿真参数设置

参　数	值
符号个数	1000
子载波个数	512
接收器的视场角	60°
入射角	40°
光学滤波器增益	1
集线器增益	1
LED 与 PD 的距离	1m
PD 接收面积	1.0cm^2
光电转换效率	0.53A/W
LED 的半功率角	40°
辐射角	40°

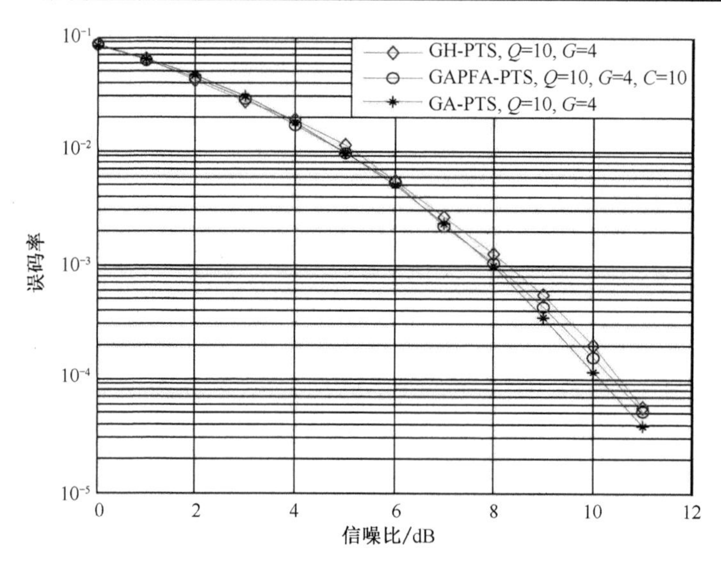

图 5-17　BER 对比图

从图 5-17 中可以看出，3 种算法的 BER 性能是非常接近的。因为没有考虑 LED 上下限截止电压的限制，所以 GA-PTS 技术因操作最为简单而具有最低的误码率。而 GAPFA-PTS 技术因为额外融合了 PFA 算法，使得在大大降低了信号 PAPR 的同时，额外增加了一定的计算量，但是对比 GA-PTS 技术的 BER 曲线，PFA 算法对误码率的影响几乎可以忽略。与 GH-PTS 技术相比，GAPFA-PTS 技术具有更好的 BER 性能。因此得出结论，PFA 算法作为遗传算法的增强算法，在弥补了遗传算法欠缺的局部搜索能力的同时，没有增加额外的 BER 损失，且比爬山算法具有更好的 BER 性能。

通过 MATLAB 仿真对比 GA-PTS、GH-PTS 和 Optimization-PTS 技术，证明了无论是在降低 PAPR 的性能，还是在算法复杂度或 BER 方面，GAPFA-PTS 技术都具有优越性。

5.2.6 融合遗传和爬山算法降低 VLC-OFDM 系统峰均功率比

GA-PTS 技术可以结合爬山算法得到遗传和爬山相结合算法的部分传输序列（GH-PTS）技术，利用爬山算法的局部寻优能力来进行相位因子的寻优。

GH-PTS 技术原理：首先经过 GA-PTS 找出一个相对最优的系数组合，然后对这个系数组合用爬山算法进行局部搜索，找出一个更好的系数组合。

GH-PTS 技术结合了 GA-PTS 技术全局搜索和爬山算法局部搜索的优势，能在 GA-PTS 技术的基础上，进一步降低系统的 PAPR。

GH-PTS 方法流程图如图 5-18 所示。随机选择一些相位因子组合作为初始种群，并且计算初始种群的适应值，即 PAPR 值。然后，对初始种群实施遗传操作，选择相对最优的相位因子组合。最后，对相对最优的相位因子组合实施爬山操作。循环这些步骤直到满足条件 $g=G$。选择具有最小 PAPR 的相位因子组合作为最终输出。

GH-PTS 具体操作步骤如下：

（1）由 GA-PTS 方法找出一个 PAPR 最小的系数组合 $B_1=[b_1, b_2, \cdots, b_v]$，遗传代数为 g。

（2）从左至右依次改变系数 b_v（$v=1, 2, \cdots, V$）的值，改变一次 b_v，计算出相应系数组合的 PAPR。变异前，假设 PAPR 值是 PAPR0；变异后，假设 PAPR 值是 PAPR1。比较 PAPR0 和 PAPR1，将其中较小的值重新赋给 PAPR0，即 PAPR0=min{PAPR1, PAPR0}。选取具有较小 PAPR 的系数组合$[b_1, b_2,\cdots, b_v]$作为下一次比较的标准。系数位置值自动加 1，即 $v=v+1$。

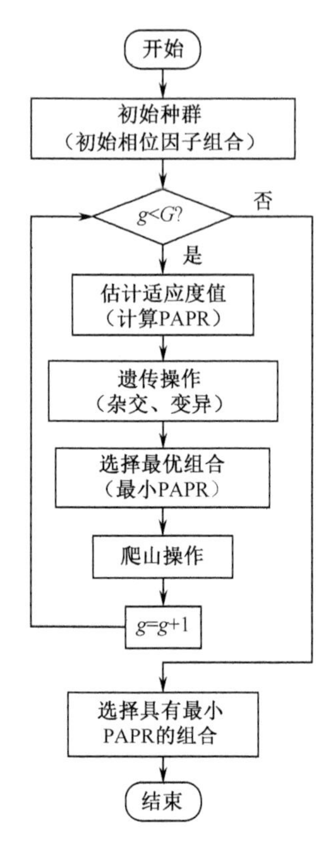

图 5-18 GH-PTS 方法流程图

（3）重复执行步骤（2）16 次，选取具有最小 PAPR 的系数组合 $B_2=[b_1, b_2,\cdots, b_v]$作为最优系数组合。

（4）判断遗传代数是否为 G。如果遗传代数 $g<G$，将 B_2 赋值给 B_1，即如果$g<G$，则$B_1=B_2$。然后，继续执行遗传操作，遗传代数自动加1，即$g=g+1$。

（5）步骤（1）～（4）重复执行，直到遗传代数 $g=G$。此时，得到的最优相位因子组合作为最终相位因子组合输出。

通过 GH-PTS 技术搜索出最优相位因子组合$[b_1, b_2,\cdots, b_v]$与时域数据组$[x_1, x_2,\cdots, x_v]$相乘，并且求和，可以得到 PAPR 较低的输出信号 x。

为了验证 GH-PTS 技术的可行性，将 GH-PTS 技术与 GA-PTS 技术、Optimization-PTS 技术进行比较。通过 PAPR 仿真图、BER 仿真图及计算量的具体分析表，可以更直观地突出 GH-PTS 技术的优势。

1. PAPR 性能

在 PAPR 性能仿真中，GH-PTS 技术中遗传算法的仿真参数如表 5-7 所示。

假设分组子块 V=16，遗传代数 G=4。图 5-19 仿真了随着 Q 的增加，GH-PTS、GA-PTS 和 Optimization-PTS 的 PAPR 性能。具体的性能仿真参数如表 5-9 所示。

表 5-9　GH-PTS 技术的性能仿真参数

参　数	值
种群数量	Q=10, 100
遗传代数	G=2, 4, 10
杂交率	1
杂交类型	多点杂交
变异率	0.01

从图 5-19 中，可以看出 Optimization-PTS 技术的 PAPR 性能最好。但是，从表 5-9 中可以看出，Optimization-PTS 的计算量远远大于 GH-PTS 和 GA-PTS，从而降低了利用 Optimization-PTS 方法的可能性。

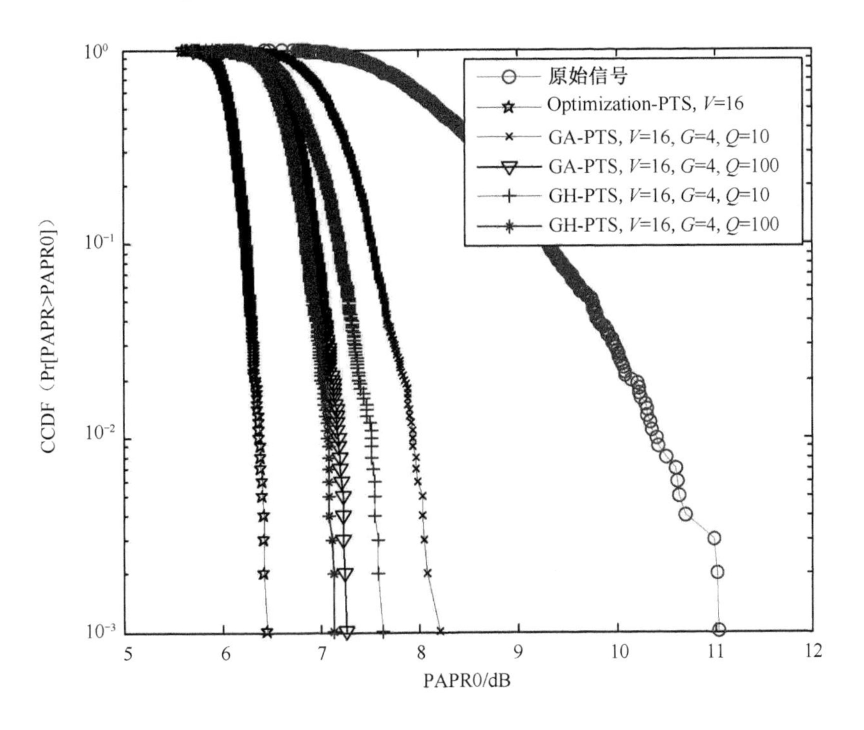

图 5-19　GH-PTS、GA-PTS 和 Optimization-PTS 的 PAPR 性能（V=16，G=4）

从图 5-19 中也可以看出，GH-PTS 的 PAPR 性能优于 GA-PTS。考虑 GH-PTS 是 GA-PTS 的优化技术，结合表 5-10 可以看出，当 Q 和 G 为常数时，GH-PTS 技术的计算量在 GH-PTS 技术的基础上增加了$(V-1)\times W\times G=120$。我们可以得出结论：当计算量的增加在可接受范围内，GH-PTS 技术的 PAPR 性能明显优于 GA-PTS 技术。

表 5-10　3 种技术计算量和性能对比（Q 不同）

技　术	计 算 量	PAPR 性能
原始信号（无 PTS）	0	11.03
Optimization-PTS（W=2、V=16）	$W^{V-1}=32768$	6.45
GA-PTS（W=2、V=16、Q=10、G=4）	$Q\times G=40$	8.24
GH-PTS（W=2、V=16、Q=10、G=4）	$[Q+(V-1)\times W]\times G=160$	7.61
GA-PTS（W=2、V=16、Q=100、G=4）	$Q\times G=400$	7.24
GH-PTS（W=2、V=16、Q=100、G=4）	$[Q+(V-1)\times W]\times G=520$	7.12

同时，由表 5-10 可以看出：

当 $V=16$、$G=4$、$Q=10$ 时，$PAPR_{(GA-PTS)}=8.24$、$PAPR_{(GH-PTS)}=7.61$。此时，GH-PTS 比 GA-PTS 的 PAPR 减少 0.63dB。

当 $V=16$、$G=4$、$Q=100$ 时，$PAPR_{(GA-PTS)}=7.24$、$PAPR_{(GH-PTS)}=7.12$。此时，GH-PTS 比 GA-PTS 的 PAPR 减少 0.12dB。

由此，可以分析得出结论：当 V 和 G 不变时，随着 Q 的增加，GH-PTS 和 GA-PTS 的 PAPR 均有减少，然而 GH-PTS 技术在 GA-PTS 技术基础上降低 PAPR 的能力逐渐下降。即保持 V 和 G 相同，这种改进的 GH-PTS 技术随着 Q 的增加，在 GA-PTS 技术基础上的优化效果越来越小。

假设分组块 $V=16$，初始种群数 $Q=10$。图 5-20 展示了随着 G 的增加，GH-PTS、GA-PTS 和 Optimization-PTS 的 PAPR 性能。具体的计算量和性能如表 5-11 所示。

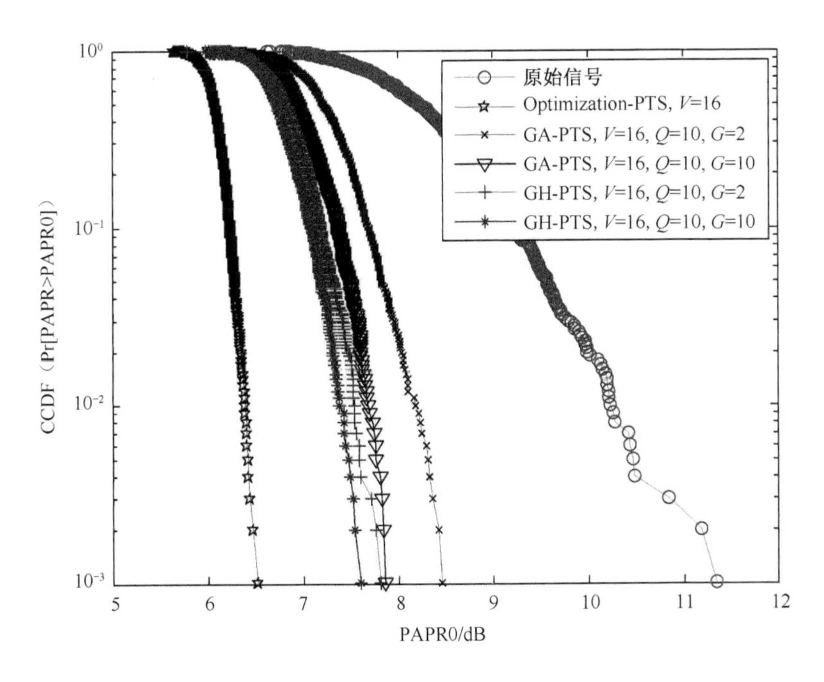

图 5-20　GH-PTS、GA-PTS 和传统 PTS 的 PAPR 性能（V=16，Q=10）

表 5-11　3 种技术计算量和性能对比（G 不同）

技　术	计 算 量	PAPR 性能
原始信号（无 PTS）	0	11.33
Optimization-PTS（W=2、V=16）	W^{V-1}=32768	6.55
GA-PTS（W=2、V=16、Q=10、G=2）	$Q \times G$=20	8.45
GH-PTS（W=2、V=16、Q=10、G=2）	$[Q+(V-1)\times W]\times G$=80	7.79
GA-PTS（W=2、V=16、Q=10、G=10）	$Q \times G$=100	7.85
GH-PTS（W=2、V=16、Q=10、G=10）	$[Q+(V-1)\times W]\times G$=400	7.61

由图 5-20 同样可以看出，Optimization-PTS 技术的 PAPR 性能最好，但计算量限制了 Optimization-PTS 的利用；GH-PTS 的 PAPR 性能次之；GA-PTS 的 PAPR 性能最差。

由表 5-11 可以看出：

当 V=16、Q=10、G=2 时，$PAPR_{(GA-PTS)}$=8.45、$PAPR_{(GH-PTS)}$=7.79。此时，GH-PTS 比 GA-PTS 的 PAPR 减少 0.66dB。

当 V=16、Q=10、G=2 时，$PAPR_{(GA-PTS)}$=7.85、$PAPR_{(GH-PTS)}$=7.61。此时，GH-PTS 比 GA-PTS 的 PAPR 减少 0.24dB。

由此，可以分析得出结论：当 V 和 Q 不变时，随着 G 的增加，GH-PTS 和 GA-PTS 的 PAPR 均有减少，然而 GH-PTS 技术在 GA-PTS 技术基础上降低 PAPR 的能力逐渐下降。即保持 V 和 Q 相同，这种改进的 GH-PTS 技术随着 G 的增加，在 GA-PTS 技术基础上的优化效果越来越小。

GH-PTS 技术是在 GA-PTS 技术的基础上进行局部优化。从图 5-19、图 5-20 和表 5-10、表 5-11 中，可以得出结论：计算量增加在可接受范围内，GH-PTS 技术比 GA-PTS 技术的 PAPR 性能更好。但是，随着 G 和 Q 的增加，GA-PTS 的全局搜索能力增强，相比而言，GH-PTS 的局部优化能力下降。即 G 和 Q 的值越大，GH-PTS 优化效果越不明显。

为了直观地显示 GH-PTS 技术降低 PAPR 的性能，图 5-21 仿真了一个 OFDM 符号在 GH-PTS 技术处理前后的时域波形对比图。从图 5-21 中可以看出，GH-PTS 技术有效地降低了峰值信号出现的概率，从而获得一个好的 PAPR 性能。

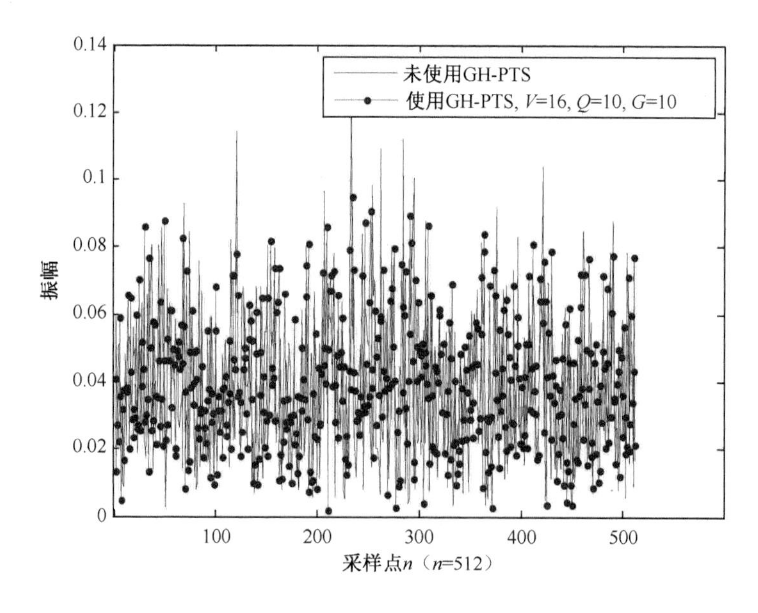

图 5-21　GH-PTS 技术处理前后信号时域波形对比图

2. BER 性能

在 GH-PTS 技术的 BER 性能仿真中，具体仿真参数如表 5-9 所示。输入 1000 个数据符号，子载波数为 512。在发射端，数据经过 GH-PTS 处理，通过一个 LED 灯发射出去。LED 非线性对 VLC-OFDM 系统性能有很大的影响，在仿真中，用一个简化的 LED 模型。假设 LED 的线性电压范围是 1.75 ~ 2.5V。将直流偏置电压设置为 1.75V，以确保稳定的光强度，将大于 2.5V 的电压统一设置为 2.5V。在仿真中，采用高斯信道。在接收端，光信号被一个光电探测器检测并转换成模拟电信号。经过与发射端进行逆向操作，可以恢复出原信号。

通过 MATLAB 仿真，VLC-OFDM 系统的 BER 性能如图 5-22 所示。从图 5-22 中可以看出，GH-PTS 和 GA-PTS 技术的 BER 性能很接近。与 GA-PTS 技术产生的 BER 相比，GH-PTS 技术所产生的 BER 有少量的下降。

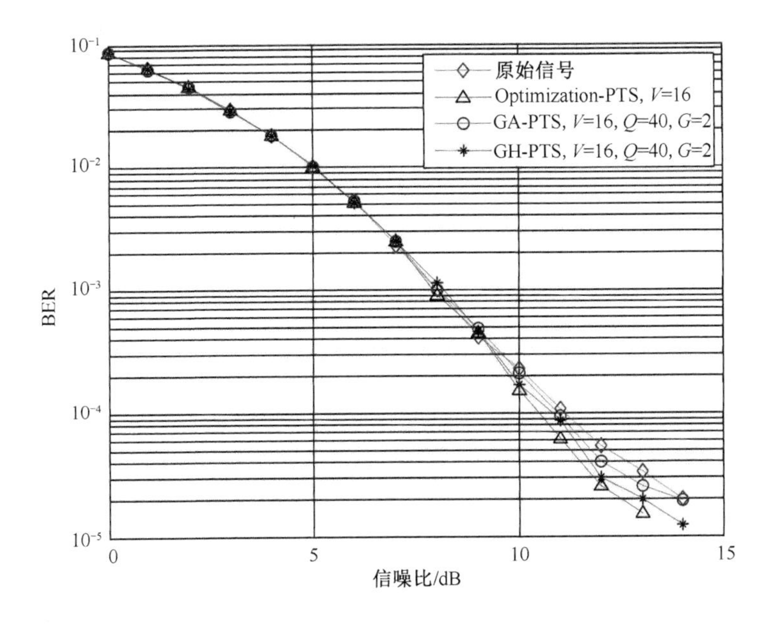

图 5-22 3 种 PTS 算法的 BER 性能

5.2.7 蛙跳和爬山相结合算法的 PTS 技术降低 VLC-OFDM 系统峰均功率比

蛙跳和爬山相结合算法的 PTS 技术（SFLAHC-PTS 技术）是对 SFLA-PTS 技术的进一步优化，它结合了 SFLA 算法的优良全局搜索能力和 HC 算法的局部搜索能力，在 SFLA-PTS 技术降低 PAPR 的基础上，能进一步大幅度地降低

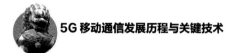

PAPR。为了展示 SFLAHC-PTS 技术的可行性及其优势，下面对其进行相应的仿真。

1. PAPR 性能

图 5-23 展示了 SFLAHC-PTS、SFLA-PTS、GA-PTS 和 Optimization-PTS 的 PAPR 性能比较，表 5-12 展示了图 5-23 中几种技术的计算量（CA）及具体的 PAPR 性能。结合图 5-23 和表 5-12，我们可以看出，Optimization-PTS 技术能极大地降低信号的 PAPR，但是它的计算量远远大于其他几种技术。SFLAHC-PTS 技术降低 PAPR 的效果与 Optimization-PTS 技术最接近，要优于 SFLA-PTS、GA-PTS 技术。同时，SFLAHC-PTS 技术和 SFLA-PTS 技术降低 PAPR 的性能明显优于 GA-PTS 技术。与 SFLA-PTS 技术相比，SFLAHC-PTS 技术增加了部分计算量，但是能进一步有效地降低信号的 PAPR。即使 SFLAHC-PTS 技术的计算量比 SFLA-PTS、GA-PTS 技术稍大，但是还是远远小于 Optimization-PTS 技术。

我们可以得出结论：SFLAHC-PTS 技术能极大地降低 Optimization-PTS 技术的计算量，同时比 SFLA-PTS 技术更有效地降低信号的 PAPR。

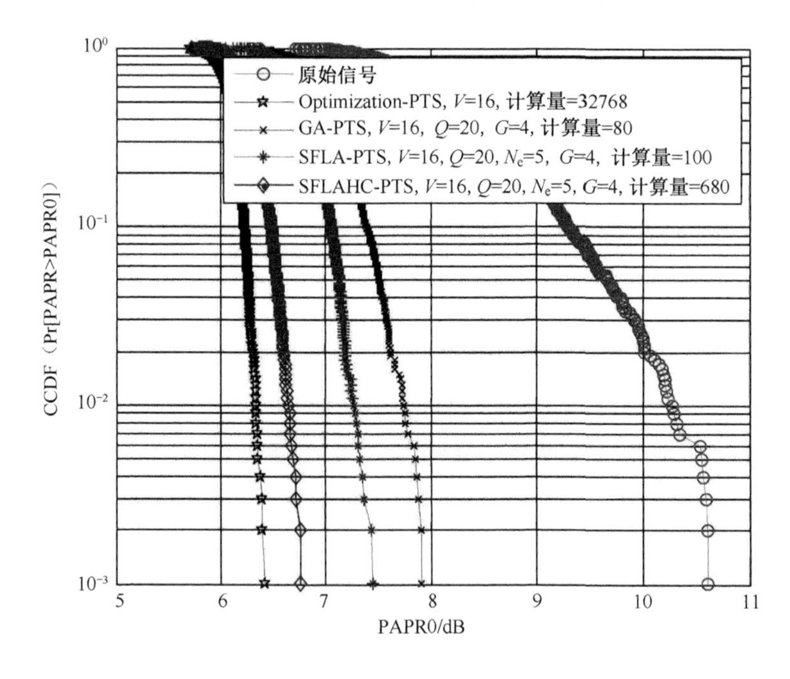

图 5-23　SFLAHC-PTS 和其他 PTS 的 PAPR 性能对比（计算量不同）

表 5-12　几种技术计算量和性能的对比（W=2、V=16）

技　术	计 算 量	PAPR 性能
原始信号（无 PTS）	0	10.61
Optimization-PTS	W^{V-1}=32768	6.45
GA-PTS（Q=20、G=4）	$Q \times G$=80	7.92
SFLA-PTS（Q=20、N_e=5、G=4）	$(Q+N_e) \times G$=100	7.47
SFLAHC-PTS（Q=20、N_e=5、G=4）	$[Q+N_e \times (V-1) \times W] \times G$=680	6.79

为了进一步了解SFLAHC-PTS技术的优势，图5-24仿真了SFLAHC-PTS、SFLA-PTS 和 GA-PTS 技术的计算量相同时，其对应的 PAPR 性能曲线。表 5-13 展示了其具体的计算量和 PAPR 性能。

结合图 5-24 和表 5-13，我们可以看出：即使 SFLAHC-PTS、SFLA-PTS 和 GA-PTS技术的计算量相同时，SFLAHC-PTS降低PAPR的效果还是优于SFLA-PTS 和 GA-PTS 技术。

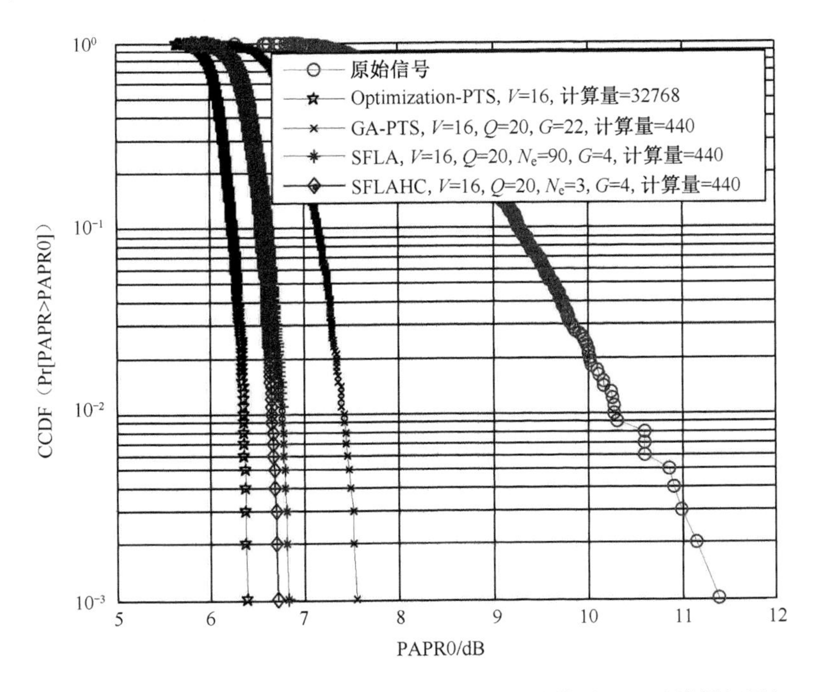

图 5-24　SFLAHC-PTS 和其他 PTS 的 PAPR 性能对比（计算量相同）

表 5-13　几种技术计算量和性能的对比（W=2、V=16）

技　术	计 算 量	PAPR 性能
原始信号（无 PTS）	0	11.39
Optimization-PTS	W^{V-1}=32768	6.39
GA-PTS（Q=20、G=22）	$Q\times G$=440	7.55
SFLA-PTS（Q=20、N_e=90、G=4）	$(Q+N_e)\times G$=440	6.82
SFLAHC-PTS（Q=20、N_e=3、G=4）	$[Q+N_e\times(V-1)\times W]\times G$=440	6.73

图 5-25 和表 5-14 具体比较了当蛙群 Q 及局部蛙跳次数 N_e 固定时，随着操作代数 G 的增加，SFLAHC-PTS 和 SFLA-PTS 技术的计算量和 PAPR 性能。

由图 5-25 可以看出：随着 G 的增加，SFLAHC-PTS 和 SFLA-PTS 技术降低 PAPR 的效果越来越好，且 SFLAHC-PTS 技术始终优于 SFLA-PTS 技术。

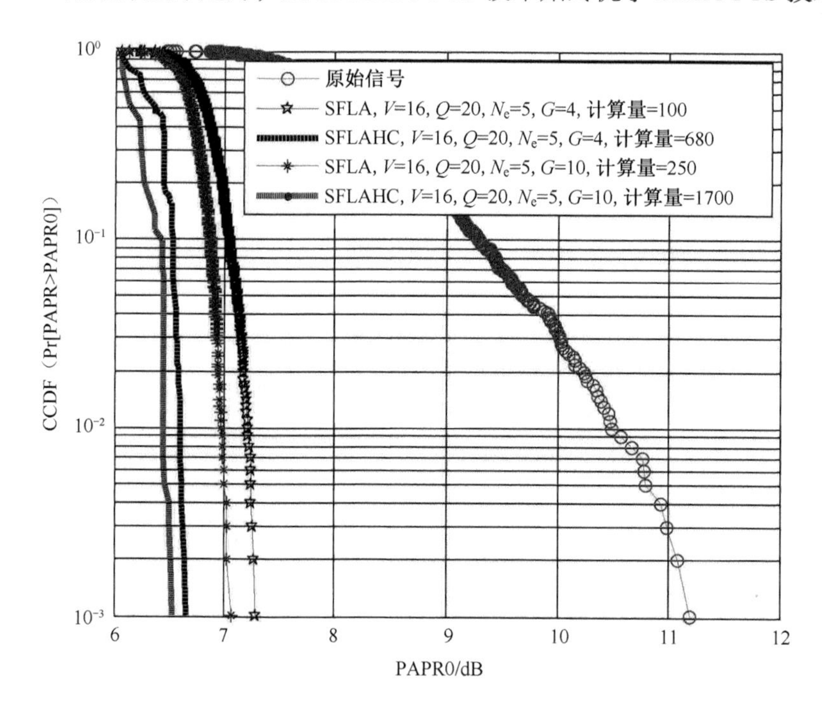

图 5-25　SFLA-PTS 和 SFLAHC-PTS 的 PAPR 性能对比（G 不同）

表 5-14　几种技术计算量和性能的对比（W=2、V=16，G 不同）

技　术	计 算 量	PAPR 性能
原始信号（无 PTS）	0	11.21
SFLA-PTS（Q=20、N_e=5、G=4）	$(Q+N_e)\times G=100$	7.29
SFLAHC-PTS（Q=20、N_e=5、G=4）	$[Q+N_e\times(V-1)\times W]\times G=680$	6.66
SFLA-PTS（Q=20、N_e=5、G=10）	$(Q+N_e)\times G=250$	7.08
SFLAHC-PTS（Q=20、N_e=5、G=10）	$[Q+N_e\times(V-1)\times W]\times G=1700$	6.53

结合表 5-14，我们可以看出：

当 Q=20、N_e=5、G=4 时，采用 SFLAHC-PTS 的 PAPR 比采用 SFLA-PTS 的少 0.63dB。

当 Q=20、N_e=5、G=10 时，采用 SFLAHC-PTS 的 PAPR 比采用 SFLA-PTS 的少 0.55dB。

我们可以得出结论：当 Q 和 N_e 不变时，随着 G 的变化，SFLAHC-PTS 降低 PAPR 的效果始终优于 SFLA-PTS 技术。但是随着 G 的增加，这种优势逐渐减弱。

图 5-26 和表 5-15 具体比较了当操作代数 G 及局部蛙跳次数 N_e 固定时，随着蛙群 Q 的增加，SFLAHC-PTS 和 SFLA-PTS 技术的计算量和 PAPR 性能。

同样，由图 5-26 我们可以看出：随着 Q 的增加，SFLAHC-PTS 和 SFLA-PTS 技术降低 PAPR 的效果越来越好，且 SFLAHC-PTS 技术始终优于 SFLA-PTS 技术。

由表 5-15 可以看出：

当 Q=20、N_e=5、G=4 时，采用 SFLAHC-PTS 的 PAPR 比采用 SFLA-PTS 的少 0.84dB。

当 Q=20、N_e=5、G=4 时，采用 SFLAHC-PTS 的 PAPR 比采用 SFLA-PTS 的少 0.68dB。

分析可以得出结论：当 G 和 N_e 不变时，随着 Q 的变化，SFLAHC-PTS 降低 PAPR 的效果始终优于 SFLA-PTS 技术。但是随着 Q 的增加，这种优势逐渐减弱。

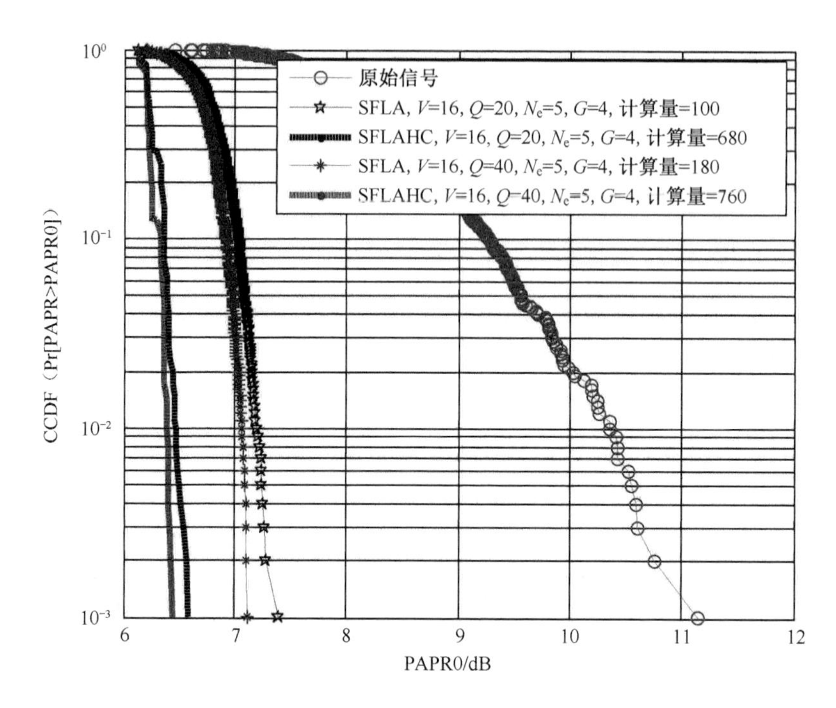

图 5-26　SFLA-PTS 和 SFLAHC-PTS 的 PAPR 性能对比（Q 不同）

为了直观地显示 SFLAHC-PTS 技术降低 PAPR 的性能，图 5-27 仿真了一个 OFDM 符号在 SFLAHC-PTS 技术处理前后的时域波形对比图。从图 5-27 中可以看出，SFLAHC-PTS 技术有效地降低了峰值信号出现的概率，从而降低了信号的 PAPR。

表 5-15　几种技术计算量和性能的对比（W=2、V=16，G 不同）

技　术	计 算 量	PAPR 性能
原始信号（无 PTS）	0	11.16
SFLA-PTS（Q=20、N_e=5、G=4）	$(Q+N_e)\times G=100$	7.42
SFLAHC-PTS（Q=20、N_e=5、G=4）	$[Q+N_e\times(V-1)\times W]\times G=680$	6.58
SFLA-PTS（Q=40、N_e=5、G=4）	$(Q+N_e)\times G=180$	7.13
SFLAHC-PTS（Q=40、N_e=5、G=4）	$[Q+N_e\times(V-1)\times W]\times G=760$	6.45

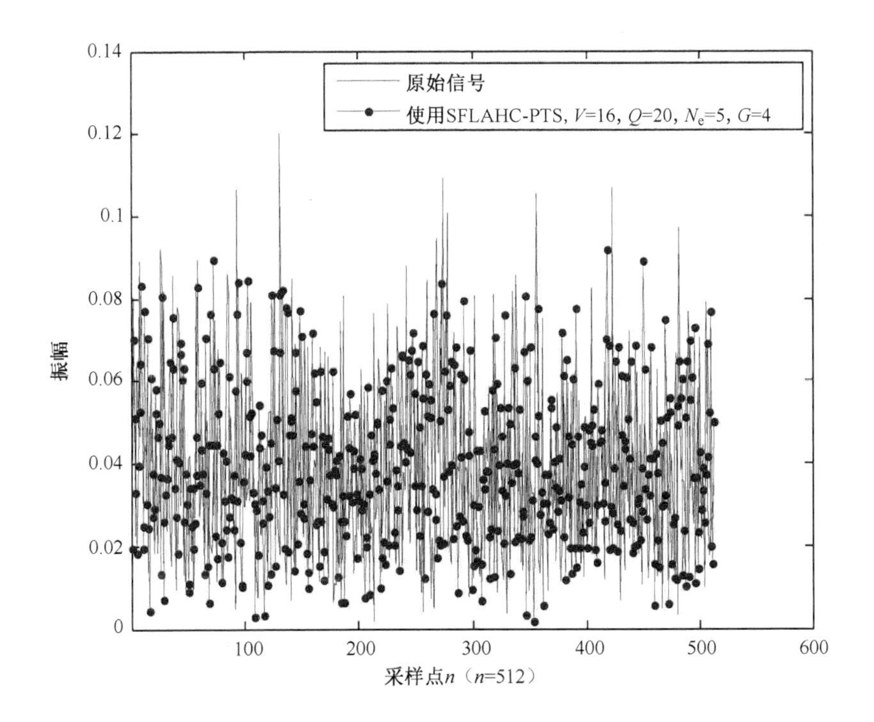

图 5-27　SFLAHC-PTS 技术处理前后信号时域波形对比图

结合上述仿真图形和表格，我们可以得出结论：SFLAHC-PTS 技术是一种有效的降 PAPR 技术，它极大地降低了 Optimization-PTS 技术的计算量，同时其降低信号 PAPR 的效果与 Optimization-PTS 技术最接近。当相应的仿真参数相同时，与 SFLA-PTS 技术相比，SFLAHC-PTS 技术的计算量有所增加。然而，其降低 PAPR 的效果要比 SFLA-PTS 技术好得多。即使两种技术的计算量相同，SFLAHC-PTS 技术在降低 PAPR 方面依旧存在优势。但是在仿真参数中保持 G 或 Q 增加，而其他参数不变时，SFLAHC-PTS 技术降低 PAPR 的优势逐渐减弱。产生这种情况的原因是：随着 G 或 b_v 的增加，SFLA 算法的寻优能力得到大幅提高。此时，在 SFLA 算法上结合 HC 算法，HC 算法的局部寻优能力相对下降。因此，随着 G 或 Q 的增加，与 SFLA-PTS 技术相比，SFLAHC-PTS 技术降低 PAPR 存在的优势逐渐下降。

2. BER 性能

图 5-28 仿真了 SFLAHC-PTS 技术与其他几种 PTS 技术的 BER 性能。由图 5-28 可以看出：几种 PTS 技术作用于信号的 BER 曲线相当接近。与原始信号相比，几种 PTS 技术几乎都没有增加额外的 BER。同时，与 SFLA-PTS 技术

相比，SFLAHC-PTS 技术没有损失 BER 性能。

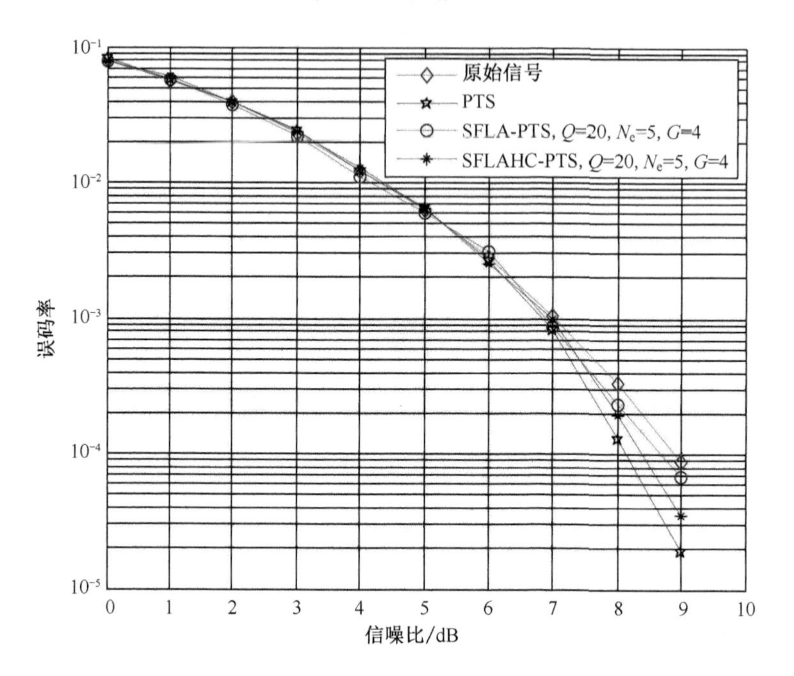

图 5-28 几种 PTS 技术的 BER 性能

SFLAHC-PTS 技术流程图如图 5-29 所示，从图 5-29 中可以看出，SFLAHC-PTS 技术步骤如下：

（1）从相位因子组合$[b_1, b_2,\cdots, b_v]$所有可能的取值中选取 Q 个组合，作为蛙群中的 Q 只青蛙。每只青蛙表示一种相位因子组合$[b_1, b_2,\cdots, b_v]$。

（2）计算每只青蛙的适应度值，即每个相位因子组合$[b_1, b_2,\cdots, b_v]$对应的 PAPR，然后按升序排列。

（3）将 Q 只青蛙分成 m 个模因组，每个模因组包含 n 只青蛙，$Q=m\times n$。其划分规则是：青蛙 PAPR 值按升序排列后，将第 $i+j\times m$ 只青蛙划分到第 i 个模因组中。其中，$1\leqslant j\leqslant m$，$0\leqslant j\leqslant n-1$。

（4）种群中适应度值最好的青蛙，即 PAPR 最低的相位因子组合$[b_1, b_2,\cdots, b_v]$记为 F_g。每个模因组中适应度值最好和最差的青蛙分别记为 F_b 和 F_w，即每个子种群中 PAPR 最低和 PAPR 最高的相位因子组合分别记为 F_b 和 F_w。

（5）对每个模因组中适应度值最差的青蛙 F_w 进行局部寻优，即向适应度值好的方向进行改进、更新。

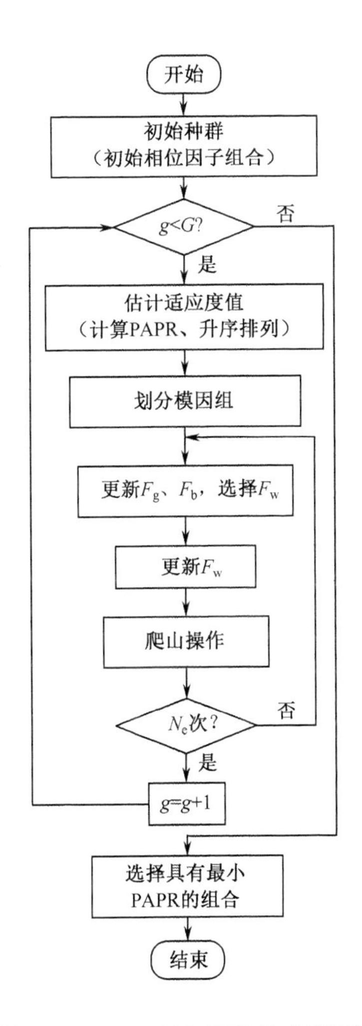

图 5-29　SFLAHC-PTS 技术流程图

更新规则：

①
$$S = \mathrm{rand\,int}(\ )\cdot(F_b - F_w) \tag{5-35}$$

$$F_w^1 = F_w + S \tag{5-36}$$

式中，rand int( )为 1 行 16 列矩阵，其中的元素在 0 和 1 中随机取值。

F_w^1 是 F_w 向 F_b 靠近的结果，分别计算 F_w^1 和 F_w 的适应度值，即 F_w^1 和 F_w 对应的 PAPR1 和 PAPR。如果 F_w^1 的适应度值比 F_w 高，则用 F_w^1 替代 F_w，即若 PAPR1 比 PAPR 低，则 $F_w = F_w^1$。如果 F_w^1 的适应度值比 F_w 低，即 PAPR1 比 PAPR 高，则执行②。

②
$$S_1 = \mathrm{rand\,int}(\ )\cdot(F_g - F_w) \tag{5-37}$$

$$F_w^2 = F_w + S_1 \tag{5-38}$$

②相对①而言，只是用全局最优解 F_g 替代了局部最优解 F_b，让 F_w 向 F_g 靠近。同样，分别计算 F_w^2 和 F_w 的适应度值，即 F_w^2 和 F_w 对应的PAPR2和PAPR。如果 F_w^2 的适应度值比 F_w 高，则用 F_w^2 替代 F_w，即 PAPR2 比 PAPR 低，则 $F_w=F_w^2$。如果 F_w^2 的适应度值比 F_w 低，即 PAPR2 比 PAPR 高，则随机产生一个相位因子组合$[b_1, b_2,\cdots, b_v]$赋值给 F_w。

（6）对刚刚更新的 F_w（$F_w=[b_1, b_2,\cdots, b_v]$）进行爬山操作，即从左至右依次改变 F_w 中 b_v（v=1, 2, ⋯, V）的值，比较改变前后的相位因子组合所对应的PAPR，选出 PAPR 低的相位因子组合。依次执行 V 次，得到具有较低 PAPR 的 F_w。

（7）每个模因组中重复执行（4）~（6）N_e 次，然后进行下一次操作，操作代数自动加 1。

（8）重复执行（2）~（7），直到操作代数 $g=G$，选出具有较低 PAPR 的相位因子组合$[b_1, b_2,\cdots, b_v]$。

通过 SFLAHC-PTS 技术搜索出最优相位因子组合$[b_1, b_2,\cdots, b_v]$，与时域数据组$[x_1, x_2,\cdots, x_v]$相乘，并且求和，可以得到 PAPR 较低的输出信号 x。

参考文献

[1] 邓宏贵，肖威. 一种降低 VLC-OFDM 系统峰均功率比的 PTS 优化技术：CN201610018841.4[P/OL]. 2017-07-21. http://d.wanfangdata.com.cn/patent/CN201610018841.4.

[2] 邓宏贵，刘岩，肖威. 基于峰值反馈与遗传算法结合的PTS技术降低VLC-OFDM 系统峰均功率比的方法：CN201610352313.2[P/OL]. 2016-10-12. http://d.wanfangdata.com.cn/patent/CN201610352313.2.

[3] 邓宏贵，肖威，蒋芳清，等. 融合遗传和爬山算法降低VLC-OFDM系统峰均功率比：CN201510168538.8[P/OL]. 2016-11-23. http://d.wanfangdata.com.cn/patent/CN201510168538.8.

[4] 邓宏贵，李永陆，肖威，等. 一种自适应压缩扩展技术降低 OFDM 系统 PAPR 的方法：CN201510168540.5[P/OL]. 2016-11-23. http://d.wanfangdata.com.cn/patent/ CN201510168540.5.

[5] 邓宏贵，蒋宇，杨芳，等. 一种预编码结合指数压扩技术降低 OFDM 系统

PAPR 的方法：CN201410577951.5[P/OL]. 2016-06-01. http://d.wanfangdata.com.cn/patent/CN201410577951.5.

[6] 邓宏贵，钱学文，张朝阳. 一种通用零自相关码的新型定时同步与频偏估计算法：CN201510608045.1[P/OL]. 2015-09-23. http://d.wanfangdata.com.cn/patent/CN201510608045.1.

[7] 邓宏贵，任霜，刘岩，等. 一种基于峰值跟踪反馈降低 FBMC-OQAM 系统峰均功率比的方法：CN201611219471.7[P/OL]. 2017-05-31. http://d.wanfangdata.com.cn/patent/CN201611219471.7.

[8] 邓宏贵，肖威，姜山. 基于蛙跳和爬山结合算法的 PTS 技术降低 VLC-OFDM 系统峰均功率比：CN106301558A[P/OL]. 2017-01-04. http://d.wanfangdata.com.cn/patent/CN201510294451.5.

[9] Jiang R, Wang Z, Wang Q, et al. A Tight Upper Bound on Channel Capacity for Visible Light Communications[J]. IEEE Communications Letters, 2016, 20(1): 97-100.

[10] 靳斌. 室内可见光通信 OFDM 自适应技术研究[D]. 兰州：兰州理工大学，2018.

[11] Shieh W, Djordjevic I. OFDM for Optical Communications[M]. Amsterdam: Elsevier, 2010: 31-52.

[12] 晏力. 光通信网的光码分多址（OCDMA）技术[J]. 重庆工商大学学报（自然科学版），2002，19（4）：83-86.

[13] 骆宏图，陈长缨，傅倩，等. 白光 LED 室内可见光通信的关键技术[J]. 光通信技术，2011，35（2）：56-59.

[14] Singh S, Kakamanshadi G, Gupta S. Visible Light Communication-an emerging wireless communication technology[C]//International Conference on Recent Advances in Engineering & Computational Sciences. IEEE, 2016.

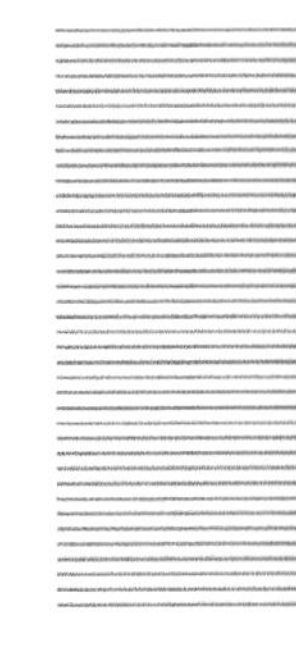

第6章

5G 通信系统的超密度异构网络

6.1 5G 无线网络架构

未来 5G 网络需要满足多种不同的业务需求，在增强现实、虚拟现实、超高清视频及云办公等应用中，用户需要超高的速率体验；在体育场、演唱会等人群密集的地方需要有超高的用户密度以解决因无线接入点接入太多而导致的网络负载不足的问题；在 5G 时代人们想在高速移动的高铁上依然能够体验如办公区或低速移动情况下的上网速度体验，并且 5G 旨在将以人为中心的网络转化成万物互联的状态。物联网是 5G 网络的一个重要方向，人们可以通过物联网搭建智能家居、智能农业、智能交通系统、智能工业控制系统等，这就意味着将增加大量的机器连接，未来将有超过百亿量级的终端设备连接，其中智能交通系统和智能工业控制为保证安全性和可靠性，必须保证有不大于 5ms 的超低时延。

综上所述，5G 有三大应用场景，即基本的增强移动带宽、面向物联网的海量机器连接及对车联网的超高可靠低时延通信。针对不同的应用场景，需要为用户制定不同的业务，以满足不同用户的多样化需求。业务需求不同，对应的网络架构也需要重新部署，以满足不同应用场景同时最大化地利用频谱效率。但是从运营商维护的角度来看，引入的新业务、安装的新网络设备，以及网络建设检测和维修都会大量增加复杂度和成本。为实现多种业务的快速部署与差异化运营，未来的 5G 架构必须满足网络开放能力、可编程能力、灵活性、可扩展性等。

为了满足以上业务需求，5G 的无线接入网和核心网必须进行重构。在 5G

网络的架构中引入了两个非常重要的工具，即网络功能虚拟化（NFV）和软件定义网络（SDN）。SDN 应用的思想是控制面和数据面分离，控制面集中化，SDN 应用在移动通信中，可以使网络具备开放能力、可编程性、灵活性及可扩展性，在异构网络情景下，可以实现无线资源的集中式优化管理、干扰和资源分配等问题。而网络功能虚拟化（NFV）的思想将网络功能和网络设施解耦，将软件和硬件解耦使网络设备能通过软件更新的方式延长生命周期、降低设备总体成本，另外还可以加速新业务的部署进度。

本节的重点是介绍基于 SDN 的 5G 超密集异构网络的架构，再介绍一些在异构网络部署中需要用到的一些关键技术。

6.1.1　超密集无线异构网络

为了满足 5G 网络的移动极限速率和海量终端连接的要求，在无线接入网侧可以通过研究更加先进的无线传输技术来提高无线频谱资源的效率，以及通过引进新的频谱（毫米波）通信来增加无线带宽。除了通过提高无线频谱资源的效率和引进新的频谱资源的方式来提高数据流量和用户体验速度，通过小区加密，构建一张超密集异构网络将有效提升整个系统的容量，满足未来1000倍容量的挑战。

超密集无线异构网络强调大/小基站多层覆盖，包括宏基站、小基站、微基站等不同接入形态；支持多种接入制式，如 5G、LTE、Wi-Fi 等。

超密集网络的特点就是小基站部署密度较之前增加 10 倍以上，每个基站之间相距小于 10m，基站之间的距离缩小势必会增加小区间的干扰，宏基站和微基站分层部署也将引入新的同频干扰，并且由于小基站较小的覆盖范围势必会导致高速移动的用户在小区间频繁切换。如何消除或者减少干扰信号，以及解决在满足高容量的同时，保证广覆盖的要求都是本章重点介绍的内容。另外，由于无线网络的异构性，多接入技术之间的融合协同、资源分配、小区之间负载不均衡及高能耗问题也是本节的重点。

6.1.2　5G 无线异构网络架构

在介绍 5G 无线异构网络架构之前，先简单介绍一下 SDN，SDN 主要由数据平面、控制平面、应用平面组成。其中数据平面又是由若干个网元组成的，负责转发数据，其转发行为受控制平面的控制。控制平面是逻辑上集中的控制实体，是整个 SDN 架构的核心，它的作用是将上层应用层的要求辨别之后，控制数据平面进行相应数据转发。其中，应用层与控制平面之间的接口称为北向接口，数据平面和控制平面之间的接口称为南向接口，南向接口是重点研究方向。南向接口的通信协议是 OpenFlow 协议，控制器通过 OpenFlow 协议与 OpenFlow 交换机进行通信，控制其内部的流表，进行查询和转发等操作。

在 5G 的无线异构网络架构中，可以通过加入 SDN 这一关键技术，对网络架构中的终端、无线接入网及核心网等进行重构。

1. 终端

5G 终端应该具有多种无线网络接入接口，这样才能同时接入不同制式的网络，终端侧也是采用 SDN 技术将终端分为 OpenFlow 控制器和移动虚拟网关。

其中，移动虚拟网关的作用是为应用层提供虚拟的 IP 地址，在上行链路上通过虚拟 IP 地址将应用层的数据包发送给虚拟网关，虚拟网关虚拟的 IP 地址转化成真实的 IP 地址，再将数据转发到流表，由控制器控制流表的数据进行转发。控制器中主要有数据库模块、Qos 信息模块及基于自适应的 Qos 路由模块三大模块。数据库模块主要是存储终端应用的带宽需求，并根据需要实时更新数据库里的内容；Qos 信息模块是存储业务信息的，不同的用户或应用可以定制不同的业务需求；基于自适应的 Qos 路由模块是根据应用的带宽需求、业务类型及从无线接入网侧发送过来的各接入网的相关信息（如有效带宽、负载等）选择合适的算法，控制终端接入合适的无线接入网。这个切换的过程需要在无线接入网侧 OpenFlow 控制器和核心网 OpenFlow 控制器的联合调控下完成。

2. 无线接入网

异构网络的无线接入网由一个无线接入网侧控制器和各类不同制式的无线接入网接口组成，包括现存的 LTE、Wi-Fi、3G 和新部署的 5G。其中传统无线接入网的网元设备想要通过无线接入网侧控制器控制，则接口需要支持 OpenFlow 协议，终端设备通过接口接入网络。但实际上在这种架构下，各种无线接入接口只是起到转发数据的作用，控制器对一些对实时性要求较高的控制单元进行控制，如接入网络的调度、干扰协同、重传、链路匹配、功率调节、调制编码等，包括与核心网、终端建立连接和转发数据，维护无线接入网范围内的频谱资源，以及监听各接入接口的相关状态信息，并定期通知核心网控制器。同时，需要在已经接入无线接入网终端与核心网网关之间建立 IP 隧道，建立起无线接入网与核心网网关之间的链路，并根据需要给终端分配合适的链路。

3. 核心网

5G 的核心网包括核心网控制器和核心网网关交换机，控制器通过 OpenFlow 协议和网关交换机通信，控制网关交换机进行相关的数据处理和转发行为。控制器是整个异构网络核心，对网络整体起调控管理作用。核心网控制器通过收集各无线接入网的状态信息并定期发送给终端控制器，以使终端根据全网情况切换到最合适的网络。下面重点介绍超密集无线异构网络的几个关键技术，包括干扰协调、无线资源管理、移动性管理。

6.2　超密集无线异构网络关键技术

6.2.1　干扰协调

异构网络的干扰主要来自宏基站对微基站的干扰及微基站与微基站之间的干扰，在 LTE 中，小区间干扰协调机制采用分布式干扰协调技术（ICIC）。ICIC 的思想对各小区中无线资源的使用进行限制，包括在时域、频域及发射功率上，ICIC 主要有静态 ICIC 和动态 ICIC，静态 ICIC 的小区频带划分是固定的。这种方法的缺点是频谱效率低，在频谱资源匮乏的情况下，科研人员都在研究各种先进技术来提高频谱利用率，甚至引入高频段来增加带宽，显然静态 ICIC 在 5G 通信网络中并不可取。而动态 ICIC 的频带划分受小区内负荷变化和邻区干扰影响周期性调整频带，所以需要小区之间互相传递干扰协调信息，在 5G 的超密集网络中，基站数量将大量增加，这将导致小区之间因为交互了大量控制信令，从而导致负荷以小区密度的二次方增长，显然这会额外增加大量能耗，所以这在超密集网络中也是不可取的。面对上述问题，我们在超密集网络中引入了增强型小区间干扰协调技术（eICIC）。

eICIC 技术是基于时域上的干扰消除方法，它用到了两个重要技术：小区覆盖扩展偏置配置（CRE）和几乎空白子帧（ABS）。引入 CRE 方案是为了扩大微站的覆盖范围，减小宏基站的用户负荷，其工作原理是设置小区覆盖扩展偏置门限 bias，只有在宏基站的信号强度比微基站信号强度多出 bias 时，用户终端才会连上宏基站。但是微基站的覆盖能力越大，来自宏基站的干扰就越大，所以引入 ABS 技术来尽量减少小区间的干扰。其原理是在宏基站中配置一定比例的子帧，微基站在配置的 ABS 子帧上译码信道信息并进行数据传输，这样可以避免来自宏基站的干扰，但是为了保证后向兼容性，ABS 的子帧上一般还会承载一些需要经常用到的信息，如广播信道 PSS/SSS/PBCH 和 CRS 信号等。

6.2.2 无线资源管理

无线资源管理方法主要有 3 种：公共无线资源管理（CRRM）、多无线资源管理（MRRM）、联合无线资源管理（JRRM）。

CRRM 模型需要对各种不同的无线接入技术（RAT）进行集中而有效的管理，该模型最主要的两个核心技术是两个网络选择场景：第 1 个场景是终端用户在多重网络覆盖的范围内，发出新的呼叫时的网络选择；第 2 个场景是漫游呼叫垂直切换的网络选择。网络选择和垂直切换机制主要考虑通过平衡负载的方式（Load Balancing，LB）来降低网络的阻塞率和提高无线资源的利用率。但是由于主要考虑了负载这一因素，没有考虑其他很多可以影响选择的因素，如用户偏好、移动速度等，使其效率很低。JRRM 模型采用模块化的方法，在架构中设置了 MRRM 模块和 GLL 模块两个非常重要的功能实体，MRRM 模块表示多无线资源管理模块，GLL 为通用链路层，这两个模块之间需要相互协调合作，以实现无线资源管理和异构网络间的无缝切换。JRRM 模型的主要思想是业务分离和多重连接，将业务看成加强部分和基本部分的组合，利用多个 RAT 将业务的加强部分和基本部分分别进行传输，并在接收端进行业务合并。

在异构网络中终端和基站之间需要分配无线频谱资源，在基站和核心网之间又涉及链路的分配。其中，无线资源在 5G 异构网络架构中是多种接入网的资源，需要进行统一管理，目前研究主要是在联合无线资源管理的模型上研究，与传统的联合无线资源管理架构相比，目前主要有集中式资源管理、分布式资源管理和混合式资源管理 3 种管理方式。

集中式资源管理是将资源控制模块放置在无线接入网控制器中，对各种无线接入基站（接口）的资源进行统一调控。集中式资源管理架构的优点是能知道整个无线接入的资源负载情况，可以最大化资源使用效率，但是由于要和所有的无线接入接口进行信息交互，所以需要产生大量信息交互开销。

分布式资源管理则是将资源控制模块下移到各无线基站上，不经过无线接入网侧控制器集中控制。在这种模式下，接入接口只需要与相邻的基站进行信令交互，所以信息交互的损耗小，而且与集中式资源管理相比，具有更强的健壮性，但是由于资源管理仅根据与相邻基站进行协调交互，所以不能起到全局调控和优化的作用。

由于集中式资源管理和分布式资源管理模型的优缺点互补，所以人们提出了一种混合式资源管理模式，也称分簇式资源管理。这是一种半集中式资源管理模式，基于分簇的频谱资源分配方法能将大规模网络节点分为多个小规模的

簇，一个簇管理一片无线基站资源，簇头作为交互中心和控制中心，这样就集中了分布式和集中式的优点，改善了资源管理。

无线资源管理大体上分为信息获取、决策制定、决策执行 3 个过程。

1. 信息获取

信息获取的主要作用是收集关于用户和网络的信息，用户侧需要收集的信息主要有 Qos 服务和终端的移动速率，网络侧需要收集的信息主要有带宽、时延、系统容量、网络覆盖率等。首先在终端侧收集用户的信息，然后经过接入节点（AP）和接入路由（AR）将用户侧信息上传至核心网的网络设备中，结合网络侧的相关信息来制定决策方案。

2. 决策制定

决策制定是无线资源管理中比较重要的一部分，它是按照预定的决策机制制定出相应的资源管理策略。我们将从 Qos 和移动性支持这两个重要的标准出发来讨论策略制定的主要问题及解决问题的趋势，一般从新连接和正在进行的连接的资源管理机制来考虑资源管理。本书提出了多种无线异构网络资源管理方案。

层次分析法（Analytic Hierarchy Process，AHP）和灰色关联度分析法（Grey Relation Analysis，GRA），这两种方法经常用于多属性判决算法，来分配最优的无线资源，这两个方法经常一起使用。这时的 AHP 法主要用于确定多个属性的权重，得到的权重信息再用于 GRA 法，以确定最优资源的排序，从而选择出最优化的结果，多个属性的选取来自第一阶段的相关信息，AHP 和 GRA 的具体算法流程可参考下文的移动性管理。

博弈论是现代数学的重要分支之一，最早用于微观经济学，1998 年，H. B. Ji 和 C. Y. Huang 等人提出将博弈论用于通信系统。博弈论主要包括博弈方、行动、信息、策略、支付函数等属性。

在无线资源管理模型中，博弈方包括用户和网络；行动是指博弈方的决策内容，此处即最优化的资源分配；策略则对应博弈方的决策方案；信息就是决策时所要考虑的相关信息，无线网络中的信息有很多，如在前面信息的获取中采集的数据；支付函数用于表示用户和网络在博弈过程中获得的效益。

异构网络在博弈论中的博弈方主要有用户和网络，根据博弈方可以将异构网络的博弈分为用户与用户之间的博弈、用户与网络之间的博弈、网络与网络

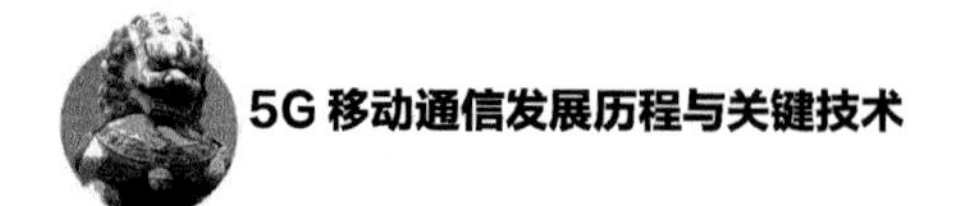

之间的博弈。而博弈论又可以根据博弈方之间是否存在相互关系而被分成合作博弈和非合作博弈，这样就产生了 6 种情况。每种情况都对应不同的博弈算法，目前博弈论在通信上应用的算法研究也有很多。

用户和用户之间博弈的目的主要是用户之间抢夺有限的网络带宽和无线频谱资源等，用户与网络之间的博弈主要是双方都希望自己的利益最大化，而网络和网络之间的博弈也是各运营提供商以利益最大化为目的的博弈，非合作关系的博弈可以应用伯川德（Bertrand）博弈模型、古诺（Cournot）模型、斯坦克尔伯格（Stackelberg）博弈模型等来解决，但是它们的应用有一定的应用范围限制。伯川德博弈模型适用于多个服务提供商向一个或多个用户提供服务所需的资源，古诺模型用于单一服务提供商向多个用户提供服务所需资源，而斯坦克尔伯格博弈模型主要应用于多主接入网络的负载均衡问题中。

3. 决策执行

在这一阶段，决策被强制执行。我们可以使用几种机制来确保前面所做的决策是正确的。接入控制是一种强制执行机制，它可以用于根据决策筛选访问权限。在某些情况下，可以通过比较当前网络上所需的服务和可用性来筛选候选网络的决策。无线资源管理体系结构的一个例子是基于策略的体系结构，它已经被许多方案所实现，它由存储所有策略和网络信息的策略存储库（PR）、策略决策点（PDP）和执行决策的策略执行点（PEP）组成。

6.2.3 移动性管理

随着无线网络技术的发展，多制式无线网络的融合成为主流，不同类型的无线网络重叠覆盖形成异构网络，异构网络中的用户可以连接到不同制式的网络中，以获取不同的服务体验。用户总是选择最好的网络进行接入，以获得好的 Qos。

在异构网络环境下，用户经常需要在不同制式的网络中进行切换，这种在不同制式网络中切换的技术被称为垂直切换。垂直切换一般要经过切换发起、切换判决、切换执行 3 个步骤，其中切换判决和切换执行尤为重要，下面仅介绍这两步。

1. 切换判决

移动性管理是保障用户 Qos 服务质量和异构网络无缝覆盖的关键性技术，

而切换是移动性管理中最重要的部分。根据网络类型的不同，切换技术主要分为水平切换和垂直切换，水平切换是指在同一网络类型的切换，而垂直切换是指在异构网络中不同网络类型之间的切换，这里将重点介绍异构网络下的垂直切换技术。

现在有很多的切换判决算法，一般可以分为：基于信号强度的切换算法、基于代价函数或多属性的切换算法、基于决策树的垂直切换算法、基于马尔可夫决策过程的垂直切换算法。

1）基于信号强度的切换算法

最早的也是最基本的切换判决属性是信号强度（RSS），在相同网络间不同基站之间的水平切换中经常使用，终端用户通过收集并比较不同基站的接收信号强度来触发切换。这种切换算法判决属性单一，仅仅依靠信号强度这一个条件完成切换，当终端处于两个基站之间时，经常会出现乒乓效应，研究人员提出了很多方法来控制乒乓效应的产生：一是增加驻留时间，其原理是当切换判决开始时，打开计时器，在驻留时间到达时，如果仍然满足切换条件则执行切换；二是结合迟滞电平，在 RSS 的基础上加入迟滞电平 H，移动用户在新接入网络的信号强度满足 $\mathrm{RSS_{new}} > \mathrm{RSS_{current}}+H$ 的情况下才进行切换。对于异构网络环境下的切换，各不同接入网络的特征差别很大，这时仅仅依据信号强度来执行切换，已经不能准确地使终端接入最优的网络中了。

2）基于代价函数或多属性的切换算法

基于代价函数或多属性的切换算法有很多共性，它在传统的基于信号强度的切换算法中增加了很多新的判决参数，而且都要给各种参数附上不同的权重，再经过各种方法将各网络从优到劣排列出来，不同的是在代价函数中是按从小到大的顺序排列的，而在效益函数中是按从大到小的方式排列的。这里我们需要关心和研究的有两点：一是各判决参数的权重选取问题，二是网络排序算法的问题。目前，计算权重主要有层次分析法和熵权法两种方法，层次分析法比较侧重于主观性，熵权法则更倾向于客观性。为了综合主观和客观意愿，通常将两个方法结合起来，确定权重的值。在对网络排序的研究中，还提出了很多算法，如简单加权和法（SAW）、乘法指数加权法（MEW）、灰色关联度分析法（GRA）等。

在代价函数和多属性切换算法中，因为存在多种属性，需要考虑的因素一般包括信号强度（RSS）、移动终端速度、链路质量、带宽、距离、资费、用户偏好、移动模型、抖动、时延等。一般要给属性赋予不同的权重，以此来确定每个属性的重要性。

（1）层次分析法。层次分析法（AHP）是美国运筹学家 Saaty 于 20 世纪 80 年代提出的一种非常有用的用于拥有多个方案或多个目标值的决策方法。它最明显的优点是能够合乎情理地将定性与定量的决策结合起来，按照思维、心理的规律等将判定的过程进行层次化和数量化。

层次分析法计算权重的基本方法如下：先分解后综合，首先将所要分析的问题层次化，根据问题的性质和要达到的总要求，将问题化简成不同因素的集合，按照因素间的存在的相互关系，将各种不同的因素以层次的形式聚集在一起，形成一个拥有多层结构的分析模型，最后将原始问题归结为最低层（方案、措施、指标等）相对于最高层（总目标）相对重要程度的权值或相对好坏的问题。

运用层次分析法建模，大体上可按建立递阶层次结构模型、构造出各层次中的所有判断矩阵、层次单排序及一致性检验、层次总排序及一致性检验 4 个步骤进行。

用层次分析法求解网络间垂直切换问题时，需要先构造一个异构网络的层次分析结构图，如图 6-1 所示。这里的决策条件选用移动终端速度、接收信号强度、带宽、资费、时延和用户偏好。

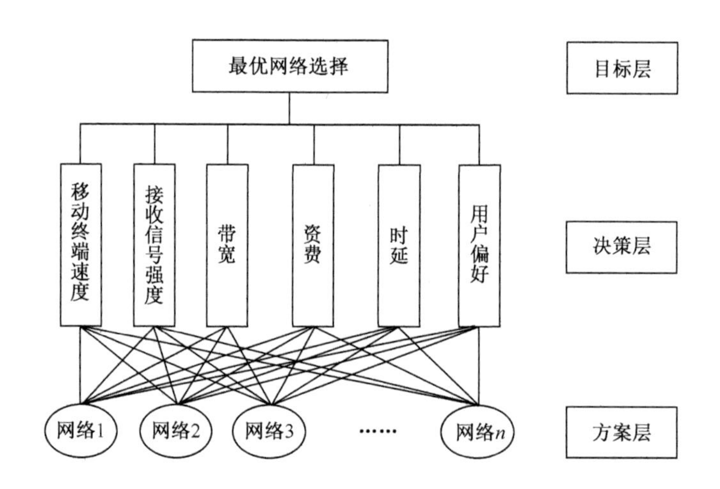

图 6-1　异构网络的层次分析结构图

有了层次分析结构图，下一步就是构建判断矩阵，这里要引入 1～9 标度法，用 1～9 之间的数字各表示出决策层两两属性之间的重要关系，这里将决策层设为 B，决策层的属性从左到右依次设为 B_1、B_2、B_3、B_4、B_5，根据主观因

素表示出两两属性之间的相对关系，构成一个判断矩阵$(b_{ij})_{n\times m}$。

构建了判断矩阵就可以计算各属性的权重，根据特征根方程 $BW=\lambda_{\max}W$ 可以计算出特征向量 W 和最大特征根$\lambda_{\max}$。其中，W 的分量 w_i 即是相应元素 i 的排序的权重。根据判断矩阵计算各属性权重的具体步骤如下：

对矩阵 B 的每列向量进行归一化：

$$w'_{ij}=\frac{b_{ij}}{\sum_{i=1}^{n}b_{ij}} \tag{6-1}$$

对 w'_{ij} 按行求和得：

$$w'_i=\sum_{j=1}^{n}w'_{ij} \tag{6-2}$$

将 w'_i 中的每列元素归一化得所要求得权向量：

$$w_i=\frac{w'_i}{\sum_{i=1}^{n}w'_i},\quad \boldsymbol{w}=(w_1,w_2,\cdots,w_n)^{\mathrm{T}} \tag{6-3}$$

这种方法可以体现业务需求和用户需求，但是主观性较重。

（2）熵权法。熵权法是一种比较客观的赋值法，它是通过需要用到的各项指标的信息量大小来确定各属性权重的。

① 归一化。由于网络属性的单位会有不同之处，所以要将网络的各属性进行规范化处理，常用的规范化公式用的是 min-max 公式。

正向指标：

$$x'_{ij}=\frac{x_{ij}-\min\{x_{1j},x_{2j},\cdots,x_{nj}\}}{\max\{x_{1j},x_{2j},\cdots,x_{nj}\}-\min\{x_{1j},x_{2j},\cdots,x_{nj}\}} \tag{6-4}$$

负向指标：

$$x'_{ij}=\frac{\max\{x_{1j},x_{2j},\cdots,x_{nj}\}-x_{ij}}{\max\{x_{1j},x_{2j},\cdots,x_{nj}\}-\min\{x_{1j},x_{2j},\cdots,x_{nj}\}} \tag{6-5}$$

式中，i 为第 i 个候选网络；j 为第 j 个网络属性。

② 确定网络的信息熵。先计算第 i 个候选网络第 j 个指标的比重：

$$y_{ij}=\frac{x'_{ij}}{\sum_{i=1}^{m}x'_{ij}} \tag{6-6}$$

再计算第 j 个网络属性的信息熵：

$$e_j = -K\sum_{i=1}^{m} y_{ij} \ln y_{ij} \tag{6-7}$$

式中，K 为常数，$K=\dfrac{1}{\ln m}$。

根据信息熵计算第 j 个指标的权重：

$$w_j = \frac{1-e_j}{\sum_j 1-e_j} \tag{6-8}$$

确定好权重后即可选取判决算法进行切换判决，常见的算法包括简单加权和法（SAW）、灰色关联度分析法（GRA）、MEW 等。垂直切换的主要目的在于保证用户的 Qos 最佳，以及最大化利用网络资源，在进行垂直切换前需要先选取合适的判决属性。常见的判决属性包括接收信号强度（RSS）、带宽（Bandwidth）、时延（Delay）、抖动（Jitter）、功率损耗（Power Consumption）、服务花费（Network Cost）、误码率（Bit Error Rate，BER）等，利用这些判决参数构建判决算法，实现用户的低误码率、高吞吐量及最小网络阻塞率。下面在介绍本书提出的算法前，先介绍一些参数、包括接收信号强度（RSS）、吞吐量（C）、误码率（BER）及阻塞率（BR）。

接收信号强度（RSS）：RSS 是触发垂直切换最基本的条件，在早期的切换算法中，直接应用 RSS 作为判决标准，现在也同样作为判决属性之一应用于其他多属性判决算法中。RSS 的计算公式为：

$$\mathrm{RSS}_{ij}(l) = \rho - \eta \ln(l) + n \tag{6-9}$$

式中，RSS_{ij} 为用户 i 能够接收到的来自基站 j 的信号强度；l 为用户 i 到基站 j 的距离；ρ 为网络的传输功率；η 为路径损耗因子；n 为满足高斯分布$(0,\ \sigma_1^2)$的高斯白噪声。

吞吐量（C）：吞吐量表征的是网络和用户在单位时间内传输成功的数据量，提高吞吐量能提高系统的传输效率，吞吐量也是表征用户 Qos 质量的重要参数，吞吐量的计算与可用带宽和信噪比有关。其计算公式为：

$$q = w_j' \cdot \log_2\left(1 + \frac{\mathrm{RSS}_{ij}}{D_{ij} + \xi^2}\right) \tag{6-10}$$

式中，w_j' 为基站 j 中每个用户能分配到的平均可用带宽；RSS_{ij} 为用户 i 在基站 j 下真实的接收信号强度；因为在测量接收信号强度时会存在噪声干扰，所以引入 ξ^2，ξ^2 也是满足高斯分布$(0,\ \sigma_2^2)$的高斯白噪声，但其一般方差比 n 大；D_{ij} 为干扰信号强度。

误码率（BER）：BER 反映的是在给定的时间内，位错误数与总传输位容量的比率。BER 能反映系统的传输准确率，当误码率过高时，将不能保证用户的 Qos 质量，是重要的判决参数之一，其值与网络的信噪比有关。信噪比的计算公式为：

$$\mathrm{SNR}_{ij}(L)=\frac{\mathrm{RSS}_{ij}(L)}{D_{ij}(L)} \tag{6-11}$$

误码率可以用如下公式计算：

$$E(L)=F\left(\sqrt{\mathrm{SNR}(L)}\right) \tag{6-12}$$

式中，$F(x)=\frac{1}{\sqrt{2\pi}}\int_{x}^{\infty}\exp\left(\frac{-y^2}{2}\right)\mathrm{d}y$。

阻塞率（BR）：当网络中的某条链路被占用，而新的呼叫被接入时，将会发生阻塞，一个网络的链路越多，发生阻塞的阻塞率越小，网络的阻塞率可以根据经典的排队论来求解，具体的计算公式为：

$$P=\frac{\frac{(a)^c}{c!}}{\sum_{k=0}^{c}\frac{a^k}{k!}} \tag{6-13}$$

式中，c 为基站的链路数；$a=\lambda/\mu$为基站到达率和服务率的比值，λ为基站的用户到达率（单位时间接入网络的用户数），满足泊松分布，$1/\lambda$为每个用户的服务时间，满足负指数分布。

（3）其他常用算法。选取合适的参数及弄清切换算法的目的之后，需要知道能选取哪些判决算法，常用的算法包括简单加权和法（SAW）、乘法指数加权法（MEW）和灰色关联度分析法（GRA）。

① 简单加权和法（SAW）。简单加权和法是多属性决策中最常用也是比较简单的一种方法，它通过给每个网络的不同属性分配不同的权重，然后计算每个网络的简单加权和，通过不同网络的加权和来判断最优网络，这里选取加权和最大的加权和值。

$$Q=\sum_{n}f_i w_i\ ,\quad \sum_{n}w_i=1 \tag{6-14}$$

式中，f_i 为判定因素 i 对应的属性值；w_i 为其对应的权重，哪个网络的 Q 值最大移动终端将会切换到哪个网络。

SAW 法中不同的因素会被赋予不同的权重值，并且可以根据不同的网络情况和不同用户的业务动态调整权重的大小，以此来保证不同用户对服务质量的要求。

② 乘法指数加权法（MEW）。乘法指数加权法要将各网络的各属性用矩阵的形式表示出来，即

$$S=\left(s_{ij}\right)_{n\times m}=\begin{bmatrix} s_{11} & s_{12} & \cdots & s_{1m} \\ s_{21} & s_{22} & \cdots & s_{2m} \\ \vdots & \vdots & \vdots & \vdots \\ s_{n1} & s_{n2} & \cdots & s_{nm} \end{bmatrix} \tag{6-15}$$

式中，i 为各网络；j 为不同的属性。根据上面构建的矩阵求出各元素的加权和为：

$$s_i=\prod_{j=1}^{N} s_{ij}^{w_j} \tag{6-16}$$

再将上面得到的 s 和每个属性的最优解相除得到判决式：

$$R_i=\frac{\prod_{j=1}^{N} x_{ij}^{w_i}}{\prod_{j=1}^{N} (x_{ij}^{**})^{w_j}} \tag{6-17}$$

③ 灰色关联度分析法（GRA）。灰色关联度分析法是一种判断关联程度的算法，可动态分析发展趋势，灰色关联度分析法需要确定两个数列，一个作为参考一个用于比较，这两个数列的关联度越大，就越接近。

灰色关联度分析法的步骤如下：

步骤 1 根据相关信息生成两种需要的数列，一是用于反映各网络特征的参考数列，二是影响网络的比较数列。

建立 n 个网络、m 个属性的判决矩阵为：

$$S=\left(s_{ij}\right)_{n\times m}=\begin{bmatrix} s_{11} & s_{12} & \cdots & s_{1m} \\ s_{21} & s_{22} & \cdots & s_{2m} \\ \vdots & \vdots & \vdots & \vdots \\ s_{n1} & s_{n2} & \cdots & s_{nm} \end{bmatrix} \tag{6-18}$$

对上面的矩阵归一化标准化后，得到比较矩阵为：

$$A=\left(a_{ij}\right)_{n\times m}=\begin{bmatrix} a_{11} & a_{12} & \cdots & a_{1m} \\ a_{21} & a_{22} & \cdots & a_{2m} \\ \vdots & \vdots & \vdots & \vdots \\ a_{n1} & a_{n2} & \cdots & a_{nm} \end{bmatrix} \tag{6-19}$$

选取最佳网络作为参考网络，最佳网络的选取要先确定所选属性是代价消耗型的还是效益型的。当所选属性为代价消耗型时，最优属性值是每列中数值最小的；当所选属性为效益型时，最优属性为每列中数值最大的，记为：

$$x_0 = \{x_{01} \quad x_{02} \quad \cdots \quad x_{0m}\} \tag{6-20}$$

步骤 2　变量单位的处理：在选取各属性值后，要先进行数据的无量纲化处理，这样表征不同属性（单位不同）的各特征之间才有可比性。例如，各属性有不同的度量单位，如费用的单位是元、时延的单位是秒，而终端移动的速度是米每秒。这样，各属性之间是没有可比性的，所以要将各属性进行量化，目前用得最多的方法是 min-max 归一化和 z-score 标准化。

min-max 归一化的方式是将原始数据压缩到[0, 1]，压缩公式为：

$$x' = \frac{x - \min}{\max - \min} \tag{6-21}$$

式中，max 和 min 分别为样本中的最大值和最小值，在用于垂直切换的情形时分别求出各属性的归一化值，各属性的值来自所有需要比较的网络。

z-score 标准化计算方法是尝试将原始的数据集统一化成均值为 0、方差为 1，且接近标准正态分布的数据集，即

$$x' = \frac{x - u}{\delta} \tag{6-22}$$

式中，x 为初始数据；u 为样本的平均值；δ 为样本标准差。该方法不仅能够去除量纲，还能够把所有不同维度的变量视同一律，在计算距离时各维度的数据发挥了相同的作用，避免了不同量纲的选取对计算出的距离产生的巨大影响。

步骤 3　计算关联系数：

$$\xi_i(k) = \frac{\min\limits_i \min\limits_t |x_0(t) - x_i(t)| + \rho \max\limits_i \max\limits_t |x_0(t) - x_i(t)|}{|x_0(k) - x_i(k)| + \rho \max\limits_i \max\limits_t |x_0(t) - x_i(t)|} \tag{6-23}$$

式中，$x_0(t)$为参考数列；$x_i(t)$为比较数列；$\rho \in [0, 1]$为分辨系数。

步骤 4　计算灰色加权关联度：

$$r_i = \sum_{k=1}^{n} w_i \xi_i(k) \tag{6-24}$$

式中，k 为各网络的不同属性；i 为各网络；w_i 为各属性的权重；r_i 为各网络的灰色关联度。

步骤 5　关联度排列。将上述算出来的各灰色关联度按从大到小的顺序列出来，选取其中最大的为最优网络。

3）基于决策树的垂直切换算法

在基于决策树的垂直切换算法的架构中，引入了决策阈值，通过决策树模型和选定的判决参数及对应的阈值进行切换判决，如选取接收信号强度（RSS）、误码率（BER）和阻塞率（BR）作为垂直切换的判决参数，分别设其对应的决策阈值为ε_1、ε_2、ε_3。则必须满足 $\mathrm{RSS}(L) > \varepsilon_1$、$\mathrm{BER}(L) < \varepsilon_2$ 及 $P(q) < \varepsilon_3$，基站才会进入用户的备选切换网络中，其中 L 为用户到基站的距离，$\mathrm{RSS}(L)$为用户距离基站 L 处的接收信号强度，$\mathrm{BER}(L)$表示用户距离基站 L 处的误码率，$P(q)$表示网络通道数为 q 的基站的阻塞率。其判别形式可用图 6-2 所示的决策树图表示。

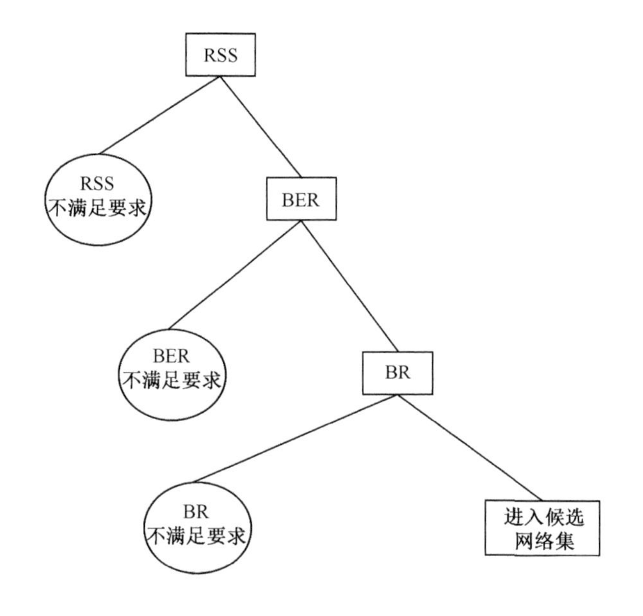

图 6-2　决策树图

最终进入候选网络集的基站将再次利用上述介绍的多属性决策算法进行采样判决。为了提高判决的准确性，文献[19]中提出了基于决策树的异构车辆网络垂直切换算法的分析框架，引入了虚警概率和漏报概率两个重要概念。虚警概率是指实际值不满足阈值的概率，但决策过程却错误地将这些值确定为满足阈值而虚假警报的概率。漏报概率则刚好相反，是指实际值满足阈值，但决策过程却错误地将这些值确定为不满足阈值而漏报的概率。接收信号强度（RSS）和误码率（BER）的虚警概率及漏报概率的计算公式如下：

$$P_{\text{RSS}}(\text{FAP}) = 1 - \Phi\left[\frac{\varepsilon_1 - \rho + \eta\lg(L)}{\sigma_1}\right], L \geqslant 10^{\frac{\rho-\varepsilon_1}{\eta}} \tag{6-25}$$

$$P_{\text{RSS}}(\text{MAP}) = \Phi\left[\frac{\varepsilon_1 - \rho + \eta\lg(L)}{\sigma_1}\right], L < 10^{\frac{\rho-\varepsilon_1}{\eta}} \tag{6-26}$$

$$F_{\text{BER}}(\text{FAP}) = \begin{cases} \phi\left(\dfrac{\theta_1}{\sigma_2}\right) - \phi\left(\dfrac{\theta_2}{\sigma_2}\right), \theta_2 < \theta_1 \\ \phi\left(\dfrac{\theta_3}{\sigma_2}\right), \theta_2 > \theta_1 \end{cases} \tag{6-27}$$

$$F_{\text{BER}}(\text{MAP}) = 1 - \Phi\left(\frac{\theta_1 - \dfrac{2km}{t_0^2 - k}}{\sigma_2}\right) \tag{6-28}$$

式中，$\Phi(x)$满足 $N\sim(0,\ 1)$标准正态分布，$\theta_1 = \dfrac{(-2k - t_0^k)m + \rho - \eta\lg(L)}{t_0^k - k}$，$\theta_2=\eta\lg(L)-\rho$，$\theta_2=\min(\theta_1,-m)$，$k = \dfrac{\sigma_1}{\sigma_2}$。得到虚警概率和漏报概率之后，就可以构建多属性垂直切换算法，即

$$H_i(x) = \frac{\text{RSS}_i(x) - \varepsilon_i}{\varepsilon_i} \cdot [1 - P_i(\text{FAP})(x)] \cdot [1 - P_i(\text{MAP})(x)] \cdot [1 - \text{BER}_i(x)] \cdot [1 - P_{qi}(x)] \tag{6-29}$$

式中，i 为基站编号，选取值最大的网络进行垂直切换。

4）基于马尔可夫决策过程的垂直切换算法

将马尔可夫决策过程引入垂直切换决策中，通过引入价值函数来评估用户接入网络将获得的价值，充分考虑了网络的动态特性，能很好地保证用户接入低阻塞率和低时延的网络。文献[20]中还考虑了用户在切换决策后，切换执行时和切换后各候选网络状态的变化，进一步提高了切换的准确性。因为马尔可夫决策过程需要有一定的迭代周期，所以将导致较高的切换时延，在文献[21]中运用多臂赌博机算法，将网络各状态通过求 Gittins index 的方式提前求出其对应的价值，实际的决策过程省去了迭代过程，降低了切换过程中的时延。下面重点讲解多臂赌博机算法。

采用多臂赌博机算法能求解出网络各状态的即时价值，从而最大化系统总的累积价值，是一种序列优化算法。下面通过求解 Gittins index 的多臂赌博机算法来求解各状态价值。

求解 Gittins index 的方程是一个四元组<s, r, p, a>。s 为各网络对应的状态，是一个向量值；r 为各状态对应的即时价值；p 为各状态之间的转移概率；a 为动作。

（1）确定每个网络的状态数。网络的状态由带宽和时延决定（这两个属性随着用户的增加而改变）。其他 Qos 参数（如 RSS 等）会受其他因素的影响而变化，不方便作为网络状态变化参数。

基站接入的用户数不同，则对应的剩余可用带宽和网络时延不同，所以接入网络的用户数的变化对应网络的状态变化。状态之间的转移概率可以通过排队论进行求解。

$$\boldsymbol{S}=\{\boldsymbol{s}_1,\boldsymbol{s}_2,\cdots,\boldsymbol{s}_m\}$$

式中，m 为异构网络中的基站数；$\boldsymbol{s}_i$（i=1, 2, ⋯, m）为网络 i 的状态向量。

（2）状态之间转移概率的计算。利用排队论求状态之间的转移概率。设网络用户的到达率为λ，表示单位时间内有λ个用户接入基站。服务率为μ，表示单位时间内网络能服务μ个用户。则由排队论的 M/M/1 模型可以得出，网络到达 k 个新用户的概率为：

$$p_a(x=k)=\frac{\lambda^k}{k!}\mathrm{e}^{-\lambda} \tag{6-30}$$

离去率为：

$$p_b(x=k)=\frac{\mu^k}{k!}\mathrm{e}^{-c\mu} \tag{6-31}$$

式中，c 为被服务的用户数；i 为切换前的状态；j 为用户切换后的状态，则有

$$p(j,i)=\sum_{n=i-j}^{i}p_a(x=n+j-i)p_b(x=n), j<i \tag{6-32}$$

$$p(j,i)=\sum_{n=0}^{i}p_a(x=n+j-i)p_b(x=n), j\geqslant i \tag{6-33}$$

（3）价值函数的计算。计算每个状态的价值函数由 3 个指标构成，分别是网络剩余带宽、网络时延和各网络的通道数。

网络剩余带宽是效益型参数，计算价值的公式如下：

$$f_B(s)=f(\beta)=\begin{cases}1,\beta\geqslant U\\ \dfrac{\beta-L}{U-L},L<\beta<U\\ 0,\beta\leqslant U\end{cases} \tag{6-34}$$

网络时延是代价消耗型参数，其价值计算公式如下：

$$f_D(s)=f(\tau)=\begin{cases}1,\tau\leqslant L\\ \dfrac{U-\tau}{U-L},L<\tau<U\\ 0,\tau\geqslant U\end{cases} \tag{6-35}$$

网络的通道数通过各网络之间的比较来确定其价值：设 $T=\{t_1, t_2, \cdots, t_m\}$，$t_m$ 表示基站 m 的通道数。

$$f_T(m)=\frac{t_m}{\sum\limits_{i=1}^{M}t_i},m=1,2,\cdots,M \tag{6-36}$$

在每个决策周期，允许接入的网络将提供当前状态的价值，考虑 3 个网络属性，带宽、时延、通道数及各自所占的权重得到网络 i 在时间 t 的价值函数，即

$$R(x_i(t),i)=\sum_n w_m R_m(x_i(t),i) \tag{6-37}$$

其中，权重的计算可以参考前面介绍的方法进行求解。

计算 Gittins index。前面我们已经求出了各网络的各状态，及各状态的价值函数和状态之间的转移概率，现在我们采用状态评估算法（SEA）来求解每个网络各状态的 Gittins index。首先需要找出各网络最大价值状态的序号α_{i1}，此序号对应的价值 $R_{\alpha_{i1}}$ 就是对应状态的 Gittins index，计算公式如下：

$$\alpha_{i1}=\arg\max_{a\in x_i} R_a \tag{6-38}$$

$$v(\alpha_{i1})=R_{\alpha_{i1}} \tag{6-39}$$

接下来的状态序号及对应的 Gittins index 按照下列步骤计算：

首先，需要对每个网络定义一个 $\tilde{m}\times\tilde{m}$ 矩阵 $\boldsymbol{Q}_i^{(k)}$ 和一个 $\tilde{m}\times 1$ 的向量 $\boldsymbol{d}_i^k$ 及 $\boldsymbol{b}_i^k$。其中，$\tilde{m}=m-k+1$，m 是网络对应的状态数。$\boldsymbol{Q}_i^{(k)}$、$\boldsymbol{d}_i^k$、$\boldsymbol{b}_i^k$ 的初始值分别为：$\boldsymbol{Q}_i^{(1)}=P_i$、$\boldsymbol{d}_i^1=\boldsymbol{R}_i$、$\boldsymbol{b}_i^1=(1-\beta)1$。其中，$\beta$ 为折损因子；$\boldsymbol{P}_i$ 为网络 i 的状态转移矩阵；$\boldsymbol{R}_i$ 为网络 i 的价值函数。

然后，给每个网络定义两个集合 continuation set $C_i(\alpha_i)$和 stopping set $S_i(\alpha_i)$，$C_i(\alpha_i)$储存已经计算过 Gittins index 的状态序号，$S_i(\alpha_i)$则储存未计算 Gittins index 的状态序列号。下一个需要状态序号的选取由如下公式确定，首先定义：

$$\lambda_{k-1}=\frac{\beta}{1-\beta\boldsymbol{Q}_{(\alpha_{k-1},\alpha_{k-1})}^{k-1}} \tag{6-40}$$

定义 $\forall a,b\in S_i(\alpha_i)$，然后更新 $\boldsymbol{Q}_{i(a,b)}^{(k)}$，$\boldsymbol{d}_{i(a)}^k$，$\boldsymbol{b}_{i(a)}^k$：

$$\boldsymbol{Q}_{i(a,b)}^{(k)}=\boldsymbol{Q}_{i(a,b)}^{(k-1)}+\lambda_{k-1}\boldsymbol{Q}_{i(a,\alpha_{k-1})}^{(k-1)}\boldsymbol{Q}_{i(\alpha_{k-1},b)}^{(k-1)} \tag{6-41}$$

$$d_{i(a)}^{k}=d_{i(a)}^{k-1}+\lambda_{k-1}Q_{i(a,\alpha_{k-1})}^{(k-1)}d_{i(\alpha_{k-1})}^{k-1} \tag{6-42}$$

$$b_{i(a)}^{k}=b_{i(a)}^{k-1}+\lambda_{k-1}Q_{i(a,\alpha_{k-1})}^{(k-1)}b_{i(\alpha_{k-1})}^{k-1} \tag{6-43}$$

下一个选取的状态序列号为：

$$\alpha_{ik}=\arg\max_{a\in S(\alpha_{ik})}\frac{d_{i(a)}^{k}}{b_{i(a)}^{k}},\ k=2,3,\cdots,m \tag{6-44}$$

计算对应的 Gittins index：

$$v(\alpha_{ik})=(1-\beta)\frac{d_{i(\alpha_k)}^{k}}{b_{i(\alpha_k)}^{k}},\ k=2,3,\cdots,m \tag{6-45}$$

以上面的方式求出每个网络的 Gittins index 集合，Gittins index 值能够反映当前网络状态的价值信息，当前状态 Gittins index 越大的网络，有更高的接入带宽、更低的时延和更低的阻塞率。本书利用求出的 Gittins index 集合构建出多目标决策模型，以选取最优的切换网络。

2. 切换执行

前面介绍了切换判决的几种算法，通过比较可以得到最优网络，之后从当前网络切换到最优网络，切换执行一般在网络层或更上层实现，因为各网络的无线技术、网络协议、设计目标都各不相同，但是它们都会通过路由器连接到 IP 网络层，采用全 IP 的网络架构实现接入网融合，已经成为一种主流意识。

当前主要有 3 种技术：基于网络层的移动 IP 技术（Mobile IP Technology）、基于传输层的移动流控制传输协议（Mobile Stream Control Transmission Protocol）和基于应用层的会话初始协议（Session Initialization Protocol）。

1）MIP 技术

异构网络的目标是各种不同制式的无线接入网需要向用户提供一致的服务，移动 IP 技术基于互联网，所有终端用户如果想实现上网，则接入不同的接入网后，最终目的就是接入互联网。终端的话音业务在之前的接入制式中是通过分组域传输的；到了 4G 无线接入制式中开始采用分组域来传输话音业务，即通过 IP 数据流来传输，通过实现网络全 IP 化，可以消除不同网络之间的差异。

在全 IP 化的网络中，所有业务都是由 IP 承载的。这与传统的移动性管理技术不同，传统移动性管理技术的信令传输和业务传输是独立的。网络侧的移动性管理技术可以分为由 IPv4 扩展而成的移动 IPv4（MIPv4）和由 IPv6 内置的移动性管理部分移动 IPv6。

（1）MIPv4。IPv4 由家乡代理、外地代理，以及通信双方节点，即移动节点

（终端）和对端阶段（基站）组成。当终端用户处于家乡网络中时，进行正常的信息传输；当终端移动到外地网络时，会得到外地网络上的一个转交地址，随后终端向家乡代理注册得到的转交地址，当有数据分组发往终端的家乡地址时，家乡代理会拦截此消息并通过隧道发送到转交地址，然后通过隧道技术完成路由选择发送到移动节点。由此可知主要依赖 4 种工作机制来实现 MIPv4，即代理发现、注册、隧道技术和路由选择。

（2）MIPv6。MIPv6 是为了升级和完善 MIPv4 而提出的一种协议，相比于 MIPv4，它扩大了地址空间。MIPv4 的地址空间为 32 位，而 MIPv6 的地址空间为 128 位。而且它引入了无状态地址自动配置和邻居发现机制消除了外地代理，通过集成 IPSec 提高了安全性。

2）STCP 协议

SCTP 协议是传输层继 TCP 和 UDP 之后的另外一个协议，是一种通用的数据传输协议，通信端点在互相通信前必须建立关联连接，SCTP 采用 4 次握手的机制来建立关联，如图 6-3 所示。

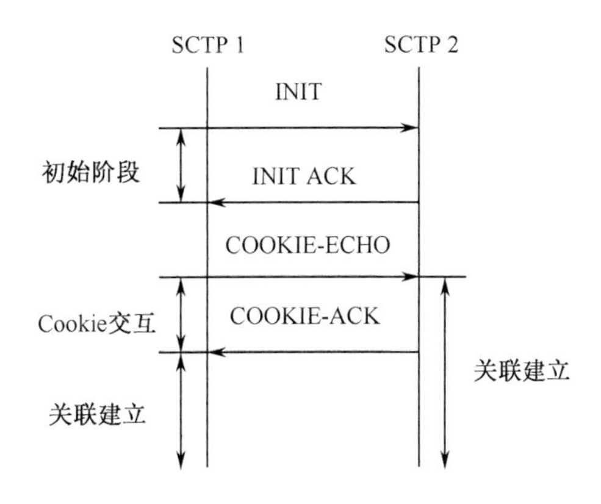

图 6-3　SCTP 关联建立过程

交互过程如下：

SCTP 协议可用于垂直切换是由于其多家乡性和动态地址重配置功能。

多家乡性指每个 SCTP 端点可以拥有多个 IP 地址，每个 IP 地址都可以在通信两端建立一条单独的流。当配备了多种无线网络接入制式的移动性终端位于多个网络覆盖的范围内时，可以从不同的网络中获得不同的 IP 地址。这样就建立起了多条路径，再配合动态地址重配置就可以完成网络的切换。SCTP 动态地址重配置（DAR）是指 SCTP 通信端点在通信时动态地配置本端的可用 IP 地址列表，在当前 SCTP 关联中动态地添加、删除、改变 IP 地址的方法。

现假设移动节点 *MN* 已经和通信对端 CN 建立了活动的关联。在传输数据的过程中，*MN* 移动到无线网络 N_1 和无线网络 N_2 的共同覆盖区域，并且 *MN* 通过边界路由器 AR1 接入无线网络 N_1 中，通过边界路由器 N_2 接入无线网络 N_2 中。发生的垂直切换过程如下：开始时，终端通过 N_1 与核心网建立通信链路，IP 地址添加到 SCTP 的 IP 地址列表中。当终端进入 N_1 和 N_2 的重叠区后，终端又通过无线接入网 N_2 和核心网建立连接。此时又分配一个 IP 地址，同样加入 IP 地址列表中，这时就有两个 IP 链路连接终端和核心网，再根据前面的垂直切换判决依据，选取最优网络，并将其 IP 设为主路径。当终端离开某个无线接入网的通信范围后，将通过该无线接入网连接终端和核心网的 IP 地址从地址列表中去除，这样就完成了网络切换。

参考文献

[1] Ali T M D, Saquib M. Analytical Framework for WLAN-Cellular Voice Handover Evaluation[J]. IEEE Transactions on Mobile Computing, 2013, 12(3): 447-460.

[2] 杨峰义，等. 5G 网络架构[M]. 北京：电子工业出版社，2016.

[3] Saaty T L. Analytic hierarchy process[J]. McGraw-Hill, 2001.

[4] Ding Z, Xu Y. A novel joint radio resource management with radio resource reallocation in the composite 3G scenario[J]. Information Technology Journal, 2011, 10(6): 1228-1233.

[5] Kaleem F, Mehbodniya A, Islam A, et al. Dynamic Target Wireless Network Selection Technique Using Fuzzy Linguistic Variables[J]. 中国通信，2013, 10(1).

[6] Anupama K S S, Gowri S S, Rao B P, et al. An Intelligent Vertical Handoff Decision Algorithm for Heterogeneous Wireless Networks[M]. ICT and Critical Infrastructure: Proceedings of the 48th Annual Convention of Computer Society of India- Vol I. Springer International Publishing, 2014.

[7] Ahlswede R, Cai N, Li S Y R, et al. Network information flow[J]. IEEE Transactions on Information Theory, 2000, 46(4): 1204-1216.

[8] Chiussi F M, Khotimsky D A, Krishnan S. Mobility management in third-

generation all-IP networks[J]. IEEE Communications Magazine, 2002, 40(9): 124-135.

[9] Xie X, Rong B, Zhang T, et al. Improving physical layer multicast by cooperative communications in heterogeneous networks[J]. IEEE Wireless Communications, 2011, 18(3): 58-63.

[10] Singhrova A, Prakash N. Vertical handoff decision algorithm for improved quality of service in heterogeneous wireless networks[J]. IET Communications, 2012, 6(2): 211-223.

[11] Kaleem F, Mehbodniya A, Islam A, et al. Dynamic Target Wireless Network Selection Technique Using Fuzzy Linguistic Variables[J]. China Communications, 2013, 10(1): 1-16.

[12] Kustiawan I, Chi K H. Handoff Decision Using a Kalman Filter and Fuzzy Logic in Heterogeneous Wireless Networks[J]. IEEE Communications Letters, 2015, 19(12): 2258-2261.

[13] Alotaibi N M, Alwakeel S S. A Neural Network Based Handover Management Strategy for Heterogeneous Networks[C]//IEEE International Conference on Machine Learning & Applications. IEEE, 2016.

[14] Jaraiz-Simon M D, Gomez-Pulido J A, Vega-Rodriguez M A. Embedded intelligence for fast Qos-based vertical handoff in heterogeneous wireless access networks. Pervasive Mobile Comput, 2014, 1(9): 141-155.

[15] Zineb A B, Ayadi M, Tabbane S. QoE-based vertical handover decision management for cognitive networks using ANN[C]//Sixth International Conference on Communications & Networking. IEEE, 2018.

[16] Nguyen-Vuong Q T, Agoulmine N, Cherkaoui E H, et al. Multi-criteria optimization of access selection to improve the quality ofexperience in heterogeneous wireless access networks. IEEE Trans. Veh.Technol, 2013, 62(4): 1785-1800.

[17] Du Z, Wu Q, Yang P. Dynamic User Demand Driven Online Network Selection[J]. IEEE Communications Letters, 2014, 18(3): 419-422.

[18] Ali T, Saquib M. Analysis of an Instantaneous Packet Loss Based Vertical Handover Algorithm for Heterogeneous Wireless Networks[J]. IEEE Transactions on Mobile Computing, 2014, 13(5): 992-1006.

[19] Wang S, Fan C, Hsu C H, et al. A Vertical Handoff Method via Self-Selection Decision Tree for Internet of Vehicles[J]. IEEE Systems Journal, 2017, 10(3): 1183-1192.

[20] Ma B, Wang D, Cheng S, et al. Modeling and Analysis for Vertical Handoff Based on the Decision Tree in a Heterogeneous Vehicle Network[J]. IEEE Access, 2017: 1-1.

[21] Chen L, Li H. An MDP-based vertical handoff decision algorithm for heterogeneous wireless networks[C]//Wireless Communications & Networking Conference. IEEE, 2016: 1-6.

[22] Bin M A, Deng H, Xie X Z, et al. An Optimized Vertical Handoff Algorithm Based on Markov Process in Vehicle Heterogeneous Network[J]. China Communications, 2015, 12(4): 106-116.

[23] Yang B , Wang X , Qian Z H. A Multi-Armed Bandit Model Based Vertical Handoff Algorithm for Heterogeneous Wireless Networks[J]. IEEE Communications Letters, 2018: 1-1.

第7章 同时同频全双工技术

7.1 载波频率同步技术

在移动通信的接收端，往往需要相干解调的方式来恢复接收信号，即在接收设备中生成一个与接收信号载波同频同相的本地振荡（Localoscillation），用于解调器进行相干解调。在实际的通信过程中，常常无法保证接收信号载波与本地振荡时刻保持同频同相，因此在这些接收设备中需要有载波同步电路。载波同步的目的在于估计出接收信号的载波频率和相位，以及本地振荡的频率和相位之间的差值，从而修正本地振荡频率的相位，使接收信号的载波与本地振荡严格地同频同相。

载波不同步时，即存在载波频率偏移（Carrier Frequence Offset，CFO）时，CFO 会造成接收端信号的幅度减弱及相位旋转，在单载波的系统中利用均衡技术可以解决这个问题。然而，OFDM 系统对 CFO 非常敏感，这是因为 CFO 会让子信道之间不再彼此正交，而这会给 OFDM 系统通信造成极大的麻烦，所以载波同步在 OFDM 系统里面占有的举足轻重的地位。国内外研究人员对此进行了很多研究，提出了很多进行频偏估计的算法。这些算法大致可以分为两类：数据辅助类和非数据辅助类（盲估计）。盲估计算法就是利用 OFDM 符号本身的特点（如循环前缀是符号后半部分的复制等）进行估计的算法，这类算法的优点是简单、易于实现，并且不需要辅助信息、频谱利用率高，缺点是估计精度不够高。数据辅助类算法是借助训练序列或所谓的导频信息来对载波频率偏移进行估计的。这类算法复杂度更高，会使系统的传输效率变低，但是捕获速度快、估计精度高。

7.1.1 无辅助导频的载波同步

无辅助导频的载波同步主要是借助 OFDM 符号结构的特点来实现载波频率偏移的估计，这类算法由于不需要使用导频信息，所以频谱利用率较高，代表算法是基于循环前缀的最大似然估计算法（Maximum Likelihood，ML）。该算法是利用 OFDM 符号中 CP 数据段与数据段后面的部分存在强相关性来进行载波同步。该算法实现简单，可以同时实现符号定时和载波频率同步，然而缺点在于能估计的频率范围较小，且符号定时精度不高。该算法的导频结构图如图 7-1 所示。

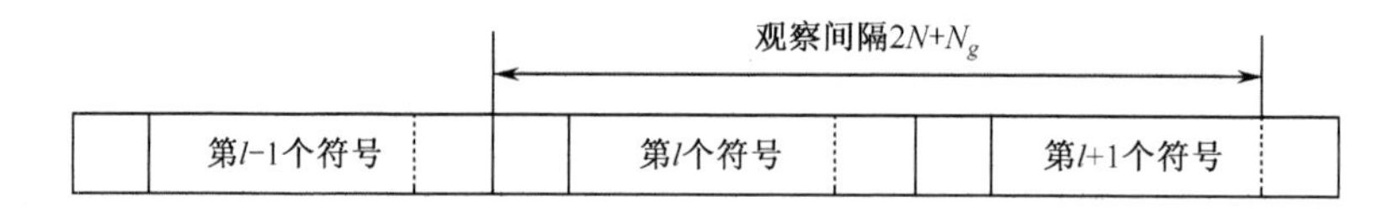

图 7-1 ML 算法的导频结构图

设发送序列为 $s(n)$，在高斯信道条件下，接收信号为：

$$r(n)=s(n-d)\exp\left(\frac{\mathrm{j}2\pi\varepsilon n}{N}\right)+w(n) \tag{7-1}$$

式中，ε 为子载波间隔归一化的载波频率偏移；d 为接收信号的符号滞后。

对于接收的 OFDM 序列，我们并不知道第 l 个 OFDM 符号的起始位置在哪里，这是符号同步要完成的内容。设接收端的起始位置为 d，一个 OFDM 符号中有 N 个子载波，循环前缀的长度为 N_g，从起始时刻连续取 $2N+N_g$ 个采样点，一定包含一个完整的 OFDM，此时，定义两个数据集合为：

$$M_1=\{d,d+1,\cdots,d+N_g-1\} \tag{7-2}$$

$$M_2=\{d+N,d+N+1,\cdots,d+N+N_g-1\} \tag{7-3}$$

式中，M_1、M_2分别为第 k 个 OFDM 符号的 CP 和符号中与 CP 相同的子载波部分，它们是完全相同的。

对于 $2N+N_g$ 个采样点，其联合概率密度函数为：

$$\begin{aligned}f(n|d,\varepsilon)&=\prod_{n\in M_1}f(r(n),r(n+N))\prod_{n\notin M_1\cup M_2}f(r(n))\\&=\prod_{n\in M_1}\frac{f(r(n),r(n+N))}{f(r(n))\cdot f(r(n+N))}\prod_{n}f(r(n))\end{aligned} \tag{7-4}$$

式中，$f(r(n))$为接收信号 $r(n)$的概率密度，对式（7-4）取对数为：

$$\Lambda\left(r\middle|d,\varepsilon\right)=\log\left\{\prod_{n\in M_1}\frac{f\left(r(n),r(n+N)\right)}{f\left(r(n)\right)\cdot f\left(r(n+N)\right)}\prod_{n}f\left(r(n)\right)\right\} \tag{7-5}$$

是以，只需要算出使似然函数 $\Lambda(r|d,\varepsilon)$ 取最大值时的 d 和 ε，即得到符号同步与载波同步的结果。假设发送信号服从独立等概率分布，那么可以发现：$\prod f\left(r(n)\right)$ 与符号的起始位置 d 和频率偏移 ε 都无关，那么式（7-5）简化为：

$$\Lambda\left(r\middle|d,\varepsilon\right)=\log\left\{\prod_{n\in M_1}\frac{f\left(r(n),r(n+N)\right)}{f\left(r(n)\right)\cdot f\left(r(n+N)\right)}\right\} \tag{7-6}$$

ML 估计的符号同步及载波同步结果可以写成：

$$\hat{d}_{ML}=\arg\max_{d}\left\{\left|\gamma\left(d\right)\right|-\rho\,\Phi\left(d\right)\right\} \tag{7-7}$$

$$\hat{\varepsilon}_{ML}=-\frac{1}{2\pi}\angle\gamma\left(\hat{d}_{ML}\right) \tag{7-8}$$

式中，$\gamma\left(d\right)=\sum_{n=d}^{d+N_g-1}r\left(n\right)r\cdot\left(n+N\right)$，$\Phi\left(d\right)=\frac{1}{2}\sum_{n=d}^{d+N_g-1}\left(\left|r\left(n\right)\right|^2+\left|r\left(n+N\right)\right|^2\right)$，$\rho=\frac{\text{SNR}}{\text{SNR}+1}$。

ML 算法的估计结果受循环前缀长度 N_g 的影响，一般来说 N_g 越长估计得越准确。然而 N_g 的长度越大，整个系统的有效带宽及频谱利用率就越低，因此，在实际应用中应权衡算法性能与传输效率来选择 N_g 的长度。

同样，无辅导频的 LS 载波同步算法也是利用了 OFDM 符号本身的强相关性。可以得知，当信道是色散信道时，无论是否存在虚拟子载波，接收信号的采样之间都是互相关的；而当信道是色散信道时，在存在虚拟子载波时，接收信号的采样之间仍然是互相关的，以此为依据，可以推导 LS 载波同步估计方法。

采样信号的方差矩阵 $\boldsymbol{R}=E[\boldsymbol{rr}^{\mathrm{H}}]$ 可以写成：

$$\begin{aligned}[R]_{(n_1,n_2)}&=R(n_1-n_2)\\&=\begin{cases}\dfrac{\sigma_s^2}{2N_u+1}\displaystyle\sum_{l=-N_u}^{N_u}\left|H_l\right|^2+\sigma_n^2,\ n_1=n_2\\ \dfrac{\sigma_s^2\exp\left[\dfrac{\mathrm{j}2\pi\varepsilon(n_1-n_2)}{N}\right]}{2N_u+1}\displaystyle\sum_{l=-N_u}^{N_u}\left|H_l\right|^2\exp\left[\dfrac{\mathrm{j}2\pi l(n_1-n_2)}{N}\right],\ 其他\end{cases}\end{aligned} \tag{7-9}$$

式中，$n_1,n_2\in\left\{0,1,\cdots,N-1\right\}$；$\sigma_s^2$ 为信号功率；σ_n^2 为噪声方差；N 为信号子载波的数量；N_v 为虚拟子载波数量，$2N_u+1=N-N_v$；ε 为归一化的频率偏移；H_l 为

第 l 个子载波上的信道频率响应值。

$$\bar{R}(m)=\frac{1}{N-m}\sum_{n=0}^{N-m-1}r\cdot(n)r(n+m) \tag{7-10}$$

$$\bar{R}(N-m)=\frac{1}{m}\sum_{n=0}^{m-1}r\cdot(n)r(n+N+m) \tag{7-11}$$

对于 $1\leqslant m\leqslant N-1$，可以得到：

$$\begin{aligned}\bar{R}(m)&=E\left[\bar{R}(m)\right]+e_1(m)=R(m)+e_1(m)\\&=\frac{\sigma_s^2\exp\left(\frac{\mathrm{j}2\pi\varepsilon m}{N}\right)}{2N_u+1}\sum_{l=-N_u}^{N_u}\left|H_l\right|^2\exp\left(\frac{\mathrm{j}2\pi lm}{N}\right)+e_1(m)\end{aligned} \tag{7-12}$$

式中，$e_1(m)$表示 $\bar{R}(m)$ 与其期望的差值，同样可以得到：

$$\begin{aligned}\bar{R}(N-m)&=E\left[\bar{R}(N-m)\right]+e_2(m)=R(N-m)+e_2(m)\\&=\frac{\sigma_s^2\exp\left[\frac{\mathrm{j}2\pi\varepsilon(N-m)}{N}\right]}{2N_u+1}\sum_{l=-N_u}^{N_u}\left|H_l\right|^2\exp\left(-\frac{\mathrm{j}2\pi lm}{N}\right)+e_2(m)\end{aligned} \tag{7-13}$$

继而，可以得到：

$$R(N-m)=R^*(m)\exp(\mathrm{j}2\pi\varepsilon),\ 1\leqslant m\leqslant N-1 \tag{7-14}$$

因此，可以通过式（7-15）得到频率偏移的估计值：

$$J(\hat{\varepsilon})=\sum_{m=p_1}^{p_2}\left|\bar{R}(N-m)-\bar{R}(m)\exp(\mathrm{j}2\pi\varepsilon)\right|^2 \tag{7-15}$$

式中，$\hat{\varepsilon}$ 为频率偏移的可能值；p_1、p_2 为自由定义的观测区间。用最小二乘法得到频率偏移的估计值为：

$$\hat{\varepsilon}_{\mathrm{LS}}=\frac{1}{2\pi}\arg\left\{\sum_{m=p_1}^{p_2}\bar{R}(m)\bar{R}(N-m)\right\} \tag{7-16}$$

可以看出，最小二乘法（LS）估计仅需要接受 OFDM 符号就可以获得频率偏移的估计值，频偏范围为 $-\frac{1}{2}\leqslant\varepsilon\leqslant\frac{1}{2}$。一般不需要插入子载波（高斯信道下除外），也不需要已知信道的响应。

7.1.2 有辅助导频时的载波同步

数据辅助类的载波同步方法，需要使用部分 OFDM 符号作为训练符号或者使用导频。与无数据辅助的载波同步方法相比，这类方法具有更好的性能。但是在 OFDM 系统中，信道估计过程常常需要使用导频或训练序列。因此，可以

认为，使用数据辅助类同步方法并没有另外降低系统的数据传输效率。

在数据辅助类算法中，最经典的算法就是 Moose 方法，该方法的原理是：连续传送两个完全一样的 OFDM 符号作为导频，在接收端经过 FFT 后，利用这两个符号之间的强相关性，通过检查信号的相位旋转来进行频率偏移估计。

算法描述：如图 7-2 所示，在发送有用数据之前，先发送两个一模一样的 OFDM 符号作为训练符号，假设信道是加性高斯白噪声信道，那么接收信号表示为：

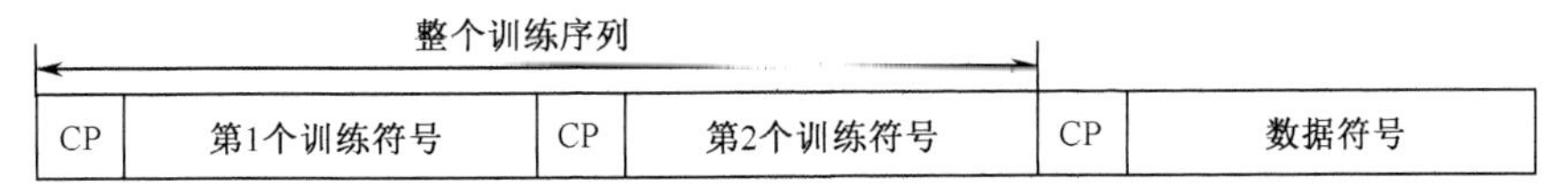

图 7-2　Moose 方法的导频结构图

$$r(n)=x(n)\exp\left(\frac{\mathrm{j}2\pi n\varepsilon}{N}\right)+w(n),\ n=0,1,\cdots,N-1 \tag{7-17}$$

式中，ε 为待估计的归一化频率偏移，暂时忽略噪声，训练序列中的前一个 OFDM 符号在接收端经过 FFT 后，可以写为：

$$R_1(k)=\sum_{n=0}^{N-1}r(n)\exp\left(-\frac{\mathrm{j}2\pi nk}{N}\right),\ k=0,1,\cdots,N-1 \tag{7-18}$$

后一个 OFDM 序列经 FFT 后变为：

$$\begin{aligned}R_2(k)&=\sum_{n=N+1}^{2N}r(n)\exp\left(-\frac{\mathrm{j}2\pi nk}{N}\right)\\&=\sum_{n=0}^{N-1}r(N+n)\exp\left(-\frac{\mathrm{j}2\pi nk}{N}\right),\ k=N,N+1,\cdots,2N-1\end{aligned} \tag{7-19}$$

可以看出：

$$r(n+N)=r(n)\exp\left(\frac{\mathrm{j}2\pi\varepsilon n}{N}\right) \tag{7-20}$$

$$R_2(k)=R_1(k)\exp\left(-\frac{\mathrm{j}2\pi nk}{N}\right) \tag{7-21}$$

考虑噪声后变为：

$$Y_1(k)=R_1(k)+W_1(k) \tag{7-22}$$

$$Y_2(k)=R_1(k)\exp\left(\frac{\mathrm{j}2\pi\varepsilon n}{N}\right)+W_2(k) \tag{7-23}$$

可以看出，相位旋转的大小与频率偏移的大小 ε 成正相关，因此可以通过这个关系求得频率偏移的估计值。

$$\widehat{\varepsilon}=\frac{1}{2}\tan^{-1}\left\{\frac{\sum_{k=0}^{N-1}\operatorname{Im}\left[Y_2(k)Y_1^*(k)\right]}{\sum_{k=0}^{N-1}\operatorname{Re}\left[Y_2(k)Y_1^*(k)\right]}\right\} \tag{7-24}$$

7.2 时钟同步技术

在接收数字信号的时候，为了对接收码元积分以求得码元能量及对每个码元进行抽样判决，必须知道每个码元准确的起止时刻。即在接收端产生与接收码元严格同步的时钟脉冲序列，以此来确定码元积分区间及判决时刻。当时钟脉冲的周期与采样周期不相等或时钟脉冲与接收信号存在错位的时候，采样脉冲不能完整正确地采集到接收信号的信息。因此，时钟同步的目标是：保证时钟脉冲的周期等于码元采样周期，同时时钟脉冲序列的相位与接收码元恰好对正。时钟同步的过程是从接收信号中获取同步信息，使得时钟脉冲与接收码元的起止时刻保持正确。

在无线通信系统中，由于收发设备不在同一地点，而收发设备晶振不同源，且受到不同的噪声干扰、温度影响会使 ADC 和 DAC 的采样时钟不一致。采样时钟偏差的影响包括采样频率差和采样相位偏移。其中，当收发两端的采样频率相等且存在相位偏移时，接收端的采样时间与最佳采样信号时间总是存在一个固定的时间差，在频率内表现为相位旋转。此时的相位偏移一般可以归到符号同步中，不需要进行过多研究。而当收发两端的采样频率不相等时，会造成在同一个符号周期内，周期性地出现过采样或欠采样的结果。与此同时，还会导致接收信号符号衰减、相位旋转，引入子载波间干扰，破坏了子载波之间的正交关系，严重影响了通信系统的正常工作。

时钟频率偏移的估计方法主要有两种，一是基于辅助数据完成的，可以是导频或训练序列，这类方法具有计算复杂度低、估计精度高等特点，但是需要使用额外的频谱资源。然而，在 OFDM 系统中，导频和训练序列常常用来进行信道估计，因此，使用数据辅助的时钟频率偏移估计并没有额外降低频谱利用率。二是无辅助数据的估计方法，这种方法利用 OFDM 符号的固有特性进行估计。它的优点是不需要额外的参考信号、数据传输率高；缺点是计算精度低、计算复杂度高。

这里主要介绍基于数据辅助的估计方法，分别使用导频和训练序列的 SFO（Sample Frequence Offset）估计。

7.2.1　使用导频信号的时钟同步方法

忽略载波间干扰及高斯噪声，考虑第 l 个 OFDM 符号，可以把接收信号中第 k 个子载波上的数据在 FFT 之后的结果是：

$$R(l,k)=H(l,k)D(l,k)\exp\left[\frac{\mathrm{j}2\pi k\left(lN_s+N_g\right)\xi}{N}\right] \tag{7-25}$$

式中，ξ 为采样频偏；N 为 OFDM 系统子载波数目；N_g 为循环前缀的长度，$N_s=N+N_g$；H 为信道的频率响应；D 为发送数据。

假设信道响应 $H(l, k)$是已知的，令：

$$T(l,k)=H(l,k)D(l,k) \tag{7-26}$$

将接收信号 $R(l, k)$ 和 $T(l, k)$ 进行共轭相乘，得到：

$$C(l,k)=R(l,k)T^*(l,k)=\left|T(l,k)\right|^2\exp\left\{\frac{\mathrm{j}2\pi k\left(lN_s+N_g\right)\xi}{N}\right\} \tag{7-27}$$

因此，可以求得采样频偏的估计值：

$$\hat{\xi}=\frac{N}{2\pi k\left(lN_s+N_g\right)}\arg\left\{C(l,k)\right\} \tag{7-28}$$

为了消除噪声影响对 SFO 估计的影响，采用以下做法：

假设一个 OFDM 符号中有 n 个导频子载波，子载波序列为 k_1, k_2, …, k_n，除了 n 个导频子载波，还有 $2N-n$ 个子载波作为数据子载波。

对不同的导频子载波 k_p 和 k_q，有：

$$C(l,k_p)=\left|T(l,k_p)\right|^2\exp\left\{\frac{\mathrm{j}2\pi k_p\left(lN_s+N_g\right)\xi}{N}\right\} \tag{7-29}$$

$$C^*(l,k_q)=\left|T(l,k_q)\right|^2\exp\left\{\frac{-\mathrm{j}2\pi k_q\left(lN_s+N_g\right)\xi}{N}\right\} \tag{7-30}$$

将式（7-29）和式（7-30）两式相乘，可消除白噪声影响，使

$$\begin{aligned}\Omega(l,k_p,k_q)&=C(l,k_p)C^*(l,k_q)\\&=\left|T(l,k_p)\right|^2\left|T(l,k_q)\right|^2\exp\left\{\frac{-\mathrm{j}2\pi\left(k_p-k_q\right)\left(lN_s+N_g\right)\xi}{N}\right\}\end{aligned} \tag{7-31}$$

为了得到精确的 SFO 的估计值，可以对所有导频子载波进行组合排列，求出每种组合的 SFO 的估计值，接着再求出所有组合的期望，以此作为 SFO 最后的估计结果。

$$\hat{\xi}=E\left\{\frac{N}{2\pi\left(k_p-k_q\right)\left(lN_s+N_g\right)}\arg\left\{C\left(l,k_p,k_q\right)\right\}\right\},k_p\neq k_q \tag{7-32}$$

对于这种估计方法，需要提前知道信道的频率响应。在实际中，往往无法知道信道的频率响应，所以该算法使用的前提是先进行信道估计。然而，信道估计的结果并不完全等于真实信道的频率响应，故而该算法的性能极大地取决于信道估计的精度。也因为这个，该算法难以实现较高精度的 SFO 估计。

7.2.2 使用训练序列的时钟同步方法

训练序列是指在每帧数据前添加两个完全相同的 OFDM 训练符号，使用这两个训练符号可以进行 SFO 估计。训练符号的帧结构如图 7-3 所示。

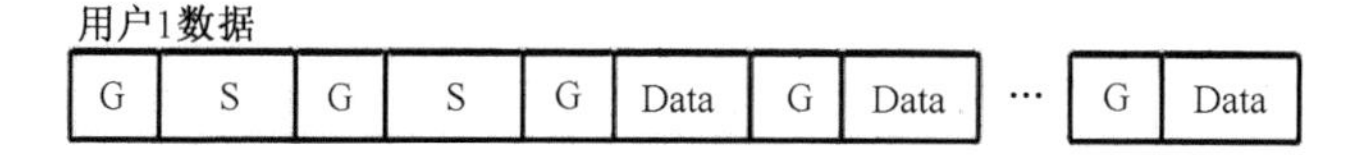

图 7-3 训练符号的帧结构图

假设信道在训练符号传输的时间内变化很小，则可以写成：

$$H\left(l-1,k\right)=H\left(l,k\right) \tag{7-33}$$

接收信号经过 FFT 之后的结果为：

$$R\left(l,k\right)=H\left(l,k\right)D\left(l,k\right)\exp\left[\frac{\mathrm{j}2\pi k\left(lN_s+N_g\right)\xi}{N}\right] \tag{7-34}$$

$$R\left(l-1,k\right)=H\left(l-1,k\right)D\left(l-1,k\right)\exp\left\{\frac{\mathrm{j}2\pi k\left[\left(l-1\right)N_s+N_g\right]\xi}{N}\right\} \tag{7-35}$$

由于 $D(l,k)=D(l-1,k)$，则：

$$R\left(l-1,k\right)=H\left(l,k\right)D\left(l,k\right)\exp\left\{\frac{\mathrm{j}2\pi k\left[\left(l-1\right)N_s+N_g\right]\xi}{N}\right\} \tag{7-36}$$

将 $R(l,k)$ 与 $R(l-1,k)$ 共轭相乘，得到：

$$C\left(l,k\right)=R^*\left(l-1,k\right)R\left(l,k\right)=\exp\left(\frac{\mathrm{j}2\pi kN_s\xi}{N}\right)\left|H\left(l,k\right)D\left(l,k\right)\right|^2 \tag{7-37}$$

类似的，相位角估计结果为：

$$\hat{\xi}\left(k\right)=\frac{N}{2\pi kN_s}\arg\left\{R^*\left(l-1,k\right)R\left(l,k\right)\right\} \tag{7-38}$$

可知，每个子载波都可以估计得到一个 SFO 的结果，为了消除噪声可以将

所有子载波求出的 SFO 估计值的期望作为最终的 SFO 估计结果。

$$\hat{\xi}=E\left\{\hat{\xi}(k)\right\} \tag{7-39}$$

但是通过这种直接求平均的方法得到的估计结果通常不是最优的估计结果，通常使用最小二乘法、幅度加权的最小二乘法、优化加权法等进行优化，从而得到更精确的估计结果。

7.3　零自相关码的新型定时同步与频偏估计算法

基于零自相关（CAZAC）序列的同步算法具有高定时精度，对噪声不敏感，且判断定时点的方法简单。但是 CAZAC 序列不能被应用到光 OFDM 系统中，钱学文设计了具有类似 CAZAC 序列的脉冲型自相关特性的 ZCC 序列对。在该序列对中，发送的序列 A 与对偶序列 B 具有脉冲型自相关结构，发送序列 A 作为训练序列，序列 B 作为检测序列。

实际上 ZCC 序列对存在优秀的自相关结果，A^2 和 B^2 也存在类似的结果，下面是该结果的证明。

$$\begin{aligned}
&\sum_{p=0}^{N-1}A(p)A(p)B^*(p+q)B^*(p+q)\\
&=\frac{1}{N^2}\sum_{p=0}^{N-1}\left\{\sum_{n=0}^{N-1}a_n\exp\left(\mathrm{j}\frac{2\pi}{N}np\right)\sum_{i=0}^{N-1}a_i\exp\left(\mathrm{j}\frac{2\pi}{N}ip\right)\right.\\
&\left.\sum_{m=0}^{N-1}b_m^*\exp\left[-\mathrm{j}\frac{2\pi}{N}m(p+q)\right]\sum_{t=0}^{N-1}b_t^*\exp\left[-\mathrm{j}\frac{2\pi}{N}t(p+q)\right]\right\}\\
&=\frac{1}{N^2}\sum_{p=0}^{N-1}\sum_{n=0}^{N-1}\sum_{i=0}^{N-1}\sum_{m=0}^{N-1}\sum_{t=0}^{N-1}a_ia_nb_t^*b_m^*\exp\left[\mathrm{j}\frac{2\pi}{N}p(n+i-t-m)\right]\\
&\exp\left[-\mathrm{j}\frac{2\pi}{N}q(m+t)\right]\\
&=\frac{1}{N}\sum_{n=0}^{N-1}\sum_{i=0}^{N-1}\sum_{m=0}^{N-1}\sum_{t=0}^{N-1}a_ia_nb_t^*b_m^*\delta(n+i-t-m)\exp\left[-\mathrm{j}\frac{2\pi}{N}q(m+t)\right]\\
&=\frac{1}{N}\sum_{s=0}^{N-1}\sum_{m=0}^{N-1}\sum_{t=0}^{N-1}a_{m-s}b_m^*a_{t+s}b_t^*\exp\left[-\mathrm{j}\frac{2\pi}{N}q(m+t)\right]\\
&=\frac{1}{N}\sum_{s=0}^{N-1}\left[\sum_{m=0}^{N-1}a_{m-s}b_m^*\exp\left(-\mathrm{j}\frac{2\pi}{N}qm\right)\right]\left[\sum_{t=0}^{N-1}a_{t+s}b_t^*\exp\left(-\mathrm{j}\frac{2\pi}{N}qt\right)\right]
\end{aligned} \tag{7-40}$$

由式（7-40），当 $s=0$ 时，$\sum_{m=0}^{N-1}a_{m-s}b_m^*\exp\left(-\mathrm{j}\frac{2\pi}{N}qm\right)$ 和 $\sum_{t=0}^{N-1}a_{t+s}b_t^*\exp\left(-\mathrm{j}\frac{2\pi}{N}qt\right)$ 都是脉冲型的结果，当 $s\neq0$ 时，由于 a_{m-s} 和 b_m^* 都是随机产生的，这两项都很

小，因此具有这种形式的结果都是近似脉冲型的。

设计相应的度量函数如下：

$$M(n)=\sum_{i=0}^{\frac{N}{2}-1} r(n+i) r\left(n+i+\frac{N}{2}\right) B(i) B(i) \tag{7-41}$$

本算法的度量结果是近似脉冲型的（见图 7-4），与射频 OFDM 系统中基于 CAZAC 序列的算法度量类似，但旁瓣更小、对噪声不敏感。本算法是一种加权自相关算法，因此不能使用迭代运算，但是可以降低计算量，使原本的计算量降低到与 Park 算法匹敌。

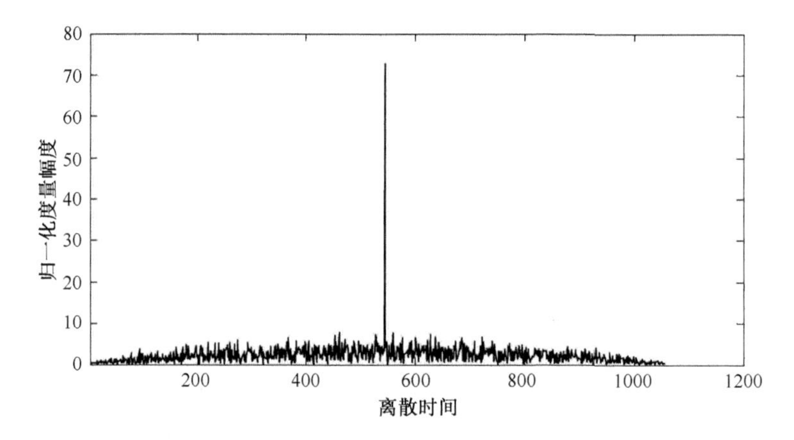

图 7-4　基于 ZCC 序列对的算法度量结果

下面证明本算法具有近似脉冲型的结果：

当不考虑信道衰减和频偏时，定时度量结果变为：

$$M(n)=\begin{cases} 0,\text{其他} \\ \sum_{i=0}^{\frac{N}{2}-1-n} A^2(n+i) B^2(i), 0 \leqslant n \leqslant \frac{N}{2} \\ \sum_{i=0}^{\frac{N}{2}-1} A^2(n+i) B^2(i), -N_G \leqslant n \leqslant 0 \\ \sum_{i=-n-N_G}^{\frac{N}{2}-1} A^2(n+i) B^2(i), -N_G-\frac{N}{2} \leqslant n \leqslant -N_G \end{cases} \tag{7-42}$$

式(7-42)的主要计算部分变成 $\sum_{i=0}^{\frac{N}{2}-1} A^2(n+i)B^2(i)$，因此整个结果是近似脉冲型的。

7.4　符号同步技术

符号同步，其作用是在时分复用系统中使接收端能在所接收到的数字信号序列中找出一帧的开头和结尾，从而能正确的分路。实现符号同步的方法也有两类：一是在发送的数字信号序列中插入辅助数据，这就是基于辅助数据的符号同步算法；二是利用数字信号序列本身的特性来进行符号同步，在 OFDM 系统中一般是利用循环前缀与发送数据的重复特性，即基于循环前缀的符号同步算法。在 OFDM 系统中，符号同步的目标是找到正确的 FFT 窗口的起始位置。

符号同步是同步技术的重要内容，也是信号正确解调的前提。图 7-5 是 OFDM 符号定时的几种情况，当超前定时时，所有的解调数据在星座图上都偏转一个相位角，解调的结果是很规整的圆环；当延迟定时时，解调收到后续符号的影响，星座图变为不规则的圆环。只有保证超前定时或正确定时（定时误差越小），才能正确恢复数据。

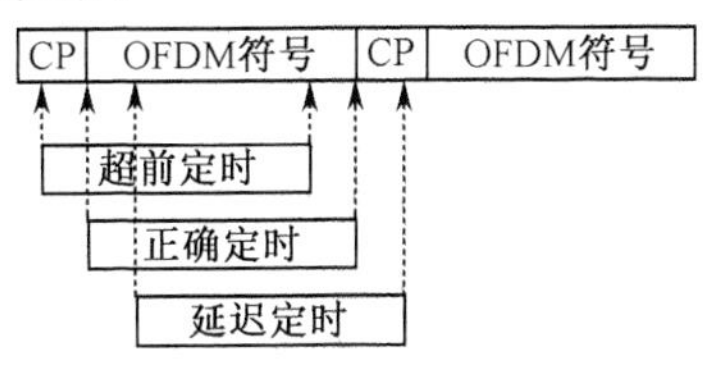

图 7-5　OFDM 定时情况

7.4.1　基于数据辅助的符号同步算法

辅助数据是通信系统中特定产生的一些符号，可以是同步头符号，也可以是导频符号。训练序列的产生与调制技术相关，且已知产生训练序列的原始数据。通过训练序列的特殊结构或特殊性质（自相关性质）来完成同步任务，或者利用训练序列的已知原始数据，得到信道对某一子载波上的数据产生的影响。因此训练序列可以用来同步信号，也可以用来进行信道估计。下面介绍几种常见的基于训练序列的符号同步算法。

Schmidl Cox 算法是应用最为广泛的同步算法之一，许多研究成果都是基于该算法进行优化之后得到的。该算法发送两个相同的数据结构，并对接收的信号进行相关处理，图 7-6 为 Schmidl Cox 算法训练符号结构。

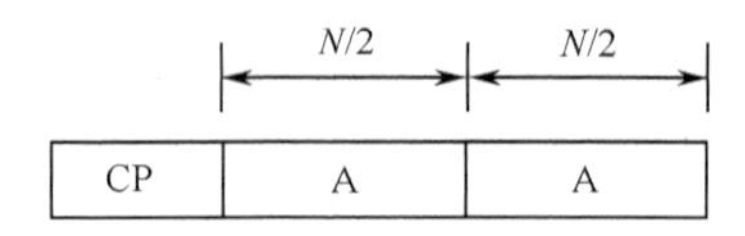

图 7-6 Schmidl Cox 算法训练符号结构

定义射频 OFDM 系统中的接收信号为 $r(n)$，并定义 Schmidl Cox 算法的同步度量函数为：

$$M_{\mathrm{Sch}}(n)=\frac{\left\|P_{\mathrm{Sch}}(n)\right\|^2}{\left(R_{\mathrm{Sch}}(n)\right)^2} \tag{7-43}$$

式中，$P_{\mathrm{Sch}}(n)=\sum_{i=0}^{L-1} r^*(i+n) r(i+n+L)$，$R_{\mathrm{Sch}}(n)=\sum_{i=0}^{L-1}\left\|r(i+n+L)\right\|^2$（$L$ 为算法的计算窗口长度，与相等结构的长度有关，常设置为 $\frac{N}{2}$），并定义定时点为：

$$d=\arg \max_d M_{\mathrm{Sch}}(d) \tag{7-44}$$

该算法的缺点是存在平台效应，因此对于正确的定时点的估计有偏差，如果仅设置大于某一特定阈值的时段的终点作为定时点，那么定时存在较大的误差，如果仅选取时段中点作为稳定的有差定时点（可以通过加上某一特定的值补偿），那么虽然减小了误差，但这样的不稳定结果仍然存在。

为了消除 Schmidl Cox 算法度量结果的平台效应，Minn 增加训练符号中具有相同或相反数据的部分，并减小计算窗口长度、增加计算段数。Minn 提出了多种训练序列模式，图 7-7 是段数 L=4 的一种导频模式。

图 7-7 中，A、B、C、D 的数据相同或相反。A=C=D=−B（当然，也可以取另一种模式）。对于不同段数，Minn 算法的训练符号模式如表 7-1 所示。

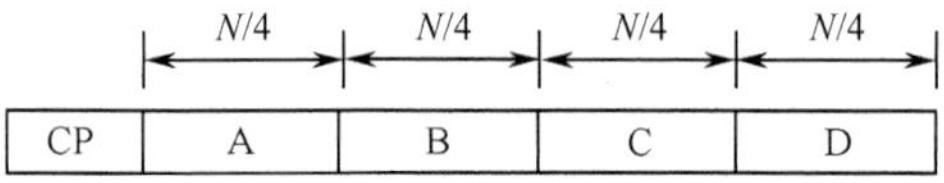

图 7-7 算法训练符号结构（段数为 4）

表 7-1 Minn 算法的训练符号模式

段 数	模 式
4	(+−++), (+++−)
8	(++−−+−−−), (−++−−−+−)
16	(+−−+++−−+−++−+−−), (−−++−++−−−−++++−)

Minn 算法的度量函数为：

$$M(n)=\frac{\left\|P(n)\right\|^2}{\left(R(n)\right)^2} \tag{7-45}$$

根据段数的不同，分子、分母分别表示为：

$$P(n)=\sum_{k=0}^{L-2}b(k)\sum_{m=0}^{\frac{N}{L}-1}r^*\left(m+\frac{N}{L}k+n\right)r\left[m+\frac{N}{L}(k+1)+n\right] \tag{7-46}$$

$$R(n)=\left\|r\left(m+\frac{N}{L}k+n\right)\right\|^2 \tag{7-47}$$

式中，$b(k)$为表 7-1 中的正负，从表达式中可以看出，Minn 算法比 Schmidl Cox 算法更加复杂。由于增加了计算的段数，实际进行迭代的过程相比 Schmidl Cox 算法稍显复杂，复杂度与段数成线性相关增长。

Minn 算法的度量结果不存在平台效应，但是旁瓣的幅度比较高。在高速传输系统中，信道条件比较恶劣，旁瓣的峰值有可能超过主峰峰值，这就可能导致定时错误；并且主峰的旁瓣也较大，对噪声仍然敏感。

7.4.2　基于循环前缀的符号同步算法

在基于循环前缀的符号同步算法中，最经典的算法是前面章节介绍过的最大似然算法（ML）。

7.5　信道估计方法

在无线通信系统中，信道环境非常恶劣且具有很大的随机性，随着移动速度的增加、噪声强度的增加及发射机与接收机距离的增加，信道的复杂性和随机性都会增加。信号衰落越来越严重，严重到一定程度就会在接收端引起判决错误，从而造成误码，进而影响系统的可靠性。为了避免这样的问题，需要对信道进行实时估计，进而在幅度和相位上对接收信号进行补偿，使系统传输性能更佳。此外，在 OFDM 系统中，为了进一步提高频谱利用率，常常使用幅度非恒定调制方式，这就需要获取信道实时状态信息。综合以上几点可知，准确的信道状态估计对通信系统至关重要。

在通信系统中，信道主要受加性噪声和乘性噪声的影响。加性噪声主要体现为高斯白噪声，主要由发射机和接收机的电噪声、自由空间的光噪声产生，由于其叠加在全部频段上，因此较难消除其影响。乘性噪声由信道的多径效应、多普勒效应等产生，其变化速率与符号周期相比，通常较为缓慢。信道估计的目的就是估计出信道的乘性噪声，以便在均衡过程中能更好地恢复信号。

如今，常用的信道估计算法可分为基于导频的信道估计、盲信道估计、半盲信道估计三大类。

基于导频的信道估计是通过在特定位置上发送接收端已知的导频符号，接收端通过接收导频符号来对信道进行估计。对信道 H 的估计可以采取不同的准则，如最小均方误差（MMSE）、最小二乘（LS）、最大似然估计（MLE）等。其中，MMSE 算法的性能最好，但由于该算法的求解过程中需要计算一个信道相关矩阵的逆，当矩阵很大的时候难以计算，所以很难实现。而 LS 估计方法简单实用、计算复杂度低，缺点在于对噪声敏感。所以关于导频估计的算法研究，目前重点在于简化 MMSE 的计算量。

盲信道估计算法不需要使用导频，仅根据接收信号和发射信号的统计特性估计信道。根据算法原理的不同，盲信道估计可以分为基于统计量的盲信道估计和基于子空间的盲信道估计算法。由于高阶统计量对高斯噪声不敏感，因而基于统计量的估计方法在低信噪比条件下仍有较好的估计性能，该方法的缺点在于：由于需要计算高阶统计量，因而计算复杂度较高，故而实时性较差。在基于子空间的信道估计算法中，人们认为接收端的信号可以分解为信号子空间和噪声子空间。该算法可以通过对接收信号的自相关矩阵进行特征分解，根据信号子空间和噪声子空间的正交特性估计出信道矩阵。该算法与基于高阶统计量的算法相比，不需要计算高阶统计量，因此复杂度较低。

半盲信道估计首先利用导频信号对信道进行初步估计，然后再使用盲信道估计算法追踪信道的变化。根据算法原理的不同，半盲信道估计可以分为基于子空间的半盲信道估计算法、基于自适应滤波器的半盲信道估计算法和基于联合检测的信道估计算法。基于子空间的半盲信道估计算法利用子空间识别算法对信道矩阵进行初步估计，并利用少量导频信号对信道矩阵进行精确估计。基于自适应滤波器的半盲信道估计算法利用 LS 信道估计方法得到初步的信道频域响应，接着用低通滤波器进行滤波。由于该方法不太适用于信噪比较低的情况，因此 Hao 等人提出了用卡尔曼滤波器来追踪自适应信道响应，提高了信道估计的精度。

在实际操作中，盲信道估计与半盲信道估计均需要对很长的数据序列进行观察，并且计算复杂度高、灵活性差。因此，在实际应用中，常常使用低复杂度、易于实现的基于导频的信道估计。

7.5.1　基于参考信号的估计

基于导频的信道估计是在发送端发送一些已知信号，接收机用接收到的这部分已知信息来得到导频位置的信道响应，接着进行信道插值得到完整的信道估计响应。基于导频的信道估计流程图如图 7-8 所示。

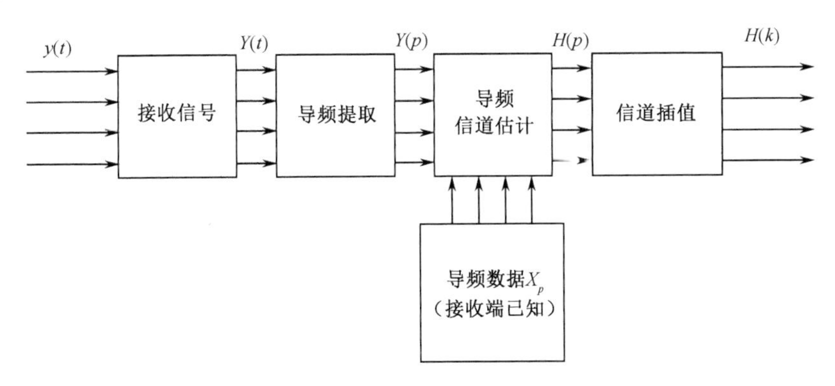

图 7-8　基于导频的信道估计流程图

（1）发送端发送数据时在特定子载波上（导频位置 p）插入导频数据 X_p。

（2）接收端接收数据时检测导频位置上的信号，通过 LS、MMSE、ML 等准则估计得到导频位置的信道估计值 $H(p)$。

（3）通过插值或时频转换得到完整的信道频率响应，利用得到的信道响应将接收信号恢复到调制前（在忽略噪声，完美的信道估计条件下），随即解调即可得到与发送数据对应的有用信息。

在 OFDM 系统中，经常使用的导频类型包括块状导频[见图 7-9（a）]、梳状导频[见图 7-9（b）]和混合导频[见图 7-9（c）]。块状导频是在某个 OFDM 符号周期内使用所有的子载波信号作为导频信号，这种方法的优点在于可以得到所有子载波位置上的信道响应，但是这种插入导频的方法会使某些 OFDM 符号周期中没有导频信号，故而导致信道估计不能适应快速变化的信道，表现出时间选择性衰落。梳状导频是指在每个 OFDM 符号中的某些子载波位置上插入导频，这种方法可以得到每个 OFDM 符号周期内都可以得到估计值；但是缺点在于它只能得到在导频位置上的信道响应值，无法精确得到每个子载波位置上的信道响应值，数据位置上的信道响应需要后期根据信道插值而获得。由于该方法得到的数据位置上的信道响应是通过插值得到的，在实际使用中，该方式表现出的特点就是：对频率选择性衰落敏感。为了有效对抗频率选择性衰落，子载波间隔要求比信道的相干带宽小很多。此外，还有一种混合导频。混合导频

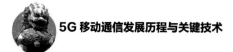

是二者的结合，为了对抗时间、频率的选择性衰落，这两种导频插入方式中导频的频率间隔和时间间隔常常需要分别满足以下条件：

$$n_f < \frac{1}{\tau_{\max}\Delta f}, \quad n_t < \frac{1}{2f_{D\max}}$$

式中，$\tau_{\max}$ 为最大时间延迟；$f_{D\max}$ 为最大多普勒频移；Δf 为子载波间隔。即导频在时间上的间隔要小于 n_t 个 OFDM 符号，在频率上的间隔要小于 n_f 个子载波间隔。

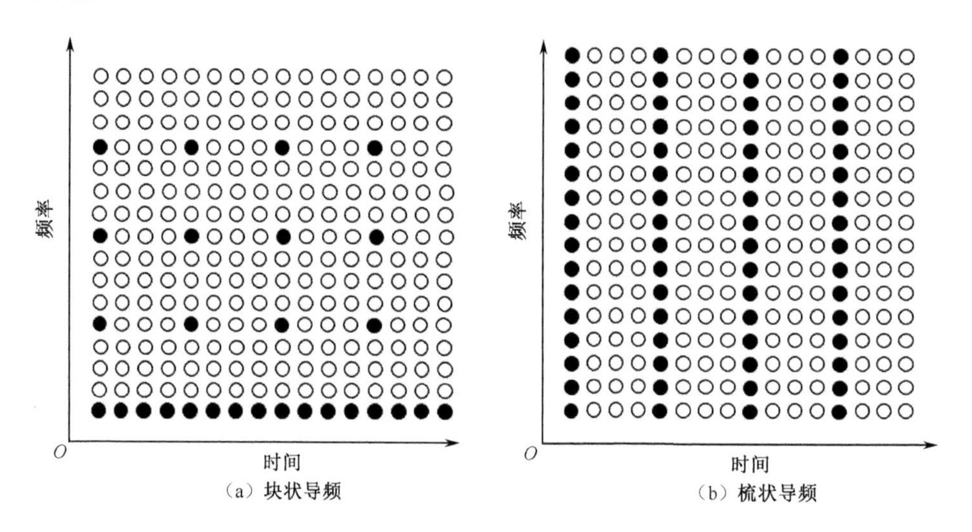

（a）块状导频　　（b）梳状导频

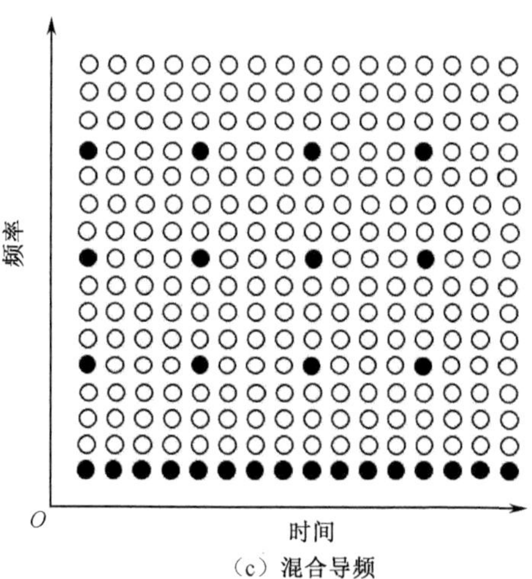

（c）混合导频

图 7-9　常用的导频形状

7.5.2 盲信道估计

盲信道估计不需要采用导频或训练序列，因而省下了一部分带宽来传输数据，故而实现了更高的数据传输率。基于盲信道估计方法主要可以分为基于高阶统计量的盲信道估计方法和基于子空间的盲信道估计方法。

1. 基于二阶统计量的盲信道估计方法

基于二阶统计量的盲信道估计方法主要利用接收端信号循环平稳特性得到信道的估计结果，实现接收信号循环平稳特性的方式主要有：在发送端循环发送符号和在接收端通过过采样来实现接收信号的循环平稳。从统计理论上可知，接收信号的二阶统计量包含信道信息，根据这些信道信息可以完整地估计出信道的响应值。但是该类算法有如下缺点：需要满足信道互质的条件，即信道传递函数无零点，这限制了算法的应用场景；二阶统计量对噪声的抑制能力差，表现出算法对加性噪声敏感；对信道阶数误差表现敏感。该类型的算法包括子空间算法、矩阵外积分解和线性预测算法，其中最常用的方法是子空间算法。

在基于子空间的信道估计算法中，认为接收端的信号可以分解为信号子空间和噪声子空间。该算法可以通过对接收信号的自相关矩阵进行特征分解，根据信号子空间和噪声子空间的正交特性估计出信道矩阵。该算法与基于高阶统计量的算法相比，不需要计算高阶统计量，因此复杂度较低。

用噪声子空间算法对 MIMO 系统进行信道估计，要求 MIMO 信道矩阵是列满秩矩阵。此外，需要知道信道阶数的上限值，由于 OFDM 系统中常常令 CP 的长度大于信道最大时间延迟，所以在实际操作中常常将 CP 值作为信道阶数的上限值。在 MIMO 系统中，接收信号 y、信道矩阵 $\boldsymbol{H}$、发送信号 x、发送端待发送数据 d 及噪声之间的表达式可写为：

$$y=\boldsymbol{H}x+\eta=\boldsymbol{Hwd}+\eta=\boldsymbol{h}d+\eta \tag{7-48}$$

式中，$\boldsymbol{h}=\boldsymbol{Hw}$，$\boldsymbol{W}(i)=\frac{1}{\sqrt{N}}\sum_{m=0}^{N-1}d_j(n,m)\boldsymbol{W}_N^{mk}$，$\bar{\boldsymbol{W}}(k)=\boldsymbol{I}_{Mt}\otimes\boldsymbol{W}(k)$，$\bar{\boldsymbol{W}}=\left[\bar{\boldsymbol{W}}(N-1)^{\mathrm{T}},\bar{\boldsymbol{W}}(N-2)^{\mathrm{T}},\cdots,\bar{\boldsymbol{W}}(0)^{\mathrm{T}},\bar{\boldsymbol{W}}(N-1)^{\mathrm{T}},\cdots,\bar{\boldsymbol{W}}(N-P)^{\mathrm{T}}\right],\boldsymbol{w}=\bar{\boldsymbol{W}}\otimes\boldsymbol{I}_J$。

其中，J 为一个 OFDM 符号帧中 OFDM 符号的个数；N 为子载波个数；P 为循环前缀的长度，有 $Q=N+P$；$\otimes$ 为矩阵直积。

信道矩阵 $\boldsymbol{H}$ 为：

$$\boldsymbol{H}=\begin{bmatrix} \boldsymbol{h}(L) & \dots & \boldsymbol{h}(0) & 0 & \dots & 0 \\ 0 & \boldsymbol{h}(L) & \dots & \boldsymbol{h}(0) & \dots & 0 \\ \vdots & & \ddots & & \ddots & \vdots \\ 0 & \dots & 0 & \boldsymbol{h}(L) & \dots & \boldsymbol{h}(0) \end{bmatrix}$$

$$\boldsymbol{h}(l)=\begin{bmatrix} \boldsymbol{h}_{11}(l) & \boldsymbol{h}_{12}(l) & \cdots & \boldsymbol{h}_{1M_t}(l) \\ \boldsymbol{h}_{21}(l) & \boldsymbol{h}_{22}(l) & \cdots & \boldsymbol{h}_{2M_t}(l) \\ \vdots & \vdots & \ddots & \vdots \\ \boldsymbol{h}_{M_r1}(l) & \boldsymbol{h}_{M_r2}(l) & \cdots & \boldsymbol{h}_{M_rM_t}(l) \end{bmatrix} \tag{7-49}$$

式中，L 为信道滤波器抽头数目；$\boldsymbol{h}_i$ 为$(L+1)M_r\times 1$ 维的矩阵。

假设信道是满足列满秩条件的，且假设信道中叠加的噪声是高斯白噪声，噪声与信号不相关。考虑 $M_t\times M_r$ 的 MIMO 系统，此时，我们定义在第 i 根发射天线与第 M_r 根接收天线之间的信道响应 $\boldsymbol{h}_i$ 及由 M_t 个 $\boldsymbol{h}_i$ 构成的信道矩阵 $\boldsymbol{h}_e$ 如下：

$$\boldsymbol{h}_i \triangleq \left[\boldsymbol{h}(L)[:;i]^{\mathrm{T}}, \boldsymbol{h}(L-1)[:;i]^{\mathrm{T}}, \boldsymbol{h}(L-2)[:;i]^{\mathrm{T}}, \cdots, \boldsymbol{h}(0)[:;i]^{\mathrm{T}}\right]^{\mathrm{T}}, 1\leqslant i\leqslant M_t \tag{7-50}$$

$$\boldsymbol{h}_e \triangleq \left[\boldsymbol{h}_{M_t}, \cdots, \boldsymbol{h}_2, \boldsymbol{h}_1\right] = \left[\boldsymbol{h}(0)^{\mathrm{T}}, \boldsymbol{h}(1)^{\mathrm{T}}, \cdots, \boldsymbol{h}(L)^{\mathrm{T}}\right]^{\mathrm{T}} \tag{7-51}$$

此时，基于子空间算法的步骤如下：

首先，计算出接收信号的自相关矩阵 $\boldsymbol{R}_{yy}=\boldsymbol{E}\left\{\boldsymbol{y}(n)\cdot\boldsymbol{y}(n)^{\mathrm{H}}\right\}$，接着对该矩阵进行特征值分解，得到：

$$\boldsymbol{R}_{yy}=\boldsymbol{U\Sigma U}^{\mathrm{H}} \tag{7-52}$$

其中，$\boldsymbol{\Sigma}=\operatorname{diag}\left(\lambda_1,\lambda_2,\cdots,\lambda_{(JQ-L)M_r}\right)$是 $\boldsymbol{R}_{yy}$ 的特征值，有$\lambda_1>\lambda_2>\lambda_3>\cdots>\lambda_{(JQ-L)M_r}$。

根据条件可知，$\boldsymbol{R}_{dd}$是列满秩的，秩为 JNM_t，因此可知：

$$\begin{cases} \lambda_i>\sigma^2, & i=0,\cdots,JNM_t-1 \\ \lambda_i<\sigma^2, & i=JNM_t,\cdots,(JQ-L)M_r \end{cases} \tag{7-53}$$

将由特征向量构成的空间 $\boldsymbol{U}$ 根据特征值λ分成信号子空间和噪声子空间。

$$\boldsymbol{U}=[\boldsymbol{U}_s \quad \boldsymbol{U}_n]=\left[u_1,\cdots,u_{JNM_t} \middle| u_{JNM_t+1},\cdots,u_{(JQ-L)M_r}\right] \tag{7-54}$$

$$\begin{aligned} \boldsymbol{R}_{yy} &= [\boldsymbol{U}_s \quad \boldsymbol{U}_n]\begin{bmatrix} \boldsymbol{\Sigma}_s & 0 \\ 0 & \boldsymbol{\Sigma}_n \end{bmatrix}\begin{bmatrix} \boldsymbol{U}_s \\ \boldsymbol{U}_n \end{bmatrix} \\ &= \boldsymbol{U}_s\boldsymbol{\Sigma}_s\boldsymbol{U}_s^{\mathrm{H}}+\boldsymbol{U}_n\boldsymbol{\Sigma}_n\boldsymbol{U}_n^{\mathrm{H}} \\ &= \boldsymbol{U}_s\boldsymbol{\Sigma}_s\boldsymbol{U}_s^{\mathrm{H}}+\sigma^2\boldsymbol{U}_n\boldsymbol{U}_n^{\mathrm{H}} \end{aligned} \tag{7-55}$$

由于 $\boldsymbol{R}_{yy}=\boldsymbol{h}\boldsymbol{R}_{ss}\boldsymbol{h}^{\mathrm{H}}+\boldsymbol{R}_{\eta\eta}$，等式两边同乘 $\boldsymbol{U}_n$ 可以化简为：

$$\boldsymbol{R}_{yy}\boldsymbol{U}_n=\boldsymbol{h}\boldsymbol{R}_{ss}\boldsymbol{h}^{\mathrm{H}}\boldsymbol{U}_n+\boldsymbol{R}_{\eta\eta}\boldsymbol{U}_n=\boldsymbol{h}\boldsymbol{R}_{ss}h^{\mathrm{H}}\boldsymbol{U}_n+\sigma^2\boldsymbol{U}_n \tag{7-56}$$

因为

$$\boldsymbol{R}_{yy}\boldsymbol{U}_n=\sigma^2\boldsymbol{U}_n \tag{7-57}$$

所以有

$$\boldsymbol{h}\boldsymbol{R}_{ss}\boldsymbol{h}^{\mathrm{H}}\boldsymbol{U}_n=0 \tag{7-58}$$

故有

$$\boldsymbol{U}_n^{\mathrm{H}}\boldsymbol{h}\boldsymbol{R}_{ss}\boldsymbol{h}^{\mathrm{H}}\boldsymbol{U}_n=0 \tag{7-59}$$

由于 $\boldsymbol{R}_{ss}$ 是列满秩的，因此 $\boldsymbol{U}_n^{\mathrm{H}}\boldsymbol{h}=0$，可写为：

$$\sum_{k=JNM_t+1}^{(JQ-L)M_r}\boldsymbol{u}_k^{\mathrm{H}}\boldsymbol{h}=0 \tag{7-60}$$

由于 $\boldsymbol{R}_{yy}$ 并不是接收信号的精确自相关函数，只是具体某一次的计算值。因此实际计算中需要使得 $\sum\limits_{k=JNM_t+1}^{(JQ-L)M_r}\boldsymbol{u}_k^{\mathrm{H}}\boldsymbol{h}$ 最小，构造二次代价函数为：

$$\boldsymbol{C}(H)=\sum_{k=JNM_t+1}^{(JQ-L)M_r}\left\|\hat{\boldsymbol{u}}_k^{\mathrm{H}}\boldsymbol{h}\right\|_2^2=\sum_{k=JNM_t+1}^{(JQ-L)M_r}\left\|\hat{\boldsymbol{u}}_k^{\mathrm{H}}\boldsymbol{H}\boldsymbol{w}\right\|_2^2 \tag{7-61}$$

式中，$\hat{\boldsymbol{u}}$ 为估计得到的特征向量，为使得代价函数最小，将 $\hat{\boldsymbol{u}}_k$ 等效分成 $JQ-L$ 块：

$$\hat{\boldsymbol{u}}_k=\begin{bmatrix}\hat{v}_1^{(k)}\\ \hat{v}_2^{(k)}\\ \vdots\\ \hat{v}_{JQ-L}^{(k)}\end{bmatrix} \tag{7-62}$$

构造矩阵为：

$$\hat{\boldsymbol{V}}_k=\begin{bmatrix}\hat{v}_1^{(k)} & \hat{v}_2^{(k)} & \cdots & \hat{v}_{JQ-L}^{(k)} & 0 & \cdots & 0\\ 0 & \hat{v}_1^{(k)} & \hat{v}_2^{(k)} & \cdots & \hat{v}_{JQ-L}^{(k)} & \ddots & \vdots\\ \vdots & & \ddots & \ddots & \ddots & \ddots & 0\\ 0 & \cdots & 0 & \hat{v}_1^{(k)} & \hat{v}_2^{(k)} & \cdots & \hat{v}_{JQ-L}^{(k)}\end{bmatrix} \tag{7-63}$$

可得：

$$\boldsymbol{C}(H)=\sum_K\sum_{i=1}^{M_t}\boldsymbol{h}_i^{\mathrm{H}}\hat{\boldsymbol{V}}_k\boldsymbol{w}\boldsymbol{w}^{\mathrm{H}}\hat{\boldsymbol{V}}^{\mathrm{H}}\boldsymbol{h}_i=\sum_{i=1}^{M_t}\boldsymbol{h}_i^{\mathrm{H}}\left(\sum_k\hat{\boldsymbol{V}}\boldsymbol{w}\boldsymbol{w}^{\mathrm{H}}\hat{\boldsymbol{V}}^{\mathrm{H}}\right)\boldsymbol{h}_i=\sum_{i=1}^{M_t}\boldsymbol{h}_i^{\mathrm{H}}\boldsymbol{\varPsi}\boldsymbol{h}_i \tag{7-64}$$

其中，$\boldsymbol{\varPsi}=\sum\limits_k\hat{\boldsymbol{V}}\boldsymbol{w}\boldsymbol{w}^{\mathrm{H}}\hat{\boldsymbol{V}}^{\mathrm{H}}$。

此时，再对矩阵$\boldsymbol{\Psi}$进行特征值分解，其特征值的最小的 M_t 个特征值所对应的特征向量即为我们所需的信道系数。

$$\widehat{\boldsymbol{h}}_e=\left[\widehat{h}_1,\widehat{h}_2,\cdots,\widehat{h}_{M_t}\right]=\arg\min_{\|\boldsymbol{h}_i\|_2=1}\left(\sum_{i=1}^{M_t}\boldsymbol{h}_i^{\mathrm{H}}\boldsymbol{\Psi}\boldsymbol{h}_i\right) \tag{7-65}$$

2. 基于高阶统计量的盲信道估计算法

与二阶统计量的新到估计算法相比，高阶统计量包含更多信道信息，可以获得更高的估计性能；且由于高阶统计量对高斯噪声不敏感，因而基于统计量的估计方法在低信噪比条件下仍有较好的估计性能；可以用于最小相位系统。该方法的缺点在于：由于需要计算高阶统计量，因而计算复杂度较高，故而实时性较差。

基于高阶统计量的信道估计方法依据最优准则和对误差定义的不同，可以分为逆滤波器法、拟合误差法和方程误差法。

1）逆滤波器法

逆滤波器方法的主要原理是设计一个逆滤波器对接收信号进行均衡。通过接收信号的高阶统计量构造一个代价函数，通过使代价函数达到最大值来求得逆滤波器的系数，最后根据逆滤波器的输出和接收信号估计出信道响应。该算法的特点在于：同时进行信道估计和信号检测，可以在估计信道的同时恢复出发送的数据。

这里主要介绍一种基于信源迭代的逆滤波器信道估计方法：

考虑一个 $M\times N$ 的 MIMO 系统，第 i 根接收天线接收的信号可以写为：

$$y_i(k)=\sum_{j=1}^{M}\boldsymbol{F}_{ij}(z)w_j(k)+n_i(k),\ i=1,2,\cdots,N \tag{7-66}$$

$$\boldsymbol{F}_{ij}(z)=\sum_{l=-\infty}^{\infty}f_{ij}(l)z^{-l} \tag{7-67}$$

式中，$w_j(k)$表为第j根发射天线发送的第k个采样时刻的数据；z^{-l}为后移操作，如 $z^{-l}w(k)=w(k-l)$；z 为 Z 变换中的复数变量；$\boldsymbol{F}_{ij}(z)$为信道传输矩阵；$n_i(k)$为加性高斯白噪声。

在信号的接收端设计一个均衡器，使接收信号在解调之前通过该均衡器，设多项式均衡器抽头系数为 $c_i(k)$，用 Z 变换表示为：

$$C_i(z)=\sum_{k=0}^{L_f-1}c_i(k)z^{-k} \tag{7-68}$$

令 $H_j(z)=\sum_{i=1}^{N}C_i(z)\boldsymbol{F}_{ij}(z)$，均衡器输出的信号为：

$$\begin{aligned}e(k)&=\sum_{i=1}^{N}C_i(z)y_i(k)\\&=\sum_{i=1}^{N}\sum_{j=1}^{M}C_i(z)\boldsymbol{F}_{ij}(z)w_j(k)\\&=\sum_{j=1}^{M}H_j(z)w_j(k)\\&k\subset[1,L_r]\end{aligned} \tag{7-69}$$

每个输出端的接收数据长度为 L_r，均衡器抽头长度为 L_f。用均衡器输出结果的四阶累积量构造一个代价函数 $J_{r2}(c)=\dfrac{\left|\mathrm{CUM}_4\left(e(k)\right)\right|}{\left|\mathrm{CUM}_2\left(e(k)\right)\right|^2}$。其中，CUM 表示随机变量的累积量。对于不同的均衡器系数，均衡器输出结果的四阶累积量不同，因此需要找到使代价函数取最大值时的均衡器系数。

可以证明，当代价函数 $J_{r2}(c)$相对 c 达到最大时，均衡器的输出等价于系统某个输入信号乘以标量模糊度，并进行移位的结果，即

$$e(k)=dw_{j0}(k-k_0) \tag{7-70}$$

因此，可以通过对接收数据 $y_i(k)$ 和均衡器输出信号 $e(k)$ 进行互相关，求出第 j_0 个输入端到第 i 个输出端信道冲击响应的估计值 $\widehat{f}_{ij_0}$，然后在接收端消去输入信号 w_{j_0} 的影响，重复以上过程，最终可以得到信道冲击响应的估计值。其具体实现步骤如下：

步骤 1　利用梯度最优化算法求得代价函数取最大时，滤波器的抽头系数 c，同时获得均衡器的输出信号 $e(k)$。

步骤 2　通过对接收数据 $y_i(k)$ 和均衡器输出信号 $e(k)$ 进行互相关，求出第 j_0 个输入端到第 i 个输出端信道冲击响应的估计值 $\widehat{f}_{ij_0}$，即

$$\widehat{f}_{ij_0}(\tau)=\frac{E\left\{\widehat{y}_i(k)e^*(k-\tau)\right\}}{E\left\{\left|e(k)\right|^2\right\}} \tag{7-71}$$

考虑 $e(k)$ 对 $y_i(k)$ 的影响，表示为 $\widehat{y}_{ij_0}(k)=\sum_{l}\widehat{f}_{ij_0}(l)e(k-l)$。

步骤 3　在接收端消去输入信号 w_{j_0} 的影响，将 $M\times N$ 的 MIMO 系统简化为$(M-1)\times N$ 的 MIMO 系统，即

$$y_i'(k)=\widehat{y}_{ij_0}(k)-\widehat{y}_{ij_0}(k) \tag{7-72}$$

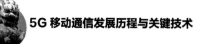

步骤 4 如果 $M>1$，$M \leftarrow M-1$，$\hat{y}_{ij_0}(k) \leftarrow y_i'(k)$，并返回步骤 1，否则退出循环。

注意：由于 $e(k)$ 相对 $w_{j_0}(k)$ 存在一定的标量模糊度及移位模糊度，所以该方法的估计结果也存在一定的幅度和相位模糊。

2）拟合误差法

拟合误差法的原理是：匹配根据接收信号估计出的高阶累积量与基于假设模型的高阶累积量，构造一个代价函数，根据梯度优化原则，可以获得冲击响应的估计值。该方法不需要已知精确的信道阶数，但是需要事先获得信道参数较为精确的估计结果，否则信道估计结果将会陷入局部最小值。

考虑一个 SISO 模型，发送信号用 $x(k)$ 表示，接收信号可以写为：

$$y(k)=\sum_{l=0}^{L}h(l)x(k-l)+n(k) \tag{7-73}$$

式中，L 表示信道阶数。

求得接收信号 $y(k)$ 的四阶联合累积量 $c_{4,y}$ 为：

$$\begin{aligned}c_{4,y}&=\gamma_x\sum_{l=0}^{L}h^*(l+L)h(l+\tau_1)h^*(l+\tau_2)h(l)\\&=\gamma_x h^*(L)h(\tau_1)h^*(\tau_2)h(0)\\&\qquad\tau_1,\tau_2=0,1,\cdots,L\end{aligned} \tag{7-74}$$

式中，γ_x 为发送信号的四阶联合累积量。为消除模糊度，设 $h(0)=1$，则有：

$$c_{4,y}=(L,0,\tau_2)h(\tau_1)=c_{4,y}(L,\tau_1,\tau_2),\ \tau_2=0,1,\cdots,L \tag{7-75}$$

假设 $h(L)\neq 0$，则根据最小二乘法，可以得到 $h(\tau_1)$ 的估计值：

$$\hat{h}(\tau_1)=\frac{\sum_{\tau_2=0}^{L}c_{4,y}^*(L,0,\tau_2)c_{4,y}(L,\tau_1,\tau_2)}{\sum_{\tau_2=0}^{L}\left|c_{4,y}(L,0,\tau_2)\right|^2} \tag{7-76}$$

接下来，采用假设检验的原理来求解信道响应，用 L_e 表示信道阶数，用 $\theta=(h(0), h(1), \cdots, h(L), \gamma_x, \sigma_x)$ 表示系统中所有未知参数，用 σ_x 表示发送信号的二阶累积量，即信号方差。构造代价函数，即

$$\begin{aligned}F(\theta)=&\sum_{\tau_1=0}^{L_e}\sum_{\tau_2=0}^{L_e}\sum_{\tau_3=0}^{\tau_1}\left|\hat{c}_{4,y}(\tau_1,\tau_2,\tau_3)-c_{4,y}(\tau_1,\tau_2,\tau_3|\theta)\right|^2+\\&W\sum_{\tau=0}^{L_e}\left|\hat{R}(\tau)-R(\tau|\theta)\right|^2\end{aligned} \tag{7-77}$$

式中，$\hat{c}_{4,y}(\tau_1,\tau_2,\tau_3)$ 为接收信号的四阶累积量；$c_{4,y}(\tau_1,\tau_2,\tau_3|\theta)$ 为基于假设模

型的接收信号的四阶累积量的理论值；$\widehat{R}(\tau)$ 为接收信号的相关函数；$R(\tau|\theta)$ 为基于假设模型的相关函数的理论值；W 为高阶累积量差值与相关函数差值的平衡因子。

将 $h(\tau_1)$ 的估计值代入代价函数中的 θ，使用梯度最优化算法，求得使代价函数取最小值的 θ，即可实现对信道的估计。

3）*方程误差法*

方程误差法的原理是由接收信号计算其高阶统计量，再对高阶统计量进行分解，进而构造误差方程，通过求使误差方程的值最小的解来得到信道响应的估计值。

考虑一个 $M\times N$ 的 MIMO，第 i 个天线上接收的信号可以写为：

$$\boldsymbol{y}_i\left(n\right)=\sum_{j=1}^{M}\sum_{k=0}^{q}\boldsymbol{h}_{ij}\left(k\right)\boldsymbol{x}_j\left(n-k\right)+\boldsymbol{w}_i\left(n\right),\quad i=1,2,\cdots,N \tag{7-78}$$

式中，$\boldsymbol{h}_{ij}(k)$为第 i 根接受天线与第 j 根发射天线之间的信道冲击响应；$\boldsymbol{x}_j(n)$为第 j 根天线发送的数据；$\boldsymbol{w}_i(n)$为信道的加性复高斯白噪声；q 为信道的最大阶数。式中，$\boldsymbol{x}(n)=[\boldsymbol{x}_1(n), \boldsymbol{x}_2(n), \cdots, \boldsymbol{x}_M(n)]^{\mathrm{T}}$、$\boldsymbol{y}(n)=[\boldsymbol{y}_1(n), \boldsymbol{y}_2(n), \cdots, \boldsymbol{y}_N(n)]^{\mathrm{T}}$、$\boldsymbol{w}(n)=[\boldsymbol{w}_1(n), \boldsymbol{w}_2(n), \cdots, \boldsymbol{w}_N(n)]^{\mathrm{T}}$，定义一个信道矩阵 $\boldsymbol{H}[n]=[\boldsymbol{h}_{ij}(n)]_{M\times N}$。

因此，对线性的 MIMO 系统，接收信号 $\boldsymbol{y}(n)$ 可以写为：

$$\boldsymbol{y}\left(n\right)=\sum_{k=0}^{q}\boldsymbol{H}\left(k\right)\boldsymbol{x}\left(n-k\right)+\boldsymbol{w}\left(n\right) \tag{7-79}$$

观测长度为 L，以上卷积关系可以写为：

$$\boldsymbol{Y}\left(n\right)=\bar{\boldsymbol{H}}\boldsymbol{X}\left(n\right)+\boldsymbol{W}\left(n\right) \tag{7-80}$$

式中，$\boldsymbol{Y}(n)=[\boldsymbol{y}(n),\boldsymbol{y}(n-1),\cdots,\boldsymbol{y}(n-L)]^{\mathrm{T}}$、$\boldsymbol{X}(n)=[\boldsymbol{x}(n),\boldsymbol{x}(n-1),\cdots,\boldsymbol{x}(n-L-q)]^{\mathrm{T}}$、$\boldsymbol{W}(n)=[\boldsymbol{w}(n),\boldsymbol{w}(n-1),\cdots,\boldsymbol{w}(n-L)]^{\mathrm{T}}$。

$$\bar{\boldsymbol{H}}=\begin{bmatrix}\boldsymbol{H}(0) & \boldsymbol{H}(1) & \cdots & \boldsymbol{H}(q) & 0 & \cdots & 0\\ 0 & \boldsymbol{H}(0) & \boldsymbol{H}(1) & \cdots & \boldsymbol{H}(q) & \ddots & \vdots\\ \vdots & \ddots & \ddots & \ddots & \ddots & \ddots & 0\\ 0 & \cdots & 0 & \boldsymbol{H}(0) & \boldsymbol{H}(1) & \cdots & \boldsymbol{H}(q)\end{bmatrix} \tag{7-81}$$

式中，$\bar{\boldsymbol{H}}$ 为一个$(L+1)N\times(L+q+1)M$ 的 Toeplitz 矩阵。

定义接收信号的四阶联合累积量为：

$$\begin{aligned}&\mathrm{cum}\left(\boldsymbol{y}_{l1}(n-n_1),\boldsymbol{y}_{l2}^{*}(n-n_1),\boldsymbol{y}_{l3}(n-n_1),\boldsymbol{y}_{l4}^{*}(n-n_1)\right)\\&=\sum_{j=1}^{M}\gamma_j\sum_{i}\boldsymbol{h}_{l_1 j}\left(i-n_1\right)\boldsymbol{h}_{l_2 j}^{*}\left(i-n_2\right)\boldsymbol{h}_{l_3 j}\left(i-n_3\right)\boldsymbol{h}_{l_4 j}^{*}\left(i-n_4\right)\end{aligned} \tag{7-82}$$

式中，γ_j为发送信号$x_j(n)$的四阶峰度。因此，可以由$\boldsymbol{y}_l(n)$定义接收信号的累积量矩阵$\boldsymbol{C}_l[k]=\text{cum}(\boldsymbol{Y}(n), \boldsymbol{Y}^{\text{H}}(n), \boldsymbol{x}_l(n-k), \boldsymbol{x}_l^*(n-k))$，矩阵维度为$(L+1)N\times(L+1)N$。

基于高阶累积量的性质，噪声对该累积量矩阵没有影响，因此可得：

$$\boldsymbol{C}_l(k)=\bar{\boldsymbol{H}}\boldsymbol{\Lambda}_l\bar{\boldsymbol{H}}^{\text{H}} \tag{7-83}$$

式中，$\boldsymbol{\Lambda}_l=\text{diag}\left(\overbrace{0,\cdots,0}^{k块},\boldsymbol{D}_l(0),\cdots,\boldsymbol{D}_l(q),\overbrace{0,\cdots,0}^{L-k块}\right)$，**0** 表示$M\times M$的零矩阵，且$\boldsymbol{D}_l(j)=\text{diag}(\gamma_1|\boldsymbol{h}_{l1}(j)|^2, \cdots, \gamma_M|\boldsymbol{h}_{lM}(j)|^2)$，$j=0, 1, \cdots, q$，$k\geqslant q$，$L\geqslant k+q$。

因此，对k定义一个矩阵$\boldsymbol{S}[k]$，即

$$\boldsymbol{S}(k)=\sum_{l=1}^{N}\boldsymbol{C}_l(k)=\boldsymbol{H}_s\boldsymbol{\Sigma}[k]\boldsymbol{H}_s^{\text{H}} \tag{7-84}$$

式中，$\boldsymbol{H}_s=\begin{bmatrix}\boldsymbol{H}(q) & 0 & \cdots & 0\\ \vdots & \boldsymbol{H}(q) & \ddots & \vdots\\ \boldsymbol{H}(0) & \ddots & \ddots & 0\\ 0 & \boldsymbol{H}(0) & \cdots & \boldsymbol{H}(q)\\ \vdots & \ddots & \ddots & \vdots\\ 0 & \cdots & 0 & \boldsymbol{H}(0)\end{bmatrix}$的维度是$(L+1)N\times(L+1-q)M$。

$\boldsymbol{\Sigma}[k]=\text{diag}\left(\overbrace{0,\cdots,0}^{(k-q)块},\boldsymbol{D}(0),\cdots,\boldsymbol{D}(q),\overbrace{0,\cdots,0}^{(L-k-q)块}\right)$，$\boldsymbol{D}(j)=\text{diag}\left(\gamma_1\sum_{l=1}^{P}\left|\boldsymbol{h}_{l1}(j)\right|^2,\cdots,\gamma_M\sum_{l=1}^{P}\left|\boldsymbol{h}_{lM}(j)\right|^2\right)$。

此外，定义一个信道参数矩阵$\tilde{\boldsymbol{H}}=[\boldsymbol{H}(q), \cdots, \boldsymbol{H}(0)]^{\text{T}}$。

根据证明，可以得到：如果存在一个非零的z_0使得$\boldsymbol{H}(z_0)$是列满秩，那么$\boldsymbol{H}_s$是一个列满秩矩阵。此时，可以进一步证明得到，对任何一个有与$\boldsymbol{H}_s$一样结构的$\boldsymbol{H}_s$的估计结果，当$\hat{\boldsymbol{H}}_s=\boldsymbol{H}_s\boldsymbol{A}$时有$\text{Range}(\hat{\boldsymbol{H}}_s)\subseteq\text{Range}(\boldsymbol{H}_s)$，矩阵$\boldsymbol{A}=\text{diag}(\boldsymbol{Q}, \cdots, \boldsymbol{Q})$，其中，$\boldsymbol{Q}$是一个$M\times M$的非奇异矩阵。

因此，求得的$\boldsymbol{S}[k]$的零空间也是$\boldsymbol{H}_s$的零空间，构造连续时延下的累积量矩阵$\boldsymbol{S}[k_1], \boldsymbol{S}[k_1+1], \cdots, \boldsymbol{S}[k_1+k_2]$，可以提取出$\boldsymbol{S}[k]$的零空间$\boldsymbol{N}_c$，$\boldsymbol{N}_c$的维度为：

$$\boldsymbol{v}_c=(L+1)N-(K+q)M \tag{7-85}$$

式中，$L=k_2+q$，$K=k_2-k_1+1$。

利用正交性原则可知：

$$\boldsymbol{N}_c^{\text{H}}\hat{\boldsymbol{H}}_s=0 \tag{7-86}$$

设$\boldsymbol{N}_c$的第i个列向量为$\boldsymbol{v}_i$，则$\boldsymbol{v}_i=[\boldsymbol{v}_{i0}^{\text{T}},\boldsymbol{v}_{i1}^{\text{T}},\cdots,\boldsymbol{v}_{iL}^{\text{T}}]^{\text{T}}$，其中$\boldsymbol{v}_{ij}$ $(j=0, 1, \cdots, L)$是

一个 $N\times 1$ 维的列向量，由于 $\hat{\boldsymbol{H}}_s$ 的 Toeplitz 结构，故有如下关系：

$$\boldsymbol{v}_i^{\mathrm{H}}\hat{\boldsymbol{H}}_s=0 \quad \Leftrightarrow \quad \mathrm{Hank}\left(\boldsymbol{v}_i\right)^{\mathrm{H}}\hat{\tilde{\boldsymbol{H}}}=0 \tag{7-87}$$

式中，$\hat{\tilde{\boldsymbol{H}}}$ 为对信道参数矩阵 $\tilde{\boldsymbol{H}}$ 的估计；Hank($\boldsymbol{v}_i$)为由 $\boldsymbol{v}_i$ 构造的汉克尔矩阵：

$$\mathrm{Hank}\left(\boldsymbol{v}_i\right)=\begin{bmatrix} \boldsymbol{v}_{i0} & \boldsymbol{v}_{i1} & \cdots & \boldsymbol{v}_{i(K+L-1)} \\ \boldsymbol{v}_{i1} & \boldsymbol{v}_{i2} & \cdots & \boldsymbol{v}_{i(K+L)} \\ \vdots & \vdots & \ddots & \vdots \\ \boldsymbol{v}_{iL} & \boldsymbol{v}_{i(L+1)} & \cdots & \boldsymbol{v}_{i(K+2L-1)} \end{bmatrix}$$

因此将信道估计问题转化为以下优化问题：

$$\min\sum_{i=1}^{\boldsymbol{v}_c}\left\|\mathrm{Hank}\left(\boldsymbol{v}_i\right)^{\mathrm{H}}\hat{\tilde{\boldsymbol{H}}}\right\|_F^2 \text{.s.t. } \hat{\tilde{\boldsymbol{H}}}^{\mathrm{H}}\hat{\tilde{\boldsymbol{H}}}=\boldsymbol{I} \tag{7-88}$$

式中，$\boldsymbol{I}$ 为单位矩阵；$\|\cdot\|_F$ 为 Frobenius 范数，式（7-88）等价于：

$$\min \mathrm{trace}\left(\hat{\tilde{\boldsymbol{H}}}^{\mathrm{H}}\boldsymbol{G}\hat{\tilde{\boldsymbol{H}}}\right)\text{.s.t. } \hat{\tilde{\boldsymbol{H}}}^{\mathrm{H}}\hat{\tilde{\boldsymbol{H}}}=\boldsymbol{I} \tag{7-89}$$

式中，$\boldsymbol{G}=\sum_{i=1}^{\boldsymbol{v}_c}\mathrm{Hank}\left[\boldsymbol{v}_i\right]\mathrm{Hank}\left(\boldsymbol{v}_i\right)^{\mathrm{H}}$。

最终，信道参数矩阵的估计结果为矩阵 $\boldsymbol{G}$ 的 M 个最小特征值对应的模为 1 的特征向量。

7.5.3　半盲信道估计

在基于导频的信道估计中，导频的数量在很大程度上影响了信道估计的性能。目前，无线通信环境越来越复杂，信号在信道中经历的畸变、衰落和噪声干扰都变得越来越严重。在这样的环境中，若想精确估计信道，就需要较大数量的导频信息。然而，在通信技术高速发展的今天，频谱资源是非常紧缺的，大量的导频消耗会导致通信系统的传输效率低下、吞吐量小，无法满足当今时代对通信质量的需求。若采用盲信道估计，则不需要使用导频信息，可以节省很大一部分带宽，用于传输数据。然而，正如前文所说，盲信道估计完全是利用接收信号的统计特性来得到信道参数的，实现过程复杂度很高、收敛速度慢，难以满足信道估计的实时性要求。此外，盲信道估计还受制于信道长度、发送信号的统计特性等条件，在实际的通信场合中的实用性不高。

因此，介于导频信道估计和盲信道估计之间的半盲信道估计方法应运而生，它的主要特点在于，同时采用了导频及信号的统计特性。在盲信道估计的基础上，使用较少的导频信号对信道响应进行估计，就可以得到较好的信道估计性能、较快的收敛速度及更低的算法复杂度。

7.5.4 基于压缩感知理论的信道估计方法

以上的估计方法都认为信道是稠密多径的，需要大量的导频信息来获取信道状态，这会造成频谱资源利用率低。最新的研究表明，无线信道具有天然的稀疏特性，也就是说，路径增益是稀疏可辨识的，这种稀疏性在带宽较大的时候会变得更加明显。在压缩感知理论提出之后，研究人员发现，利用信道的稀疏性，在压缩感知理论下对信道进行估计，可以大大减少所需要的导频数目。根据压缩感知理论：如果一个信号在某个变换域下可以稀疏表示，那么该信号是可压缩的，可以使用远低于奈奎斯特采样率的采样速率对它进行采样，在接收端使用最优化方法就可以对信号进行大概率重构。这样的方法，一方面可以大大减少导频的数目，另一方面也改善了信道估计的性能。事实上，在压缩感知理论体系中，包括信号的稀疏表示、观测矩阵的设计、重构算法的设计 3 个重要研究内容。

（1）信号的稀疏表示，即找到某个合适的变换基，使信号在该变换域下是稀疏的或是近似稀疏的。所谓稀疏是指只有极少的信号是有值的，绝大多数的信号值都是零。所谓近似稀疏是指只有极少数的信号有较大的值，或者信号重新排序后的值是服从指数衰减的。

（2）观测矩阵的设计，即找到一个平稳的，与变换基不相关的矩阵，使其能够实现将信号从高维空间变换到低维空间，且必要的信息不丢失。

（3）重构算法的设计，即找到一种算法能精确地重构出原来的信号，同时使计算的复杂度可以接受，能够应用于实际系统之中。

接下来将从信号稀疏表示、观测矩阵设计、重构算法 3 个方面介绍压缩感知原理。

在科学领域，寻找一种能简洁表示信号的数学模型一直是科学家研究的重点。简洁，意味着抓取信号特征的能力强，只需要较少的表示就能较准确地刻画信号。其中，较常用的信号模型是加性信号模型，其数学表达为：

$$f(n)=\sum_{i=1}^{m}\boldsymbol{\alpha}_i g_i(n) \tag{7-90}$$

式中，$g_i(n)$为表示信号的基函数；$f(n)$为信号；$\boldsymbol{\alpha}_i$ 为相应的系数。这种表示方法可以简洁地表示出信号，这对信号后续的压缩、去噪都大有益处。

现在有一个长度为 N 的离散信号 $\boldsymbol{x}(n)$，$n\in[1, 2, \cdots, N]$，用一组基 $\boldsymbol{\Psi}^{\mathrm{T}}=[\boldsymbol{\Psi}_1, \boldsymbol{\Psi}_2, \cdots, \boldsymbol{\Psi}_N]$来稀疏表示该信号，表示方式为：

$$\boldsymbol{x}=\boldsymbol{\Psi}\alpha \tag{7-91}$$

式中，$\boldsymbol{\Psi}$为 $N\times N$ 的基变换矩阵；$\boldsymbol{\alpha}$为 $N\times 1$ 的列向量。如果$\boldsymbol{\alpha}$向量中，有 K 个信号不为零，且 $K<<N$，则称$\boldsymbol{\alpha}$为信号 x 在$\boldsymbol{\Psi}$变换域下的稀疏表示，K 称为信号 x 在该变换域下的稀疏度。此外，在稀疏基上只有 K 个值属于严格稀疏的情况，大多数信号并不满足这样严格稀疏的条件，但是将变换后的信号重新排序后，如果满足指数级衰减，那么我们认为信号是近似稀疏的，可以进行压缩。因而，可以进行稀疏表示。

选择合适的稀疏基可以使信号经变换后的稀疏度更小，有利于增加信号的采样速度，同时减少了信号处理、存储所浪费的资源。常见的傅里叶变换、小波变换都可看作是将信号变换到另一变换域来分析的方法，本质上也可以看作是一种压缩变换。但由于发送数据的内容结构变化范围较大，所以无法用单一的某种基变换矩阵来完成所有信号稀疏的工作。更好的实现方式是，构造一种能够自适应稀疏分解的稀疏基。

7.5.5　基于压缩感知的系统参数化信道估计及均衡方法

采用过完备字典（Over-Complete Dictionaries）可以提高压缩感知信道估计的精度，但是更大的过完备字典意味着更大的计算复杂度。杜捷提出了一种基于凸优化压缩感知框架和 ESPRIT 技术的 O-OFDM 系统信道估计方法。该方法首先利用 MDL 准则和 ESPRIT 技术来估计信道的参数信息。然后，利用信道的参数信息动态构建过完备字典，在不增加字典维度的同时，提升字典的等效时域分辨率。最后，使用 BPDN（Basis Pursuit De-Noising）算法重建信道信息，以实现信道估计。相比传统的方法，该算法具有较好的估计性能。

本方法的算法流程如下：

步骤 1　使用 ESPRIT 估计信道的多径参数，包括多径的数目 $\hat{L}$ 和各路径的时延 $\hat{\tau}=\left[\hat{\tau}_0,\hat{\tau}_1,\cdots,\hat{\tau}_{\hat{L}-1}\right]$。

步骤 2　对每个多径 τ_i，分别构造其过完备子字典 $\boldsymbol{\Psi}_l=\exp\left(-\dfrac{\mathrm{j}2\pi}{N}qpl\right)$，$l$=0, 1, ⋯, L-1，$\boldsymbol{q}$=[0, 1, ⋯, N-1]^{T}，$p_l=\left[\tau_l-\lambda\dfrac{n_l-1}{n_l},\tau_l-\lambda\dfrac{n_l-2}{n_l},\cdots,\tau_l-\lambda\dfrac{1}{n_l},\tau_l,\right.$ $\left.\tau_l+\lambda\dfrac{1}{n_l},\tau_l+\lambda\dfrac{2}{n_l},\cdots,\tau_l+\lambda\dfrac{n_l-1}{n_l}\right]$。其中，第 l 条路径对应的过完备字典的规模为 $N\times(2n_l-1)$，所有 n_l 满足分配 $\sum\limits_{l=1}^{\hat{L}-1}n_l=\dfrac{N+\hat{L}}{2}$。

步骤 3 将所有 $\boldsymbol{\Psi}_m$ 合并为新的过完备字典 $\boldsymbol{\Psi}=[\boldsymbol{\Psi}_0, \boldsymbol{\Psi}_1, \cdots, \boldsymbol{\Psi}_{\hat{L}-1}]$。

步骤 4 利用 BPDN 算法求解信道估计向量 $\widehat{\boldsymbol{H}}_j$。

该字典矩阵 $\boldsymbol{\Psi}$ 即是通过参数估计的结果动态生成的压缩感知稀疏变换基矩阵。该算法利用信道的稀疏特性和参数化模型改进字典矩阵。针对每条具体的传输路径，分配合适数目的字典项数，构成一个局部的过完备子字典。所有路径的过完备子字典合成新的字典，该字典对当前信道具有更高的时域分辨率，因而可以达到更好的估计效果，同时字典的规模并没有增大。

7.6 信号检测

7.6.1 DFT 域单点均衡空时联合检测技术

1. 均衡技术的发展

20 世纪之前的均衡技术先在电话信道中得到了体现，但是电话信道的频率往往存在非线性失真，可以通过添加线圈匝数来避免这种问题，这就是目前普遍使用的线性均衡。早期的均衡器结构比较简单，而且参数多半都是固定的或手调的。均衡技术的研究自 1975 年以来，经过几十年的研究与发展，新的技术与方法不断出现。1965 年，Lucky 设计了第一个自适应均衡器——迫零自适应均衡器，并为自适应均衡器的发展做了大量研究。1967 年，判决反馈均衡器（DFE）的概念被提出。1969 年，Gersho 等人通过不断的研究，提出了根据最小均方误差准则（MMSE）的自适应均衡（LMS）算法。Brady 提出了分数间隔自适应均衡器（FSE）的概念。1972 年，Ungeboeck 将 LMS 算法应用于自适应均衡，并研究了自适应均衡器的收敛特性。1974 年，Godard 推导出一种基于卡尔曼滤波理论的有效算法——递归最小二乘（RLS）算法。1978 年，Falconer 和 Ljuing 简化了快速 Kalman 算法。RLS 算法和 LMS 算法都是自适应滤波算法的两个大类。随着技术的快速发展，在后来的研究过程中，相关研究人员对这两种算法进行了完善。

在无线通信过程中，传统的均衡器无法满足时变的传输信道，自适应均衡算法弥补了信道信号的失真。自适应均衡器是一个可以自行调节参数的滤波器，并能对信道变化做出相应的反应，适用于时变信道。自适应算法一般可以分为 ZF 算法、LMS 算法、RLS 算法和盲自适应算法。

1975 年，日本学者 Y. Sato 首次提出了盲均衡的概念。从此，盲均衡得到

了广泛研究，并在后来的发展中形成了很多类的盲均衡算法，如 Bussgang 类盲均衡算法、基于高阶谱理论的盲均衡算法、直接输入序列的盲均衡检测算法和基于神经网络的盲均衡算法。盲均衡的中心思想是它不需要使用训练序列，而可以通过接收信号序列直接均衡信号。

1993 年，Berrou 等人提出了一种级联卷积码，后被称为 Turbo 码。Turbo 码是一种高性能的纠错码，它具有接近香农理论极限的解码性能。Turbo 均衡技术就是利用 Turbo 码的解码特性与均衡技术相结合。

2. 常用均衡技术及其分类

在移动通信中，多径效应和频带受限会直接影响信号的有效传播，这会给均衡器带来严重的码间干扰（ISI），增大误码率。利用均衡技术能够抑制码间干扰，有效提高传输性能。在信号接收端安置一个可调谐滤波器可以弥补码间干扰导致的信号失真，该补偿滤波器称为均衡器，常用均衡器有线性和非线性两种。线性均衡器具有算法简单、容易实现的特点，得到了广泛的使用，但线性均衡器在克服码间干扰的问题上存在很大的局限性，所以在以往的很多研究工作中都使用非线性均衡器来解决实际问题。

线性均衡算法一般包括 ZF 算法、MMSE 算法和 LS 算法。ZF 算法的运算量较小，但其性能较差，并且存在峰值畸变的限制，所以在实际应用时受到很大限制。随机梯度（LMS）算法的计算量很小，而且在信道频率响应平坦时也表现良好，这种算法在信道估计方面得到了广泛应用。迭代最小二乘（RLS）算法具有非常快的收敛速度和高收敛精度，但其计算复杂度也很高。

典型的非线性均衡算法是最大似然序列估计（MLSE）算法和最大后验概率（MAP）算法。MLSE 算法通常由典型的维特比（VA）算法实现。与线性均衡算法相比，VA 算法和 MAP 算法能够进行误码率较低的硬判断；能充分利用发送符号的先验信息来改善检测性能；它采用硬判决均衡器，后级译码只能采用硬输入译码。

在无线信道中，特别是在移动无线衰落信道中，一般都是随机和时变的，所以对于均衡处理的要求一般比较高，需要具备自动跟踪信道变化的能力，这就是自适应均衡。自适应均衡技术可以实时跟踪时变信道，及时调整均衡器参数来弥补信号的失真，它能有效地克服码间干扰，提升传输性能，它一般在训练方式和跟踪方式下工作。首先，在训练阶段发射一段训练序列，然后接收端的自适应均衡器使用递归算法估计信道特性，并针对已知序列调整均衡器的参数。当调整到合适的参数时，均衡器就会进入跟踪阶段。当数据信息传送到接收端时，均衡器会根据接收机对接收到的数据的判决结果来跟踪信道变化。在选取训练序列时，应考虑均衡器在极其不稳定的信道环境中，也能用所取的训练序列完成滤波器参数的调整。因此，当重复训练完成时，均衡器的参数可以达到一个最优的预期值。此时用户可以接收到最佳数据信息，这一过程称为均衡器的收敛。均衡器的收敛速度与其整个过程的均衡算法、结构和信道类型有关。一般来说，所需的训练序列越短，收敛速度会越快，系统的通信效率也会越高，但是因为均衡器收敛的剩余误差，制约了过短的训练序列。均衡器还需要不断进行定期训练来避免符号间的干扰。

均衡可以分为频域均衡和时域均衡。频域均衡基本思想是根据可调滤波器的频率特性补偿信道的频率特性，使整个基带系统的传输特性都达到无失真传输的要求。时域均衡则是在信号的接收端插入一个可调滤波器，利用这个可调滤波器直接矫正失真的波形，使整个基带系统满足无码间干扰。

时域均衡包括线性均衡和非线性均衡，迫零（ZF）均衡器和最小均方误差（MMSE）均衡器是常用的两种线性均衡器。线性均衡器的目的是根据这两种不同的均衡算法找到一个滤波器，确定出最佳的滤波器系数。而非线性均衡器则是在线性均衡器的基础上添加一个非线性结构，采用不同的非线性均衡算法来消除非线性失真。线性横向均衡器是一种常用的均衡器，由多个抽头组成，延迟时间间隔等于符号间隔。只有在信道畸变不是很严重时，才使用线性均衡器。在多径衰落信道中，信道频率响应会产生一个凹槽，影响均衡器的正常工作，因此，在多径衰落信道中通常使用非线性均衡器。常用的非线性均衡器有判决反馈（DFE）均衡器、最大似然（ML）符号检测器和最大似然序列估计均衡器等。图 7-10 为自适应均衡器分类。

1）线性均衡器

（1）线性横向均衡器。这种均衡器的结构十分简单，也是使用最为广泛的一种均衡技术，其结构如图 7-11 所示。它是由若干级抽头延时线构成的，且每个延时单元的增益各不相同。其输入信号 $\boldsymbol{x}(n)$ 是存在符号间干扰的模拟基带信号，$\boldsymbol{c}(n)$ 是滤波器的加权系数，输出信号 $\boldsymbol{y}(n)$ 是均衡信号，$\boldsymbol{d}(n)$ 是期望信号，$\boldsymbol{e}(n)$ 是输出信号和所需信号之间的差。这种算法的原理是对输入信号当前值和过去值按照均衡器的系数进行线性叠加，通过比较输出值与预期值之间的差来调整滤波器的抽头系数。

$$\boldsymbol{x}(n)=\left[\boldsymbol{x}(n),\boldsymbol{x}(n-1),\cdots,\boldsymbol{x}(n-N+1)\right]^{\mathrm{T}} \tag{7-92}$$

$$c(n)=\left[c_0(n),c_1(n),\cdots,c_{N-1}(n)\right]^{\mathrm{T}} \tag{7-93}$$

$$y(n)=c^{\mathrm{T}}(n)x(n) \tag{7-94}$$

$$e(n)=d(n)-y(n) \tag{7-95}$$

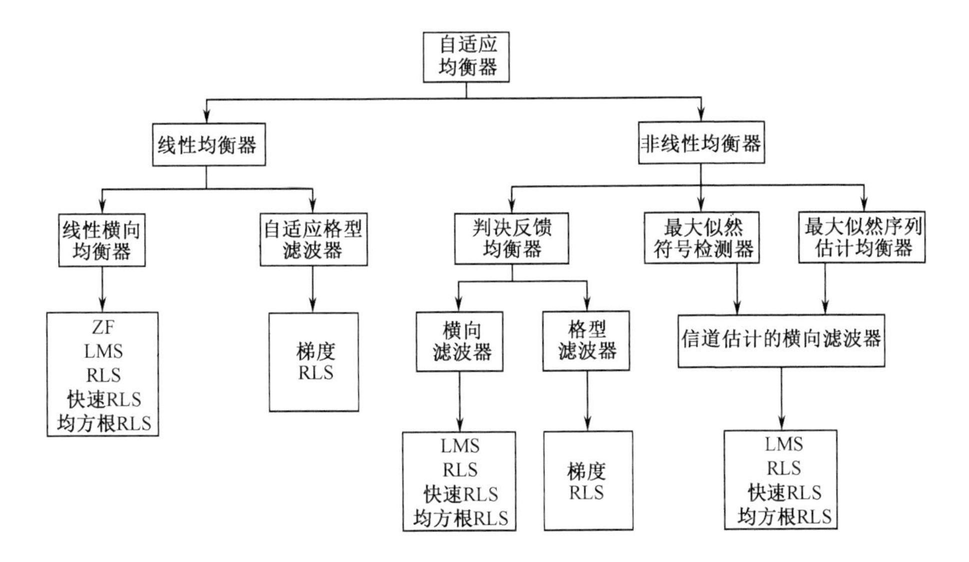

图 7-10　自适应均衡器分类

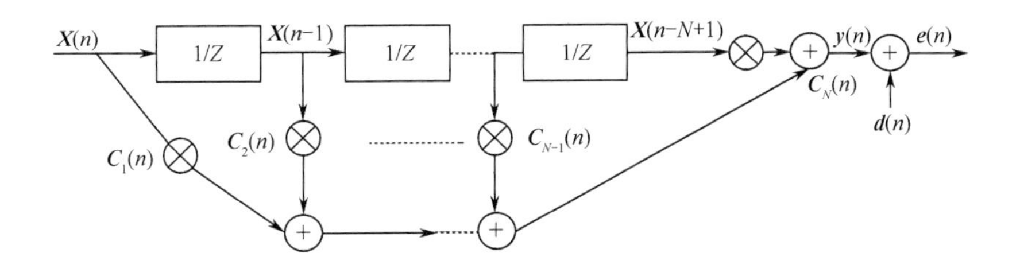

图 7-11　线性横向滤波器

一般来说，抽头系数 $c(n)$ 可以通过迫零准则获得，利用迫零准则调整均衡器系数，可以使码间干扰达到最小；也可以利用 MMSE 准则来降低 $d(n)$ 和 $y(n)$ 之间的均方误差。

线性横向均衡器的结构简单、易于实现，因此在移动通信系统中得到了普遍应用。然而，这种均衡器同样存在一些缺陷：一是噪声增强会导致均衡器在均衡深度零点信道信号时失效。为了补偿通道的深度零点，线性横向均衡器必须具有高增益，但高增益的频率响应会导致噪声放大；二是时变信道中码元的改变和发射信号幅度的变化都会影响均衡器抽头系数的调整。因此，添加更多数目的抽头，可以让线性横向均衡器在严重失真的信道中或低信噪比的环境下工作性能会更好。

（2）自适应格型滤波器。随着移动通信的快速发展，多个频段的转换需要各基站来完成，采用抽头形式的线性横向均衡器很难在实际应用中处理高灵敏度的信号。采用 Levinsion 算法和 Durbin 算法推导出来的自适应格型滤波器具有快速收敛和良好的数值特性，是解决这种问题的理想滤波器。

格型滤波器是一种正交滤波器。其模块的相互正交性和滤波器的反射系数对舍入误差不敏感的特性，让它能够在需要快速收敛和跟踪时变信号变化的场合得到充分利用。前向和后向线性滤波器是实现自适应格型滤波器的基础。自适应格型滤波器在信道均衡、消除噪声干扰、语音分析及合成等方面具有显著的优势。如图 7-12 所示为一个 M 阶自适应格型滤波器，前向预测误差滤波器和后向预测误差滤波器与输入信号 $X(n)$ 是正交的，前向预测误差滤波器用的是最小相位滤波器，它能使输入信号经过滤波器后的信号相位延迟达到最小；后向预测误差滤波器用的是最大相位滤波器。自适应格型滤波器的收敛速度很快，滤波器的阶数也易于改变，因此在动态环境中能调节选择出最佳的阶数。

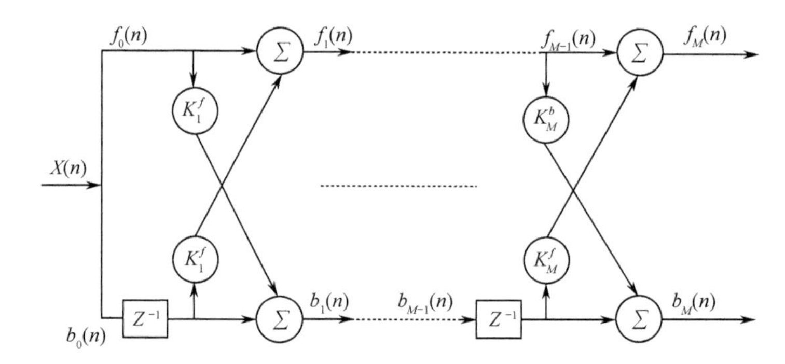

图 7-12　*M* 阶自适应格型滤波器

2）非线性均衡器

线性均衡器并不适用于失真度很大的信道。当多径衰落信道严重时，信道频率响应中会出现许多的凹槽，这会影响均衡器的正常工作。为了补偿信道失真，需要对该凹槽附近的频谱进行放大，通常这样做会增加该频段的信号噪声。因此，在移动通信的多径衰落信道中，我们通常使用非线性均衡器。大部分非线性均衡器都采用了被检符号的信息，利用这些被检符号可以弥补信道的码间干扰。典型的非线性均衡技术有判决反馈均衡器和最大似然序列检测器。

（1）判决反馈均衡器。与横向均衡器相比，判决反馈（DFE）均衡器的结构更加复杂。在抽头数量相同时，残余码间干扰相对较小且比特误差相对较低。判决反馈均衡器由两个横向滤波器和一个判决检测器组成，其中两个横向滤波器是前馈横向滤波器和反馈横向滤波器，其结构如图 7-13 所示。前馈部分可以采用符号间隔抽头或分数间隔抽头；反馈部分一般采用符号间隔抽头。判决反馈均衡器的基本思想是当检测和判决信息符号时，在检测之前估计并消除后续信息干扰。设前馈横向滤波器的抽头个数为 M 个，反馈横向滤波器的抽头个数为 N 个，则判决反馈均衡器的输出形式可以表示为：

$$y_n = \sum_{-L}^{0} c_j w_{n-j} + \sum_{j=1}^{N} b_j \widehat{I}_{n-j} \tag{7-96}$$

式中，c_j 为前馈横向滤波器系数；b_j 为反馈横向滤波器系数；$\widehat{I}_n$ 为 n 时刻的符号估计值；$\sum_{j=1}^{N} b_j I_{n-j}$ 表示从过去检测的信号中估计当前检测信号的码间干扰，因此，通过调整反馈横向滤波器的系数，可以消除前面符号引起的码间干扰。

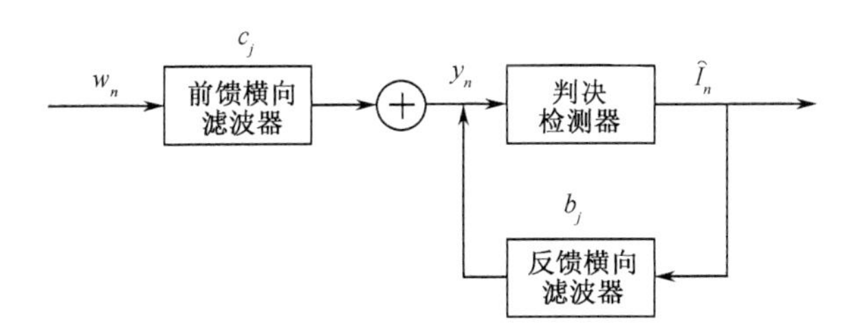

图 7-13　判决反馈均衡器

判决反馈均衡器具有较小的噪声增益和和均方误差（MSE），在时域自适应均衡中具有很高的计算效率，但在信号质量极差时，错误信息的反馈会影响对未来信息的判决。

（2）最大似然符号检测器和最大似然序列估计均衡器。最大似然序列估计（MLSE）均衡器被认为是最佳的接收机，利用最大似然序列估计均衡技术可以使误码率达到最小。其基本思想是根据接收信号，遍历所有可能发射的信号，然后与每次接收到的信号进行对比，通过最大似然准则，找到发送信号的估计值，达到最大的点，从而找到与它匹配的发射端原始信号。因为需要进行多次遍历，算法的复杂度很高，但在低信噪比的条件下，可以获得较好的误码性能。一般可以通过 VA 算法实现整个过程的最大似然符号检测。但极大的复杂性限制了它在实际中的应用，因为其算法随信道多径长度的增加而成指数增长，当信号符号和 ISI 长度很大时，这种极其复杂的算法是无法实现的。因此，人们开始研究简便且易于实现的 MLSE 算法，如准 MLSE 均衡算法和 NMLSE 均衡算法，极大地降低了 MLSE 算法的复杂性，而且保持了原算法的性能，能够很好地应用到实际中。

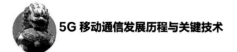

3. DFT 域单点均衡空时联合检测器算法的原理

针对 DFT 检测，如图 7-14 为建立的数字基带系统模型。在发送端输入比特流，然后进行 VA 编码。信道编码后的码字逐行写入交织寄存器，再进行调制符号映射，可以得到符号序列。通过不断插入导频信号，便能生成可以传输的数字基带信号。我们知道，一个载波有 8 个时隙，而每个时隙又可以分为多个子时隙，子时隙由导频段和数据段组成。常见的信道估计算法有 RLS、LMS、MMSE 等，利用最小二乘信道估计，可以得到较准确的信道冲激响应，为之后的解调提供信道状态信息。而且，DFT 检测器直接接收信道数据序列，可以进行 DFT 域单点空时均衡联合检测，然后经过解交织和 VA 解码，得到输出比特流。

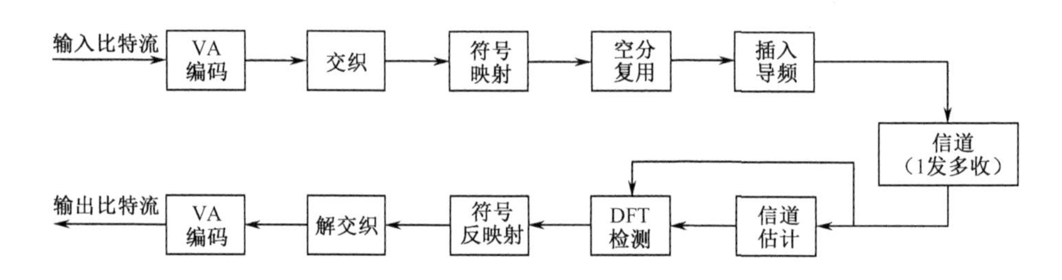

图 7-14　DFT 检测器的基带系统模型

用 $s_d(n)$（n=0, 1, …, L_d-1）表示发送数据序列；$r_{d,m}(n)$（n=0, 1, …, L_d-1）表示第 m 个接收通道接收的数据序列；$g_m(n)$ 表示估计得到的第 m 个接收通道时延为 n 的信道参数值，其中 L_d 为子时隙长度，可以得到：

$$\boldsymbol{r}_{d,m}(n)=\boldsymbol{s}_d(n)\boldsymbol{g}_m(n)+\boldsymbol{w}_{d,m}(n),\ 0\leqslant m\leqslant M-1 \tag{7-97}$$

式中，$\boldsymbol{w}_{d,m}(n)$是方差为 σ_z^2 的零均值高斯白噪声序列。令 $\boldsymbol{s}_d=[\boldsymbol{s}_d(0)\ \boldsymbol{s}_d(1)\ \cdots\ \boldsymbol{s}_d(L_d-1)]^{\mathrm{T}}$，$\boldsymbol{r}_{d,m}=[\boldsymbol{r}_{d,m}(0)\ \boldsymbol{r}_{d,m}(1)\ \cdots\ \boldsymbol{r}_{d,m}(L_d-1)]^{\mathrm{T}}$，$\boldsymbol{w}_{d,m}=[\boldsymbol{w}_{d,m}(0)\ \boldsymbol{w}_{d,m}(1)\cdots\ \boldsymbol{w}_{d,m}(L_d-1)]^{\mathrm{T}}$。

可以将（7-97）式化简为：

$$\boldsymbol{r}_{d,m}=\boldsymbol{G}_m\boldsymbol{s}_d+\boldsymbol{w}_{d,m} \tag{7-98}$$

式中，$\boldsymbol{G}_m$ 为循环矩阵。

$$\boldsymbol{G}_m=\begin{bmatrix} \boldsymbol{g}_m(0) & & \cdots & & \boldsymbol{g}_m(3) & \boldsymbol{g}_m(2) & \boldsymbol{g}_m(1) \\ \boldsymbol{g}_m(1) & \boldsymbol{g}_m(0) & & \cdots & & \boldsymbol{g}_m(3) & \boldsymbol{g}_m(2) \\ \boldsymbol{g}_m(2) & \boldsymbol{g}_m(1) & \boldsymbol{g}_m(0) & & \cdots & & \boldsymbol{g}_m(3) \\ & \vdots & & \ddots & & \vdots & \\ & & & & \boldsymbol{g}_m(0) & & \vdots \\ & \cdots & & & \boldsymbol{g}_m(1) & \boldsymbol{g}_m(0) & \\ & & & & \boldsymbol{g}_m(2) & \boldsymbol{g}_m(1) & \boldsymbol{g}_m(0) \end{bmatrix} \tag{7-99}$$

整个通信过程是建立在多根天线架构下的，若天线的总数量为 M 根，用 $\boldsymbol{r}_d$ 可表示多根天线接收的信号矢量：

$$\boldsymbol{r}_d=\left[\boldsymbol{r}_{d,0}^{\mathrm{T}} \quad \boldsymbol{r}_{d,1}^{\mathrm{T}} \quad \cdots \quad \boldsymbol{r}_{d,M-1}^{\mathrm{T}}\right]^{\mathrm{T}} \tag{7-100}$$

信道矩阵和噪声也可用矩阵表示为：

$$\boldsymbol{G}=\left[\boldsymbol{G}_0^{\mathrm{T}} \quad \boldsymbol{G}_1^{\mathrm{T}} \quad \cdots \quad \boldsymbol{G}_{M-1}^{\mathrm{T}}\right]^{\mathrm{T}} \tag{7-101}$$

$$\boldsymbol{w}_d=\left[\boldsymbol{w}_{d,0}^{\mathrm{T}} \quad \boldsymbol{w}_{d,1}^{\mathrm{T}} \quad \cdots \quad \boldsymbol{w}_{d,M-1}^{\mathrm{T}}\right]^{\mathrm{T}} \tag{7-102}$$

那么可以得到 M 根天线的接收数据序列为：

$$\boldsymbol{r}_d=\boldsymbol{G}\boldsymbol{s}_d+\boldsymbol{w}_d \tag{7-103}$$

通过式（7-103），并结合 MMSE 可以推导出频域均衡器算法。

当 M 个接收通道的接收信号矢量为 $\boldsymbol{r}_{d,m}$ 时，推导出发送信号矢量 $\boldsymbol{s}_d$ 的线性检测器为：

$$\hat{\boldsymbol{s}}_d=\sum_{m=0}^{M-1}\boldsymbol{D}_m\boldsymbol{r}_{d,m}=\boldsymbol{D}\boldsymbol{r}_d \tag{7-104}$$

式中，$\boldsymbol{D}=[\boldsymbol{D}_0 \quad \boldsymbol{D}_1 \quad \cdots \quad \boldsymbol{D}_{M-1}]$为待定矩阵。如果待定矩阵 $\boldsymbol{D}$ 能够使如下函数取得最小值，那么所求的线性检测器为最小均方误差（MMSE）检测器。

$$J_{\mathrm{MMSE}}=E\left\{\left\|\hat{\boldsymbol{s}}_d-\boldsymbol{s}_d\right\|\right\} \tag{7-105}$$

将式（7-104）代入式（7-105）可得：

$$J_{\mathrm{MMSE}}=E\left\{\boldsymbol{r}_d^{\mathrm{H}}\boldsymbol{C}^{\mathrm{H}}\boldsymbol{C}\boldsymbol{r}_d-\boldsymbol{r}_d^{\mathrm{H}}\boldsymbol{C}^{\mathrm{H}}\boldsymbol{s}_d-\boldsymbol{s}_d^{\mathrm{H}}\boldsymbol{C}\boldsymbol{r}_d+\boldsymbol{s}_d^{\mathrm{H}}\boldsymbol{s}_d\right\} \tag{7-106}$$

对式（7-106）求导：

$$\frac{\partial J_{\mathrm{MMSE}}}{\partial \boldsymbol{C}}=E\left\{2\boldsymbol{C}\boldsymbol{r}_d\boldsymbol{r}_d^{\mathrm{H}}-2\boldsymbol{s}_d^{\mathrm{H}}\boldsymbol{s}_d\right\}=2\boldsymbol{C}\boldsymbol{R}_{rr}-2\boldsymbol{R}_{sr} \tag{7-107}$$

式中，$\boldsymbol{R}_{rr}=E\left\{\boldsymbol{r}_d\boldsymbol{r}_d^{\mathrm{H}}\right\}$，$\boldsymbol{R}_{sr}=E\left\{\boldsymbol{s}_d\boldsymbol{r}_d^{\mathrm{H}}\right\}$，令 $\dfrac{\partial J_{\mathrm{MMSE}}}{\partial \boldsymbol{C}}=0$，可得：

$$\boldsymbol{C}=\boldsymbol{R}_{sr}\boldsymbol{R}_{rr}^{-1} \tag{7-108}$$

这样得到的检测器即为 MMSE 检测器。

设 $\boldsymbol{R}_{rr}=\boldsymbol{P}_{ML_d}$，$\boldsymbol{R}_{sr}=0$，$E\left(\boldsymbol{z}_d\boldsymbol{z}_d^{\mathrm{H}}\right)=\delta_z^2\boldsymbol{P}_{ML_d}$，可得：

$$\boldsymbol{R}_{rr}=E\left\{\boldsymbol{r}_d\boldsymbol{r}_d^{\mathrm{H}}\right\}=E\left\{\left(\boldsymbol{G}\boldsymbol{s}_d+\boldsymbol{z}_d\right)\left(\boldsymbol{G}\boldsymbol{s}_d+\boldsymbol{z}_d\right)^{\mathrm{H}}\right\}=\boldsymbol{G}\boldsymbol{G}^{\mathrm{H}}+\delta_z^2\boldsymbol{P}_{ML_d} \tag{7-109}$$

$$\boldsymbol{R}_{sr}=E\left\{\boldsymbol{s}_d\boldsymbol{r}_d^{\mathrm{H}}\right\}=E\left\{\boldsymbol{s}_d\left(\boldsymbol{G}\boldsymbol{s}_d+\boldsymbol{z}_d\right)^{\mathrm{H}}\right\}=E\left\{\boldsymbol{s}_d\boldsymbol{r}_d^{\mathrm{H}}\boldsymbol{G}^{\mathrm{H}}+\boldsymbol{s}_d\boldsymbol{z}_d^{\mathrm{H}}\right\}=\boldsymbol{G}^{\mathrm{H}} \tag{7-110}$$

循环矩阵 $\boldsymbol{G}_m$ 通过傅里叶变换的相似对角化得到：

$$\frac{1}{L_d}=\boldsymbol{W}\boldsymbol{G}_m\boldsymbol{W}^{\mathrm{H}}=\Delta m=\mathrm{diag}\left\{\boldsymbol{G}_m(0),\boldsymbol{G}_m(1),\cdots,\boldsymbol{G}_m(L_d-1)\right\} \tag{7-111}$$

L_d 阶傅里叶变化矩阵 $\boldsymbol{W}$ 第 i 行 j 列的相应元素可以表示为：

$$\boldsymbol{W}_{i,j}=\left[\exp\left(-\frac{\mathrm{j}2\pi kl}{L_B}\right)\right]_{L_d\times L_d} \tag{7-112}$$

式中，$\boldsymbol{G}_m(k)$ 为冲激序列 $\boldsymbol{g}_m(n)$ 的非归一化傅里叶变换系数：

$$\left[\boldsymbol{G}_m(0),\boldsymbol{G}_m(1),\cdots,\boldsymbol{G}_m(L_d-1)\right]^{\mathrm{T}}=\boldsymbol{W}\left[\boldsymbol{g}_m(0),\boldsymbol{g}_m(1),\cdots,\boldsymbol{g}_m(L_d-1)\right]^{\mathrm{T}} \tag{7-113}$$

根据傅里叶变化的性质：

$$\boldsymbol{W}^{\mathrm{H}}\boldsymbol{W}=\boldsymbol{W}\boldsymbol{W}^{\mathrm{H}}=L_d\boldsymbol{I} \tag{7-114}$$

可以将信道矩阵表示为：

$$\boldsymbol{G}_m=\frac{1}{L_d}\boldsymbol{W}^{\mathrm{H}}\boldsymbol{\Delta}_m\boldsymbol{W} \tag{7-115}$$

设 $\boldsymbol{\Delta}=\begin{bmatrix}\boldsymbol{\Delta}_1^{\mathrm{T}} & \boldsymbol{\Delta}_2^{\mathrm{T}} & \cdots & \boldsymbol{\Delta}_M^{\mathrm{T}}\end{bmatrix}^{\mathrm{T}}$，信道矩阵 $\boldsymbol{G}$ 可以表示为：

$$\boldsymbol{G}=\begin{bmatrix}\boldsymbol{G}_1\\\boldsymbol{G}_2\\\vdots\\\boldsymbol{G}_M\end{bmatrix}=\frac{1}{L_d}\begin{bmatrix}\boldsymbol{W}^{\mathrm{H}} & \boldsymbol{\Delta}_1 & \boldsymbol{W}\\\boldsymbol{W}^{\mathrm{H}} & \boldsymbol{\Delta}_2 & \boldsymbol{W}\\\vdots & \vdots & \vdots\\\boldsymbol{W}^{\mathrm{H}} & \boldsymbol{\Delta}_M & \boldsymbol{W}\end{bmatrix}=\frac{1}{L_d}\begin{bmatrix}\boldsymbol{W}^{\mathrm{H}} & & & \\ & \boldsymbol{W}^{\mathrm{H}} & & \\ & & \ddots & \\ & & & \boldsymbol{W}^{\mathrm{H}}\end{bmatrix}\begin{bmatrix}\boldsymbol{\Delta}_1\\\boldsymbol{\Delta}_2\\\vdots\\\boldsymbol{\Delta}_M\end{bmatrix}\boldsymbol{W} \tag{7-116}$$

$$=\frac{1}{L_d}\mathrm{diag}\left\{\boldsymbol{W}^{\mathrm{H}},\boldsymbol{W}^{\mathrm{H}},\cdots,\boldsymbol{W}^{\mathrm{H}}\right\}\boldsymbol{\Delta}\boldsymbol{W}$$

将式（7-116）代入式（7-109），可以得到：

$$\boldsymbol{R}_{rr}=\frac{1}{L_d}\mathrm{diag}\left\{\boldsymbol{W}^{\mathrm{H}},\boldsymbol{W}^{\mathrm{H}},\cdots,\boldsymbol{W}^{\mathrm{H}}\right\}\left\{\boldsymbol{\Delta}\boldsymbol{\Delta}^{\mathrm{H}}+\delta_z^2\boldsymbol{I}_{L_d}\right\}\mathrm{diag}\left\{\boldsymbol{W},\boldsymbol{W},\cdots,\boldsymbol{W}\right\} \tag{7-117}$$

$$\boldsymbol{R}_{sr}=\frac{1}{L_d}\boldsymbol{W}^{\mathrm{H}}\boldsymbol{\Delta}^{\mathrm{H}}\mathrm{diag}\left\{\boldsymbol{W},\boldsymbol{W},\cdots,\boldsymbol{W}\right\} \tag{7-118}$$

将式（7-117）和式（7-118）中的 $\boldsymbol{R}_{rr}$ 和 $\boldsymbol{R}_{sr}$ 代入式（7-108）中：

$$\boldsymbol{C}=\frac{1}{L_d}\boldsymbol{W}^{\mathrm{H}}\boldsymbol{\varDelta}^{\mathrm{H}}\left(\boldsymbol{\varDelta}\boldsymbol{\varDelta}^{\mathrm{H}}+\delta_z^2\boldsymbol{I}_{ML_d}\right)^{-1}\mathrm{diag}\left\{\boldsymbol{W},\boldsymbol{W},\cdots,\boldsymbol{W}\right\} \tag{7-119}$$

而

$$\left(\boldsymbol{\varDelta}\boldsymbol{\varDelta}^{\mathrm{H}}+\delta_z^2\boldsymbol{I}_{ML_d}\right)^{-1}=\frac{1}{\delta_z^2}\left[\boldsymbol{I}_{ML_d}-\boldsymbol{\varDelta}\left(\boldsymbol{\varDelta}^{\mathrm{H}}\boldsymbol{\varDelta}+\delta_z^2\boldsymbol{I}_{L_d}\right)^{-1}\boldsymbol{\varDelta}^{\mathrm{H}}\right] \tag{7-120}$$

将式（7-120）代入式（7-119），得到：

$$\boldsymbol{C}=\frac{1}{L_d}\boldsymbol{W}^{\mathrm{H}}\left(\boldsymbol{\varDelta}^{\mathrm{H}}\boldsymbol{\varDelta}+\delta_z^2\boldsymbol{I}_{L_d}\right)^{-1}\boldsymbol{\varDelta}^{\mathrm{H}}\mathrm{diag}\left\{\boldsymbol{W},\boldsymbol{W},\cdots,\boldsymbol{W}\right\} \tag{7-121}$$

从式（7-121）可以得到发送信号矢量 $\boldsymbol{s}_d$ 的 MMSE 检测器为：

$$\begin{aligned}\hat{\boldsymbol{s}}_d&=\frac{1}{L_d}\boldsymbol{W}^{\mathrm{H}}\left(\boldsymbol{\varDelta}^{\mathrm{H}}\boldsymbol{\varDelta}+\delta_z^2\boldsymbol{I}_{L_d}\right)^{-1}\boldsymbol{\varDelta}^{\mathrm{H}}\mathrm{diag}\left\{\boldsymbol{W},\boldsymbol{W},\cdots,\boldsymbol{W}\right\}\boldsymbol{r}_d\\&=\frac{1}{L_d}\boldsymbol{W}^{\mathrm{H}}\left(\boldsymbol{\varDelta}^{\mathrm{H}}\boldsymbol{\varDelta}+\delta_z^2\boldsymbol{I}_{L_d}\right)^{-1}\sum_{m=0}^{M-1}\boldsymbol{\varDelta}_m^{\mathrm{H}}\boldsymbol{W}\boldsymbol{r}_{d,m}\end{aligned} \tag{7-122}$$

如果可以得到相对较短的冲激响应序列，可以进一步简化算法过程和降低实现的复杂度。因此式（7-122）还可以表示为：

$$\begin{aligned}\hat{\boldsymbol{s}}_d&=\frac{1}{L_d}\boldsymbol{W}^{\mathrm{H}}\left(\boldsymbol{\varDelta}^{\mathrm{H}}\boldsymbol{\varDelta}+\delta_z^2\boldsymbol{I}_{L_d}\right)^{-1}\boldsymbol{W}\sum_{m=0}^{M-1}\frac{1}{L_d}\boldsymbol{W}^{\mathrm{H}}\boldsymbol{\varDelta}_m^{\mathrm{H}}\boldsymbol{W}\boldsymbol{r}_{d,m}\\&=\frac{1}{L_d}\boldsymbol{W}^{\mathrm{H}}\left(\boldsymbol{\varDelta}^{\mathrm{H}}\boldsymbol{\varDelta}+\delta_z^2\boldsymbol{I}_{L_d}\right)^{-1}\boldsymbol{W}\sum_{m=0}^{M-1}\boldsymbol{G}_m^{G}\boldsymbol{r}_{d,m}\end{aligned} \tag{7-123}$$

设 $\boldsymbol{g}(n)=\sum_{m=0}^{M-1}\sum_{l}\boldsymbol{g}_m^*(l)\boldsymbol{g}_m\left(\left((n+l)\right)_{L_d}\right)$，$n$=0, 1, …, L_d−1；$\boldsymbol{g}(n)$为循环共轭对称序列，它的性质是 $\boldsymbol{g}\left(\left((-n)\right)_{L_d}\right)=\boldsymbol{g}^*(n)$，并且 $\boldsymbol{g}(n)\leftrightarrow\boldsymbol{G}(k)=\sum_{m=0}^{M-1}\left|\boldsymbol{G}_m(k)\right|^2$。

因此在式（7-123）中：

$$\boldsymbol{\varDelta}^{\mathrm{H}}\boldsymbol{\varDelta}=\mathrm{diag}\left\{\boldsymbol{G}(0),\boldsymbol{G}(1),\cdots,\boldsymbol{G}(L_d-1)\right\} \tag{7-124}$$

将式（7-124）代入式（7-123）中可得：

$$\hat{\boldsymbol{s}}_d=\frac{1}{L_d}\boldsymbol{W}^{\mathrm{H}}\left(\mathrm{diag}\left\{\boldsymbol{G}(0),\boldsymbol{G}(1),\cdots,\boldsymbol{G}(N-1)\right\}+\delta_z^2\boldsymbol{I}_{L_d}\right)^{-1}\boldsymbol{W}\sum_{m=0}^{M-1}\boldsymbol{G}_m^{G}\boldsymbol{r}_{d,m} \tag{7-125}$$

这也就是最终的 DFT 域单点均衡空时联合检测器的表达式，检测器的基本工作原理如图 7-15 所示。

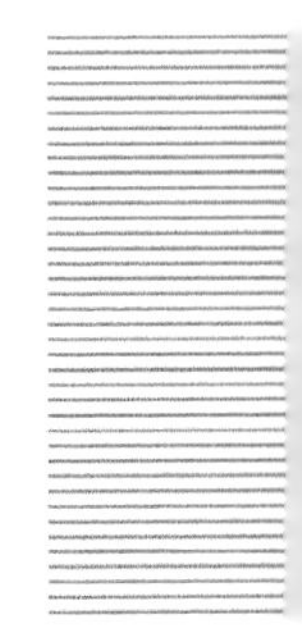

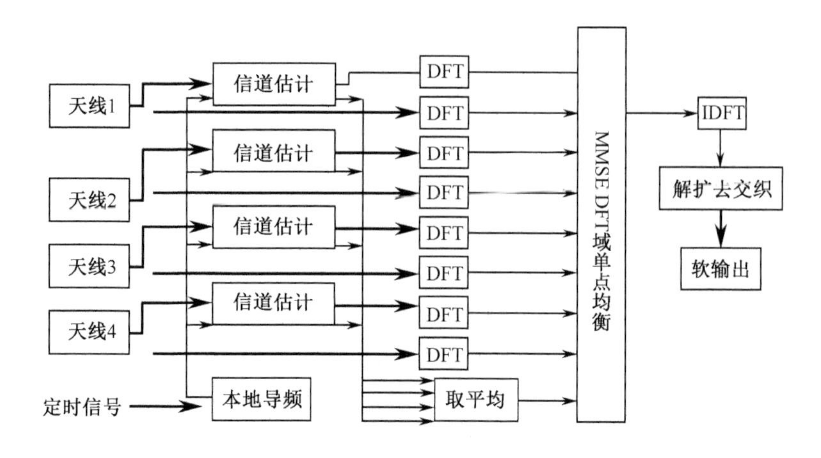

图 7-15　DFT 域单点均衡空时联合检测器工作原理图

7.6.2　基于干扰抵消的迭代式空时检测技术

1. 多用户检测的发展

1979 年，Schneider 首次提出了多用户检测的概念。1983 年，Kohno 通过研究实现了无多址干扰的多用户检测。1986 年，Sergio Verdu 对多用户检测进行了进一步研究，认为多址干扰是具有一定结构的有效信息，并从理论上表明，最大似然序列估计在很大程度上可以接近单用户的接收性能，有效克服远近效应，同时提高了系统容量。最优多用户检测在理论上实现的效果十分优越，但是当系统多用户数大量增加时，该检测算法的复杂度会按照指数关系急剧增长。因此，当用户数很大时，其检测算法会相当大，这在实际工程中，会很难实现。因此，次优化的多用户检测器逐渐得到广泛研究，即寻求一种在保证合理复杂度的同时，性能又优于传统检测器的检测方法，其中包含线性检测、干扰消除和神经网络检测。在以后的研究过程中，针对这两种方案，研究人员提出了一系列相关检测器。

1989 年，Lupas 提出了解相关检测器（又称零驱动检测器）。这种检测器能够对输出信号进行线性变换，并进行符号判决，能够实现抵消多址干扰的效果。但是会放大高斯噪声功率，导致高时延的解调信号，这种检测算法在硬件的实现过程中很困难。

1994 年，U. Madhow 等人利用最小均方误差准则提出了线性 MMSE 多用户检测器。该检测器不仅继承了传统检测器的特点，还在多方面进行了改进，在抑制干扰和降噪之间能达到很好的平衡效果。当信噪比较低时，该检测器的

性能优于解相关检测器，它不会增强噪声；当噪声功率很小且为零时，又类似一个解相关检测器，但此时解相关检测器的性能会更好。MMSE 检测器的最大缺点是它需要估计接收信号的幅度，且对估计误差敏感。多用户功率的大小同样会影响 MMSE 检测器的性能，并且检测器的远近效应弱于解相关检测器的效果。

1986 年，R. Kohno 等人提出了串行干扰抵消（SIC）算法。这种算法采用多级非线性结构，通过逐级消除最大用户的干扰，并对接收信号的数据进行一一判决，且大功率的信号优先进行判决。与传统检测器相比，SIC 在性能上更为优越。但是 SIC 检测器的性能严重依赖于初始信号的判决，若第一判决不准确，会使干扰功率几倍地增加，后面各阶的判决性能也会随之极大地下降。

1990 年，Varanasi 提出了并行干扰抵消（PIC）技术，同样采用多级非线性结构，它的思想是同时减去除自身之外所有其他用户的干扰，即构造所有用户的干扰信号，并在接收端将这些信号消除。PIC 的处理延迟较小，但计算量较大；虽然 SIC 的处理延迟较大，但计算量较小。

在后来的研究中，更多检测器被不断提出，如盲自适应检测和神经网络检测技术，这些算法的提出能在不同程度上有效抑制多址干扰。而随着 5G 技术的到来，多用户检测技术与大规模天线等智能天线技术的有效结合，在未来的移动通信中会得到更深入的研究。

2. 多用户检测技术及其分类

多用户检测技术中次优多用户检测可分为线性多用户检测和非线性多用户检测，如图 7-16 所示。常用的线性多用户检测有解相关检测、最小均方误差检测等。非线性多用户检测也可以称为干扰抵消技术，主要包括并行干扰抵消、串行干扰抵消、基于神经网络的多用户检测。

3. 基于干扰抵消的迭代式空时检测器算法的原理

图 7-17 为基于干扰抵消的迭代式空时检测器的基带系统模型，该模型与 DFT 检测器基带系统模型相似，但图 7-17 中的信号检测器替换为干扰抵消检测器，符号反映射模块也换成了软解调模块。

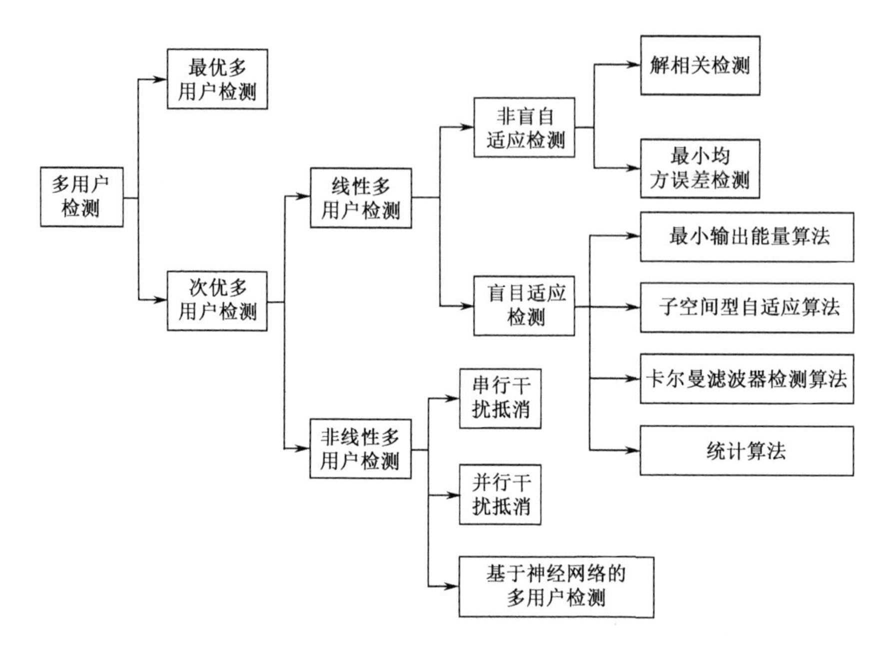

图 7-16　多用户检测的分类

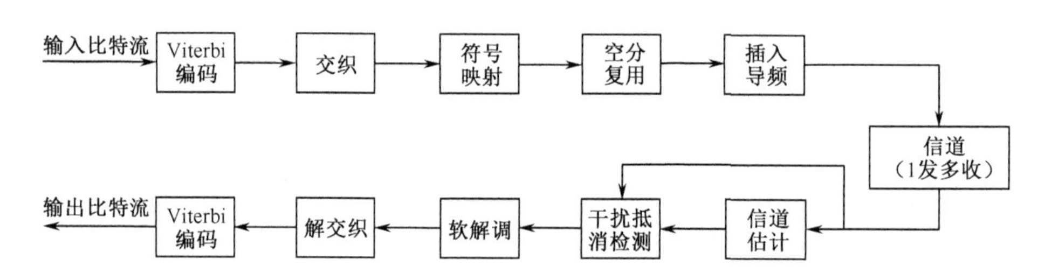

图 7-17　基于干扰抵消的迭代式空时检测器的基带系统模型

在接收端，首先要对信号进行多天线多径的匹配接收，合并后的信号为：

$$\boldsymbol{x}=\boldsymbol{H}^{\mathrm{H}}\boldsymbol{H}\cdot\boldsymbol{r}=\boldsymbol{H}^{\mathrm{H}}\cdot\boldsymbol{s}+\boldsymbol{H}^{\mathrm{H}}\cdot\boldsymbol{z}=\boldsymbol{\Delta}\cdot\boldsymbol{s}+\left(\boldsymbol{H}^{\mathrm{H}}\boldsymbol{H}-\boldsymbol{\Delta}\right)\cdot\boldsymbol{s}+\boldsymbol{H}^{\mathrm{H}}\cdot\boldsymbol{z} \quad (7\text{-}126)$$

信号 $\boldsymbol{s}$ 的估计值为：

$$\boldsymbol{s}=\boldsymbol{x}-\left(\boldsymbol{H}^{\mathrm{H}}\boldsymbol{H}-\boldsymbol{\Delta}\right)\cdot\overline{\boldsymbol{s}}=\boldsymbol{\Delta}\cdot\boldsymbol{s}+\left(\boldsymbol{H}^{\mathrm{H}}\boldsymbol{H}-\boldsymbol{\Delta}\right)\cdot\left(\boldsymbol{s}-\overline{\boldsymbol{s}}\right)+\boldsymbol{H}^{\mathrm{H}}\cdot\boldsymbol{z} \quad (7\text{-}127)$$

式中，$\overline{\boldsymbol{s}}$ 为信号估计均值，当发送端的信号与接收端的信号估计值十分接近时，$(\boldsymbol{H}^{\mathrm{H}}\boldsymbol{H}-\boldsymbol{\Delta})\cdot(\boldsymbol{s}-\overline{\boldsymbol{s}})$ 等效为零，也就是说可以完全消除符号间的干扰，使检测性能达到最优。

不仅需要准确判决获取符号的估计值，之后，还需要估算对应的噪声方差。接下来，在干扰信号估算方差的基础上，计算被估计信号的噪声方差。

令

$$\boldsymbol{u}=\left(\boldsymbol{H}^{\mathrm{H}}\boldsymbol{H}-\boldsymbol{\Delta}\right)\cdot\left(\boldsymbol{s}-\overline{\boldsymbol{s}}\right)+\boldsymbol{H}^{\mathrm{H}}\cdot\boldsymbol{z}=\left[\boldsymbol{u}(0)\quad\boldsymbol{u}(1)\quad\cdots\quad\boldsymbol{u}\left(L_d-1\right)\right]^{\mathrm{T}}\tag{7-128}$$

$$\boldsymbol{y}(k)=E\left[\left|\boldsymbol{u}(k)\right|^2\right]\tag{7-129}$$

则噪声方差序列为：

$$\boldsymbol{v}=E\left[\left|\boldsymbol{u}(0)\right|^2\quad\left|\boldsymbol{u}(1)\right|^2\quad\cdots\quad\left|\boldsymbol{u}\left(L_d-1\right)\right|^2\right]^{\mathrm{T}}=\mathrm{diag}\left(E\left[\boldsymbol{u}\boldsymbol{u}^{\mathrm{H}}\right]\right)\tag{7-130}$$

$$\boldsymbol{v}=\mathrm{diag}\left[\left(\boldsymbol{H}^{\mathrm{H}}\boldsymbol{H}-\boldsymbol{\Delta}\right)E\left[\left(\boldsymbol{s}-\overline{\boldsymbol{s}}\right)\left(\boldsymbol{s}-\overline{\boldsymbol{s}}\right)^{\mathrm{H}}\right]\left[\left(\boldsymbol{H}^{\mathrm{H}}\boldsymbol{H}-\boldsymbol{\Delta}\right)^{\mathrm{H}}\right]\right]+\sigma_z^2\mathrm{diag}\left(\boldsymbol{H}^{\mathrm{H}}\boldsymbol{H}\right)\tag{7-131}$$

然后需要对信号进行软判决，即判断出当前符号是否会发送出去，可以计算出其概率：

$$P\left(\boldsymbol{s}(k)\right)=\boldsymbol{\alpha}\left|\overline{\boldsymbol{s}}(k),\boldsymbol{v}(k)\right)=\frac{P\left(\overline{\boldsymbol{s}}(k)\left|\boldsymbol{s}(k)=\boldsymbol{\alpha},\boldsymbol{v}(k)\right.\cdot P\left(\boldsymbol{s}(k)=\boldsymbol{\alpha}\right)}{\sum_{\boldsymbol{\beta}}P\left(\overline{\boldsymbol{s}}(k)\left|\boldsymbol{s}(k)=\boldsymbol{\beta},\boldsymbol{v}(k)\right.\right)\cdot P\left(\boldsymbol{s}(k)=\boldsymbol{\beta}\right)}\tag{7-132}$$

通常假定发送信号的概率相等，所以有：

$$P\left(\boldsymbol{s}(k)\right)=\boldsymbol{\alpha}\left|\overline{\boldsymbol{s}}(k),\boldsymbol{v}(k)\right)=\frac{P\left(\overline{\boldsymbol{s}}(k)\left|\boldsymbol{s}(k)=\boldsymbol{\alpha},\boldsymbol{v}(k)\right.\right.}{\sum_{\boldsymbol{\beta}}P\left(\overline{\boldsymbol{s}}(k)\left|\boldsymbol{s}(k)=\boldsymbol{\beta},\boldsymbol{v}(k)\right.\right)}\tag{7-133}$$

接下来，由此计算它的均值和方差：

$$\overline{\boldsymbol{s}}(k)=\sum_{\boldsymbol{\alpha}}\boldsymbol{\alpha}P\left(\boldsymbol{s}(k)=\boldsymbol{\alpha}\left|\overline{\boldsymbol{s}}(k),\boldsymbol{v}(k)\right.\right)\tag{7-134}$$

$$\boldsymbol{\sigma}_s^2(k)=E\left[\left|\boldsymbol{s}(k)-\overline{\boldsymbol{s}}(k)\right|^2\right]=\sum_{\boldsymbol{\alpha}}\left|\boldsymbol{\alpha}-\overline{\boldsymbol{s}}(k)\right|^2\cdot P\left(\boldsymbol{s}(k)\right)=\boldsymbol{\alpha}\left|\overline{\boldsymbol{s}}(k),\boldsymbol{v}(k)\right)\tag{7-135}$$

在这两个统计量的基础上，进行下一次迭代，一般迭代次数为 2～6 次。

假设比特 a_0 和 a_1 映射到 I 路符号 x，a_2 和 a_3 映射到 Q 路符号 y 上。在进行符号反映射时，需要根据 x 的估计值 $\overline{x}$ 来估计 a_0 和 a_1 的似然比，似然比可以用式（7-136）定义：

$$\mathrm{LLR}\left(a_j\left|\overline{x}\right.\right)=\ln\frac{P\left(a_j=1\left|\overline{x}\right.\right)}{P\left(a_j=0\left|\overline{x}\right.\right)}\tag{7-136}$$

所以有：

$$\begin{aligned}\mathrm{LLR}\left(a_0|\bar{x}\right)&=\ln\frac{P\left(a_0=1,a_1=0|\bar{x}\right)+P\left(a_0=1,a_1=1|\bar{x}\right)}{P\left(a_0=0,a_1=0|\bar{x}\right)+P\left(a_0=0,a_1=1|\bar{x}\right)}\\&=\mathrm{LLR}\left(a_0\right)+\ln\frac{P\left(\bar{x}|a_0=1,a_1=0\right)\cdot P\left(a_1=0\right)+P\left(\bar{x}|a_0=1,a_1=1\right)\cdot P\left(a_1=1\right)}{\left(\bar{x}|a_0=0,a_1=0\right)\cdot P\left(a_1=0\right)+P\left(\bar{x}|a_0=0,a_1=1\right)\cdot P\left(a_1=1\right)}\end{aligned}\tag{7-137}$$

式中，LLR(a_0)为先验似然比，通过译码器反馈。

高斯信道下有：

$$P\left(\bar{x}|a_0,a_1\right)=\frac{1}{\sigma^2\sqrt{2\pi}}\exp\left[-\frac{\left(\bar{x}-\rho\cdot s\left(a_0,a_1\right)\right)^2}{2\sigma^2}\right]\tag{7-138}$$

式中，$s(a_0, a_1)$为 a_0, a_1 的映射符号。

将其代入式（7-137），利用 $\max(x_1, x_2)=\ln\left(\mathrm{e}^{x_1}+\mathrm{e}^{x_2}\right)$ 可以得到：

$$\begin{aligned}\mathrm{LLR}\left(a_0|\bar{x}\right)=\max&\left\{-\frac{\left(\bar{x}-\rho\cdot s\left(1,a_1\right)\right)^2}{2\sigma^2}\right\}-\\\max&\left\{-\frac{\left(\bar{x}-\rho\cdot s\left(0,a_1\right)\right)^2}{2\sigma^2}\right\}\\a_1&\in\{0,1\}\end{aligned}\tag{7-139}$$

LLR($a_1|\bar{x}$)的表达式只要把 a_0 和 a_1 互换即可，同理可得到 LLR($a_2|\bar{y}$)和 LLR($a_3|\bar{y}$)，这 4 个似然比即译码器的软输入值。以上所述即干扰抵消检测算法。

参考文献

[1] 崔会会. OFDM 系统中载波同步算法的研究[D]. 西安：西安电子科技大学，2015.

[2] 何超. 大规模 MIMO 采样频偏校正关键技术与验证[D]. 成都：电子科技大学，2017.

[3] 郑美荣. OFDM 可见光通信系统同步技术研究[D]. 南京：东南大学，2017.

[4] 邓宏贵，钱学文，张朝阳. 一种通用零自相关码的新型定时同步与频偏估计算法：CN 201510608045.1[P/OL]. http://cprs.patentstar.com.cn/Search/Detail?ANE=9DHD6FBA9FDABGHA4DAA9ICB9HAE6BFAEIFA6AGA9HBD9GDF.

[5] 邓宏贵，钱学文，杜捷. 一种基于零自相关码对的可见光通信同步算法：CN 201510608045.1[P/OL]. http://cprs.patentstar.com.cn/Search/Detail?ANE=

4CAA8BHA3BBA9HAD9IFF9GDA9HAFGHHA9CIDGIIA9CFD7FAA.

[6] 邓宏贵，钱学文，杜捷，等. 一种基于零自相关码的 FBMC 系统的同步方法：CN201610587706.1[P/OL]. http://cprs.patentstar.com.cn/Search/Detail?ANE=9EEB5CDA9BIB7BAA4DAA6GAA9DCBAGDA9CEE9FEH9FFB9CGF.

[7] Fu H, Fung P H W, Sun S. Semiblind channel estimation for MIMO-OFDM[C]. IEEE International Symposium on Personal. IEEE, 2004: 1850-1854.

[8] Hao X, Chen J. Semi-blind channel estimation for MIMO OFDM system in fading channel[C]//IEEE International Symposium on Communications & Information Technology. IEEE, 2005: 503-506.

[9] 任梅. 基于高阶统计量的 MIMO 系统盲信道估计技术[D]. 西安：西安电子科技大学，2013.

[10] Tugnait J K. Identification and deconvolution of multichannel linear non-Gaussian processes using higher order statistics and inverse filter criteria[J]. IEEE Transactions on Signal Processing, 1997, 45(3): 658-672.

[11] Shalvi O, Weinstein E. Super-exponential methods for blind deconvolution[J]. IEEE Trans.inf.theory, 1993, 39(2): 504-519.

[12] Tugnait J K. Blind equalization and estimation of digital communication FIR channels using cumulant matching[J]. IEEE Transactions on Communications, 2002, 43(234): 1240-1245.

[13] Liang J, Ding Z. Blind MIMO system identification based on cumulant subspace decomposition[J]. Signal Processing IEEE Transactions on, 2003, 51(6): 1457-1468.

[14] 王晓宇. 基于子空间的 MIMO-OFDM 系统盲信道估计算法研究[D]. 哈尔滨：哈尔滨工业大学，2012.

[15] Jagannatham A K, Rao B D. Whitening-rotation-based semi-blind MIMO channel estimation[J]. IEEE Transactions on Signal Processing, 2006, 54(3): 861-869.

[16] 包乌云毕力格. MIMO-OFDM 系统的信道估计算法研究[D]. 西安：西安科技大学，2014.

[17] 刘钰佳. MIMO-OFDM 系统中的信道估计算法研究[D]. 厦门：华侨大学，2015.

[18] 彭钰. OFDM 系统中基于压缩感知的稀疏信道估计算法研究[D]. 南京：南

京邮电大学，2013.

[19] Needell D, Vershynin R. Signal Recovery From Incomplete and Inaccurate Measurements Via Regularized Orthogonal Matching Pursuit[J]. IEEE Journal of Selected Topics in Signal Processing, 2010, 4(2): 310-316.

[20] Davis G, Mallat S, Avellaneda M. Greedy adaptive approximation[J]. Constructive Approximation, 1997, 13(1): 57-98.

[21] 肖长期. 无线通信信道均衡技术研究[J]. 科技创新与应用，2014：59-60.

[22] 傅延增，张海林，王育民. OFDM 中的自适应均衡技术[J]. 西安电子科技大学学报，2001，28（2）：177-179.

[23] 王凯. 高速分组无线传输中信道估计算法研究及硬件实现[D]. 江苏：东南大学，2004.

[24] 程科. 高速分组无线传输中信道均衡算法研究及其硬件实现[D]. 江苏：东南大学，2004.

[25] 吴伟陵，牛凯. 移动通信原理[M]. 北京：电子工业出版社，2005.

[26] Schneider K S. Optimum detetion of code-division multiplexed signals[J]. IEEE Trans. Aerosp. Electron. Syst, 1979, 15(1): 181-185.

[27] Verdu S. Multiple-access channels with point-process observations: optimum demodulation (optical communication)[J]. IEEE Transactions on Information Theory, IT, 1986, 32(5): 642-651.

[28] 武刚，胡苏，陈浩，等. 基于并行干扰抵消的OFDM/OQAM系统中的信号检测方法[M]. 电子与信息学报，2013：178-183.

[29] 杨学志. 通信之道——从微积分到 5G[M]. 北京：电子工业出版社，2016：236-253.

第8章

5G 商业化进程与下一代移动通信展望

8.1 推进 5G 标准的三大国际组织

8.1.1 国际电信联盟

国际电信联盟（International Telecommunication Union，ITU）是联合国的一个机构，下设电信标准化部门（ITU-T）、无线电通信部门（ITU-R）和电信发展部门（ITU-D）3 个部门，每个部门下设多个研究组，每个研究组下设多个工作组。

ITU-R WPSD 是专门研究和制定移动通信标准 IMT 的组织。5G 标准化工作是在 ITU-R WPSD 下进行的。ITU-R WPSD 下设 3 个常设工作组（总体工作组、频谱工作组、技术工作组）和一个特设组（工作计划特设组）。根据 ITU 的工作流程，每一代移动通信技术国际标准的制定过程主要包括业务需求、频率规划和技术方案 3 个部分。

2018 年 9 月 12 日，ITU 在 2018 世界电信展上发布了一份新的国际电联报告《为 5G 设定场景：机遇与挑战》（*Setting the Scene for 5G: Opportunities & Challenges*），重点介绍了 16 个关键问题和响应，供政策制定者在制定刺激 5G 网络投资的战略时予以考虑。

5G 承诺通过千兆速度提供新的应用和服务，并显著提高性能和可靠性，从而改善用户体验。5G 将以 2G、3G 和 4G 移动网络的成功为基础，这些移动网络改变了社会，支持新服务和新的商业模式。5G 为无线运营商提供了一个机会，可以提供更多连接服务，为各行各业的消费者和行业开发丰富的解决方案和服务，并且价格合理。5G 是实现有线和无线融合网络的机会，并特别为集成网络管理系统提供了机会。

5G 标准化整体分为 3 个阶段，第 1 阶段为前期需求分析阶段（2014—2015 年），开展 5G 的技术发展趋势、愿景、需求等方面的研究工作；第 2 阶段是准备阶段（2016—2017 年），完成需求、技术评估方案，以及提交模板和流程等，并发出技术征集通函；第 3 阶段是提交和评估阶段（2018—2020 年），完成技术方案的提交，性能评估及可能提交的多个方案的融合等工作，并最终完成详细标准协议的制定和发布。图 8-1 是 5G 标准总体计划。

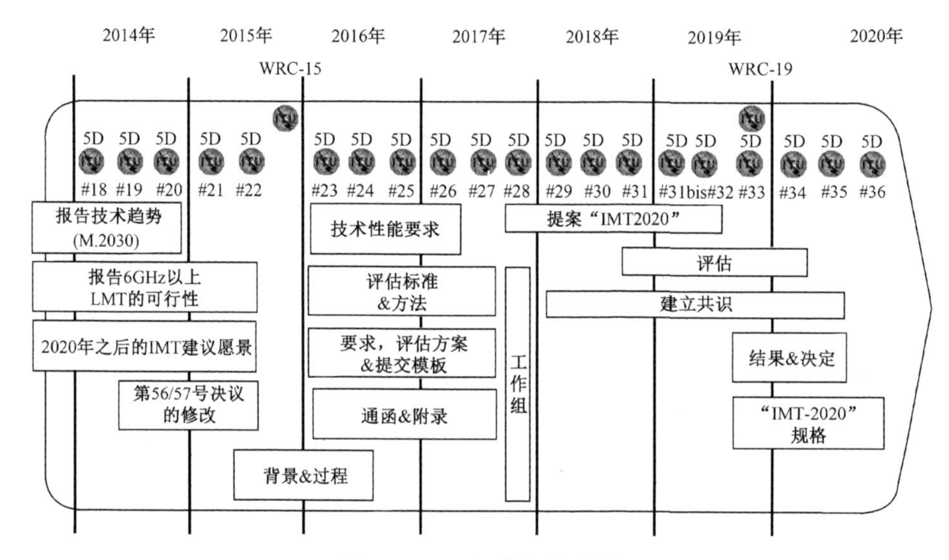

图 8-1　5G 标准总体计划

当前，ITU 5G 愿景已经成型，确定了 8 个 5G 关键能力，分别是峰值速率、用户体验速率、区域业务容量、网络能效、连接密度、时延、移动性、频谱效率，如图 8-2 所示。此外，ITU 还明确了 5G 通信网络的定义，即未来 5G 通信网络的空口速率将达到 20Gb/s（信道的传输能力），5G 网络将能够在 1km² 范围内为超过 100 万台物联网设备提供超过 100Mb/s 的平均数据传输速度。

由于 5G 拥有超高速和超低延迟的特性，它将推动社会进入智能城市和物联网的新时代。ITU 确定了 5G 未来的 3 个主要应用场景（见图 8-3）：增强型移动宽带（eMBB）、大规模机器类通信（nMTC）、超可靠和低延迟通信。其中，增强型移动宽带包括增强的室内外宽带、企业协作、虚拟现实和增强现实；大规模机器类通信包括物联网、资产跟踪、智慧农业、智慧城市、能源监控、智能家居、远程监控；超可靠和低延迟通信包括自动驾驶、智能电网、远程患者监控和远程医疗、工业自动化。

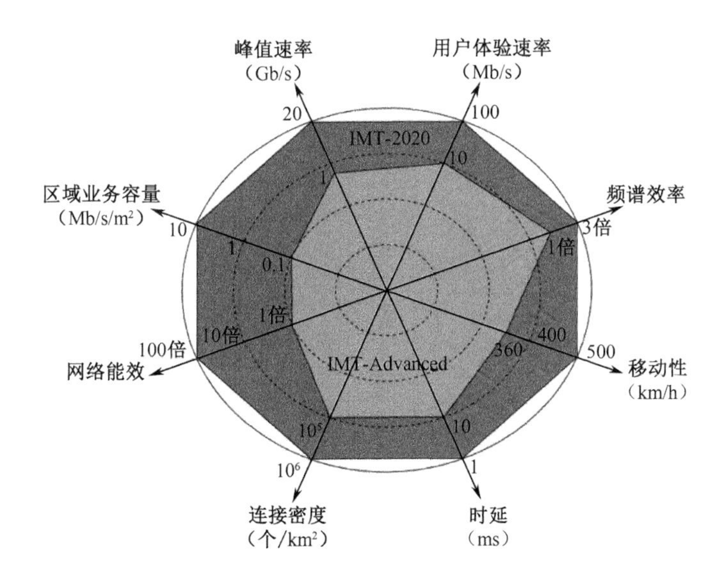

图 8-2　5G 愿景

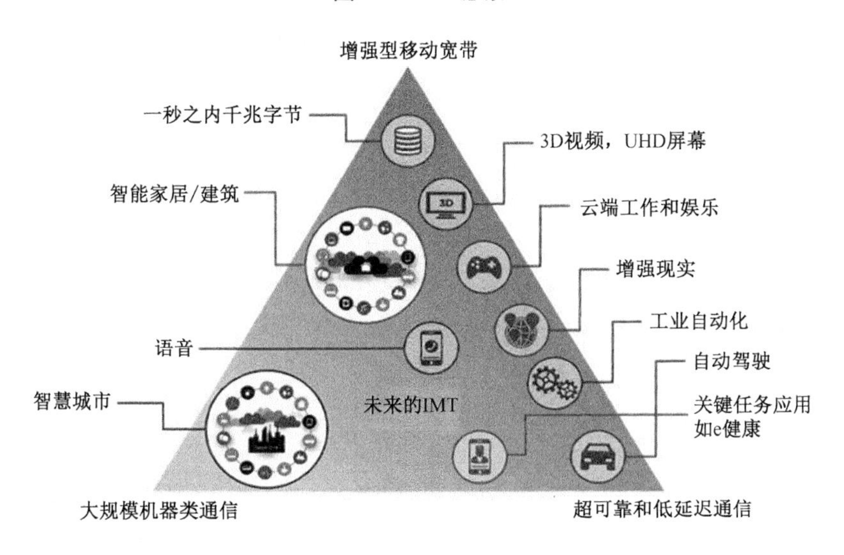

图 8-3　5G 主要应用场景

据无线运营商称，eMBB 将成为 5G 早期部署的主要场景。eMBB 将为拥挤的地区带来高速移动宽带，使消费者能够按需享受家庭、屏幕和移动设备的高速流媒体，并使企业协作服务得以发展。一些运营商也在考虑将 eMBB 作为缺乏铜缆或光纤到户地区的解决方案。

5G 还有望通过在城市和农村地区部署大量低功耗传感器网络来推动智慧

城市和物联网的发展。由于 5G 具有安全性和健壮性，这将使其适用于公共安全和关键任务的服务；同时，其低延迟性使其适用于远程手术、工厂自动化和实时过程控制。5G 的低延迟和安全特性将在智能交通系统的发展中发挥良好作用，使智能车辆能够相互通信，并为连接自动驾驶的车辆创造机会。

同时，ITU 指出，虽然 5G 将在数字经济中发挥关键作用，促进经济增长，增强公民的生活体验和创造新的商机，但在建立商业案例和对待 5G 是否真正是经济优先问题的时候必须谨慎。5G 投资决策必须由合理的投资案例支持。

这种“城市主导”战略可能会对数字鸿沟产生负面影响，这可以通过支持商业等激励措施来实现，通过使用低于 1GHz 频段来刺激提供光纤网络和可负担的无线覆盖的投资。此外，为了推动 5G 网络的推广，还需要对监管、政府和地方的数字政策方法进行全面改革。重要的是，这个改革包括确保可以用可承受的价格获得公共资产，从而加强小型基础设施和 5G 频谱投资的商业案例。

8.1.2　第三代合作伙伴计划

第三代合作伙伴计划（3rd Generation Partnership Project，3GPP）是一个产业联盟，其目标是根据 ITU 的相关需求，制定更加详细的技术规范与产业标准，规范产业行为。

图 8-4 说明了 3GPP 的结构。3GPP 基本每年出台一个版本（Release），对于该版本的总体业务功能和网络总体框架由业务和系统结构（SA）组来确定，所以 SA 组有些像总体组。SA 组负责确定业务需求及实现该业务的总体技术方案，并将此要求映射到系统和终端等各部分，也就是下一层面的核心网（CN）组、无线接入网（RAN）组和终端（T）组。具体的协议是由这 3 个组来完成的。

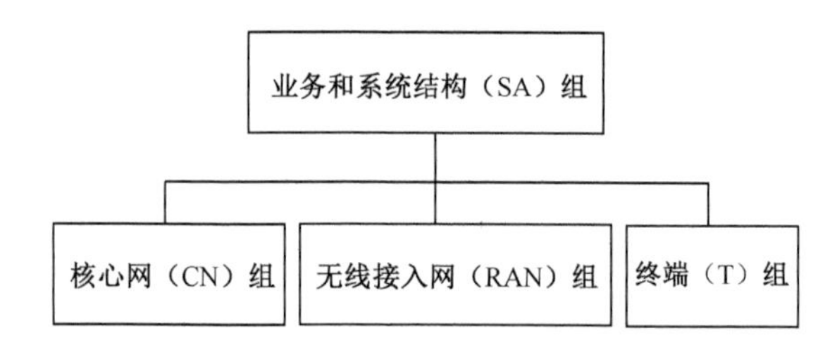

图 8-4　3GPP 的业务和系统结构

2015 年 3 月，业务需求（SA1）组启动了未来新业务需求研究，无线接入网（RAN）组启动了 5G 工作计划讨论；2015 年年底，启动了 5G 接入网需求、

信道模型等前期研究工作。2016 年 6 月，业务需求组完成了对 5G 需求的研究，形成了 4 份技术报告，将 5G 的潜在需求归纳为 4 个部分：大规模物联网、关键通信、增强型移动宽带和网络运营。报告中指出，大规模物联网关注具有大量设备（如传感器和可穿戴设备）的使用场景。这些使用场景与新的垂直服务尤其相关，如智能家居、智能设施、e 健康和智能可穿戴设备；为了首先实现工业控制应用和触觉互联网，关键通信需要改进的主要领域是延迟、可靠性和可用性，通过改进无线电接口、优化架构，以及使用专业的核心资源和无线电资源可以满足这些要求；增强型移动宽带包括许多不同系列的使用场景，涉及更好的用户移动性，更高的密度、部署和更广的范围，更高的移动性，具有高度可变用户速率的设备，固定的移动融合和小型蜂窝部署；网络运营的使用解决了系统的功能需求，如灵活的功能和承载力、新的价值创造、迁移和互通、优化和增强及安全性。

2016 年 6 月，3GPP 启动 Release 15，开始 5G 系统标准化研究工作，该工作现已完成，并于 2018 年 6 月冻结。2018 年 7 月出台的 Release 16 是 5G 项目的主要版本，它向 IMT-2020 提交了初始完整的 3GPP 5G 系统。除正常的流程之外，Release 16 还开展了大约 25 项研究，涉及多个主题，如多媒体优先服务、车联网（V2X）应用层服务、5G 卫星接入、5G 局域网支持、5G 无线和有线融合、终端定位、垂直域通信和网络自动化、新无线电技术。其他正在研究的项目包括安全性、编解码器和流媒体服务、局域网互通、网络切片和物联网。

Release 16 的技术报告（研究阶段的结果）也正在开发中，以扩大 3GPP 技术对非陆地无线电接入（最初是卫星，但也需要考虑空中基站）和海上方面（船内，船到岸和船到船）的适用性。此外，关于 LTE 的新 PMR 功能的工作也取得了一定进展，这增强了最初使用 GSM 无线电技术（该技术现已接近使用寿命）开发的铁路导向。

作为 Release 16 的一部分，MC 服务将扩展到更广泛的业务部门，而不是最初开发的相对狭窄的公共安全和民防服务。如果相同或类似的标准可用于商业应用（从出租车调度到铁路交通管理，以及目前正在调查的其他垂直行业情景），这将通过更广泛的部署为这些 MC 服务带来更高的可靠性，并且通过规模经济降低部署成本，从而使所有用户受益。

图 8-5 显示了 3GPP 工作计划的详细内容，主要分为 3 个步骤，这一计划整体可以满足与 IMT-2020 商定的提交时间。

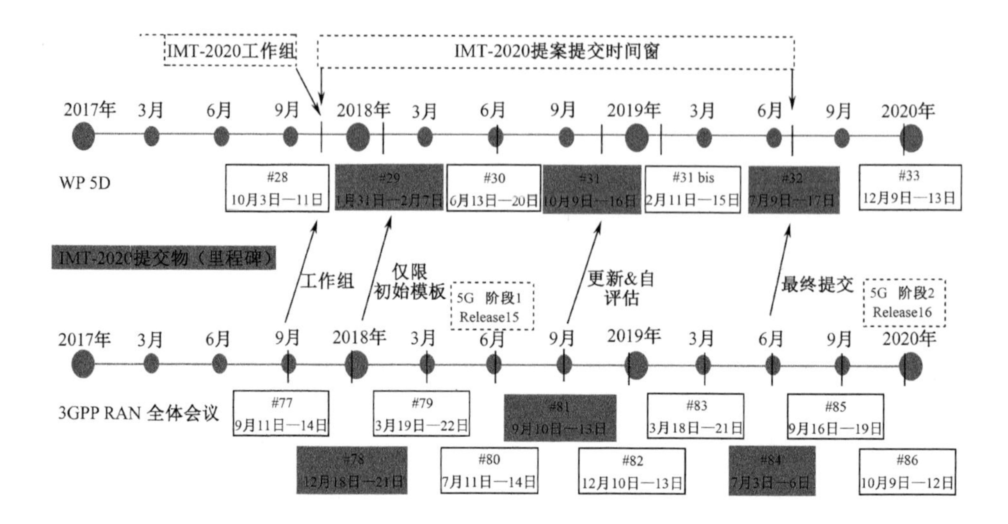

图 8-5　3GPP 工作内容

（1）2017 年 9 月至 12 月，在 RAN（无线接入网）ITU-R Ad-Hoc（点对点）中进行讨论。这一步包括自评估校准和准备，并最终向 ITU-R WP 5D # 29 提交初始描述模板信息。

（2）2018 年年初至 9 月，于 2018 年 9 月完成“更新&自评估”的提交。这一步包括针对 eMBB、mMTC 和 URLLC 的需求和对在 NR 和 LTE 测试环境中的功能进行评估；根据自评估结果更新描述模板并准备合规模板；在 2018 年 9 月基于 Release 15 提供描述模板、合规模板和自评估结果。

（3）2018 年 9 月至 2019 年 6 月，于 2019 年 6 月完成“最终版本”的提交。除 Release 15 之外，考虑 Release 16 的性能评估更新；除 Release 15 之外，考虑更新 Release 16 的描述模板和合规性模板；在 2019 年 6 月提交基于 Release 15 和 Release 16 的描述模板、合规模板和自评估结果。

8.1.3　下一代移动通信网络联盟

下一代移动通信网络联盟（NGMN）由全球八大移动通信运营商（中国移动、沃达丰、法国 Orang、日本 NTT DOCOMO、T-Mobile、荷兰 KPN、美国 Sprint、美国 Cingular）在 2006 年发起成立，目前理事会成员来自 20 多个国家或地区的主要运营商，其目标是要保证下一代移动网络基础设施、服务平台和终端的功能和性能符合运营商的要求，并最终满足消费者的需求和期望。

NGMN 体现的是全球运营商的诉求，NGMN 于 2014 年 6 月着手 5G 通信

技术研究。该组织对于 5G 场景、5G 需求、5G 架构和 5G 关键技术都有专门的小组进行讨论研究，运营商需求由 100 多名专家组成的全球团队制定，研究成果以白皮书的形式对外发布，供标准化组织参考。

2015 年 3 月，NGMN 发布行业白皮书，提出了运营商对端到端的关键需求，旨在指导未来技术平台和相关标准的开发，创造新的商业机会并满足未来的用户需求。这份白皮书从 5G 展望开始，并以此为基础，制定了 5G 愿景作为对开发需求、相关技术和架构指南的启示，讨论了在业务环境截然不同的 2020 年及以后，由客户和运营商的需求驱动的和由现有成熟和新关键技术的出现所促成的新使用场景和业务模型。

在展望和愿景之后，白皮书确定了详细要求。从用户、系统、设备、服务增强、网络管理和业务需求 6 个维度进行分组。白皮书提供了与现有技术相比较的分析，还概述了可以进一步扩展能力和用满足 NGMN 5G 要求的潜在技术构建模块的观点。作为技术和架构讨论的核心，读者发现了许多预计被考虑用于 5G 架构的关键设计原则。对 5G 系统架构和组件的描述，以及说明性的逻辑和物理实现示例及迁移选项，作为 NGMN 计划，标准化机构和整个生态系统将进行进一步研究和开发。实现完整的 5G 视觉需要访问大量频谱范围，白皮书讨论了对此的基本考虑，然后分析了频谱管理方面的问题。随后白皮书确定了移动行业透明和可预测的知识产权生态系统指南，以支持 5G 技术的商业实施，并确保实现可持续的 5G 生态系统。

如图 8-6 所示，NGMN 在白皮书中提出了 8 类 5G 关键场景：密集区域宽带接入、无处不在的宽带接入、高速移动、大规模物联网、实时通信、应急通信、超可靠通信、广播型业务。

NGMN 还提出了 5G 核心技术，包括频谱接入、无线连接、无线接入容量、组网灵活性和高效/自适应资源使用等维度，如图 8-7 所示。相关技术包括高频通信、全双工、大规模 MIMO 和增强多天线技术、小包传输技术、软件定义网络和虚拟移动核心网等。

根据 NGMN 欧洲 5G 通信需求组的构想，未来的手机不仅仅接收来自基站本身的信号，还要接收处理来自用户自身和周边携带传感器设备的信号，如智能可穿戴设备和汽车信号等。在这种构想下，手机的应用范围将大大拓宽，不仅成为一个收集数据的窗口，也是连接传输云端数据的纽带，同时还是最终处理结果的表达中心，这将大大强化终端在未来移动通信中的定位。

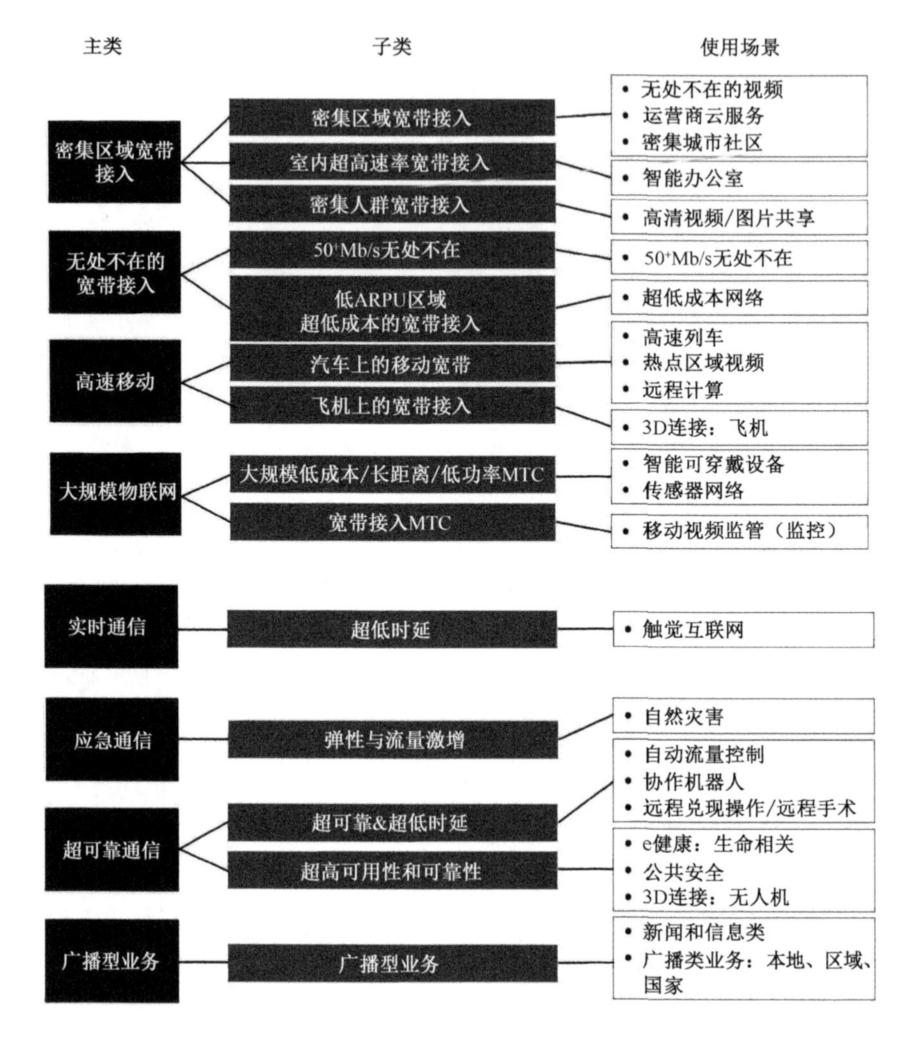

图 8-6　NGMN 提出的 8 类 5G 关键场景

2016 年，NGMN 理事会宣布了未来几年的 3 个关键 NGMN 研究领域，分别为：生态系统建设和互动，建立和培养垂直行业、知识产权专家和其他商业代表合作的平台；SDO 和更广泛的行业指南，对技术要求和绩效目标的建议及对有利条件的建议；评估测试和概念验证结果，分析关于差距、可行性和一致性的 5G 技术解决方案，重点进行 5G 试验和测试计划。NGMN 重点研究领域如图 8-8 所示。

RAN	频谱接入	授权频谱的灵活使用	集成未授权频谱	高频通信	全双工			
RAN	无线连接	新波形	先进多址技术	无线帧设计/参数集	大规模MIMO和增强多天线技术	高级接收机	干扰协调	小包传输技术
RAN	无线接入容量	密集网络：小基站/超密网络	双连接-容量覆盖分离系统设计	增强多RAT协调	D2D通信	无线回传（如自回传和中继）		
NETWORK	网络灵活性	软件定义网络	虚拟移动核心网	虚拟C-RAN	网络节点间灵活划分功能	状态分离的核心节点	微服务器	
NETWORK	高效/自适应网络资源使用	流量优化	增强多运营商网络共享	灵活的服务架构	大数据	上下文感知/UE中心网络	内容优化和自适应流媒体	智能异构管理
NETWORK	其他	海量连接技术	全光传输网络	网状网络	增强前传			

图 8-7　NGMN 提出的 5G 核心技术

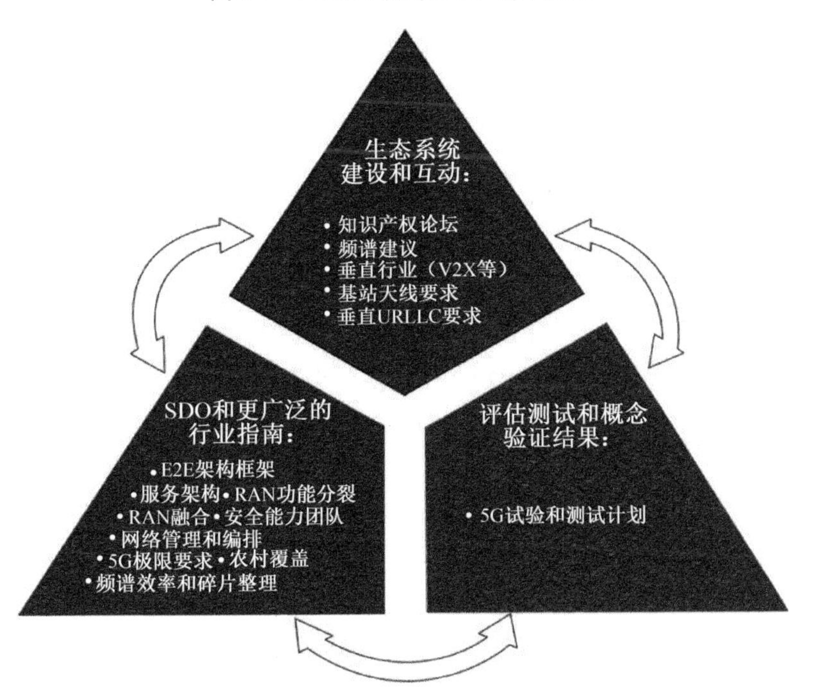

图 8-8　NGMN 重点研究领域

同时，NGMN 还发布了 2020 年 5G 项目启动之前的工作计划（见图 8-9），可以看到，从白皮书发布到正式启动 5G 的 5 年内，NGMN 把工作分为 5 个主要步骤推进，最终期望在 2020 年正式开始商用和部署基于新标准的系统。

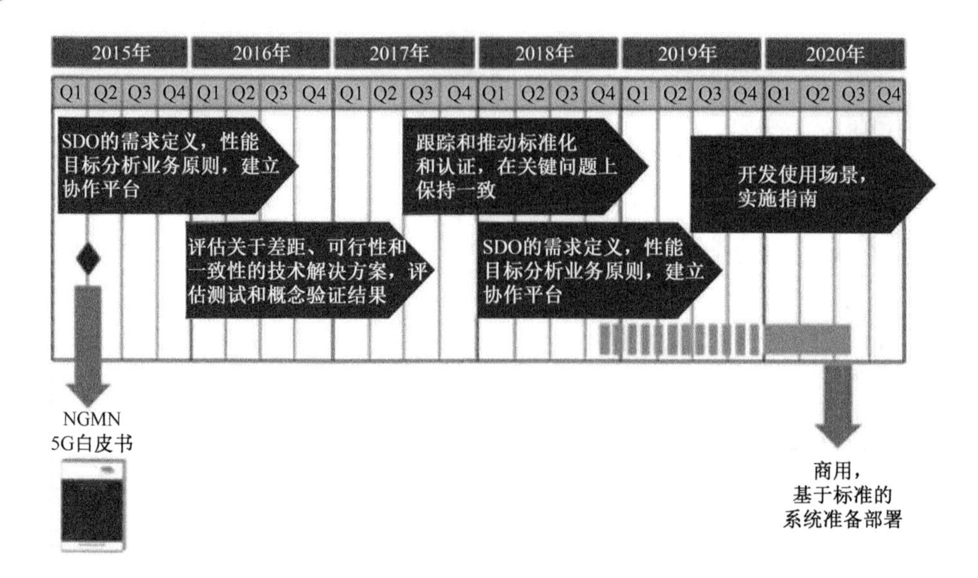

图 8-9 NGMN 的 5G 项目启动之前的工作计划

8.2 5G 通信的世界布局现状

8.2.1 中国

中国于 2013 年 2 月由工业和信息化部、国家发展和改革委员会、科学技术部联合推动，成立了 IMT-2020（5G）推进组。

IMT-2020（5G）推进组是中国推动 5G 技术、研究和制定标准的平台。该组织的主要开展 5G 策略、需求、技术、频谱、标准、知识产权的研究和国际合作，主要目标是通过企业和学术界的研究及国际合作，推动形成 5G 全球标准。该组织先后发布了《5G 愿景与需求白皮书》《5G 概念白皮书》《5G 承载光模块》等，描绘了 5G 的总体愿景、核心技术、无线架构和网络架构等，其中的主要观点已经在全球达成高度共识。IMT-2020（5G）将 5G 核心技术分为 10 个方面：密集网络、终端间直连通信、互联网技术在 5G 的应用、Wi-Fi 联合组网、新型网络架构、新型多天线分布式传输、新型信号处理应用、5G 调制和编码技术、高频通信、频谱共享和网络智能化。

该组织的主要研究成果分为总体愿景、关键能力和典型应用场景 3 个部分。图 8-10 是 IMT-2020（5G）在《5G 愿景与需求白皮书》中描述的 5G 总体

愿景，该组织认为未来 5G 将渗透社会的各领域，从人的衣食住行到社会的各行各业，以用户为中心构建全方位的信息生态系统。未来 5G 将为用户提供光纤般的接入速率，“零”时延的使用体验，千亿设备的连接能力，超高流量密度、超高连接数密度和超高移动性等多场景的一致服务，业务及用户感知的智能优化，同时将为网络带来超百倍的能效提升和超百倍的比特成本降低。

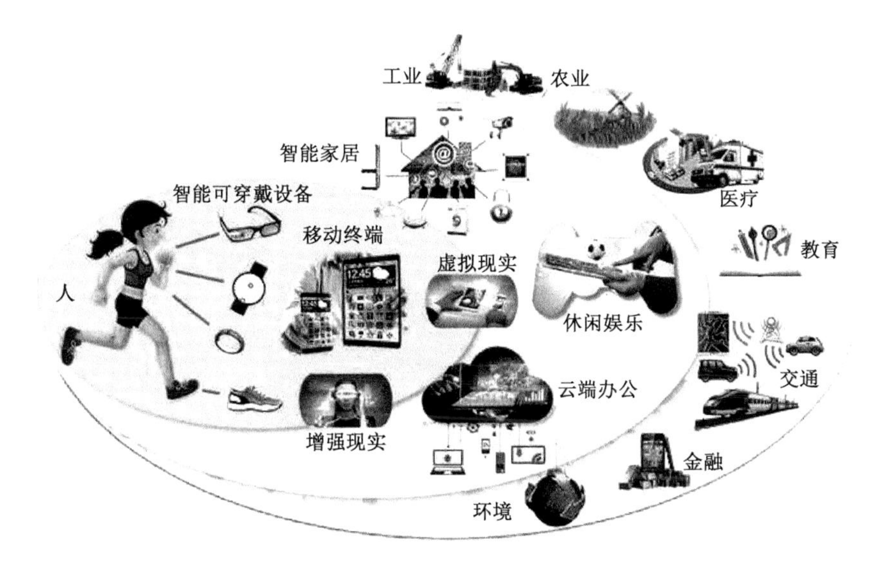

图 8-10　多样化场景与业务需求

同时，为了满足未来的多样化场景与业务需求，5G 需要具备比 4G 更高的性能，支持 0.1～1Gb/s 的用户体验速率，每平方千米一百万的连接数密度，毫秒级的端到端时延，每平方千米每秒数十太比特的流量密度，每小时 500km 以上的移动性和每秒数十吉比特的峰值速率。这些关键能力的改变与 4G 相比都是不同量级的。其中，用户体验速率、连接数密度和时延是 5G 最基本的 3 个性能指标。同时，5G 还需要大幅提高网络部署和运营的效率，与 4G 相比，频谱效率提升 5～15 倍，能效和成本效率提升百倍以上。与 4G 相比，5G 在规模和场景、数据速率、时延、能耗和成本上都体现了巨大的差异，其关键能力指标如图 8-11 所示。

2013 年 5 月，运营商、国内外制造商及中国高等院校专家参加了 IMT-2020（5G）峰会，讨论 5G 移动通信技术的前景和发展。在 2013 年 6 月召开的 IMT-2020（5G）推进组频率子组第 12 次会议中（中国 3 家主要运营商中国移动、中国电信、中国联通均有参加），讨论了 2500～2690MHz 射频指标的国内研究成果、3.4～3.6GHz 频段 LTE-Hi 与固定卫星业务的共存测试结果、6GHz 及以上频段的国际研究现状等议题。此次会议明确了频率需求研究、频率共享技术和高频段研究的重要性，并制定了相应的工作计划。

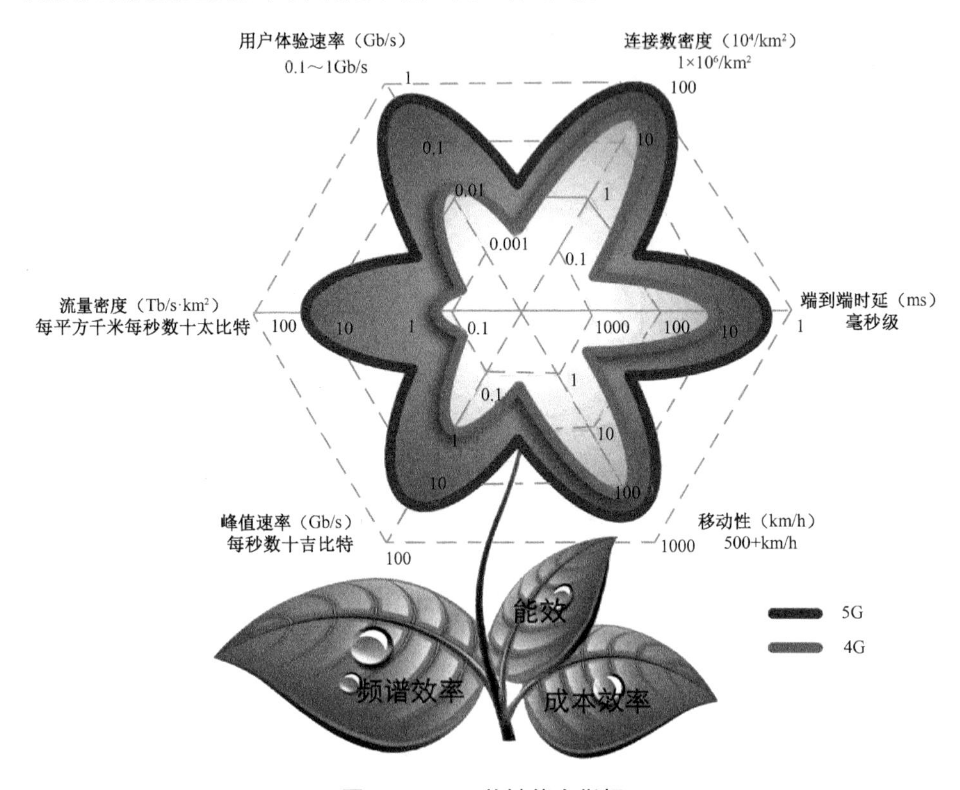

图 8-11　5G 关键能力指标

2005 年，在国家发展和改革委员会、科学技术部、工业和信息化部、国家自然科学基金委员会的共同支持下，由国内外知名移动运营商、设备制造商、科研机构和高等院校等单位共同发起成立了未来移动通信论坛（简称“FuTURE 论坛”），它是非营利性的国际社团组织。该论坛成员包括清华大学、东南大学、上海交通大学、北京交通大学、中国电信、NTT DoCoMo、上海诺基亚贝尔、爱立信、日立和三星。FuTURE 论坛的主旨为分享未来的技术和信息，共同推动国际研发。目前，论坛的工作目标已从推动 3G/4G 技术发展转为推动 4G/5G 通信技术的整合。

2013 年 6 月，为满足 2020 年的移动通信需求，科学技术部启动了国家高科技发展 863 项目框架下的 5G 移动通信系统初期研发项目（第 1 阶段），其研究内容如下：

（1）5G 无线网络架构与关键技术：研究能够支持高速移动互联的新型网络架构、高密度新型分布式写作与自组织组网、异构系统无线资源联合调配技术等。

（2）5G 无线传输关键技术：重点突破大规模协作所设计的技术瓶颈，研究大规模协作配置情况下的无线传输、阵列天线及低功率可配置射频等新型关键技术。

（3）5G 移动通信系统总体技术：研究 5G 业务应用和需求、商业发展模式、用户体验模式、网络演进及发展策略、频谱需求和空中接口技术需求等，开展面向 5G 频谱应用的研究。

（4）5G 移动通信技术评估与测试验证技术：研究 5G 移动通信网络及无线传输技术的评估与测试方法，建立 5G 移动通信网络仿真测试评估平台和传输技术仿真测试评估平台。

该项目的总体目标是完成性能评估及原型系统设计，支持业务总速率达 10Gb/s，空中接口频谱效率和能量效率较 4G 均提升 10 倍。除众多高等院校之外，这一项目还吸引了一些研究机构、运营商和国内外企业参加，包括工业和信息化部电信研究院、电信科学技术研究院、国家无线电监测中心、上海无线通信研究中心、中国科学院计算研究所和中国电子技术集团有限公司等。这些业界成员将共同开展中国的 5G 理论性研究，突破关键技术，并推动设备和产品研发的进展。

移动技术是中国希望主导的一个重要领域，之前在 3G 和 4G 时代，我国就积极跟进并希望在全球标准制定中发挥重大影响。我国很早就开始参与 5G 标准化建设，积累了很多的技术和经验。

当前，我国在 5G 上的发展比较亮眼，工业和信息化部印发《关于推动 5G 加快发展的通知》，大力支持 5G 发展。在这种有利环境下，形成了一个完整的系统，包括技术研发、设备、网络、终端、平台到应用开发等。

5G 的开发也将帮助我国在 5G 标准中获得更高的市场份额，提高全球影响力。最终，提高 5G 领域技术的议价能力，帮助中国电信及芯片相关公司降低成本。5G 部署的目的也是提高网络容量以支持运营商客户对于网络的持续性需求。在国内，目前的 LTE 技术无法升级到可以与客户需求相匹配的容量。从技术角度看，5G 可能弥补这一缺陷，因为运营商可以通过利用 5G 实现更低的数据流成本，从而以更低的成本效率来为客户提供服务。我国 5G 发展时间表如图 8-12 所示。

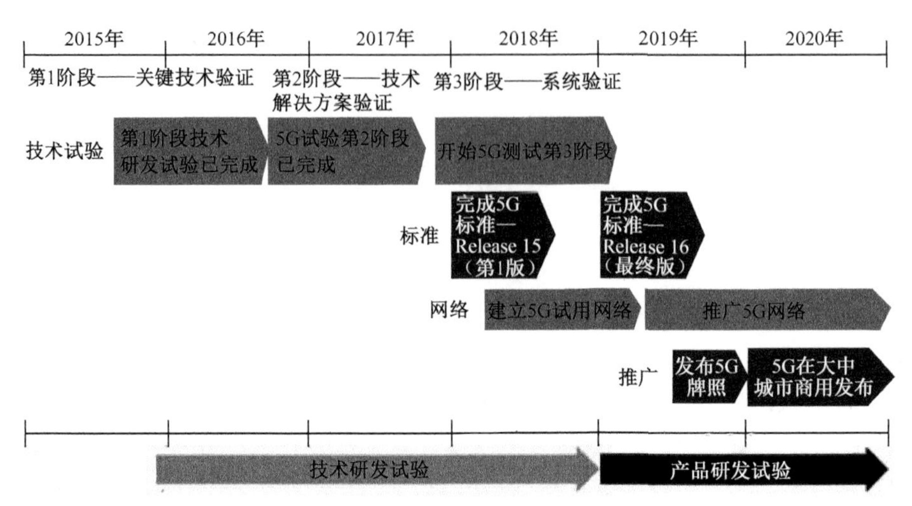

图 8-12　我国 5G 发展时间表

5G 商用推出之前，已经在全球电信设备市场取得领先地位的中国电信设备制造商大力投资 5G 研发和专利开发相关项目，电信运营商 2019 年就开始投资 5G 网络部署（见图 8-13），并建立 5G 创新中心，在各大城市实施实地测试，为 5G 的后续发展提供数据经验积累。

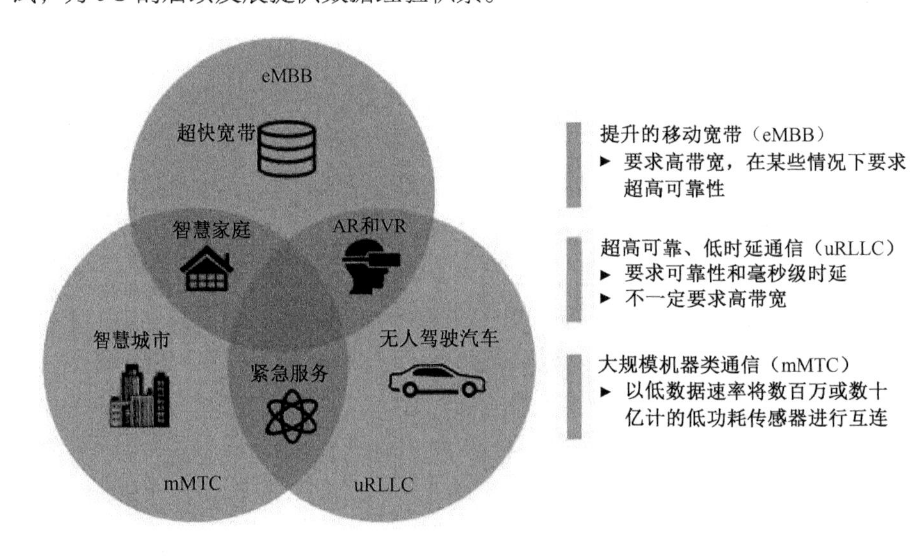

图 8-13　中国 5G 网络部署

目前，在 5G 研发方面投入较多的中国企业主要包括华为、大唐电信、中国移动和中兴通讯。自 2009 年起，华为就与国外高校（如哈佛大学、加利福尼

亚大学伯克利分校和剑桥大学）共同设立了面向 5G 技术的联合研究课题，研究内容包括宽带射频技术和动态虚拟化小区技术等。此外，华为作为发起者之一参与了欧盟的 METIS 项目。2013 年 8 月，在由福布斯举办的 5G 网络大会上，华为公司 CEO 胡厚崑宣布：华为在过去几年中已启动了 5G 研究，按照目前的计划将在 2020 年推出产品。华为在 2018 年世界移动通信大会上发布的商用 5G 核心网解决方案，完成了包括核心网 CUPS（控制面与用户面分离）架构下的网关选择、支持 5G 超高带宽、支持 5G NR 独立计费、支持终端 LTE 与 NR（5G 新空口）双连接、终端接入能力管理等关键功能的验证，同时验证了基于 5G 非独立组网（NSA）标准的终端注册、业务请求、移动性管理、会话管理等关键业务流程。

在由中国信息通信研究院与三家运营商组成的测试组进行的 5G 网络部分测试中，华为 5G 核心网率先以优异成绩顺利完成了第 1 阶段和第 2 阶段的测试，包括核心网服务化架构、网络切片、移动边缘计算等技术方案及样机设备的验证。2018 年 4 月，华为在中国信息通信研究院率先以 100% 通过率完成由 IMT-2020（5G）推进组组织的中国 5G 技术研发试验第 3 阶段基于非独立组网（NSA）的核心网系统网络功能与业务流程测试。此次 5G 非独立组网（NSA）测试是中国 5G 技术研发试验测试的重要组成部分，对运营商早期快速实现 5G 商用部署具有重要意义。

大唐电信大力推动 4G 演进技术 LTE-Hi，该技术是以热点和室内场景为主要方向的 4.5G 移动宽带技术。该技术已通过小型基站实现了在热点区域支持高频小覆盖，在演进至 5G 时继续论证了这一特性。在未来网络架构方面，小型基站可被安装在各类场景并与周围环境更好地融合。此外，大唐电信与 14 家中国高等院校设立了 5G 无线传输关键技术等方面的联合研究课题，并发布了 5G 白皮书。

中国移动在 4G 网络商用尚未正式开展前就已启动了对 5G 研发的投入。随着技术的不断发展和 2G、3G、4G 及 5G 网络的建设，可能造成重复建设和资源浪费。中国移动指出，与基站相比，5G 网络部署在传输网和核心网方面仅对原有网络进行了少量改造。下一代网络应能充分利用现有基础设施，减少运营商升级网络时的资本性支出。

中国移动研究院（中国移动指数的研发机构）积极参与各类国内 5G 论坛和国家级项目。2013 年 9 月 12 日，易芝玲博士（中国移动无线技术首席专家）的团队、中国工程院（CAE）院士倪光南、清华大学宽带通信重点实验室主任王昭诚教授等专家参加了在泉州工业园由移动研究院和微光电子公司联合举办的创新技术交流会议。会议中，微光电子公司首席科学家庄坤杰指出，未来移动通信射频技术的研究发展方向应遵从小型化、大规模化、超宽带、高隔离度和有源的原则。中国移动研究院的重点是用于大规模天线系统的小型化有源天线模组及用于全双工系统的高隔离度天线。除了超大规模天线阵列，本次会议还对射频天线的集成和同时同频全双工等关键技术进行了讨论。

中国移动研究院最先提出了面向 5G 无线接入领域的演进架构 C-RAN（C 表示集中化处理、协作式无线电和实时云计算构架）。C-RAN 是协作式的无线网络，包含远端的射频单元和天线，以及在公共平台上由实时云基础设施组成的集中化基带处理单元。其创新性的绿色网络架构可有效降低能量开销、减少资本性支出和运营成本、提升频谱效率、增大用户带宽、支持多种技术标准、易于平滑升级，并带给用户良好的互联网使用体验。除 IBM、英特尔、华为和中兴通讯外，中国移动研究院在 2010 年 4 月宣布了 6 家新增的合作伙伴，包括法国电信、中国电信、阿尔卡特-朗讯、诺基亚、爱立信和大唐移动。此外，中国移动正在与微软和惠普讨论 C-RAN 合作。目前，中国移动和韩国 SK 电信均将 C-RAN 列为其重要合作项目。中国移动研究院前副院长王晓云指出，与传统接入网相比，C-RAN 的组网方法和技术选择是革命性的，将被 5G 移动网络使用。随着原型系统验证的完成，电信设备商和 IT 系统制造商将合作突破 C-RAN 的关键技术点并推动其商用。

中国电信副总工程师靳东滨在 2013 年 9 月 11 日指出，希望 5G 不再像 4G 一样分为 TDD 和 FDD 模式，5G 网络应更智能且能与其他网络高度融合。总的来说，电信运营商希望 5G 系统是单一的标准。

8.2.2 欧盟

欧盟实施“框架计划”作为其协调和资助未来研究和创新的金融工具，目前此计划已经成为世界最大的官方科技计划之一。他们在制定 3G（UMTS）和 4G（LTE）标准时成功运用了这种模式，在 5G 阶段将延续该模式。

“构建 2020 年信息社会的无线通信关键技术”（Mobile and Wireless Communications Enablers for Twenty-twenty Information Society，METIS）是欧盟在 2012 年 11 月正式启动的 5G 科研项目，属于第七框架计划（FP7），投资总计达 2800 多万欧元，共有 29 个成员单位，包括电信制造商、网络运营商、汽车厂商和高等院校，由爱立信负责总协调。METIS 项目的目标是开发高效、多

功能且可扩展的系统，研究实现此系统的关键技术及评估和验证关键系统的功能。根据此目标将工作分为 8 个组，分别对 5G 应用场景、空口技术、多天线技术、网络架构、频谱分析、仿真及测试平台等进行深入研究。该项目力争引领欧洲未来移动和无线通信系统的开发，并通过构建符合全球初步共识的系统为 5G 奠定基础。图 8-14 说明了 METIS 项目的概念架构，列出了未来通信的五大架构和实现五大架构所需的技术组建。另外，为实现该架构，METIS 要求系统达到如下能力：移动数据流量增长 1000 倍；典型用户数据速率提升 100 倍，速率高于 10Gb/s；联网设备数量增加 100 倍；低功率 MMC（机器型设备）的电池续航时间增加 10 倍；端到端时延相对 LTE-A 缩短 5 倍。

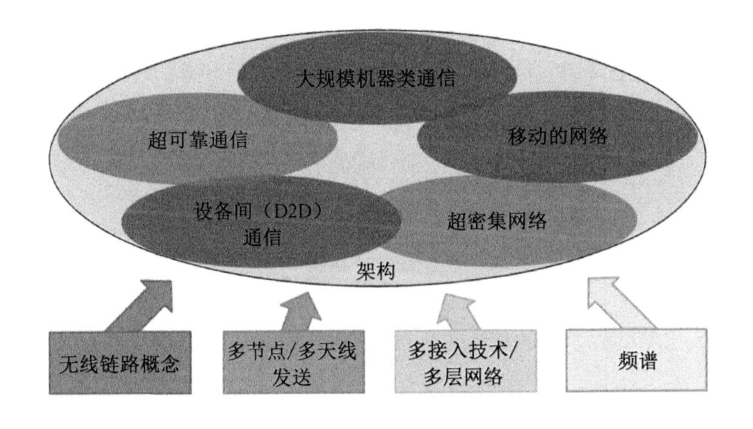

图 8-14　METIS 项目的概念架构

FP7 之后是 FP8（第八框架计划），其名称调整为“地平线 2020 计划”（Horizon 2020），执行时间为 2014—2020 年。地平线 2020 计划是目前欧盟最大的框架计划，用于资助欧洲未来的研究和创新，资助范围非常广泛，从实验室基础研究到市场创新思路都在其涵盖范围之内。其总预算经费是 770.28 亿欧元，目前已经进入第 3 期，根据本期计划，2018—2020 年欧盟将投入 300 亿欧元用于技术研发，同时拨付 10 亿欧元的预算以旗舰计划的形式与非欧盟国家开展科技合作，共设立了 30 个旗舰计划。

2014 年 1 月，欧盟启动了“5G 基础设施公私合作伙伴关系”（5G Infrastructure Public Private Partnership，5G-PPP），5G-PPP 是 Horizon 2020 项目的一种公私合作模式，用于规划面向 2020 年之后下一代移动通信基础设施的各类研究及创新课题的优先级。项目总投资达 14 亿欧元（公共资助约为 7 亿欧元，私营方提供 7 亿欧元），为更好地衔接不同阶段的研究成果，2012 年启动的 METIS 项目被整合到 5G-PPP 框架内，成为 5G-PPP 的前期准备阶段。5G-PPP 为 5G 蜂窝系统构建共同的愿景，为研究和创新工作构建长期的策略路线，并在 2020 年之前逐年调整，旨在加速欧盟 5G 研究和创新、开发新的市场、主导构建全球 5G 产业蓝图，在设备制造企业、电信运营商、服务提供商、中小企业及研究人员之间架起桥梁，使整个价值链的各利益方形成合力。

5G-PPP 为 5G 通信基础设施提供解决方案、架构、技术和标准。由产业界领导的私营方（代表超过 800 个企业和机构）为 Horizon 2020 制定研究策略和创新议程，由公共方欧盟委员会履行其余职责。5G-PPP 计划发展 800 名成员，包括 ICT 的各领域，如无线/光通信、物联网、IT（虚拟化、SDN、云计算、大数据）、软件、安全、终端和智能卡等。

迄今为止，5G-PPP 发布了多版白皮书，并进行了多次修正，从软件网络、汽车、安全和架构等方面系统总结了 5G-PPP 在过去几年的研究成果，捕捉新的趋势和实现 5G 架构的关键技术推动因素，对未来的产业进行指导。

5G-PPP 认为，构建如图 8-15 所示的 5G 技术与商业生态系统，有利于将来 5G 网络高效率、低成本地提供各类新兴业态服务。总体上，5G 网络架构应具备为汽车、能源、食品、农业、医疗、教育等垂直行业提供定制化专网组网服务的能力。在这样的 5G 生态系统之中，各服务提供商可以方便地通过一个或多个 5G 移动通信运营商所开放的北向接口实时、动态地按需租用底层基础网络的计算与存储资源，也可按需使用移动接入网或固移融合接入网来分发业务数据，从而大大提高 5G 网络的多业务灵活支撑能力。

5G-PPP 还认为，5G 系统的目标是响应移动和无线通信历史上最广泛的服务和应用，为响应这些服务和应用的要求，5G 系统旨在提供一个灵活的平台，支持整合垂直行业的新业务案例和模型，如汽车、制造、能源、电子、卫生保健和娱乐。在此基础上，网络切片成为一种有前途的、面向未来的、跟随不同行业的技术和业务需求的框架。为了实现这一目标，需要从端到端的角度设计网络切片，跨越不同的技术领域（如核心，传输和接入网络）和管理领域（如不同的移动网络运营商），包括管理和编排功能。此外，安全体系结构应从本地集成到整个体系结构中，以满足与安全关键用例相关的服务和应用程序的要求。

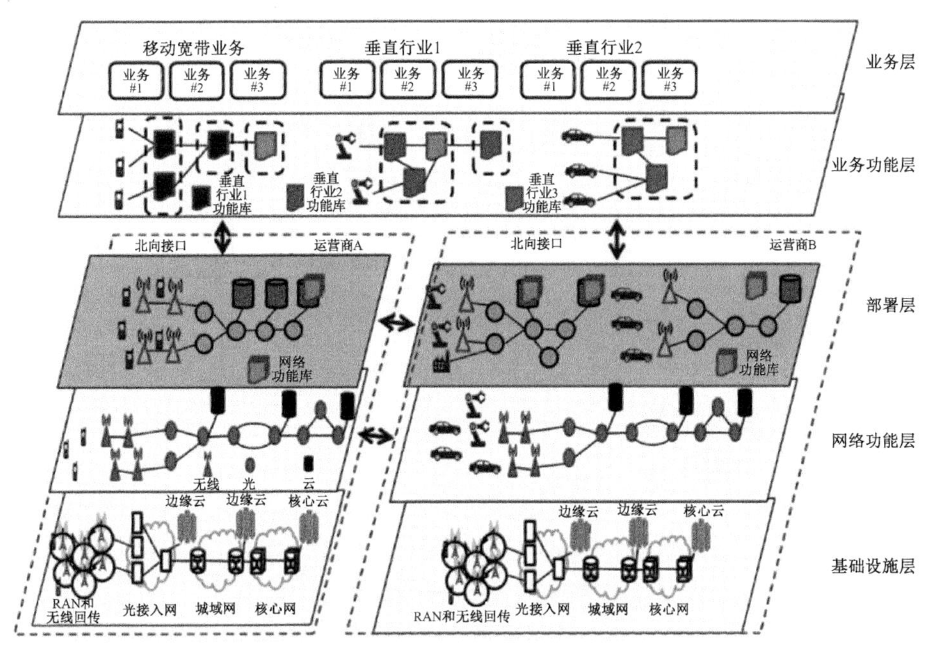

图 8-15　5G 技术与商业生态系统

总的来说，框架计划为欧洲的 5G 研发提供了坚实的基础，也体现了欧盟成员国对 5G 开发的高度重视。欧洲电信业在以往的全球竞争力始终位于行业前列，目前却稍显落后，需要通过 5G 技术改变现状。所以，除国家层面上的总体部署之外，各电信设备商也投入了大量科研精力进行 5G 研究，以下总结了欧洲电信设备企业的 5G 愿景。

阿尔卡特-朗讯认为，5G 的通信服务应该适应消费者，而不是消费者适应通信服务。5G 网络技术将连接数十亿部设备且稳定可运营。由于未来网络所连接的移动设备将成爆炸式增长，所以关键点应该是提供低时延的智能连接能力。贝尔实验室预测，云处理将在网络中占据完全的主导地位，且不仅在应用方面，更包括运营方面。即期间通信的普及也将成为 5G 的驱动力之一，贝尔实验室也在研究支持机器对机器通信短数据包的新型 5G 空中接口。

爱立信认为，5G 将构建可持续“连接型社会”，并使无限制获得信息、向任何人及物随时随地分享信息这一愿景成为现实。所有连接可受益的个体都将被连接。这一愿景将通过演进的无线接入技术（包括 HSPA、LTE 和 Wi-Fi）和用于特殊用例的补充性新型接入技术共同实现。5G 不会通过一个适用于所有场景的单一技术替代现有的无线接入技术。爱立信目前正在开发 5G 系统的基

础概念，并借助 METIS 项目推动形成一致的业界观点。希望这些概念可在数年后的标准化阶段被采纳。

诺基亚认为，2020 年以后的通信将同时包含演进的系统（如 LTE-A 和 Wi-Fi）和用于满足新需求（如接近零时延的需求，用于支持实时控制或增强现实等新应用）的革命性技术。5G 不是一个全新的技术，而是综合现有技术和一些用于挑战性场景的新型设计。诺基亚认为，千倍容量增长将通过增加 10 倍可用频谱资源、增加 10 倍基站密度和提升 10 倍无线接入技术的频谱效率来共同满足。

8.2.3 其他国家

1. 日本

日本无线工业及商贸联合会（Association of Radio Industries and Businesses，ARIB）在 2013 年 9 月成立了“ARIB 2020 and Beyond Ad Hoc Group”工作组（以下简称“工作组”），由 NTT DoCoMo 牵头，其工作目标是研究 2020 年及未来移动通信系统的概念、基本功能、5G 潜在关键技术、基本架构、业务应用和推动国际合作。工作组分为业务与系统概念工作组、系统架构与无线接入技术工作组两个工作组，前者负责研究 2020 年及以后移动通信中的服务与系统概念，如用户行为、需求、频谱、业务预测等；后者研究无线技术，如无线接入技术、网络技术等。工作组于 2014 年 10 月发布了《面向 2020 年及未来的移动通信系统》白皮书，白皮书总结了日本电波产业协会（ARIB）对于面向 2020 年及未来的移动通信系统的总体概念和技术趋势的研究成果，并结合日本移动通信行业发展的实际情况对未来 5G 的发展进行展望。

白皮书确定了 6 个 5G 的关键能力指标，如图 8-16 所示，所有指标的性能都应该远优于 IMT-Advanced。同时，在 5G 时代，ICT 将发挥其生命线系统的功能，在日常生活和紧急情况下都应提供许多服务，因此，应充分提高 5G 的可用性和可靠性，如必须保持 99.9% 的可用性，以满足严重灾害中的连接恢复要求，以便在早期阶段发现和联系灾民等。

同时，工作组认为，在 5G 时代将出现许多新型应用服务，通过利用创新的多媒体应用和电信技术来满足用户的各种需求。图 8-17 用 4 个典型的应用程序说明，即视频流、虚拟现实、M2M 通信（如传感器）、自动驾驶（如避免碰撞），从用户的角度来看，所需的功能因应用程序而异。可以看出，在用户角度，对于虚拟现实来说，移动性非常高似乎并没有很大的必要，只需要能够达

到适当的移动速率即可，但是虚拟现实通常都对时延的要求非常高，这个指标会直接影响用户体验；而对于视频流来说，要求就刚好相反；虚拟现实和视频流都要求超高的用户吞吐量，而自动驾驶对于移动速率和时延有着超高的要求，对此项指标的性能要求就低很多；而机器类（M2M）通信由于其特点是海量设备（长时间连接，吞吐量低）、低移动性和小流量，所以对 3 个性能的要求都不高，因此网络不一定必须具有最高性能，而应根据应用程序的不同要求，有效使用网络资源。

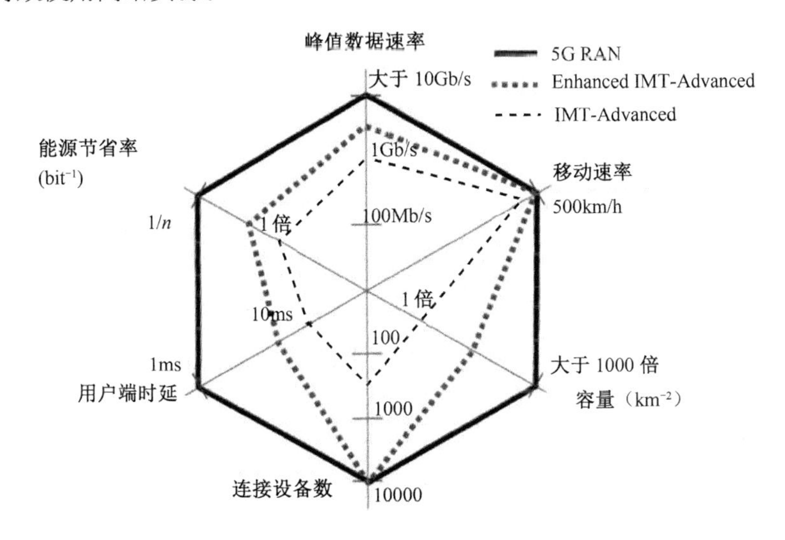

图 8-16　5G 关键能力指标

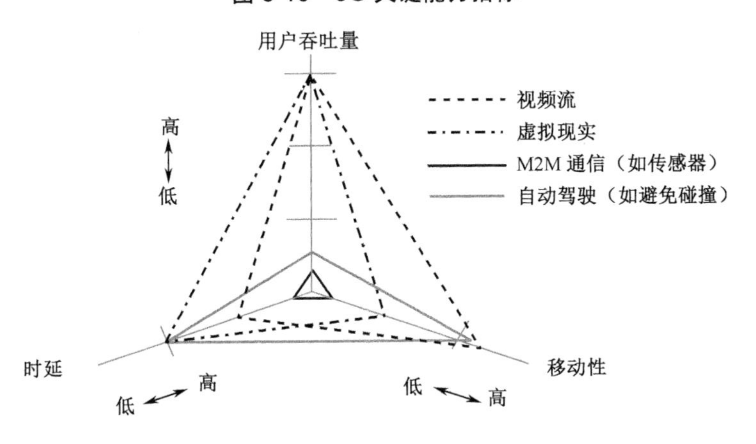

图 8-17　5G 场景典型的应用程序

在主要功能方面，工作组认为与 IMT-Advanced 相比，5G 应该增强以下 3 个主要领域的功能：

（1）在偏远地区扩大覆盖范围，即农村地区或远离陆地的船舶等。

（2）典型的用户吞吐量改进。

（3）容量扩增，即当用户密度超过某一点时，来自相邻小区的过度干扰将成为系统容量的限制因素，为了应对这种容量降级，5G 系统应采用多种技术来适当控制这些较小小区之间的干扰。

2013 年 10 月 29 日至 30 日，未来信息通信技术（5G）峰会在北京召开。来自各个国家和地区的主流软、硬件制造商就 5G 整体发展策略和研发计划进行了演讲。讨论的议题包括 5G 系统性定义、5G 标准化的需求、5G 频谱规划建议、5G 市场分析和愿景、5G 创新业务应用和需求、5G 新型无线传输技术和组网技术、未来网络演进聚焦/国际合作的策略等。

总的看来，日本积极参与 5G 的研究与国际交流合作，其工作组对于 5G 设计的着眼点也非常精细，制定的 5G 总体框架和技术要求都结合了当前国家的主要特征，如自然灾害较多，地处沿海等。以下主要说明在工作组制定的框架下，日本运营商开展的工作。

日本主要的电信运营商包括承担移动数据运营的 NTT DoCoMo、KDDI、软银和 E-mobile，和承担个人接入系统的 Willcom。其中，NTT DoCoMo 是日本 5G 技术发展的主要推动者，长期参与和推动国际性 5G 研究，以推动面向 2020 年移动通信业务的 5G 技术发展为目标，目前领导着 METIS 项目的各子工作组。

NTT DoCoMo 于 2014 年 7 月发布了 5G 无线接入白皮书，从运营商角度阐述了对未来无线通信系统的需求和要求。NTT DoCoMo 认为，未来的市场有两个趋势，即万物互联和更丰富的无线服务，这就要求 5G 通信系统应该在系统容量、时延、能效、数据速率和大规模设备 5 个方面都较 4G 有极大的提升，应主要向着频谱效率、频谱扩展和网络密集化 3 个方向进行演进。为应对实现系统容量增加 1000 倍和典型数据速率增加 100 倍的挑战，NTT DoCoMo 认为关键的支柱是低频频带和高频频带的有效集成，但由于高频频带的路径损耗高，部署上也受到现有设备的限制，不能直接应用，于是 NTT DoCoMo 提出了具有两层结构的 5G 无线接入系统。该系统包括覆盖层和容量层，覆盖层使用现有的较低频带来提供基本覆盖和移动性，容量层使用新的更高频带来提供高数据速率传输，如图 8-18 所示。另外，为了提升通信系统的容量和单个用户的吞吐量，NTT DoCoMo 积极推动微小区研究的发展，通过规划多个较低输出功率（数十到数百毫瓦）的小区在宏小区内部提升部分区域的通信能力。此时，

由宏小区发出的控制信号决定终端连接到哪个小区，这一概念称为“Phantom-cell”（影子小区或虚拟小区）。NTT DoCoMo 计划将 Phantom-cel 技术提交至 3GPP。由于其他通信设备制造商也提出了相同的概念，所以 NTT DoCoMo 将积极推动这一技术的未来发展。

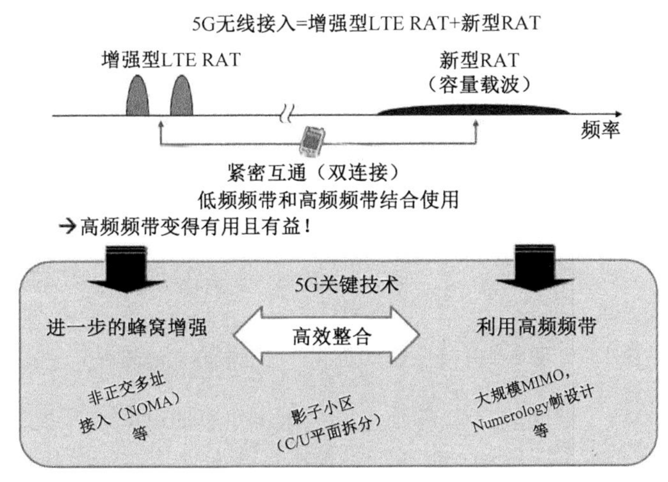

图 8-18　DoCoMo 计划概念

2013 年 2 月，NTT DoCoMo 测试了在 11GHz 频段下进行 10Gb/s 的传输，使用的移动信号室外传输的 3 种主要技术是：MIMO、64QAM 和 Turbo 检测（接收到信号后进行反馈）。2013 年 10 月，NTT DoCoMo 在日本举行的先进技术展览会中展示了其 5G 通信技术，其安装的带 24 根天线的移动设备可被看作是承载了通信设备的基站，具有“超高速率和低时延”的特性，NTT DoCoMo 希望该技术最终可实现超过 5Gb/s 的实际速率，并被纳入未来标准。

目前日本的 NTT DoCoMo 公司已经开展了多项 5G 试验，主要与中国供应商华为公司进行合作。两家公司最近宣布与东武铁路公司合作，在东京 Skytree Town 试验 5G 毫米波系统，作为日本内务和通信部（MIC）提倡的 5G 实地试验更广泛推动的一部分。本地电信运营商预计于 2020 年进行 5G 的部署。

2. 韩国

韩国希望能够引领第四次工业革命，故而对 5G 移动通信的发展极为重视。为实现此愿景，韩国在 2014 年 1 月制定了“未来移动通信产业发展战略”，2016 年 12 月在此基础上又制定了“5G 移动通信产业发展战略”，从服务、技术、标准化和生态系统 4 个方面制定了详细的计划，具体的 5G 移动通信产业发展方向战略如图 8-19 所示。同时，韩国计划在 2018—2020 年由私营部门共同投资约 10000 亿韩元，以增加其在专利方面的竞争力。

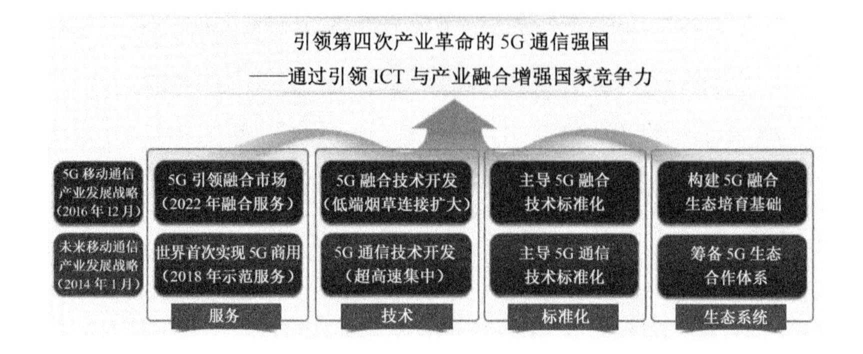

图 8-19　5G 移动通信产业发展方向战略

与日本类似，韩国的 5G 移动通信技术也主要通过学术界与企业界联合推动，并受到了韩国未来制造与科学部和电信运营商的支持。2013 年 5 月，韩国成立“5G Forum”即 5G 论坛，主要成员有韩国电子通信研究院（ETRI）；韩国三大电信运营商，包括 SK 电信、韩国电信（KT）和 LG U+；设备商，包括 LG-爱立信和三星公司。其主要的研究内容是 5G 概念及需求，提出和发展国家的 5G 战略；主要目标是培育新型工业基础，推动国内外移动服务生态系统建设，并对技术创新做出战略规划。目前，5G 论坛已经发布了多版 5G 白皮书，就其在无线架构、关键技术等方面的研究进行了总结，对于 5G 通信所需的频谱资源，结合不同场景及多样化的应用对合适的带宽给出建议。

5G 论坛认为，由于 5G 与其他行业进行紧密普遍的融合，5G 正式商用之后数据流量将成爆炸式增长。为应对此现象，并最大限度地降低投资成本，运营商正考虑应用基于小型蜂窝的一系列核心技术，如 256QAM（Quadrature Amplitude Modulation）调制技术、授权辅助接入（Licensed-Assisted Access，LAA）技术、毫米波（mmWave）技术等。为此，5G 论坛生态系统委员会建立了小型蜂窝工作组，专门针对小型蜂窝技术进行研究，并于 2018 年发布了 5G 小型蜂窝白皮书。在此白皮书中，工作组建立了一个小小区技术开发路线图，总结了小小区主要技术发展趋势、标准化趋势和专利趋势。

另外，5G 论坛认为，5G 的 3 个主要应用场景（eMBB、URLLC 和 mMTc）要求其达到超高的性能，但每个性能指标的重要性或要求可能因具体应用场景

而异。图 8-20 显示了 eMBB、URLLC 和 mMTC 3 种主要方案中每个性能指标的重要性。在 eMBB 场景中，用户体验传输速率、每区域的业务容量、最大传输速率、移动性、能效和频率效率都很重要，但是用户体验传输速率和移动性的重要性稍低。例如，热点需要比宽覆盖范围更高的用户体验传输速率，但不需要更高的移动性。在 URLLC 场景中，低延迟对于安全相关服务来说是最重要的。此外，在如交通安全的示例中，移动性非常重要，但是传输速度相对不太重要。在 mMTC 场景中，连接密度对于大量设备访问网络非常重要。但是，与智能计量的情况一样，间歇性传输少量数据的可能性很低。相反，设备的价格应该很低，电池寿命也很长。除 ITU 所要求的八大性能指标外，为了创造更加灵活可靠的 5G 系统，带宽利用率、可靠性、恢复弹性测量、安全性、隐私甚至电池寿命都是应该考虑的性能指标。

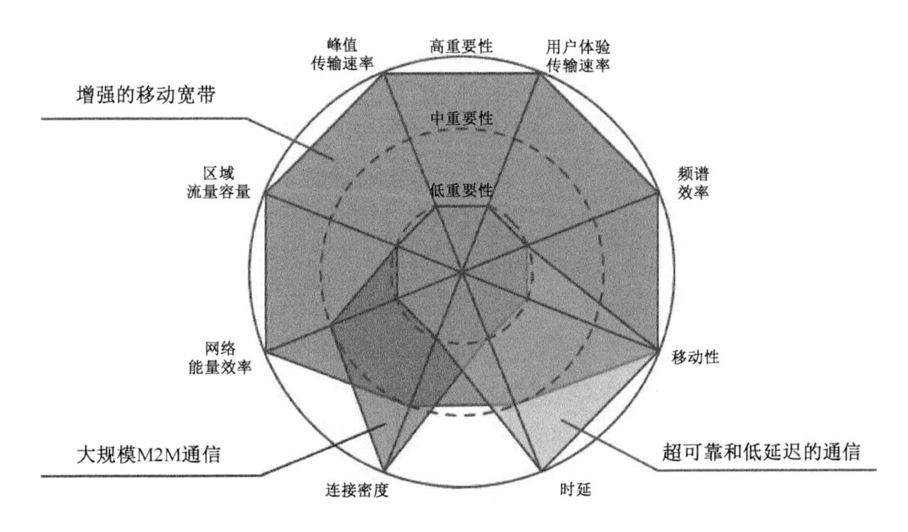

图 8-20　eMBB、URLLC 和 mMTC 3 种方案性能指标

5G 论坛致力于建立第五代移动通信生态系统的概念，并为相关公司的发展提出方向，现已经完成对不同类型 5G 移动服务的重新定义，如面向数据量的爆炸性增加、终端数量的增长及类型的多样化，同时结合云计算、大数据相关技术，定义全新的移动融合业务。通过对这些业务的定义和研究，5G 论坛认为，5G 移动服务最关键的技术要求在于更智慧、浸入式、更加无处不在、更自动化及更多的公共性。与之呼应，5G 论坛所规划的技术愿景包括一系列关键指标，涉及用户、定位、切换、中断时间、本地化、位置服务、连接性等多个方面。韩国在 2018 年 2 月举办的平昌冬奥会期间开展了 5G 预商用试验，由

KT 公司与爱立信、思科、三星和英特尔等公司联手搭建完整的 5G 网络环境，并实现了各种视频和移动设备的成功接入。这是全球第一张 28GHz 频段的大范围 5G 无线网络，据报道，网络最高数据传输速率达 20Gb/s，比 4G LTE 快 40～50 倍，系统容量增加 100 多倍，时延缩短了 100 倍、带宽等指标也符合 NGMN 定义的 5G 网络标准。

2018 年 4 月，在韩国政府的协调下，韩国三大电信运营商达成了关于 5G 共建共享的协议，3 家运营商将在 5G 建设上共建共享，加速 5G 部署，有效利用资源来减少重复的投资。此后，三大运营商开始共同布局 5G。2018 年 6 月，韩国完成 5G 频谱拍卖，成为全球首个同时完成 3.5GHz、28GHz 频谱拍卖的国家，韩国三大运营商则在此次拍卖中以 33 亿美元拍下了上述频段。此外，韩国政府在 2018 年 9 月首次进行商用 5G 信号发射，并宣布在 2019 年 3 月针对普通消费者进行商用化服务。

2018 年 12 月 1 日，韩国三大运营商同步在韩国部分地区推出 5G 服务，这也是新一代移动通信服务在全球首次实现商用。第一批应用 5G 服务的地区为首尔、首都圈和韩国六大广域市的市中心，以后陆续扩大范围。在 2019 年 3 月正式面向个人用户者提供服务前，韩国三大运营商在 5G 商用的初期依然以企业用户为主，应用的场景主要是智能工厂、自动驾驶汽车、人工智能机器人、遥控拖拉机。SK 电信的朴社长与分社经理的通话作为 5G 网络首次通话，是用当时三星公司新出的 5G 智能手机拨出的。2018 年 12 月，韩国 KT 融合技术院基建研究所 5G 负责人兼首席研究员郑在民称，按照计划，韩国智能手机用户 2020 年 3 月左右可以使用 5G 服务，2020 年下半年可以实现 5G 全覆盖。

韩国于 2018 年 12 月正式提供 5G 商用服务，也创下了 5G 业界的多个世界第一：首个由政府主导，统一国内运营商商用化时间的国家；首个将中频段及超高频段同时分配的国家；全球首个进行 5G 商用化服务的国家。目前，韩国三大运营商正在与各公司合作，联手研发支持 5G 的虚拟现实（VR）设备、增强现实（AR）设备及其他产品和应用。据韩国 KT 经济经营研究所的预测，若 5G 能够在韩国成功运行，截至 2030 年将为韩国创造 47.8 万亿韩元的经济效益，并大大推进韩国在第四次产业革命中的发展速度。

3. 美国和加拿大

不同于欧洲和亚洲，作为全球创新的超级大国，美国尚未提出国家层面的 5G 研发计划，北美的研究工作主要以学术界或产业界自身为基础开展。在美

国或者加拿大没有用于协调研究的公共资金，美国高等院校的研究经费来自国家科学基金会或国防高级研究项目机构等公共部门，研究内容大多基于个体意向，但美国在 5G 上的研究依然处于世界前列。

美国的 5G 研究主体是学校、企业等科研机构。在阿尔卡特被诺基亚收购之后，通信的摇篮——美国的贝尔实验室已经成为美国和欧洲共同的 5G 研究机构。作为学院派，美国大学在 5G 研究上发力较早，早在 2012 年 7 月，纽约大学工学院成立了一个由政府和企业组成的联盟，向 5G 蜂窝网络时代迈进。斯坦福大学则在 5G 关键技术，如全双工通信、认知无线电、Wireless SDN（OpenRadio）、Massive MIMO 和 CoMP 等，技术方面的研究走在世界前列。

1）高等院校

纽约大学工学院：该校的 5G 项目（由 Theodore Rappaport 教授领导）通过研究工作与较稀疏的毫米波频段的、使用定向波束赋形的较小天线开发更智能和成本更低的无线基础设施。

卡尔顿大学：该校的 5G 项目（由 Halim Yanikomeroglu 教授领导）得到加拿大安大略省经济发展和创新部支持（2012—2017）。其业界的合作伙伴包括华为加拿大分公司、华为、苹果、Telus、黑莓（RIM）、三星、Nortel 和加拿大通信研究中心。

2）企业研究

（1）高通。该公司并未频繁公开讨论 5G，但其内部已启动大量研究课题，旨在研究解决千倍容量挑战的蜂窝系统。高通积极研究 D2D 的设备发现机制和通信模式，称为临近服务（ProSe），并提交至 3GPP。此外，高通提出了 LTE 用于非授权频段、采用授权/授权共享（ASA/LSA）的频谱共享模式和采用异构网络解决千倍容量挑战。

（2）英特尔。继成功主推 60GHz 频段用于无线局域网之后，英特尔大力研究毫米波频段，用于下一代蜂窝系统。除使用 60GHz 频段作为小小区基站回传链路的技术验证之外，该公司还在开展 28GHz 和 39GHz 频段用于移动设备接入链路的研究，该课题目标是在 200m 以上的距离实现高于 1Gb/s 的吞吐量。

（3）安捷伦。安捷伦近期和中国移动通信研究院（CMRI）签订了谅解备忘录，将为下一代无线通信提供测量和测试方案以支持 5G 研发。

（4）博通。该公司推动 5G Wi-Fi 技术（IEEE 802.11ac 和热点 2.0 技术），这一技术可提供最高 3.6Gb/s 的数据传输速率，可作为 LTE 和吉比特以太网技术的补充。这项技术的新特性可通过多用户 MIMO 和波束赋形技术拥有更大的覆盖范围和更高的网络效率。

8.3 5G 通信商用化需解决的问题

8.3.1 数据风暴

智能手机带来移动互联网的飞速发展，孕育了 OTT 产业，所谓的 OTT 是指各种移动互联网的数据业务，OTT 不依赖于运营商的业务网，仅仅把运营商作为数据传输的管道。OTT 独立于运营商，一方面挤压了运营商的传统短信、话音业务；另一方面 OTT 应用为保持长期在线，采用频繁的心灵交互，给电信信令业务造成了极大的负荷，给电信网络带来了巨大的挑战，也带来了信令风暴的问题。

信令风暴产生的根源在于传统无线网络是基于语音通信的模型构建，而 OTT 的业务模型和语音通信模型大不相同，因此业务与无线通信体制不匹配是无线网络信令风暴的根源。

具体来说，无线通信网络的信道资源都是有限的 所以从终端到网络都不允许用户独占无线信道，无线信道资源是多用户共享的，因此终端用户不能时刻占用无线信道，要发起业务时向网络提出申请，网络根据目前无线信道的忙闲被占用情况来分配信道；用户被分配业务信道后，在分配的信道上开始业务，业务完成后释放信道资源的过程。这种设计满足了传统语音通信业务，而对于 OTT APP 而言，它要求时刻在线，因此需要周期性地向服务器发送心跳信令，让系统不断确认其在线状态，引发的无线信令流量是传统语音的 10 倍以上，造成信令资源被小包占据，信令信道容易发生拥塞，从而导致空口资源的调度室空，造成即便空口资源闲置终端也申请不到空口资源的情况，进而终端会不断重试，导致信令资源更加拥塞，直到瘫痪，这就是“信令风暴”。终端快速休眠的机制需要定期释放无线信道资源，OTT APP 的时刻在线打破了终端的休眠机制，使无线网络需要频繁为其分配无线信道，从而带来了频繁的信令交互。

信令风暴是非常严重的问题，未来 5G 引入 M2M、车联网和 D2D 等技术，会带来更多的信令，5G 网络需要对小包信令给出切实的解决方案，否则信令风暴的问题将更加突出。可喜的是，业界已经在信令风暴的研究上取得了一些成果。例如，针对小数据的传输来优化智能终端信令的流程，重新设计小数据专用的 RRC 状态，以及小数据 RRC 流程（如稀疏、周期流程），从而大幅度减少信令流量，优化设备从而提升激战的信令处理能力；规划宏微激战，吸收

热点信令和话务；通过网络优化专业服务确保信令风暴方案成功部署；通过网络信令模型的实时监控和主动通知，实现信令风暴提前预警，让移动网络运营商在应对信令风暴时占据时间主动；等等。此外，结合大数据分析、数据包检测等技术，探测出 OTT APP 的规律，预测用户的行为，制定一套网络参数来降低智能手机信令流量，也可以有效降低网络负荷。

8.3.2　5G 安全

无线网络的发展越来越重视网络安全，如 2G 网络对空口的信令和数据进行了加密保护，并采用网络对用户的认证，但没有用户对网络的认证；而 3G 采用网络和用户的双向认证，3G 空口不仅进行加密而且还增加了完整性保护，核心网也有了安全保护；4G 不仅采用双向认证，而且使用独立的密钥保护不同层面（接入层和非接入层）的数据和信令，同时核心网也有网络域的安全保护。

尽管如此，由于电磁波开放式传播造成的无线链路的脆弱性，移动通信系统的安全问题依然非常突出。随着 5G 将人与人的通信扩展到人与机器、机器与机器的通信，5G 面临的安全威胁更加广泛而复杂，不仅面临传统安全威胁，而且面临功能强大的海量智能终端，以及多种异构无线网络的融合互通、更加开放的网络架构和更加丰富的 5G 业务等带来的新安全威胁。

5G 安全架构可以从物理层安全、网络域安全考虑，制定合理的 5G 安全方案。

1）物理层安全技术

物理层安全是从根本上解决无线通信的安全问题，在保证用户通信质量的同时，防止信息被潜在的窃听者截获。

传统的物理层安全采用两类的方法：一是采用信源加密来避免信息泄露；二是采用序列扩频/跳频、超宽带等调制解调技术，提高信号传输的隐蔽性和信息还原的复杂度。

这两类技术面临着一旦密钥或者调制解调参数被破解，则防护机制形同虚设的风险。利用无线信道在空时频域具有明显的多样性和时变性，设计安全传输方法成为近年来无线通信安全的研究热点。

如大规模天线阵列（Massive MIMO）使信道差异的空间分辨率更高，高频段使信道差异对位置更加敏感，丰富了信道特征的多样性和时变性。在 TDD 模式下，信道的互易特性更加明显，且通信双方的信道也正具有一定的私有性等，通过充分利用无线物理层传输特性，研究安全传输、密钥生成、加密算法和接入认证技术，可以显著提升无线传输安全等，增加了黑客攻击的难度。

2）网络域安全机制

5G 的网络域安全需要在终端接入隧道保护机制、增强双向认证机制和统一的鉴权认证机制上进行研究。5G 网络需要对终端接入的隧道进行防护，将用户接入与加密协商过程也进行加密保护，确保对所有与用户身份信息相关的消息都进行加密，提高通信系统的安全性。此外，为解决目前突出的伪基站问题，防止伪终端“透明转发”的攻击，需要将认证数据和无线传输链路进行强绑定，实现终端和核心网，以及终端和机入网之间的双向认证增强机制。由于 5G 是一种多接入多制式的网络系统，必然会引起密钥切换、算法协商问题，因此可能有多套接入认证系统，导致接入认证机制和加密算法各有不同，使接入安全存在短板，这就有必要在 5G 中采用与无线接入无关的统一接入认证机制。

8.3.3 设备的发展

未来的 5G 通信由个人通信向行业用户拓展和细分，其业务领域将不再局限于传统 ICT 行业，而是进一步渗透到其他行业（如物联网等），同时带来终端形态的多元化、融合化发展趋势。未来 5G 终端的形态不再局限于手机，智能可穿戴设备、智能家居、计费计量仪表、工业控制产品等物联网设备都将是 5G 终端的一部分。

未来 5G 终端应用到移动互联网和物联网领域，将面临高速率、高可靠性、高密度通信、高移动性、低时延、低功耗、低成本、多元化终端形态和无线接入方式融合等技术的挑战。

8.3.4 5G 终端应用场景

如图 8-21 所示，未来 5G 将广泛应用于人们的生活、工作学习、休闲娱乐、社交互动等各方面，覆盖住宅区、乡郊野外、办公场所、大型商业综合场所、公交地铁、高铁和高速公路等场景。总体而言，未来 5G 终端将主要应用于移动互联网和物联网等领域。

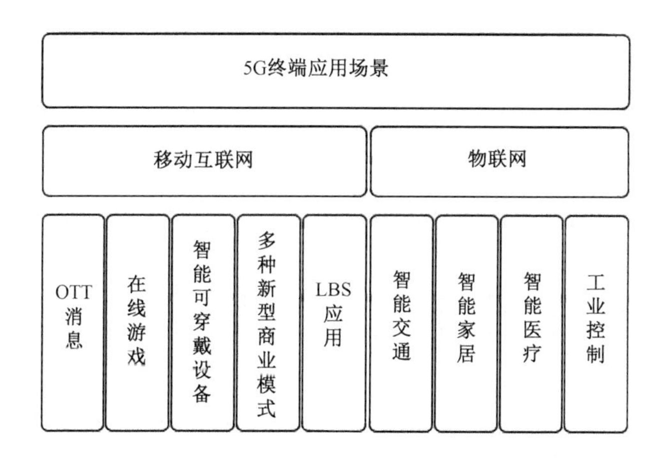

图 8-21　5G 终端应用场景

1. 移动互联网领域

未来移动互联网将为用户提供增强现实、虚拟场景、超高清（3D）视频、移动云等更加身临其境的极致业务体验，未来联网终端数量将成爆发式增长，未来 5G 网络下终端移动互联网应用将极大地丰富，典型应用分为在线游戏、OTT 消息、图片共享、视频分享、视频通话、云存储、在线阅读、在线流媒体、移动支付、虚拟现实等。

移动互联网和云计算技术的发展推动终端不断向便携式、智能化、多元化方向发展，相应的数据处理和传输能力也成为评价终端的重要指标。

2. 物联网领域

物联网业务类型丰富多样，业务特征差异巨大，未来 5G 需要支持大量物联网业务。例如，视频监控、4K 视频等高速传输业务；智能家居、智能电网、环境监测、智能农业和智能抄表等海量设备连接和大量小数据包频发的业务；车联网和工业控制等毫秒级的时延和高可靠性业务等。

8.3.5　5G 终端技术挑战

未来 5G 技术包括毫米波通行、超密集小区、D2D、同时同频全双工、Massive MIMO、新型异构网络架构等，与此同时，5G 终端将面临严峻挑战。

为了灵活适应 5G 网络的发展，未来的 5G 终端需要关注低功耗、多元化终端形态、多种无线接入方式的融合等方面。

1. 低功耗

未来 5G 网络需要支持超高速率、超低时延的业务，5G 的终端处理能力将得到极大提升，可以预见 5G 时代大屏智能终端、手机芯片的多核多模化、主频的不断提高、终端体积的轻便化将成为基本特征，也将对终端提出更高要求。未来 5G 需要从芯片架构、屏幕显示技术、新型射频功放技术，以及高效能、低复杂度算法等多层面改善终端的功耗性能。

除此以外，网络协议也需要考虑省电的特性，未来的 5G 场景更加复杂，特别是 D2D 的出现，使得终端和网络的界限更加模糊，因此 5G 的终端功耗需要和网络作为一个整体来设计考虑。

未来 5G 终端的网络效率使能技术需要考虑媒体、应用、传感器、射频、无线基带处理和多模支持等多个维度。

2. 多元化终端形态

随着 5G 场景从移动互联网跨越到物联网，5G 终端设备的形态也更加多样化，除传统的个人通信设备外，智能可穿戴设备（智能手环、智能眼镜、智能腕表、智能跑鞋等）、智能家居领域（智能机顶盒、智能家电、智能开关等）、车联网、工业控制、安防监控、医疗教育等终端设备，都将成为 5G 终端的组成形式。

3. 多种无线接入方式的融合

5G 网络架构将融合多种无线接入技术，相应的 5G 终端需要能够实时地从设备层（电池、CPU、设备信息等）、应用层（视频服务、Web 服务、云服务等）、用户环境（用户位置和用户的要求）、环境情景（移动、光照等）等感知和检测所处的网络环境，自适应调整匹配网络配置。此外，还需要有从环境中学习、无须人为干预和配置的功能，这样终端即可自动决策，以获得最优的端对端性能。